前 言

Flash 是由 Adobe 公司开发的网页动画制作软件。它功能强大、易学易用，深受网页制作者和动画设计人员的喜爱，已经成为这一领域最流行的软件之一。目前，我国很多中等职业学校的数字艺术类专业都将 Flash 列为一门重要的专业课程。为了帮助中等职业学校的教师全面、系统地讲授这门课程，使学生能够熟练地使用 Flash 来进行动画设计，我们几位长期在中等职业学校从事 Flash 教学的教师与专业网页动画设计公司经验丰富的设计师合作，共同编写了本书。

根据中等职业学校的教学方向和教学特色，我们对本书的编写体系做了精心的设计。全书根据 Flash 在设计领域的应用方向来布置分章，每章按照“课堂实训案例—软件相关功能—课堂实战演练—课后综合演练”这一思路进行编排，力求通过课堂实训案例演练，使学生快速熟悉艺术设计理念和软件功能，通过软件相关功能解析使学生深入学习软件功能，通过课堂实战演练和课后综合演练提高学生的实际应用能力。

在内容编写方面，我们力求细致全面、重点突出；在文字叙述方面，我们注意言简意赅、通俗易懂；在案例选取方面，我们强调案例的针对性和实用性。

本书配套光盘中包含了书中所有案例的素材及效果文件。另外，为方便教师教学，本书配备了详尽的课堂实战演练和课后综合演练的操作步骤文稿、PPT 课件、教学大纲、商业实训案例文件等丰富的教学资源，任课教师可登录人民邮电出版社教学服务与资源网（www.ptpedu.com.cn）免费下载使用。本书的参考学时为 72 学时，各章的参考学时参见下面的学时分配表。

章　节	课 程 内 容	课 时 分 配
第 1 章	初识 Flash CS3	4
第 2 章	卡片设计	10
第 3 章	标志制作	6
第 4 章	广告设计	8
第 5 章	电子相册	8
第 6 章	节目片头与 MTV	10
第 7 章	网页应用	6
第 8 章	教学课件	8
第 9 章	游戏及交互	6
机　动		6
课 时 总 计		72

本书由贾楠任主编，李晓霞、蒋丰、李晓娟任副主编，参与本书编写工作的还有周建国、吕娜、葛润平、陈东生、周世宾、刘尧、周亚宁、张敏娜、王世宏、孟庆岩、谢立群、黄小龙、高宏、尹国琴、崔桂青、张文达等。

由于时间仓促，加之编者水平有限，书中难免存在疏漏和不妥之处，敬请广大读者批评指正。

编　者

2010 年 7 月

中等职业教育数字艺术类规划教材

边做边学——Flash CS3动漫制作案例教程

■ 贾楠 主编

■ 李晓霞 蒋丰 李晓娟 副主编

人民邮电出版社

北京

图书在版编目（CIP）数据

Flash CS3动漫制作案例教程 / 贾楠主编. -- 北京
: 人民邮电出版社, 2010.11(2021.7重印)
（边做边学）
中等职业教育数字艺术类规划教材
ISBN 978-7-115-23782-8

Ⅰ. ①F… Ⅱ. ①贾… Ⅲ. ①动画－设计－图形软件
, Flash CS3－专业学校－教材 Ⅳ. ①TP391.41

中国版本图书馆CIP数据核字(2010)第188924号

内 容 提 要

本书全面系统地介绍了 Flash CS3 的基本操作方法和网页动画的制作技巧，并对其在网络设计领域的应用做了深入的介绍，内容包括初识 Flash CS3、卡片设计、标志制作、广告设计、电子相册、节目片头与 MTV、网页应用、教学课件、游戏及交互等内容。

本书内容的介绍均以课堂实训案例为主线，通过案例的操作，学生可以快速熟悉案例的设计理念。书中的软件相关功能解析部分可以使学生深入学习软件功能，课堂实战演练和课后综合演练可以提高学生的实际应用能力。本书配套光盘中包含了书中所有案例的素材及效果文件，以利于教师授课，学生练习。

本书可作为中等职业学校数字艺术类专业 Flash CS3 课程的教材，也可供相关人员学习参考。

中等职业教育数字艺术类规划教材

边做边学——Flash CS3 动漫制作案例教程

◆ 主　　编　贾　楠
　副 主 编　李晓霞　蒋　丰　李晓娟
　责任编辑　王亚娜

◆ 人民邮电出版社出版发行　　北京市丰台区成寿寺路 11 号
　邮编　100164　　电子邮件　315@ptpress.com.cn
　网址　http://www.ptpress.com.cn
　固安县铭成印刷有限公司印刷

◆ 开本：787×1092　1/16
　印张：16.25　　　　2010 年 11 月第 1 版
　字数：420 千字　　　2021 年 7 月河北第 18 次印刷

ISBN 978-7-115-23782-8

定价：34.00 元（附光盘）

读者服务热线：(010)81055256　印装质量热线：(010)81055316
反盗版热线：(010)81055315

目　　录

第 1 章　初识 Flash CS3

1.1　界面操作 1

1.1.1　【操作目的】 1
1.1.2　【操作步骤】 1
1.1.3　【相关工具】 2
1．菜单栏 2
2．主工具栏 3
3．工具箱 4
4．时间轴 5
5．场景和舞台 6
6．“属性”面板 6
7．浮动面板 7

1.2　文件设置 7

1.2.1　【操作目的】 7
1.2.2　【操作步骤】 7
1.2.3　【相关工具】 9
1．新建文件 9
2．打开文件 9
3．保存文件 10
4．输出影片格式 11
5．位图（*.bmp） 13
6．JPEG 图像（*.jpg） 13
7．GIF 序列文件（*.gif） 13
8．Windows AVI (*.avi) 14
9．WAV 音频（*.wav） 15

第 2 章　卡片设计

2.1　绘制圣诞夜景 16

2.1.1　【案例分析】 16
2.1.2　【设计理念】 16
2.1.3　【操作步骤】 16
1．绘制背景 16
2．绘制圣诞树 17
3．绘制雪花 18
2.1.4　【相关工具】 19
1．选择工具 19
2．线条工具 20
3．铅笔工具 20
4．椭圆工具 21
5．刷子工具 21
6．颜料桶工具 23
7．任意变形工具 24
8．“时间轴”面板 25
9．图层的设置 25
10．导入图像素材 28
2.1.5　【实战演练】绘制田园风景 31

2.2　绘制沙滩风景 31

2.2.1　【案例分析】 31
2.2.2　【设计理念】 31
2.2.3　【操作步骤】 31
1．绘制背景 31
2．绘制海水 32
3．绘制船和太阳图形 34
2.2.4　【相关工具】 35
1．钢笔工具 35
2．矩形工具 37
3．“颜色”面板 37
4．组合对象 37
5．柔化边缘命令 38
2.2.5　【实战演练】绘制冬天雪景 39

2.3　绘制城市夜景 40

2.3.1 【案例分析】 40
2.3.2 【设计理念】 40
2.3.3 【操作步骤】 40
1. 绘制星星和云朵..................40
2. 绘制群楼和儿童..................41
2.3.4 【相关工具】 43
1. 多角星形工具......................43
2. 渐变变形工具......................44
3. 橡皮擦工具..........................45
2.3.5 【实战演练】绘制雨中街景 46

2.4 绘制新春卡片 46

2.4.1 【案例分析】 46
2.4.2 【设计理念】 47
2.4.3 【操作步骤】 47
1. 绘制刘海图形......................47
2. 绘制五官..............................48
3. 绘制四肢..............................50
2.4.4 【相关工具】 52
1. 滴管工具..............................52
2. 自定义位图填充..................52
2.4.5 【实战演练】绘制婚礼卡 55

2.5 综合演练——绘制卡通小熊..................55

2.6 综合演练——绘制海底世界..................55

第 3 章 标志制作

3.1 制作果汁标牌..................57

3.1.1 【案例分析】 57
3.1.2 【设计理念】 57
3.1.3 【操作步骤】 57
3.1.4 【相关工具】 59
1. 创建文本..............................59
2. 文本属性..............................59
3.1.5 【实战演练】制作英语培训标牌 63

3.2 制作化妆品网页标志 63

3.2.1 【案例分析】 63
3.2.2 【设计理念】 64
3.2.3 【操作步骤】 64
1. 绘制背景.............................. 64
2. 输入文字并编辑.................. 64
3. 添加花朵图案...................... 66
3.2.4 【相关工具】 67
1. 套索工具.............................. 67
2. 部分选取工具...................... 68
3. “变形”面板...................... 70
3.2.5 【实战演练】制作时尚网络标志 71

3.3 综合演练——制作休闲杂志标志...........72

3.4 综合演练——制作花店标志..................72

第 4 章 广告设计

4.1 制作啤酒广告..................73

4.1.1 【案例分析】 73
4.1.2 【设计理念】 73
4.1.3 【操作步骤】 73
4.1.4 【相关工具】 75
1. 将位图转换为矢量图 75
2. 测试动画.............................. 76
4.1.5 【实战演练】制作冰酷饮料广告 76

4.2 制作牛奶广告..................77

4.2.1 【案例分析】 77
4.2.2 【设计理念】 77
4.2.3 【操作步骤】 77

4.2.4 【相关工具】 79
1. 导入视频素材 79
2. 视频的属性 81
3. 在“时间轴”面板中设置帧 82
4.2.5 【实战演练】制作海洋公园广告 82

4.3 制作时装节招贴 83
4.3.1 【案例分析】 83
4.3.2 【设计理念】 83
4.3.3 【操作步骤】 83
4.3.4 【相关工具】 86
1. 遮罩层 86
2. 静态遮罩动画 86
4.3.5 【实战演练】制作音乐会招贴 87

4.4 制作健身舞蹈广告 87
4.4.1 【案例分析】 87
4.4.2 【设计理念】 87
4.4.3 【操作步骤】 88
1. 导入图片并制作人物动画 88
2. 制作影片剪辑元件 89
3. 制作动画 90
4.4.4 【相关工具】 91
1. 动作补间动画 91
2. 帧动画 94
3. 逐帧动画 95
4. 创建图形元件 96
5. 创建影片剪辑元件 97
6. 改变实例的颜色和透明度 99
4.4.5 【实战演练】制作果汁饮料广告 101

4.5 制作咖啡广告 101
4.5.1 【案例分析】 101
4.5.2 【设计理念】 101
4.5.3 【操作步骤】 101
4.5.4 【相关工具】 104
1. 形状补间动画 104
2. 应用变形提示 106
4.5.5 【实战演练】制作精美戒指广告 108

4.6 综合演练——制作摄像机广告 108

4.7 综合演练——制作邀请赛广告 108

第5章 电子相册

5.1 制作好朋友的照片 109
5.1.1 【案例分析】 109
5.1.2 【设计理念】 109
5.1.3 【操作步骤】 109
1. 导入图片 109
2. 制作小照片 111
3. 制作大照片 113
5.1.4 【相关工具】 121
1. 创建按钮元件 121
2. “动作”面板 123
3. 数据类型 124
4. 语法规则 125
5. 变量 127
6. 函数 127
7. 表达式和运算符 128
5.1.5 【实战演练】制作礼物收藏相册 128

5.2 制作浪漫婚纱相册 129
5.2.1 【案例分析】 129
5.2.2 【设计理念】 129
5.2.3 【操作步骤】 129
1. 导入图片 129
2. 绘制按钮图形 131

3. 制作图片的浏览效果........131
5.2.4 【相关工具】..........................135
1. “对齐”面板..........................135
2. 翻转对象..............................136
3. 动态遮罩动画..........................137
4. 播放和停止动画........................139
5.2.5 【实战演练】制作情侣电子相册..........................141

5.3 综合演练——制作儿童电子相册.........142

5.4 综合演练——制作珍贵亲友相册.........142

第 6 章 节目片头与 MTV

6.1 制作卡通歌曲 MTV.........143
6.1.1 【案例分析】..........................143
6.1.2 【设计理念】..........................143
6.1.3 【操作步骤】..........................144
1. 导入图片并制作图形元件....144
2. 制作文字动画........................148
3. 制作弹吉他动画......................152
4. 制作 MTV 动画效果.........153
6.1.4 【相关工具】..........................159
1. 导入声音素材并添加声音....159
2. “属性”面板..........................159
6.1.5 【实战演练】制作英文歌曲 MTV..............................160

6.2 制作英文诗歌教学片头...161
6.2.1 【案例分析】..........................161
6.2.2 【设计理念】..........................161
6.2.3 【操作步骤】..........................161
1. 导入图形并制作 C 图形动画..........................161
2. 制作 class 文字动画..........165
3. 导入 G 图形动画..............166
4. 制作 Good 文字动画........167
6.2.4 【相关工具】控制声音..........171
6.2.5 【实战演练】制作城市宣传片..................................174

6.3 制作蛋糕制作片头..........174
6.3.1 【案例分析】..........................174
6.3.2 【设计理念】..........................174
6.3.3 【操作步骤】..........................175
1. 导入素材制作热气图形...175
2. 制作搅拌器搅拌和钟表效果........................175
3. 制作添加面粉和打鸡蛋效果....................176
4. 制作烤蛋糕效果..............179
6.3.4 【相关工具】绘图纸（洋葱皮）功能..............................183
6.3.5 【实战演练】制作时装节目包装片头..............................184

6.4 综合演练——制作公益系列宣传片......185

6.5 综合演练——制作影视剧片头............185

第 7 章 网页应用

7.1 制作房地产网页.............186
7.1.1 【案例分析】..........................186
7.1.2 【设计理念】..........................186
7.1.3 【操作步骤】..........................187
1. 导入图片并绘制按钮图形...187
2. 制作动画效果..........................188
7.1.4 【相关工具】..........................190
1. 按钮事件..............................190
2. 制作交互按钮..................191

7.1.5 【实战演练】制作端午节网页 193
7.2 制作会员登录页面 193
7.2.1 【案例分析】 193
7.2.2 【设计理念】 193
7.2.3 【操作步骤】 193
7.2.4 【相关工具】 197
1. 输入文本 197
2. 添加使用命令 198
7.2.5 【实战演练】制作系统登录界面 201
7.3 综合演练——制作体育运动网页 201
7.4 综合演练——制作咖啡网页 202

第 8 章 教学课件

8.1 制作百科知识问答课件 ...203
8.1.1 【案例分析】 203
8.1.2 【设计理念】 203
8.1.3 【操作步骤】 204
1. 导入图形元件 204
2. 添加动作脚本 205
3. 添加组件 206
8.1.4 【相关工具】组件分类与应用 210
8.1.5 【实战演练】制作开心知识问答课件 211
8.2 制作中式乐器欣赏课件 ...212
8.2.1 【案例分析】 212
8.2.2 【设计理念】 212
8.2.3 【操作步骤】 213
1. 导入元件 213
2. 制作按钮元件 215
8.2.4 【相关工具】 216
1. 创建幻灯片 216
2. 设置幻灯片 217
3. 添加转变样式 218
8.2.5 【实战演练】制作美食欣赏课件 219
8.3 制作茶艺欣赏课件 220
8.3.1 【案例分析】 220
8.3.2 【设计理念】 220
8.3.3 【操作步骤】 220
8.3.4 【相关工具】模板 222
8.3.5 【实战演练】制作家居欣赏课件 223
8.4 制作英语教学课件 223
8.4.1 【案例分析】 223
8.4.2 【设计理念】 224
8.4.3 【操作步骤】 224
1. 制作背景效果 224
2. 制作动画 225
8.4.4 【相关工具】 228
1. 时间轴特效的类型 228
2. 创建时间轴特效 230
8.4.5 【实战演练】制作幼儿识图课件 231
8.5 综合演练——制作历史知识问答课件 ...231
8.6 综合演练——制作青花瓷器欣赏课件 ...232

第 9 章 游戏及交互

9.1 制作汉堡包游戏 233
9.1.1 【案例分析】 233
9.1.2 【设计理念】 233
9.1.3 【操作步骤】 233

1．导入图片............................233
2．绘制按钮............................234
3．添加文字............................235
4．制作汉堡............................237
5．添加动作脚本语言............238
9.1.4 【相关工具】............................240
1．动态文本............................240
2．帧标签................................240
9.1.5 【实战演练】制作射击游戏...241

9.2 制作南瓜吃蛋糕.............241

9.2.1 【案例分析】............................241
9.2.2 【设计理念】............................241
9.2.3 【操作步骤】............................241
9.2.4 【相关工具】............................244
1．普通引导层............................244
2．运动引导层............................246
9.2.5 【实战演练】制作圣诞老人送礼物............................248

9.3 综合演练——制作家居组合游戏..........249

9.4 综合演练——制作接元宝游戏.............249

第1章 初识 Flash CS3

本章将详细介绍 Flash CS3 的基础知识和基本操作。读者通过学习本章要对 Flash CS3 有初步的认识和了解，并能够掌握软件的基本操作方法和应用技巧，为以后的学习打下一个坚实的基础。

课堂学习目标

- 掌握工作界面的基本操作
- 掌握设置文件的基本方法

1.1 界面操作

1.1.1 【操作目的】

通过打开文件和取消组合熟悉菜单栏的操作，通过选取图形和改变图形的大小熟悉工具箱中工具的使用方法，通过改变图形的颜色熟悉控制面板的使用方法。

1.1.2 【操作步骤】

步骤 1 打开 Flash 软件，选择“文件 > 打开”命令，弹出“打开”对话框，选择光盘中的“Ch01 > 素材 > 制作休闲插画”文件，单击“打开”按钮打开文件，如图 1-1 所示，显示 Flash 的软件界面。

步骤 2 选择“文件 > 导入 > 导入到舞台”命令，弹出“导入”对话框，选择光盘目录下的文件“人物”，单击“打开”按钮，图形被导入到舞台窗口中，“时间轴”面板中生成新的图层，拖曳“图层 2”到“图层 1”的上方，如图 1-2 所示。

步骤 3 选择左侧的工具箱中的“任意变形”工具，选中人物图形，拖曳控制点，改变人物图形的大小，选择“选择”工具，移动图形到适当的位置，效果如图 1-3 所示。选择“修改 > 取消组合”命令将图形分离，效果如图 1-4 所示。

步骤 4 在舞台窗口中的空白处单击鼠标，取消对图形的选择。选择人物的衣服图形，按 Shift+F9 组合键调出“颜色”面板，输入新的颜色值（#F09893），如图 1-5 所示。人物衣服的颜色发生改变，效果如图 1-6 所示。在舞台窗口的空白处单击鼠标，效果如图 1-7 所示。

步骤 5 按 Ctrl+S 组合键保存文件。

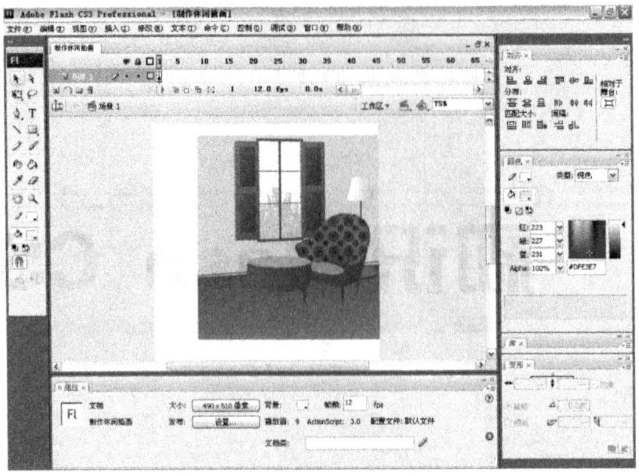

图 1-1

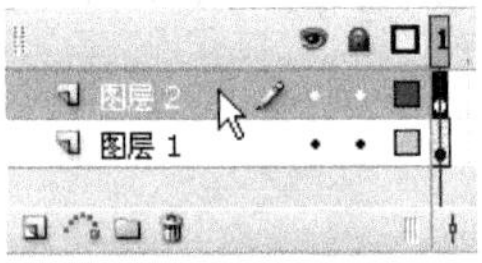

图 1-2

图 1-3

图 1-4

图 1-5

图 1-6

图 1-7

1.1.3 【相关工具】

1. 菜单栏

Flash CS3 的菜单栏中包含“文件”菜单、“编辑”菜单、“视图”菜单、“插入”菜单、“修改”菜单、“文本”菜单、“命令”菜单、“控制”菜单、“调试”菜单、“窗口”菜单及“帮助”菜单，如图 1-8 所示。

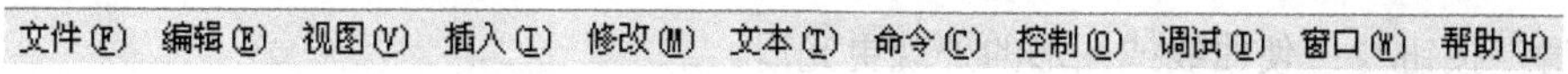

图 1-8

“文件”菜单：主要功能是创建、打开、保存、打印、输出动画，以及导入外部图形、图像、声音、动画文件，以便在当前动画中使用。

“编辑”菜单：主要功能是对舞台上的对象以及帧进行选择、复制、粘贴，以及自定义面板、设置参数等。

“视图”菜单：主要功能是进行环境的设置。

“插入”菜单：主要功能是向动画中插入对象。

“修改”菜单：主要功能是修改动画中的对象。

“文本”菜单：主要功能是修改文字的外观、对齐以及对文字进行拼写检查等。

“命令”菜单：主要功能是保存、查找、运行命令。

“控制”菜单：主要功能是测试、播放动画。

“调试”菜单：主要功能是启动调试器，检查和修改变量的值，让程序运行到某个定点然后停止等。

“窗口”菜单：主要功能是控制各功能面板是否显示以及面板的布局设置。

“帮助”菜单：主要功能是提供 Flash CS3 在线帮助信息和支持站点的信息，包括教程和 ActionScript 帮助。

2. 主工具栏

为方便使用，Flash CS3 将一些常用命令以按钮的形式组织在一起，置于操作界面的上方。主工具栏中包含“新建”按钮、“打开”按钮、“保存”按钮、“打印”按钮、“剪切”按钮、“复制”按钮、“粘贴”按钮、“撤消”按钮、“重做”按钮、“贴紧至对象”按钮、“平滑”按钮、“伸直”按钮、“旋转与倾斜”按钮、“缩放”按钮以及“对齐”按钮，如图 1-9 所示。

图 1-9

选择“窗口 > 工具栏 > 主工具栏”命令，可以调出主工具栏，还可以通过鼠标拖动改变工具栏的位置。

“新建”按钮：新建一个 Flash 文件。

“打开”按钮：打开一个已存在的 Flash 文件。

“保存”按钮：保存当前正在编辑的文件，不退出编辑状态。

“打印”按钮：将当前编辑的内容送至打印机输出。

“剪切”按钮：将选中的内容剪切到系统剪贴板中。

“复制”按钮：将选中的内容复制到系统剪贴板中。

“粘贴”按钮：将剪贴板中的内容粘贴到选定的位置。

“撤消”按钮：取消前面的操作。

“重做”按钮：还原被取消的操作。

“贴紧至对象”按钮：单击此按钮进入贴紧状态，用于绘图时调整对象，以便准确定位，设置动画路径时能自动粘连。

“平滑”按钮：使曲线或图形的外观更光滑。

“伸直”按钮：使曲线或图形的外观更平直。

“旋转与倾斜”按钮：改变舞台对象的旋转角度和倾斜变形。

“缩放”按钮：改变舞台中对象的大小。

“对齐”按钮：调整舞台中多个选中对象的对齐方式。

3. 工具箱

工具箱中提供了用于图形绘制和编辑的各种工具，分为“工具”、“查看”、“颜色”、“选项”4 个功能区，如图 1-10 所示。选择“窗口 > 工具”命令，可以调出工具箱。

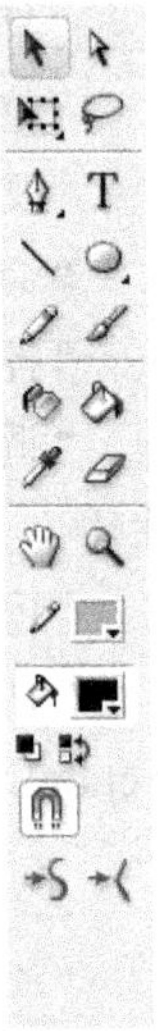

图 1-10

◎“工具”区

“工具”区用于提供选择、创建、编辑图形的工具。

“选择”工具：选择和移动舞台上的对象，改变对象的大小和形状等。

“部分”选取工具：抓取、选择、移动和改变形状路径。

“线条”工具：绘制直线段。

“套索”工具：在舞台上选择不规则的区域或多个对象。

“钢笔”工具：绘制直线和光滑的曲线，调整直线长度、角度及曲线曲率等。

“文本”工具：创建、编辑字符对象和文本窗体。

“椭圆”工具：绘制椭圆形、圆形向量色块或图形。

“矩形”工具：绘制矩形向量色块或图形。

“多角星形”工具：绘制等比例的多边形（单击“矩形”工具将弹出“多角星形”工具）。

“铅笔”工具：绘制任意形状的向量图形。

“刷子”工具：绘制任意形状的向量色块或图形。

“任意变形”工具：对舞台上选定的对象进行缩放、扭曲、旋转变形。

“渐变变形”工具：对舞台上选定的对象填充渐变色变形。

“墨水瓶”工具：改变向量线段、曲线、图形边框线的颜色。

“颜料桶”工具：改变色块的颜色。

“滴管”工具：将舞台图形的属性赋予当前绘图工具。

“橡皮擦”工具：擦除舞台上的图形。

◎“查看”区

“查看”区用于改变舞台画面以便更好地进行观察。

“手形”工具：移动舞台画面以便更好地进行观察。

“缩放”工具：改变舞台画面的显示比例。

◎“颜色”区

“颜色”区用于选择绘制、编辑图形的笔触颜色和填充颜色。

“笔触颜色”按钮：选择图形边框和线条的颜色。

“填充颜色”按钮：选择图形要填充区域的颜色。

“黑白”按钮：系统默认的颜色。

“没有颜色”按钮：可将笔触颜色和填充颜色设为没有颜色。

"交换颜色"按钮：可将笔触颜色和填充颜色进行交换。

◎ **"选项"区**

不同的工具有不同的选项，通过"选项"区可以为当前选择的工具进行属性设置。

4. 时间轴

时间轴用于组织和控制文件内容在一定时间内播放。按照功能的不同，"时间轴"窗口分为左、右两部分，分别为层控制区和时间线控制区，如图 1-11 所示。时间轴的主要组件是层、帧和播放头。

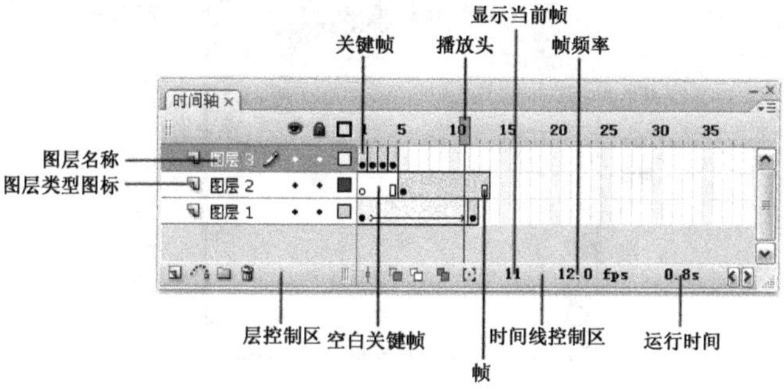

图 1-11

◎ **层控制区**

层控制区位于时间轴的左侧。层就像堆叠在一起的多张幻灯胶片一样，每个层都包含一个显示在舞台中的不同图像。在层控制区中可以显示舞台上正在编辑作品的所有层的名称、类型和状态，并可以通过工具按钮对层进行操作。

"插入图层"按钮：增加新层。

"添加运动引导层"按钮：增加运动引导层。

"插入图层文件夹"按钮：增加新的图层文件夹。

"删除图层"按钮：删除选定的层。

"显示/隐藏所有图层"按钮：控制选定层的显示/隐藏状态。

"锁定/解除锁定所有图层"按钮：控制选定层的锁定/解锁状态。

"显示所有图层的轮廓"按钮：控制选定层的显示图形外框/显示图形状态。

◎ **时间线控制区**

时间线控制区位于时间轴的右侧，由帧、播放头、多个按钮及信息栏组成。与胶片一样，Flash 文档将时间长度分为帧。每个层中包含的帧显示在该层名右侧的一行中，时间轴顶部的时间轴标题指示帧编号，播放头指示舞台中当前显示的帧，信息栏显示当前帧编号、动画播放速率以及到当前帧为止动画的运行时间等信息。时间线控制区中按钮的基本功能如下。

"滚动到播放头"按钮：将当前帧显示到控制区窗口中间。

"绘图纸外观"按钮：在时间线上设置一个连续的显示帧区域，区域内的帧所包含的内容同时显示在舞台上。

"绘图纸外观轮廓"按钮：在时间线上设置一个连续的显示帧区域，除当前帧外，区域内的帧所包含的内容仅显示图形外框。

"编辑多个帧"按钮：在时间线上设置一个连续的显示帧区域，区域内的帧所包含的内容可同时显示和编辑。

“修改绘图纸标记”按钮：单击该按钮会弹出一个多帧显示选项菜单，用来定义 2 帧、5 帧或全部帧内容。

5. 场景和舞台

场景是所有动画元素的最大活动空间，如图 1-12 所示。像多幕剧一样，场景可以不止一个。要查看特定场景，可以选择“视图 > 转到”命令，再从其子菜单中选择场景的名称。

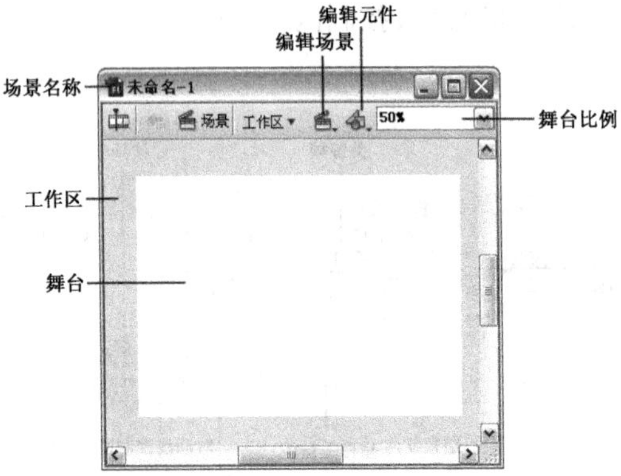

图 1–12

场景也就是常说的舞台，是编辑和播放动画的矩形区域。在舞台上可以放置并编辑向量插图、文本框、按钮、导入的位图图形、视频剪辑等对象，舞台包括大小、颜色等设置。

在舞台上可以显示网格和标尺，帮助用户准确定位。显示网格的方法是选择“视图 > 网格 > 显示网格”命令，如图 1-13 所示。显示标尺的方法是选择“视图 > 标尺”命令，如图 1-14 所示。

在制作动画时，还常常需要辅助线来作为舞台上不同对象的对齐标准。需要时可以从标尺上向舞台拖动鼠标以产生绿色的辅助线，如图 1-15 所示，它在动画播放时并不显示。不需要辅助线时，可以通过从舞台上向标尺方向拖动辅助线来进行删除，还可以通过“视图 > 辅助线 > 显示辅助线”命令显示出辅助线。选择“视图 > 辅助线 > 编辑辅助线”命令，可以修改辅助线的颜色等属性。

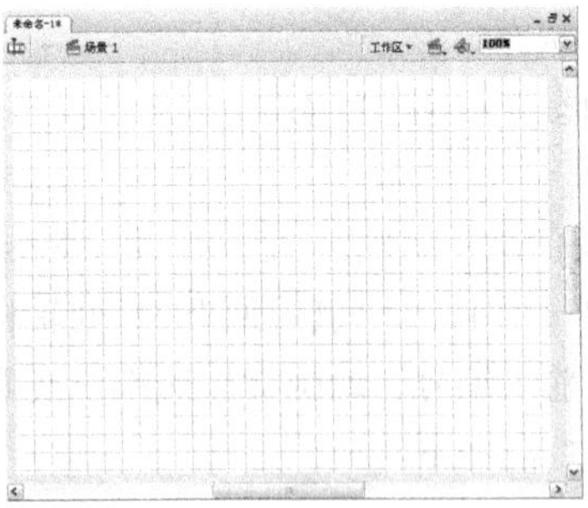

图 1–13

图 1–14

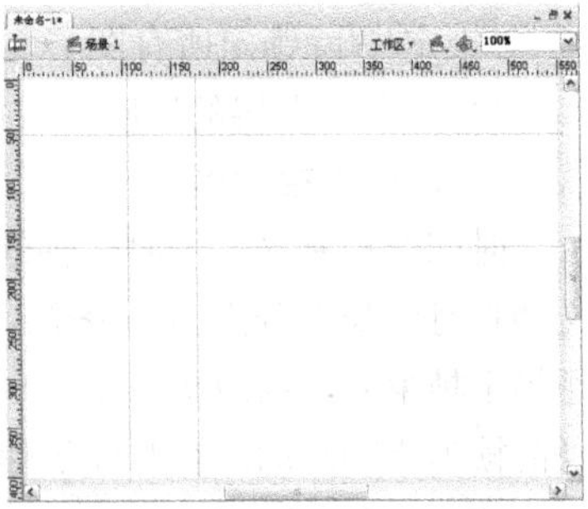

图 1–15

6. “属性”面板

对于正在使用的工具或资源，使用“属性”面板可以很容易地查看和更改它们的属性，从而简化文档的创建过程。当选定单个对象（如文本、组件、形状、位图、视频、组、帧等）时，“属性”面板中可以显示相应的信息和设置，如图 1-16 所示。当选定了两个或多个不同类型的对象时，

"属性"面板中会显示选定对象的总数，如图 1-17 所示。

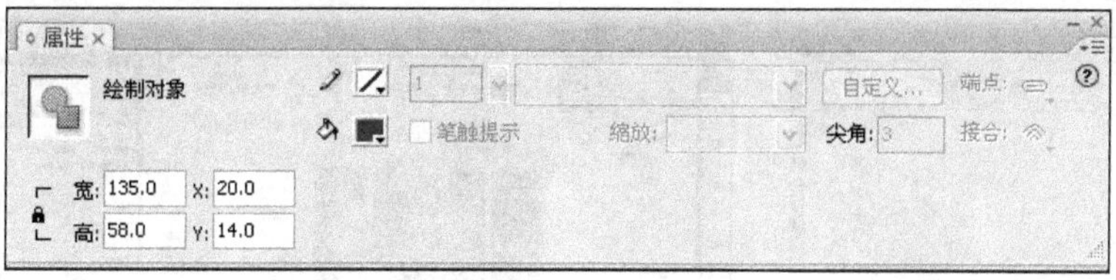

图 1-16

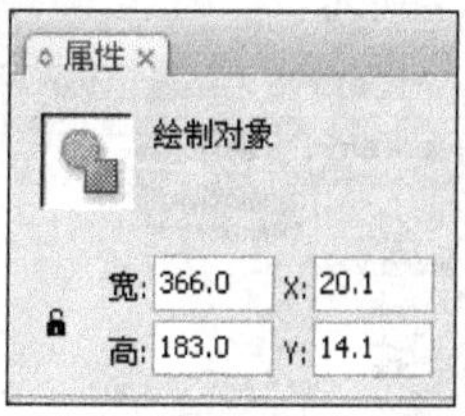

图 1-17

7. 浮动面板

使用面板可以查看、组合和更改资源。屏幕的大小有限，为了尽量使工作区最大，Flash CS3 提供了许多种自定义工作区的方式，如可以通过"窗口"菜单显示/隐藏面板，还可以通过鼠标拖动来调整面板的大小以及重新组合面板，如图 1-18 和图 1-19 所示。

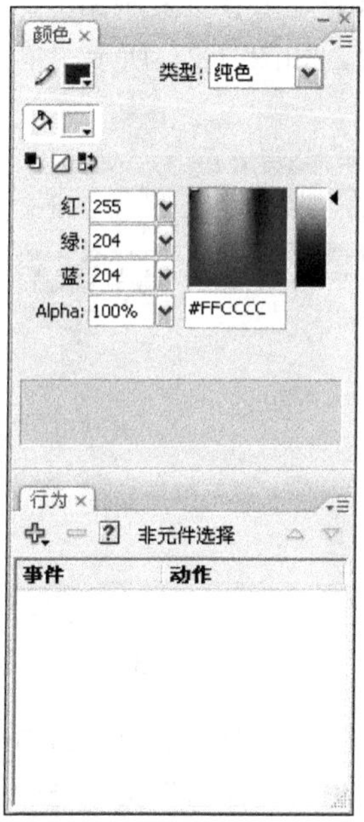

图 1-18

图 1-19

1.2 文件设置

1.2.1 【操作目的】

通过打开效果文件熟练掌握打开命令。通过复制效果熟练掌握新建命令。通过关闭新建文件熟练掌握保存和关闭命令。

1.2.2 【操作步骤】

步骤 1 打开 Flash 软件，选择"文件 > 打开"命令，弹出"打开"对话框，如图 1-20 所示。

选择光盘中的“Ch01 > 素材 > 制作时尚购物”文件，单击“打开”按钮打开文件，如图 1-21 所示。

图 1-20

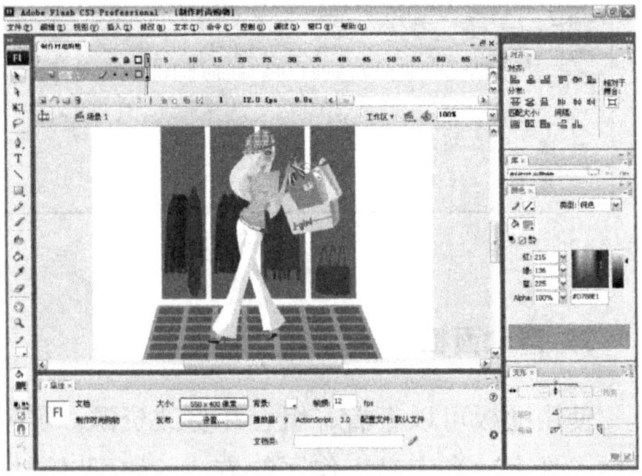

图 1-21

步骤 2 按 Ctrl+A 组合键全选图形，如图 1-22 所示。按 Ctrl+C 组合键复制图形。选择“文件 > 新建”命令，在弹出的“新建文档”对话框中进行设置，如图 1-23 所示，单击“确定”按钮，新建一个空白文档。

图 1-22

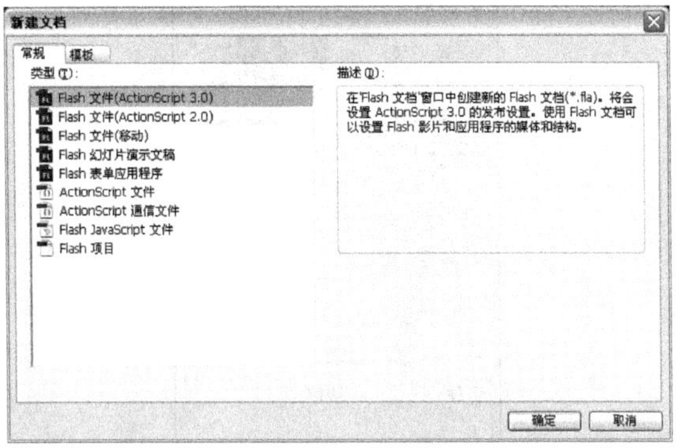

图 1-23

步骤 3 按 Ctrl+V 组合键粘贴图形到新建的空白文档中，并拖曳到适当的位置，如图 1-24 所示。选择“文件 > 保存”命令，弹出“另存为”对话框，在“文件名”文本框中输入文件的名称，如图 1-25 所示，单击“保存”按钮保存文件。

图 1-24

图 1-25

步骤 4 选择“文件 > 导出 > 导出影片”命令，弹出“导出影片”对话框，在“文件名”文本框中输入新的名称，在“保存类型”选项下拉列表中选择“Flash 影片（*.swf)”，如图 1-26 所示，单击“保存”按钮，弹出对话框，如图 1-27 所示，单击“确定”按钮，完成影片的输出。

图 1–26

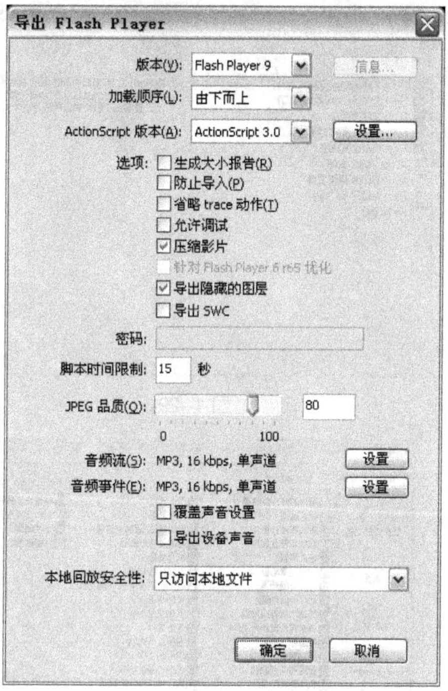

图 1–27

步骤 5 单击舞台窗口右上角的按钮，弹出提示对话框，如图 1-28 所示。单击“否”按钮，关闭窗口。再次单击舞台窗口右上角的按钮，关闭打开的“制作时尚购物”文件。单击软件界面中标题栏右侧的“关闭”按钮，可关闭软件。

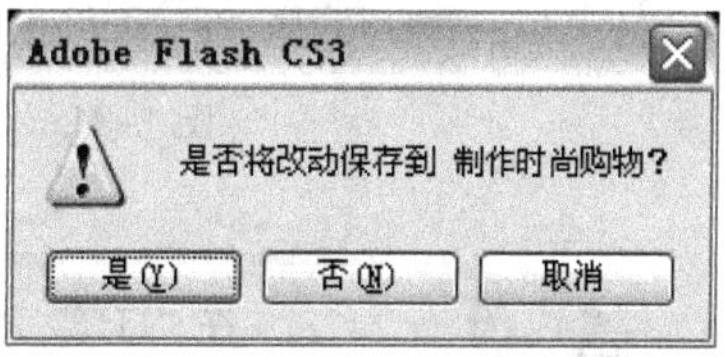

图 1–28

1.2.3 【相关工具】

1. 新建文件

新建文件是使用 Flash CS3 进行设计的第一步。

选择“文件 > 新建”命令，弹出“新建文档”对话框，如图 1-29 所示。在该对话框中可以创建 Flash 文档，设置 Flash 影片的媒体和结构；可以创建 Flash 幻灯片演示文稿，演示幻灯片或多媒体等连续性内容；可以创建基于窗体的 Flash 应用程序，应用于 Internet；也可以创建用于控制影片的外部动作脚本文件等。选择完成后单击“确定”按钮，即可完成新建文件的任务，如图 1-30 所示。

2. 打开文件

如果要修改已完成的动画文件，必须先将其打开。

选择“文件 > 打开”命令，弹出“打开”对话框，在对话框中搜索路径和文件，确认文件的类型和名称，如图 1-31 所示。然后单击“打开”按钮或直接双击要打开的文件，即可打开所指定的动画文件，如图 1-32 所示。

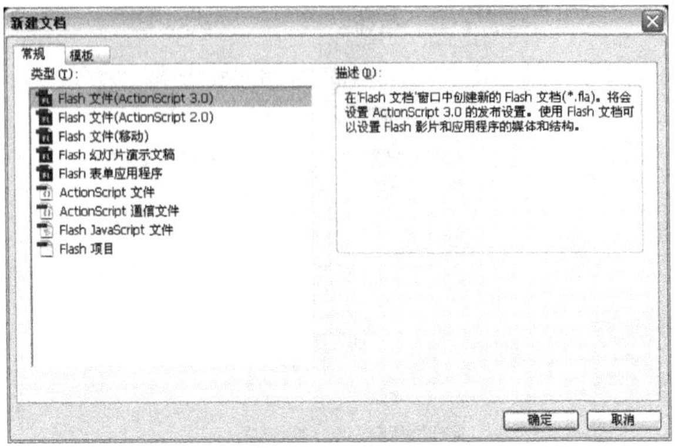

图 1-29

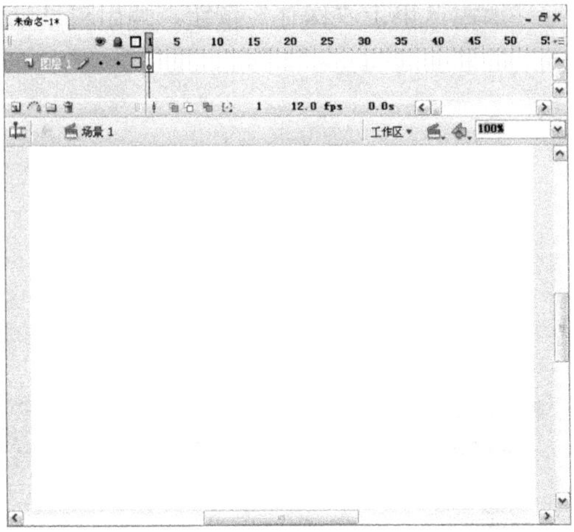

图 1-30

图 1-31

图 1-32

技 巧 在“打开”对话框中也可以一次打开多个文件，只要在文件列表中将所需的几个文件选中，然后单击“打开”按钮，系统就将逐个打开这些文件，以免多次反复调用“打开”对话框。在“打开”对话框中，按住 Ctrl 键的同时，用鼠标单击可以选择不连续的文件，按住 Shift 键的同时用鼠标单击可以选择连续的文件。

3. 保存文件

编辑和制作完动画后，就需要将动画文件进行保存。

通过“文件”菜单中的“保存”、“保存并压缩”、“另存为”等命令可以将文件保存在磁盘上，如图 1-33 所示。当设计好作品进行第一次存储时，选择“保存”命令，弹出“另存为”对话框，如图 1-34 所示，在对话框中设置文件名称和保存类型，单击“保存”按钮，即可将动画保存。

提 示 当对已经保存过的动画文件进行了各种编辑操作后，选择“保存”命令，将不再弹出“另存为”对话框，系统直接保留最终确认的结果，并覆盖原始文件。因此，在未确定是否要放弃原始文件之前，应慎用此命令。

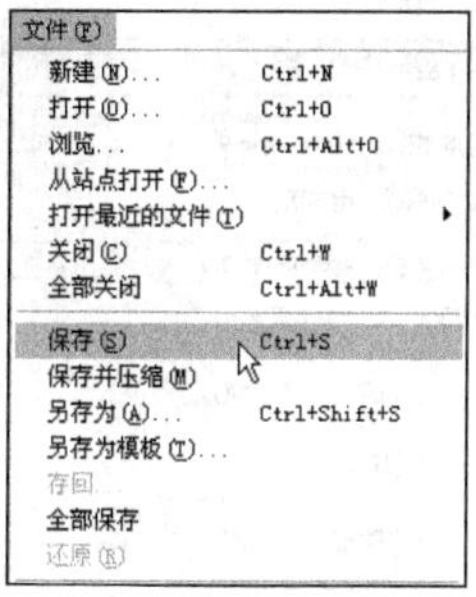

图 1-33

图 1-34

若既要保留修改过的文件，又不想放弃原文件，可以选择“文件 > 另存为”命令，弹出“另存为”对话框，在对话框中可以为更改过的文件重新命名、选择路径、设定保存类型，然后进行保存。

4. 输出影片格式

Flash CS3 可以输出多种格式的动画或图形文件，一般包含以下几种常用类型。

◎ Flash 文档（*.swf）

SWF 动画是浏览网页时常见的动画格式，它是以.swf 为扩展名的文件，具有动画、声音和交互等功能，它需要在浏览器中安装 Flash 播放器插件才能观看。用户可以将整个文档导出为具有动画效果和交互功能的 Flash SWF 文件，以便将 Flash 内容导入其他应用程序中，如导入到 Dreamweaver 中。

在导出 SWF 文件时，选择的菜单命令不同，所产生的效果也不同。选择“导出图像”命令，将导出一个只包含当前帧内容的 SWF 文件，如果有元件在当前帧上应用了动画实例或音频对象，那么该帧中的动画或音频对象仍然可以播放。选择“导出影片”命令，可以生成一个完整的动画作品。

选择“文件 > 导出 > 导出影片”命令，弹出“导出影片”对话框，在“文件名”选项的文本框中输入要导出动画的名称，在“保存类型”选项的下拉列表中选择“Flash 影片（*.swf）”，如图 1-35 所示，单击“保存”按钮，弹出“导出 Flash Player”对话框，如图 1-36 所示。

“版本”选项：可以选择 Flash 的各种版本进行导出。新版本的播放器可以播放旧版本的动画，但旧版本的播放器不能播放新版本的动画。将导出动画的版本适当地选低，有利于在网络上不同版本的播放器中进行播放，但低版本对某些效果不支持。

“加载顺序”选项：可以选择动画在速度较慢的网络上先显示哪部分，也就是设定浏览者先看见动画中的哪些对象。该下拉列表中有“由下而上”和“由上而下”两个选项，这种设定只对动画的开始帧起作用，其他帧中的各层内容是同时显示的。

“ActionScript 版本”选项：可以选择导出影片所使用的动作脚本的版本。可以使用 Flash CS3 默认的版本“ActionScript 3.0”，也可以使用以前的版本“ActionScript 2.0”。

在“选项”选项组中的各复选框作用如下。

“生成大小报告”复选框：勾选此复选框，在导出影片的同时生成一个文本文档，其中详细记录帧、场景、元件及声音压缩后的大小，如图 1-37 所示。

“防止导入”复选框：在 Flash CS3 中可以将 SWF 格式的动画导入作为当前动画的一部分。如果不希望其他人随意地导入 SWF 动画，可以将导出的动画进行保护。勾选此复选框，下方的“密码”选项为可用，在“密码”文本框中输入要设定的密码即可，如图 1-38 所示。

图 1-35

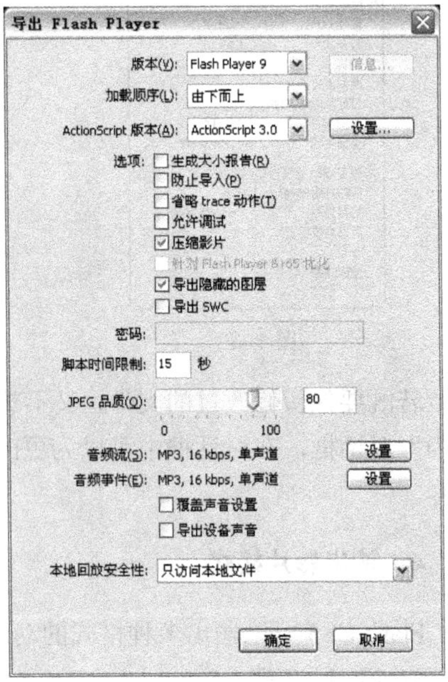

图 1-36

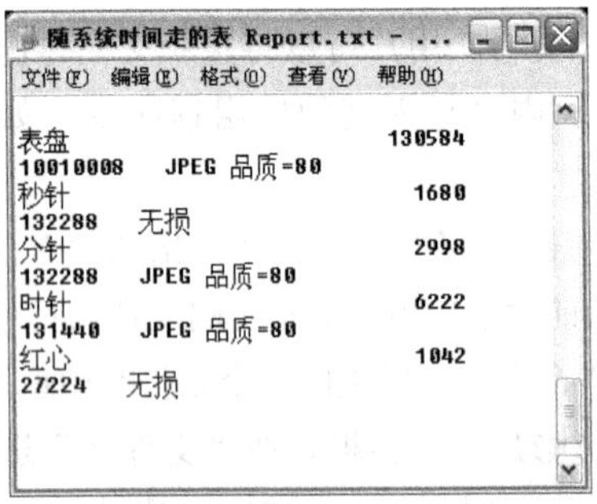

图 1-37

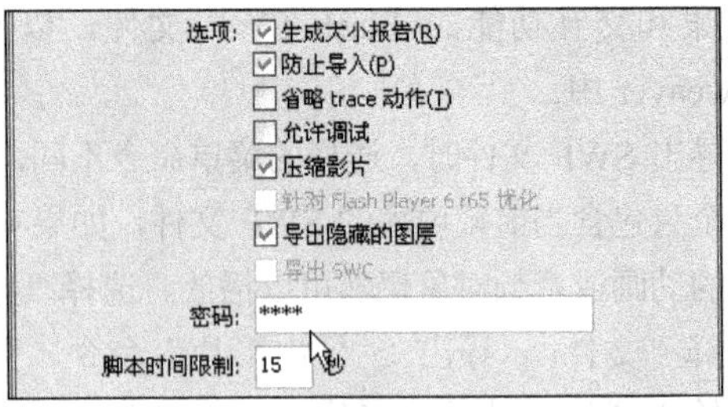

图 1-38

“省略 trace 动作”复选框：勾选此复选框，可以省略当前影片中的跟踪动作。

“允许调试”复选框：勾选此复选框，可以对动画进行调试操作。

“压缩影片”复选框：勾选此复选框，可以将导出的影片进行压缩，从而减小影片的文件大小，缩短下载时间。在默认状态下，此复选框为选中。

“JPEG 品质”选项：如果导出的影片中存在位图，可以应用此选项对位图进行压缩。用户可以移动滑块调节数值，也可在文本框中直接输入数值。数值越大，品质越好，文件所占的存储空间也越大；数值越小，品质越低，文件所占的存储空间越小。

“音频流”和“音频事件”选项：可以设置导出影片中音频素材的压缩格式和参数。音频流中只要下载的前几帧有足够的数据，就可以与时间轴进行同步播放。音频事件必须完全下载后才能开始播放，如果不明确将其停止，它将一直连续播放。

“覆盖声音设置”复选框：勾选此复选框，“音频流”和“音频事件”选项中的设置将对影片中所有的音频对象起作用。如果不勾选此复选框，则“音频流”和“音频事件”选项中的设置只对在“属性”面板中没有设置压缩的音频素材起作用。

提 示 在以 SWF 格式导出 Flash 文件时，文本以 Unicode 格式进行编码。Unicode 是一种文字信息的通用字符集编码标准，它是一种 16 位编码格式。也就是说，Flash 文件中的文字使用双位元组字符集进行编码。

5. 位图（*.bmp）

用户可以将 Flash 文档中当前帧上的对象导出为位图。

选择“文件 > 导出 > 导出图像”命令，弹出“导出图像”对话框，在“文件名”选项的文本框中输入要导出位图的名称，在“保存类型”选项的下拉列表中选择“位图（*.bmp)”，如图 1-39 所示，单击“保存”按钮，弹出“导出位图”对话框，如图 1-40 所示。

图 1-39

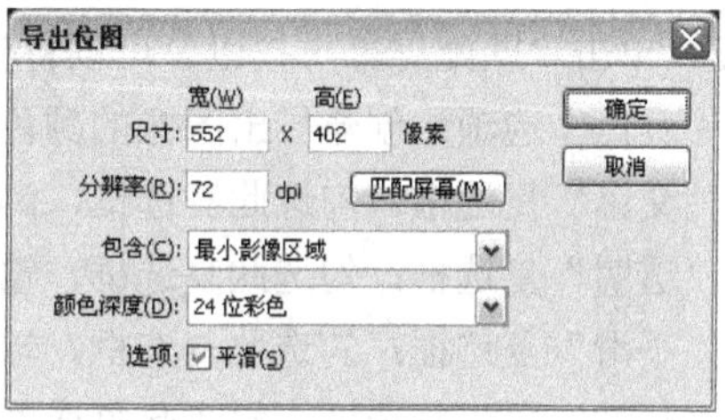

图 1-40

“尺寸”选项：设置导出位图的图像大小，Flash CS3 确保指定的大小始终与原始图像保持相同的高宽比。

“分辨率”选项：设置导出位图的图像分辨率，并且让 Flash CS3 根据图形的大小自动计算宽度和高度。单击“匹配屏幕”按钮，可以将分辨率设置为与显示器相匹配。

“颜色深度”选项：指定图形使用颜色的位数。

“平滑”复选框：消除导出位图的锯齿。勾选此复选框，可以产生高画质的位图图像。背景为彩色时，图形的边界可能会模糊，此时不勾选此复选框。

6. JPEG 图像（*.jpg）

用户可以将 Flash 文档中当前帧上的对象导出成 JPEG 位图文件。JPEG 格式图像为高压缩比的 24 位位图。JPEG 格式适合显示包含连续色调（如照片、渐变色或嵌入位图）的图像，其导出设置与位图（*.bmp）相似，这里不再赘述。

7. GIF 序列文件（*.gif）

网页中常见的动态图标大部分是 GIF 动画形式，它是由多个连续的 GIF 图像组成的，在 Flash 动画时间轴上的每一帧都会变为 GIF 动画中的一张图片。GIF 动画不支持声音和交互，并且比不含声音的 SWF 动画文件所占的存储空间大。

选择“文件 > 导出 > 导出影片”命令，弹出“导出影片”对话框，在“文件名”选项的文本框中输入要导出序列文件的名称，在“保存类型”选项的下拉列表中选择“GIF 序列文件（*.gif）”，如图 1-41 所示，单击“保存”按钮，弹出“导出 GIF”对话框，如图 1-42 所示。

图 1-41

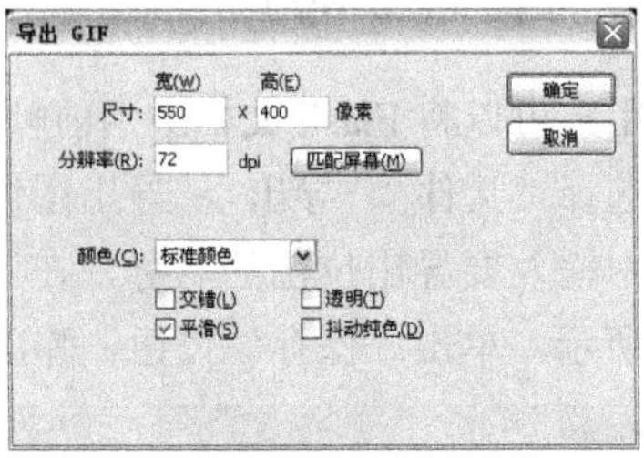

图 1-42

“尺寸”选项：设置 GIF 动画的尺寸大小。

“分辨率”选项：设置导出动画的分辨率，并且让 Flash CS3 根据图形的大小自动计算宽度和高度。单击“匹配屏幕”按钮，可以将分辨率设置为与显示器相匹配。

“颜色”选项：创建导出图像的颜色数量。

“交错”复选框：勾选此复选框，浏览者在下载动画的过程中，动画以交互方式显示。

“透明”复选框：勾选此复选框，输出的 GIF 动画的背景色为透明。

“平滑”复选框：勾选此复选框，输出的 GIF 动画进行平滑处理。

“抖动纯色”复选框：勾选此复选框，对 GIF 动画中的色块进行抖动处理，以提高画面质量。

8. Windows AVI（*.avi）

Windows AVI 是标准的 Windows 影片格式，它是一种很好的用于在视频编辑应用程序中打开 Flash 动画的格式。由于 AVI 是基于位图的格式，因此如果包含的动画很长或者分辨率比较高，文件所占的存储空间就会非常大。将 Flash 文件导出为 Windows 视频时，会丢失所有的交互性。

选择“文件 > 导出 > 导出影片”命令，弹出“导出影片”对话框，在“文件名”选项的文本框中输入要导出视频文件的名称，在“保存类型”选项的下拉列表中选择“Windows AVI（*.avi）”，如图 1-43 所示，单击“保存”按钮，弹出“导出 Windows AVI”对话框，如图 1-44 所示。

图 1-43

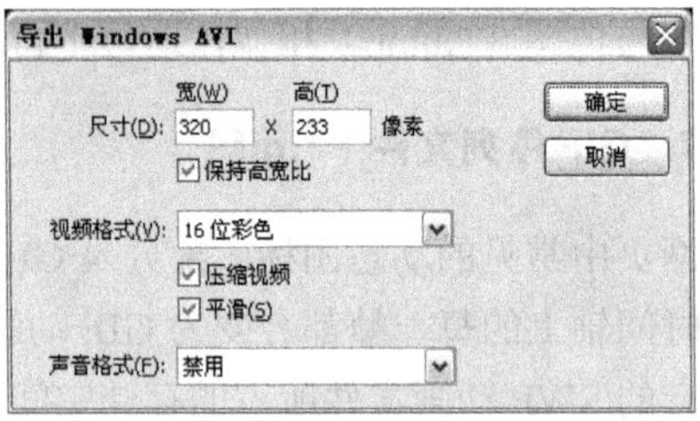

图 1-44

“尺寸”选项：可以指定 AVI 影片的宽度和高度，以像素为单位。当指定宽度和高度两者中的其中一个时，另一个尺寸会自动设置，这样会保持原始文档的高宽比。

“保持高宽比”复选框：取消对此复选框的勾选，可以分别设置宽度和高度。

“视频格式”选项：可以选择输出作品的颜色位数。目前许多应用程序不支持 32 位色的图像格式，如果使用这种格式时出现问题，可以使用 24 位色的图像格式。

“压缩视频”复选框：勾选此复选框，可以选择标准的 AVI 压缩选项。

“平滑”复选框：可以消除导出 AVI 影片中的锯齿。勾选此复选框，可以产生高质量的图像。背景为彩色时，AVI 影片可能会在图像的周围产生模糊，此时不勾选此复选框。

“声音格式”选项：设置音轨的取样比率和大小，以及是以单声还是以立体声导出声音。取样率高，声音的保真度就高，但占据的存储空间也大。取样比率和大小越小，导出的文件就越小，但可能会影响声音品质。

9. WAV 音频（*.wav）

用户可以将动画中的音频对象导出，并以 WAV 声音文件格式保存。

选择“文件 > 导出 > 导出影片”命令，弹出“导出影片”对话框，在“文件名”选项的文本框中输入要导出音频文件的名称，在“保存类型”选项的下拉列表中选择“WAV 音频（*.wav）”，如图 1-45 所示，单击“保存”按钮，弹出“导出 Windows WAV”对话框，如图 1-46 所示。

图 1-45

图 1-46

“声音格式”选项：可以设置导出声音的取样频率、比特率以及立体声或单声。

“忽略事件声音”复选框：勾选此复选框，可以从导出的音频文件中排除事件声音。

第2章 卡片设计

设计精美的 Flash 卡片可以传递温馨的祝福，带给大家无限的欢乐。本章以制作多个类别的卡片为例，为读者介绍卡片的设计方法和制作技巧，读者通过学习要能够独立地制作出自己喜爱的卡片。

课堂学习目标

- 了解卡片的表现手法
- 掌握卡片的设计思路和流程
- 掌握卡片的制作方法和技巧

2.1 绘制圣诞夜景

2.1.1 【案例分析】

圣诞节已经成为一个大家都喜欢的节日，在这个节日里，大家交换礼物，邮寄圣诞卡片。本例将设计制作圣诞节卡片，卡片要表现出圣诞节的重要元素，表达出欢快温馨的节日气氛。

2.1.2 【设计理念】

在设计过程中，通过深蓝色的背景图、白色的积雪和圆圆的月亮来烘托出午夜的气氛。绿色圣诞树和装饰彩带的运用体现出圣诞节卡片的设计主题，卡片上的雪花图案更好地烘托了节日的气氛。(最终效果参看光盘中的“Ch02 > 效果 >绘制圣诞夜景”，如图 2-1 所示。)

图 2-1

2.1.3 【操作步骤】

1. 绘制背景

步骤 1 选择“文件 > 新建”命令，在弹出的“新建文档”对话框中选择“Flash 文件”选项，单击“确定”按钮，进入新建文档的舞台窗口。按 Ctrl+F3 组合键，弹出文档的“属性”面板，将“背景”设为深蓝色（#004080），如图 2-2 所示。在“时间轴”面板中将“图层 1”重命名为“白色雪地”。

步骤 2 选择“铅笔”工具，在工具箱下方选择“平滑”选项。在铅笔工具“属性”面板中将“笔触颜色”设为白色，“笔触高度”设为 4，如图 2-3 所示。

步骤 3 在舞台窗口的中间位置绘制出一条曲线。按住 Shift 键的同时，在曲线的下方绘制出 3 条直线，使曲线与直线形成闭合区域，效果如图 2-4 所示。选择“颜料桶”工具，在工具箱中将填充色设为白色，在闭合的区域中间单击鼠标填充颜色，效果如图 2-5 所示。

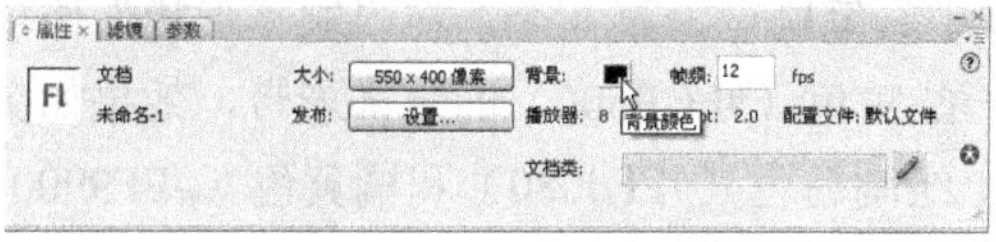

图 2-2

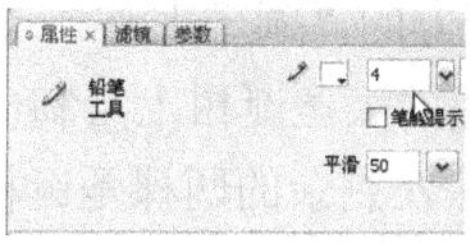

图 2-3

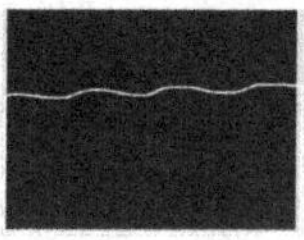
图 2-4

图 2-5

2. 绘制圣诞树

步骤 1 在“时间轴”面板中单击“锁定/解除锁定所有图层”按钮下方的小黑圆点，“白色雪地”图层上显示出一个锁状图标，表示“白色雪地”图层被锁定（被锁定的图层不能进行编辑）。单击“时间轴”面板下方的“插入图层”按钮创建新图层，并将其命名为“圣诞树”，如图 2-6 所示。选择“线条”工具，在工具箱中将笔触颜色设为绿色（#32AB25），在场景中绘制出圣诞树的外边线，效果如图 2-7 所示。

步骤 2 选择“选择”工具，将鼠标指针放在圣诞树左上方边线的中心位置，鼠标指针下方出现圆弧形状，这表明可以将该直线转换为弧线，在直线的中心位置按住鼠标并向下拖曳，直线变为弧线，效果如图 2-8 所示。用相同的方法把圣诞树边线上的所有直线转换为弧线，效果如图 2-9 所示。用相同的方法再绘制出两棵小圣诞树，效果如图 2-10 所示。

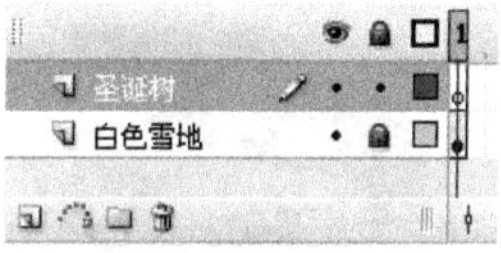

图 2-6

图 2-7

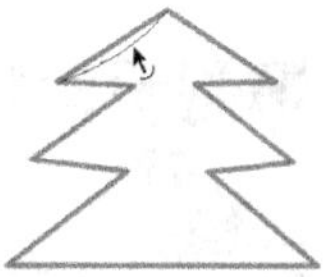
图 2-8

图 2-9

图 2-10

步骤 3 选择“颜料桶”工具，在工具箱中将填充色设为绿色（#32AB25），用鼠标单击圣诞树的边线内部填充颜色，效果如图 2-11 所示。选择“椭圆”工具，在工具箱中将笔触颜色设为无，将填充色设为黄色（#FFFF33），如图 2-12 所示。按住 Shift 键的同时，在舞台窗口的左上方绘制出一个圆形作为月亮，效果如图 2-13 所示。

图 2-11

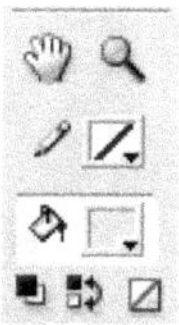
图 2-12

图 2-13

3. 绘制雪花

步骤 1 在“圣诞树”图层上单击“锁定/解除锁定所有图层”按钮下方的小黑圆点，锁定“圣诞树”图层。单击“时间轴”面板下方的“插入图层”按钮创建新图层，并将其命名为“雪花”，如图 2-14 所示。

步骤 2 选择“文件 > 导入 > 导入到舞台”命令，在弹出的对话框中选择“Ch02 > 素材 >绘制圣诞夜景 > 栅栏”文件，单击“打开”按钮，栅栏图形被导入到舞台窗口中。将栅栏图形放置在月亮图形的下方，效果如图 2-15 所示。选择“刷子”工具，将填充色设为黄色（#FFFF66），在工具箱下方的“刷子大小”选项中将笔刷设为第 8 个，将“刷子形状”选项设为水平椭圆形，在前面的大圣诞树上绘制出一些黄色（#FCF600）的装饰彩带，效果如图 2-16 所示。用相同的方法在剩余的两棵圣诞树上绘制粉色（#FF0080）和橘黄色（#FF9900）的装饰彩带，效果如图 2-17 所示。

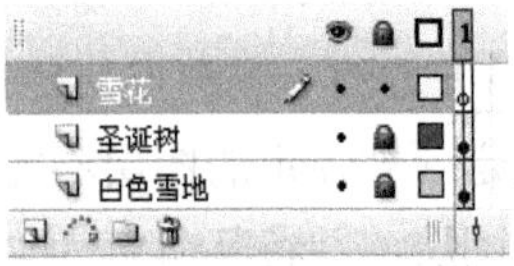

图 2-14

图 2-15

图 2-16

图 2-17

步骤 3 选择“椭圆”工具，在工具箱中将笔触颜色设为无，将填充色设为白色，按住 Shift 键的同时，在场景中绘制出一个小圆形，效果如图 2-18 所示。

步骤 4 按住 Alt 键，用鼠标选中圆形并向其下方拖曳，可复制当前选中的圆形，效果如图 2-19 所示。选中复制的圆形，选择“任意变形”工具，此时在圆形的周围出现 8 个控制点，效果如图 2-20 所示。按住 Shift+Alt 组合键，用鼠标向内侧拖曳右下方的控制点，将圆形缩小，效果如图 2-21 所示。

图 2-18

图 2-19

图 2-20

图 2-21

步骤 5 在场景中的任意地方单击，控制点消失，圆形缩小，效果如图 2-22 所示。用相同的方法复制出多个圆形并改变它们的大小，效果如图 2-23 所示，圣诞夜景绘制完成。

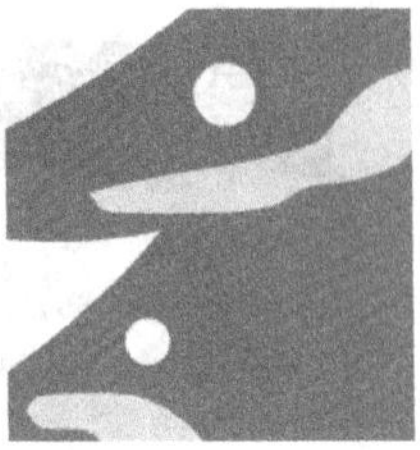
图 2-22

图 2-23

2.1.4 【相关工具】

1. 选择工具

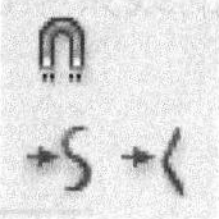

图 2-24

选择“选择”工具，工具箱下方出现如图 2-24 所示的按钮，利用这些按钮可以完成以下工作。

“贴紧至对象”按钮：自动将舞台上的两个对象定位到一起，一般在制作引导层动画时可利用此按钮将关键帧的对象锁定到引导路径上，单击此按钮还可以将对象定位到网格上。

“平滑”按钮：可以柔化选择的曲线条。当选中对象时，此按钮变为可用。

“伸直”按钮：可以锐化选择的曲线条。当选中对象时，此按钮变为可用。

◎ 选择对象

选择“选择”工具，在舞台中的对象上单击鼠标进行点选，如图 2-25 所示。按住 Shift 键再点选对象，可以同时选中多个对象，如图 2-26 所示。在舞台中拖曳出一个矩形框可以框选对象，如图 2-27 所示。

图 2-25

图 2-26

图 2-27

◎ 移动和复制对象

选择“选择”工具点选对象，如图 2-28 所示。按住鼠标左键不放，直接拖曳对象到任意位置，如图 2-29 所示。

选择“选择”工具点选对象，按住 Alt 键的同时拖曳选中的对象到任意位置，则选中的对象被复制，如图 2-30 所示。

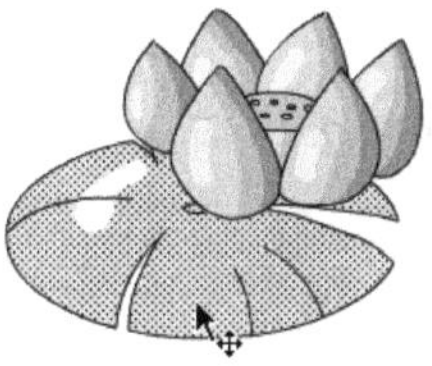

图 2-28

图 2-29

图 2-30

◎ 调整向量线条和色块

选择“选择”工具，将鼠标指针移至对象上，鼠标指针下方出现圆弧，如图 2-31 所示。拖动鼠标对选中的线条和色块进行调整，如图 2-32 所示。

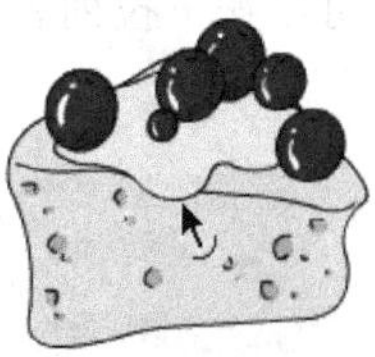

图 2-31

图 2-32

2. 线条工具

选择“线条”工具，在舞台上单击鼠标，按住鼠标左键不放并向右拖动到需要的位置，绘制出一条直线，释放鼠标，直线效果如图 2-33 所示。在线条工具的“属性”面板中可以设置不同的线条颜色、线条粗细、线条类型，如图 2-34 所示。

图 2-33

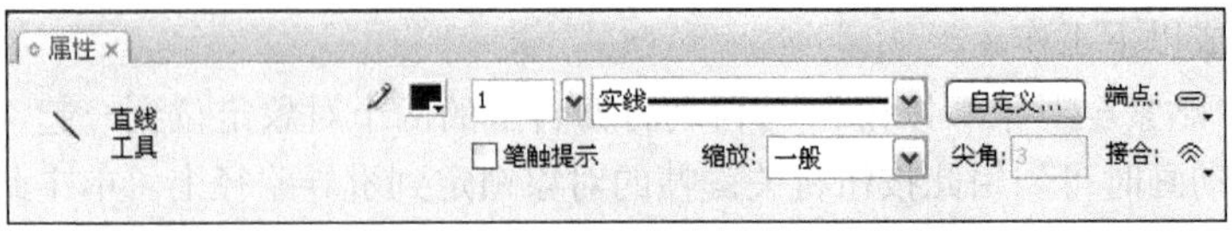

图 2-34

设置不同的线条属性后，绘制的线条如图 2-35 所示。

图 2-35

提 示 选择“线条”工具 时，如果按住 Shift 键的同时拖曳鼠标进行绘制，则限制线条工具只能在 45° 或 45° 的倍数方向绘制直线。线条工具无法设置填充属性。

3. 铅笔工具

选择“铅笔”工具，在舞台上单击并按住鼠标左键不放，在舞台上随意绘制出线条，释放鼠标，线条效果如图 2-36 所示。如果想绘制出平滑或伸直的线条和形状，可以在工具箱下方的选项区域中为铅笔工具选择一种绘画模式，如图 2-37 所示。

“直线化”选项：可以绘制直线，并将接近三角形、椭圆、圆形、矩形和正方形的形状转换为这些常见的几何形状。

“平滑”选项：可以绘制平滑曲线。

“墨水”选项：可以绘制不用修改的手绘线条。

可以在铅笔工具“属性”面板中设置不同的线条颜色、线条粗细、线条类型，如图 2-38 所示。设置不同的线条属性后，绘制的图形如图 2-39 所示。

单击“属性”面板右侧的“自定义”按钮，弹出“笔触样式”对话框，如图 2-40 所示，在对话框中可以自定义笔触样式。

“4 倍缩放”复选框：可以放大 4 倍预览设置不同选项后所产生的效果。

“粗细”选项：可以设置线条的粗细。

“锐化转角”复选框：勾选此复选框可以使线条的转折效果变得明显。

“类型”选项：可以在下拉列表中选择线条的类型。

图 2-36

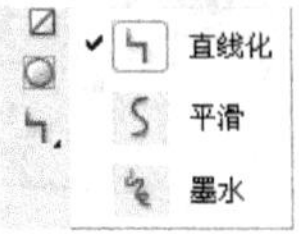

图 2-37

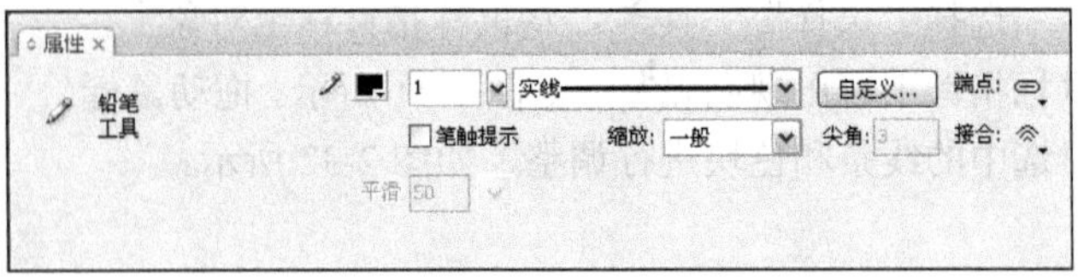

图 2-38

图 2-39

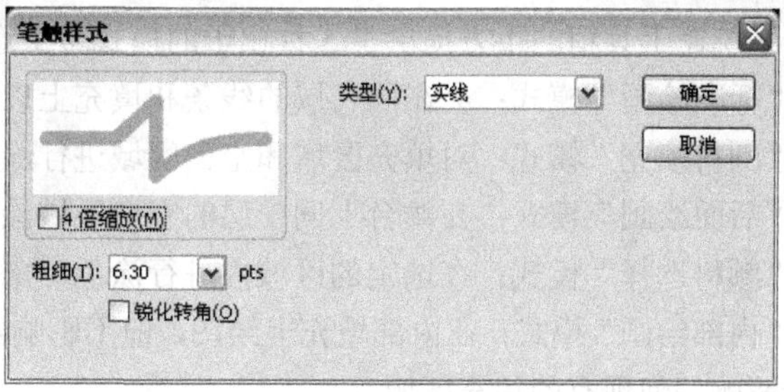

图 2-40

4. 椭圆工具

选择“椭圆”工具，在舞台上单击并按住鼠标左键不放，向需要的位置拖曳鼠标，绘制出椭圆图形，释放鼠标，图形效果如图 2-41 所示。在按住 Shift 键的同时绘制图形，可以绘制出圆形，效果如图 2-42 所示。

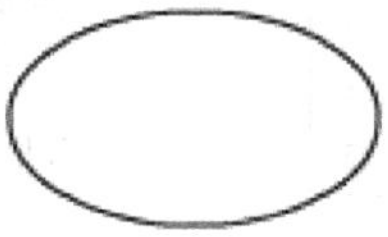

图 2-41

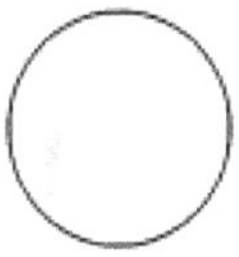

图 2-42

可以在椭圆工具“属性”面板中设置不同的边框颜色、边框粗细、边框线型和填充颜色，如图 2-43 所示。设置不同的边框属性和填充颜色后，绘制的图形如图 2-44 所示。

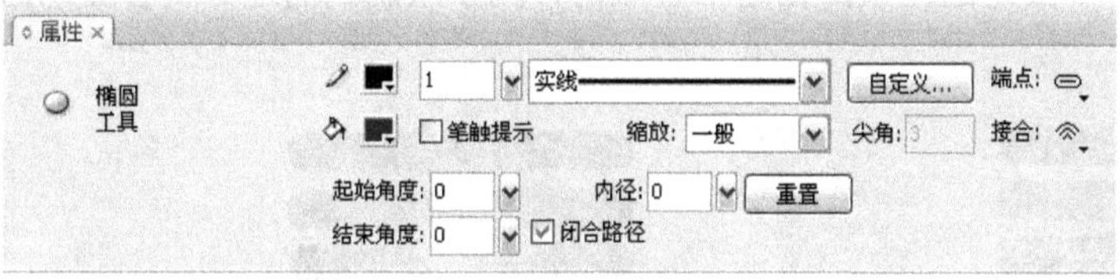

图 2-43

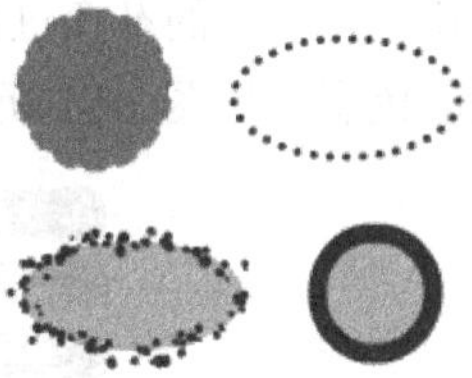

图 2-44

5. 刷子工具

选择“刷子”工具，在舞台上单击并按住鼠标左键不放，随意绘制出笔触，释放鼠标，图形效果如图 2-45 所示。可以在刷子工具“属性”面板中设置不同的笔触颜色和平滑度，如图 2-46 所示。

图 2-45

图 2-46

在工具箱的下方应用“刷子大小”选项和“刷子形状”选项，可以设置刷子的大小与形状，设置不同的刷子形状后所绘制的笔触效果如图 2-47 所示。

图 2-47

系统在工具箱的下方提供了 5 种刷子的模式可供选择，如图 2-48 所示。

“标准绘画”模式：会在同一层的线条和填充上以覆盖的方式涂色。

“颜料填充”模式：对填充区域和空白区域进行涂色，其他部分（如边框线）不受影响。

“后面绘画”模式：在舞台上同一层的空白区域涂色，但不影响原有的线条和填充。

“颜料选择”模式：在选定的区域内进行涂色，未被选中的区域不能够涂色。

“内部绘画”模式：在内部填充上绘图，但不影响线条。如果在空白区域中开始涂色，该填充不会影响任何现有的填充区域。

应用不同的模式绘制出的效果如图 2-49 所示。

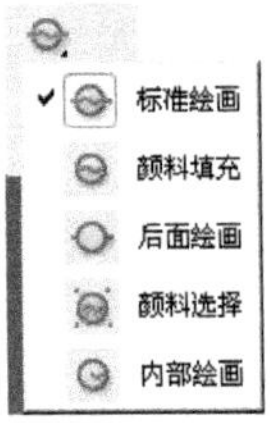

图 2-48

图 2-49

“锁定填充”按钮：先为刷子选择放射性渐变色彩，当没有单击此按钮时，用刷子绘制出的每个线条都有自己完整的渐变过程，线条与线条之间不会互相影响，如图 2-50 所示。当单击此按钮时，颜色的渐变过程形成一个固定的区域，在这个区域内，刷子绘制到的地方就会显示出相应的色彩，如图 2-51 所示。

图 2-50

图 2-51

在使用刷子工具涂色时，可以使用导入的位图作为填充。

导入粉色花图片，效果如图 2-52 所示。选择“窗口 > 颜色”命令，弹出“颜色”面板，将“类型”选项设为“位图”，用刚才导入的位图作为填充图案，如图 2-53 所示。选择“刷子”工具，在窗口中随意绘制一些笔触，效果如图 2-54 所示。

图 2-52

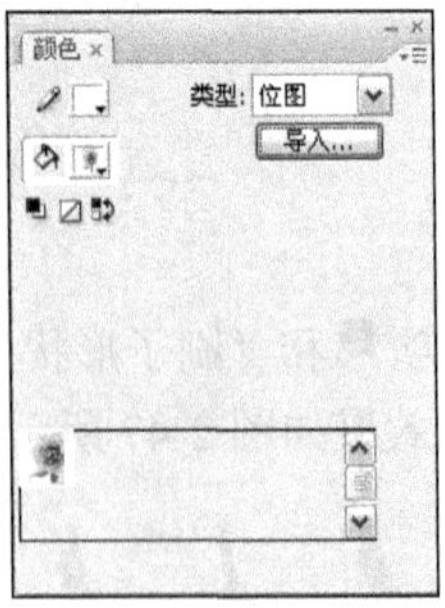

图 2-53

图 2-54

6. 颜料桶工具

绘制苹果线框图形，如图 2-55 所示。选择“颜料桶”工具，在“属性”面板中设置填充颜色，如图 2-56 所示。在苹果的线框内单击鼠标，线框内被填充颜色，如图 2-57 所示。

系统在工具箱的下方设置了 4 种填充模式可供选择，如图 2-58 所示。

图 2-55

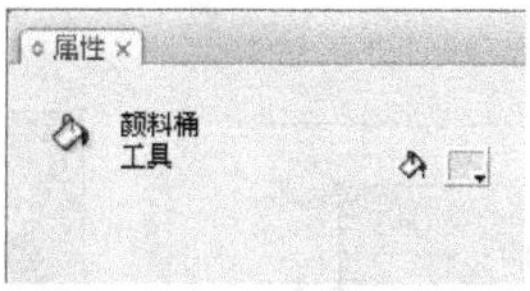

图 2-56

图 2-57

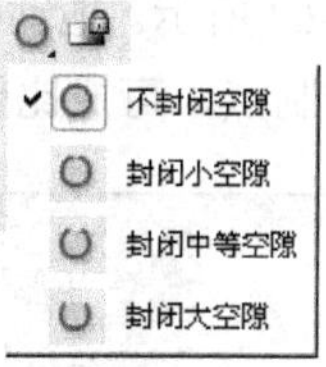

图 2-58

“不封闭空隙”模式：选择此模式时，只有在完全封闭的区域颜色才能被填充。

“封闭小空隙”模式：选择此模式时，当边线上存在小空隙时允许填充颜色。

“封闭中等空隙”模式：选择此模式时，当边线上存在中等空隙时允许填充颜色。

“封闭大空隙”模式：选择此模式时，当边线上存在大空隙时允许填充颜色。当选择“封闭大空隙”模式时，无论是小空隙还是中等空隙，都可以填充颜色。

根据线框空隙的大小应用不同的模式进行填充，效果如图 2-59 所示。

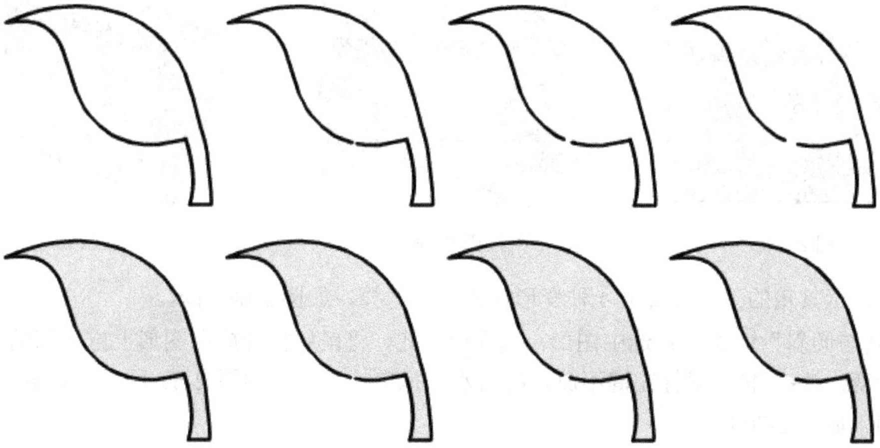
“不封闭空隙”模式　“封闭小空隙”模式　“封闭中等空隙”模式　“封闭大空隙”模式

图 2-59

“锁定填充”按钮：可以对填充颜色进行锁定，锁定后填充颜色不能被更改。

没有单击此按钮时，填充颜色可以根据需要进行更改，如图 2-60 所示。

单击此按钮时，将鼠标指针放置在填充颜色上，鼠标指针变为，此时填充颜色被锁定，不能随意更改，如图 2-61 所示。

图 2-60

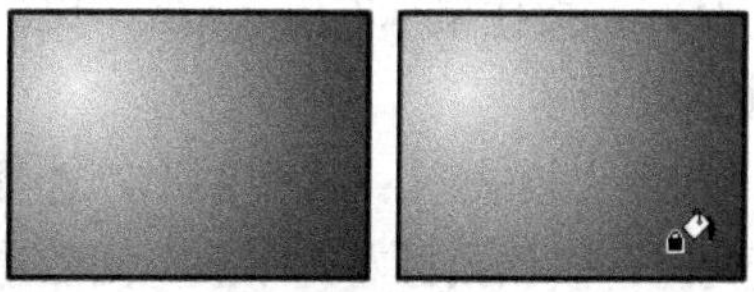
图 2-61

7. 任意变形工具

在制作图形的过程中，可以应用任意变形工具来改变图形的大小及倾斜度，也可以应用渐变变形工具改变图形中渐变填充颜色的渐变效果。

选中图形，按 Ctrl+B 组合键将其打散。选择“任意变形”工具，在图形的周围出现控制点，如图 2-62 所示。拖动控制点可以改变图形的大小，如图 2-63 和图 2-64 所示。按住 Shift 键的同时拖动控制点，可成比例地缩放图形。

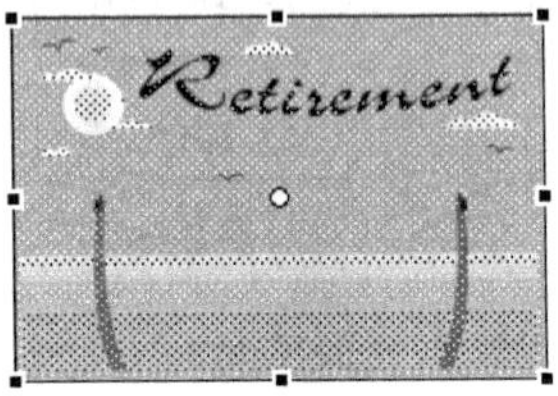

图 2-62

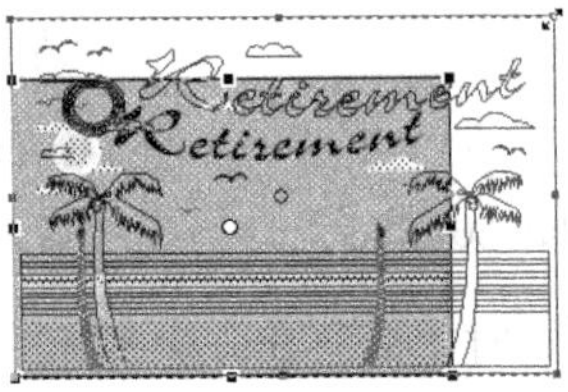

图 2-63

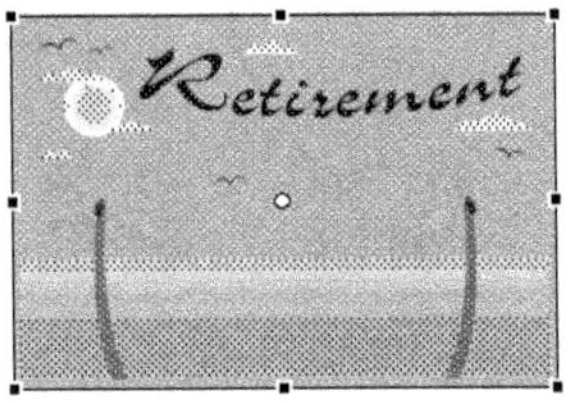

图 2-64

将鼠标指针放在 4 个角的控制点上时，鼠标指针变为，如图 2-65 所示。拖动鼠标可以旋转图形，如图 2-66 和图 2-67 所示。

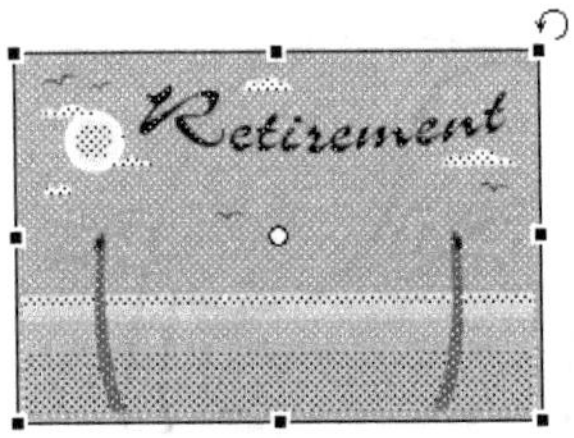

图 2-65

图 2-66

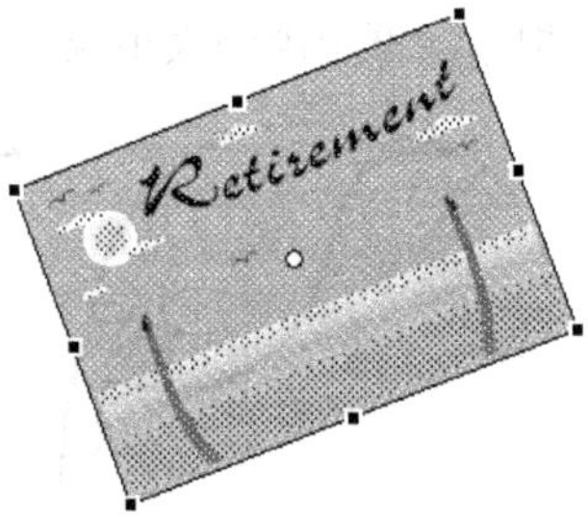

图 2-67

系统在工具箱的下方设置了 4 种变形模式可供选择，如图 2-68 所示。

“旋转与倾斜”模式：选中图形，选择该模式，将鼠标指针放在图形上方中间的控制点上，鼠标指针变为，按住鼠标左键不放，向右水平拖曳控制点，如图 2-69 所示；释放鼠标，图形变为倾斜，如图 2-70 所示。

图 2-68

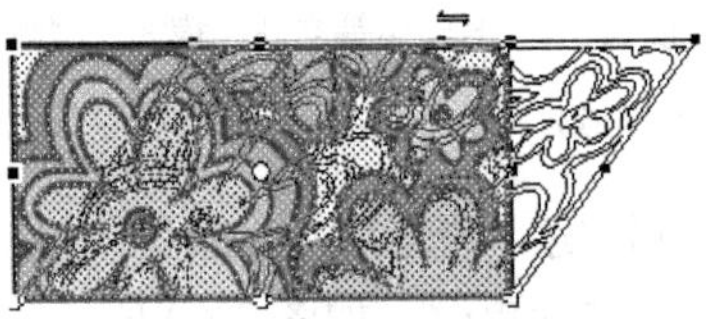

图 2-69

图 2-70

“缩放”模式：选中图形，选择该模式，将鼠标指针放在图形右上方的控制点上，鼠标指针变为，按住鼠标左键不放，向右上方拖曳控制点，如图 2-71 所示，释放鼠标，图形变大，如图 2-72 所示。

“扭曲”模式：选中图形，选择该模式，将鼠标指针放在图形右上方的控制点上，鼠标指针变为，按住鼠标左键不放，向右上方拖曳控制点，如图 2-73 所示，释放鼠标，图形扭曲，如图 2-74 所示。

图 2-71

图 2-72

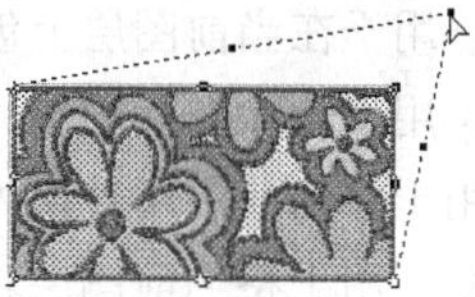

图 2-73

图 2-74

“封套”模式：选中图形，选择该模式，图形周围出现一些节点，调节这些节点可以改变图形的形状。此时鼠标指针变为，拖动节点，如图 2-75 所示，释放鼠标，图形扭曲，如图 2-76 所示。

图 2-75

图 2-76

8. “时间轴”面板

“时间轴”面板由“图层”面板和时间轴组成，如图 2-77 所示。

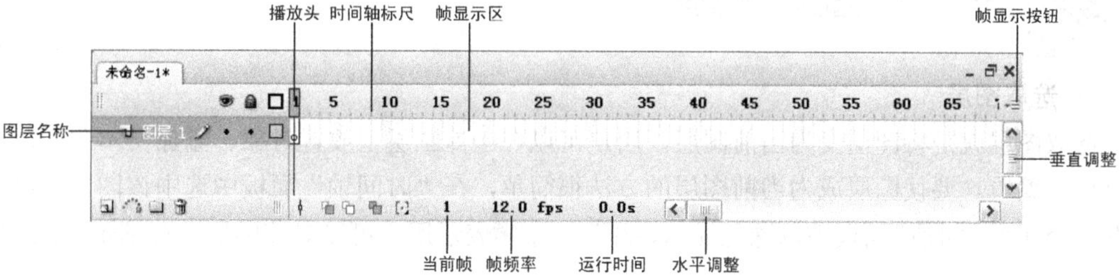

图 2-77

眼睛图标：单击此图标，可以隐藏或显示图层中的内容。
锁状图标：单击此图标，可以锁定或解锁图层。
线框图标：单击此图标，可以将图层中的内容以线框的方式显示。
“插入图层”按钮：用于创建图层。
“添加运动引导层”按钮：用于创建运动引导层。
“插入图层文件夹”按钮：用于创建图层文件夹。
“删除图层”按钮：用于删除无用的图层。

9. 图层的设置

◎ 层的快捷菜单

右键单击“时间轴”面板中的图层名称，弹出快捷菜单，如图 2-78 所示。

图 2-78

“显示全部”命令：用于显示所有的隐藏图层和图层文件夹。
“锁定其他图层”命令：用于锁定除当前图层以外的所有图层。
“隐藏其他图层”命令：用于隐藏除当前图层以外的所有图层。

“插入图层”命令：用于在当前图层上创建一个新的图层。

“删除图层”命令：用于删除当前图层。

“引导层”命令：用于将当前图层转换为普通引导层。

“添加引导层”命令：用于将当前图层转换为运动引导层。

“遮罩层”命令：用于将当前图层转换为遮罩层。

“显示遮罩”命令：用于在舞台窗口中显示遮罩效果。

“插入文件夹”命令：用于在当前图层上创建一个新的层文件夹。

“删除文件夹”命令：用于删除当前的层文件夹。

“展开文件夹”命令：用于展开当前的层文件夹，显示出其包含的图层。

“折叠文件夹”命令：用于折叠当前的层文件夹。

“展开所有文件夹”命令：用于展开“时间轴”面板中所有的层文件夹，显示出所包含的图层。

“折叠所有文件夹”命令：用于折叠“时间轴”面板中所有的层文件夹。

“属性”命令：用于设置图层的属性。

◎ **创建图层**

为了分门别类地组织动画内容，需要创建普通图层。选择“插入 > 时间轴 > 图层”命令，创建一个新的图层，或者在“时间轴”面板下方单击“插入图层”按钮，创建一个新的图层。

提　示　默认状态下，新创建的图层按“图层 1”、“图层 2”……的顺序进行命名，也可以根据需要自行设定图层的名称。

◎ **选取图层**

选取图层就是将图层变为当前图层，用户可以在当前图层上放置对象、添加文本和图形，还可以进行编辑。要使图层成为当前图层的方法很简单，在“时间轴”面板中选中该图层即可。当前图层会在“时间轴”面板中以深色显示，铅笔图标表示用户可以对该图层进行编辑，如图 2-79 所示。

按住 Ctrl 键的同时，用鼠标在要选择的图层上单击，可以一次选择多个图层，如图 2-80 所示。按住 Shift 键的同时，用鼠标单击两个图层，则在这两个图层中间的其他图层也会被同时选中，如图 2-81 所示。

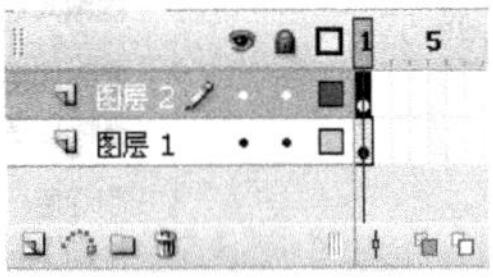

图 2-79

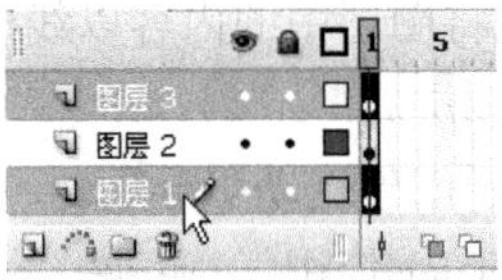

图 2-80

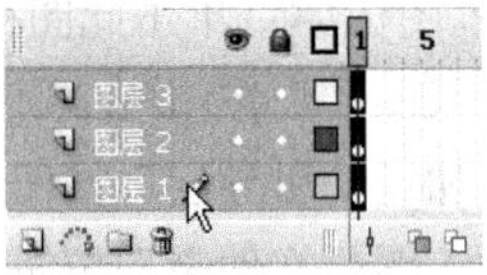

图 2-81

◎ **排列图层**

用户可以根据需要，在“时间轴”面板中为图层重新排列顺序。

在“时间轴”面板中选中“图层 3”，如图 2-82 所示。按住鼠标左键不放，将“图层 3”向下拖曳，这时会出现一条虚线，如图 2-83 所示。将虚线拖曳到“图层 1”的下方，释放鼠标，则“图层 3”移动到“图层 1”的下方，如图 2-84 所示。

◎ **复制、粘贴图层**

用户可以根据需要，将图层中的所有对象复制并粘贴到其他图层或场景中。

在“时间轴”面板中单击要复制的图层，如图 2-85 所示，选择“编辑 > 时间轴 > 复制帧”命令进行复制。在“时间轴”面板下方单击“插入图层”按钮，创建一个新的图层，选中新的图层，如图 2-86 所示，选择“编辑 > 时间轴 > 粘贴帧”命令，在新建的图层中粘贴复制的内容，如图 2-87 所示。

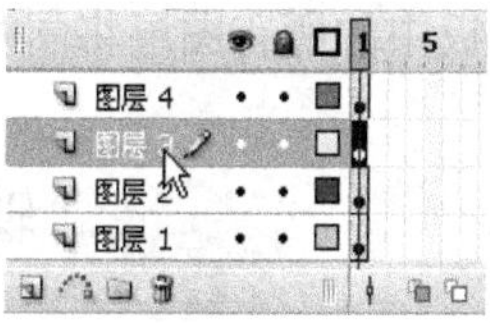

图 2-82

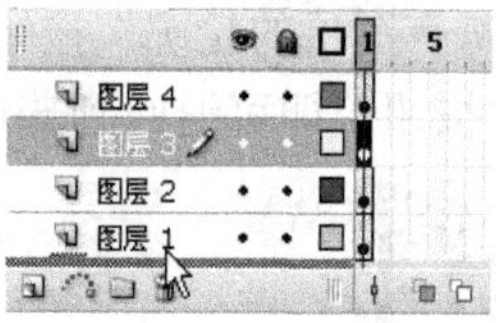

图 2-83

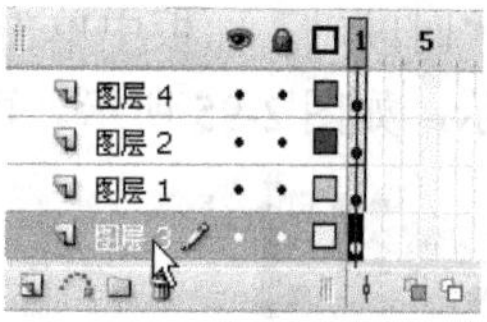

图 2-84

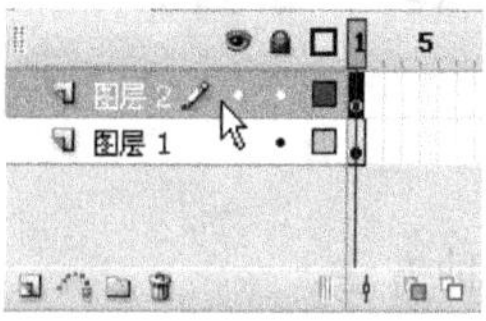

图 2-85

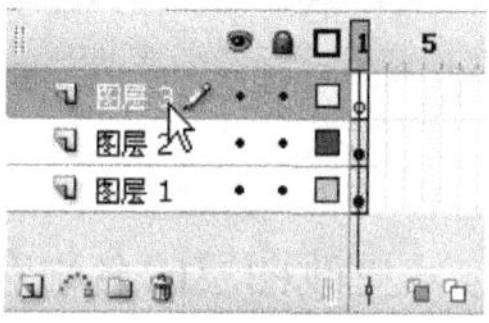

图 2-86

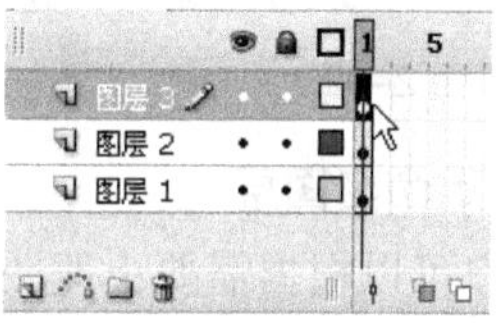

图 2-87

◎ **删除图层**

如果某个图层不再需要，可以将其进行删除。删除图层有以下两种方法：在“时间轴”面板中选中要删除的图层，在面板下方单击“删除图层”按钮，即可删除选中的图层，如图 2-88 所示；还可在“时间轴”面板中选中要删除的图层，按住鼠标左键不放，将其向下拖曳，这时会出现一条虚线，将虚线拖曳到“删除图层”按钮上进行删除，如图 2-89 所示。

◎ **隐藏、锁定图层和图层的线框显示模式**

（1）隐藏图层：动画经常是多个图层叠加在一起的效果，为了便于观察某个图层中对象的效果，可以把其他的图层先隐藏起来。

在“时间轴”面板中单击“显示/隐藏所有图层”按钮下方的小黑圆点，这时小黑圆点所在的图层就被隐藏，并且在该图层上显示出一个叉号图标✕，如图 2-90 所示，此时图层将不能被编辑。

在“时间轴”面板中单击“显示/隐藏所有图层”按钮，面板中的所有图层将被同时隐藏，如图 2-91 所示。再单击此按钮，即可解除隐藏。

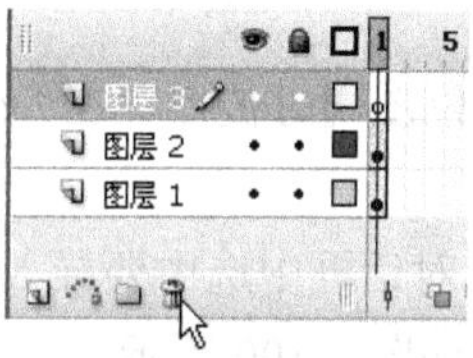

图 2-88

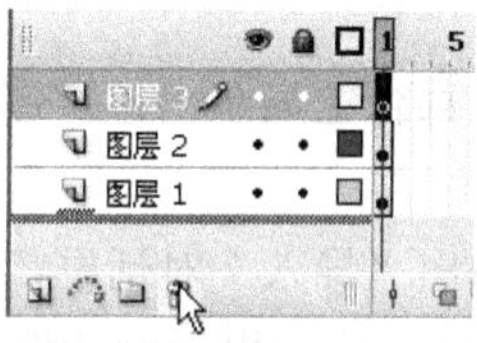

图 2-89

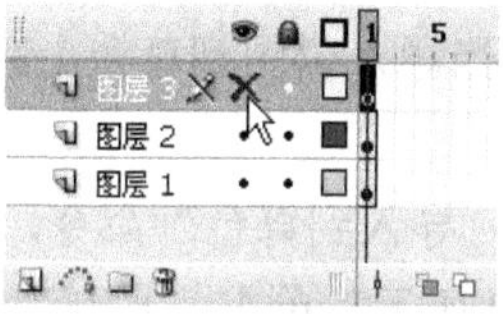

图 2-90

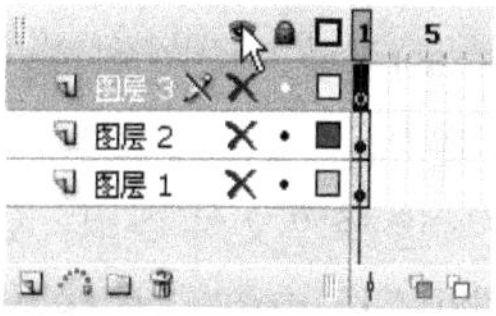

图 2-91

（2）锁定图层：如果某个图层上的内容已符合要求，则可以锁定该图层，以避免内容被意外地更改。

在“时间轴”面板中单击“锁定/解除锁定所有图层”按钮下方的小黑圆点，这时小黑圆点所在的图层就被锁定，并且在该图层上显示出一个锁状图标，如图 2-92 所示，此时图层将不能被编辑。

在“时间轴”面板中单击“锁定/解除锁定所有图层”按钮，面板中的所有图层将被同时锁定，如图 2-93 所示。再单击此按钮，即可解除锁定。

（3）图层的线框显示模式：为了便于观察图层中的对象，可以将对象以线框的模式进行显示。

在“时间轴”面板中单击“显示所有图层的轮廓”按钮□下方的实色正方形，这时实色正方形所在图层中的对象就呈线框模式显示，在该图层上实色正方形变为线框图标□，如图 2-94 所示，此时并不影响编辑图层。

在“时间轴”面板中单击“显示所有图层的轮廓”按钮□，面板中的所有图层将同时以线框模式显示，如图 2-95 所示。再单击此按钮，即可返回到普通模式。

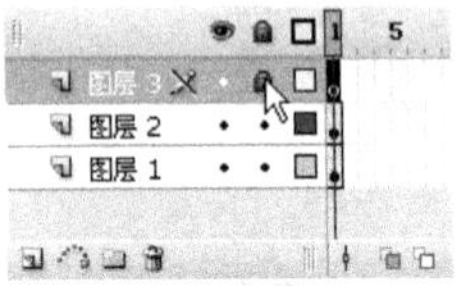

图 2-92

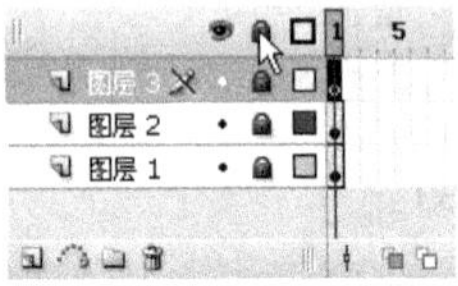

图 2-93

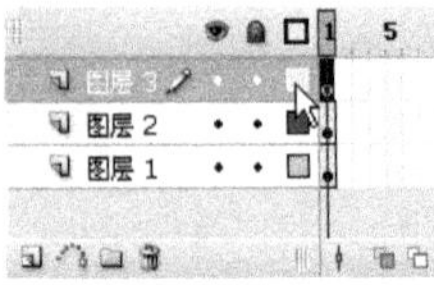

图 2-94

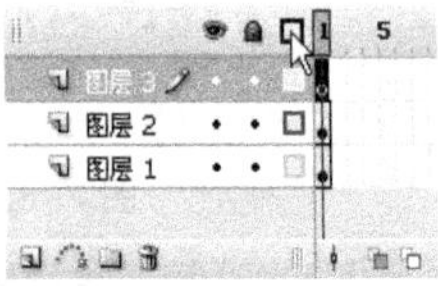

图 2-95

◎ **重命名图层**

用户可以根据需要更改图层的名称，更改图层的名称有以下两种方法。

（1）双击“时间轴”面板中的图层名称，名称变为可编辑状态，如图 2-96 所示，输入要更改的图层名称，如图 2-97 所示，在图层旁边单击鼠标，即可完成图层名称的修改，如图 2-98 所示。

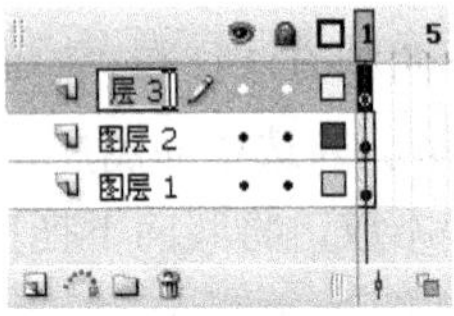

图 2-96

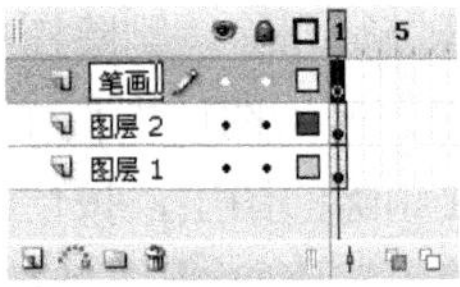

图 2-97

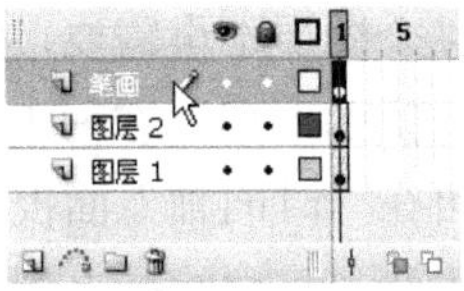

图 2-98

（2）选中要修改名称的图层，选择“修改 > 时间轴 > 图层属性”命令，在弹出的“图层属性”对话框中修改图层的名称。

10. 导入图像素材

Flash CS3 可以识别多种不同的位图和矢量图的文件格式，用户可以通过导入或粘贴的方法将素材导入到 Flash CS3 中。

◎ **导入到舞台**

（1）导入位图到舞台：当导入位图到舞台上时，舞台上显示出该位图，位图同时被保存在“库”面板中。

选择“文件 > 导入 > 导入到舞台”命令，弹出“导入”对话框，在对话框中选中要导入的位图图片“01”，如图 2-99 所示，单击“打开”按钮，弹出提示对话框，如图 2-100 所示。

图 2-99

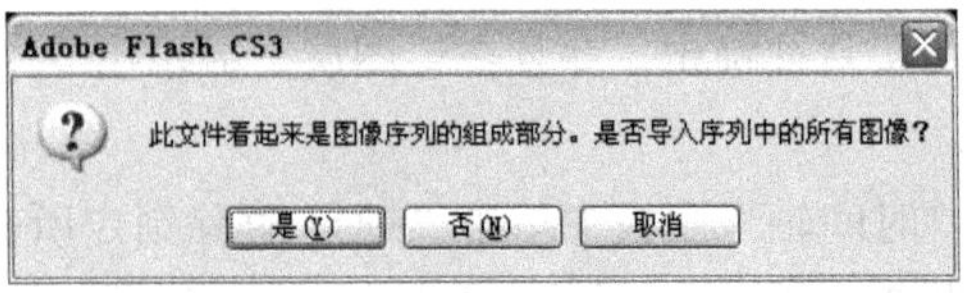

图 2-100

当单击“否”按钮时，选择的位图图片“01”被导入到舞台上，这时舞台、“库”面板和“时间轴”面板所显示的效果如图 2-101、图 2-102 和图 2-103 所示。

图 2-101

图 2-102

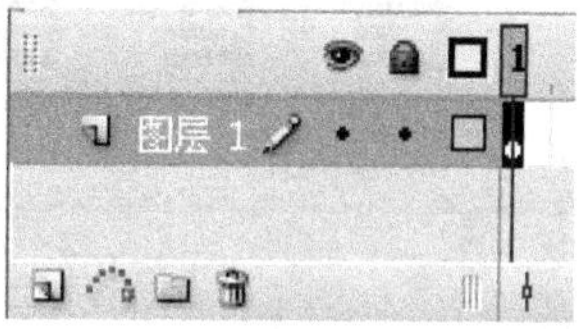

图 2-103

当单击“是”按钮时，位图图片 01～05 全部被导入到舞台上，这时舞台、“库”面板和“时间轴”面板所显示的效果如图 2-104、图 2-105 和图 2-106 所示。

图 2-104

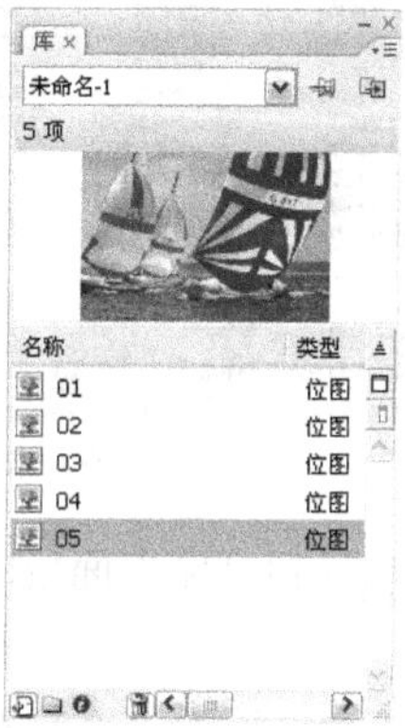

图 2-105

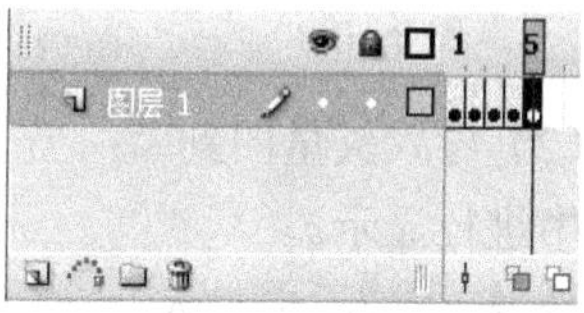

图 2-106

提 示 可以用各种方式将多种位图导入到 Flash CS3 中，并且可以从 Flash CS3 中启动 Fireworks 或其他外部图像编辑器，从而在这些编辑应用程序中修改导入的位图。可以对导入的位图应用压缩和消除锯齿功能，以控制位图在 Flash CS3 中的大小和外观，还可以将导入的位图作为填充应用到对象中。

（2）导入矢量图到舞台：当导入矢量图到舞台上时，舞台上显示该矢量图，但矢量图并不会被保存到“库”面板中。

选择“文件 > 导入 > 导入到舞台”命令，弹出“导入”对话框，在对话框中选中“花朵图案”文件，如图 2-107 所示，单击“打开”按钮，弹出“将‘花朵图案.ai’导入到舞台”对话框，如图 2-108 所示，单击“确定”按钮，矢量图被导入到舞台上，如图 2-109 所示。此时查看“库”面板，其中并没有保存矢量图“花朵图案”。

◎ **导入到库**

（1）导入位图到库：当导入位图到“库”面板时，舞台上不显示该位图，只在“库”面板中进行显示。

选择“文件 > 导入 > 导入到库”命令，弹出“导入到库”对话框，在对话框中选中“彩色帆船”文件，如图 2-110 所示，单击“打开”按钮，位图被导入到“库”面板中，如图 2-111 所示。

图 2-107

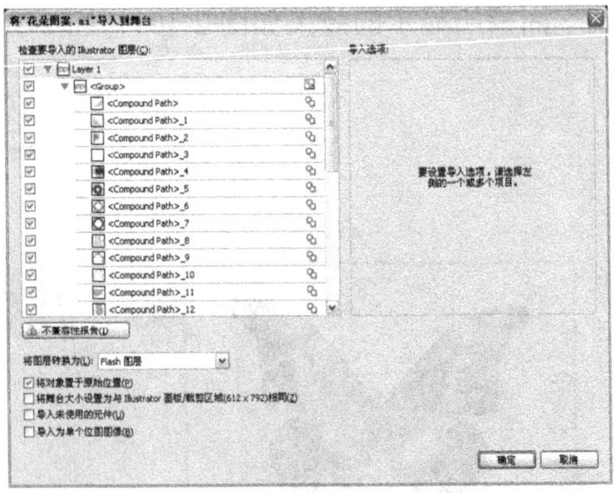

图 2-108

图 2-109

图 2-110

图 2-111

（2）导入矢量图到库：当导入矢量图到“库”面板时，舞台上不显示该矢量图，只在“库”面板中进行显示。

选择“文件 > 导入 > 导入到库”命令，弹出“导入到库”对话框，在对话框中选中“蛋糕”文件，如图 2-112 所示，单击“打开”按钮，弹出“将‘蛋糕.ai’导入到库”对话框，如图 2-113 所示，单击“确定”按钮，矢量图被导入到“库”面板中，如图 2-114 所示。

图 2-112

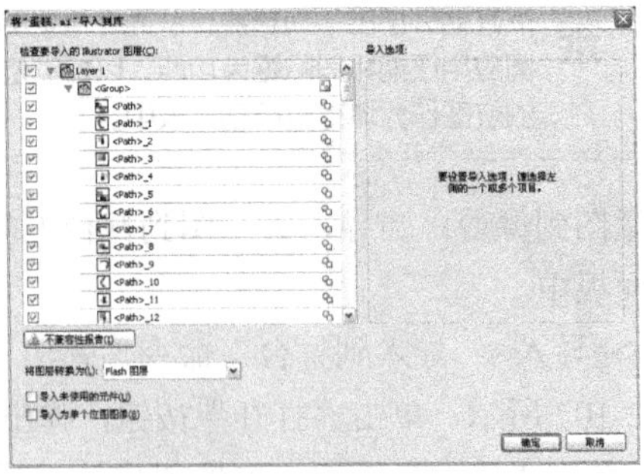

图 2-113

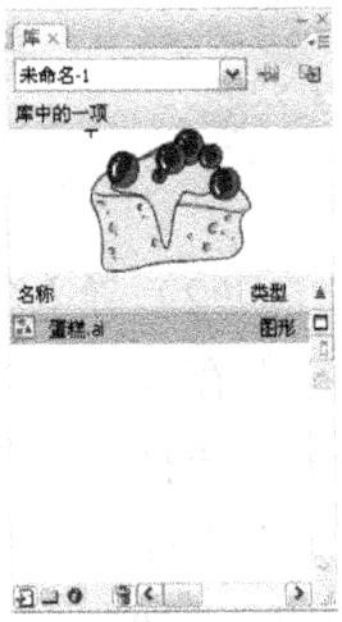

图 2-114

提　示　如果需要循环播放动画，可以选择“控制 > 循环播放”命令，再应用“播放”按钮或其他测试命令即可。

2.1.5 【实战演练】绘制田园风景

使用铅笔工具绘制白云、山川和草地图形，使用“颜色”面板和颜料桶工具改变白云和草地的颜色，使用任意变形工具改变蜻蜓图形的大小和角度，使用“导入到舞台”命令导入素材图片。（最终效果参看光盘中的“Ch02 > 效果 > 绘制田园风景”，如图 2-115 所示。）

图 2-115

2.2 绘制沙滩风景

2.2.1 【案例分析】

夏日炎炎，沙滩的美景令人心旷神怡，一望无际的碧绿海水、宽阔的沙滩、袅娜的椰子树、闪闪发光的贝壳、朵朵白云还有漂浮在海上的小船，本例通过装饰绘画的手法绘制出这幅美丽的海滨风景画。

2.2.2 【设计理念】

在设计过程中，首先要设计海边的自然景象，从天空入手，绘制淡淡的云彩与似火的骄阳。再绘制海水和沙滩，这是画面的核心内容。接着绘制小船图形，需注意图形之间的比例关系。再导入椰子树和贝壳图形，增强画面的视觉效果。（最终效果参看光盘中的“Ch02 > 效果 > 绘制沙滩风景”，如图 2-116 所示。）

图 2-116

2.2.3 【操作步骤】

1. 绘制背景

步骤 1 选择“文件 > 新建”命令，在弹出的“新建文档”对话框中选择“Flash 文件”选项，单击“确定”按钮，进入新建文档舞台窗口。将“图层 1”重命名为“背景”。选择“矩形”工具，将笔触颜色设为无，填充色设为白色，绘制一个与舞台窗口大小相等的矩形。

步骤 2 选择“窗口 > 颜色”命令，弹出“颜色”面板，在“类型”选项的下拉列表中选择“线性”，在色带上单击鼠标增加颜色控制点，将第 1 个颜色控制点设为浅蓝色（#DCF0F3），第 2 个颜色控制点设为湖蓝色（#53B3C0），第 3 个颜色控制点设为蓝色（#2556A6），分别移动控制点的位置，如图 2-117 所示。

步骤 3 选择“颜料桶”工具，在矩形图形的中心向上拖曳填充渐变色，如图 2-118 所示，释放鼠标，效果如图 2-119 所示。

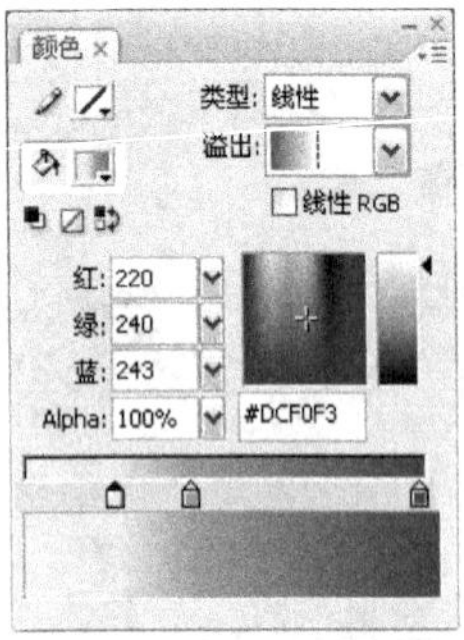

图 2-117

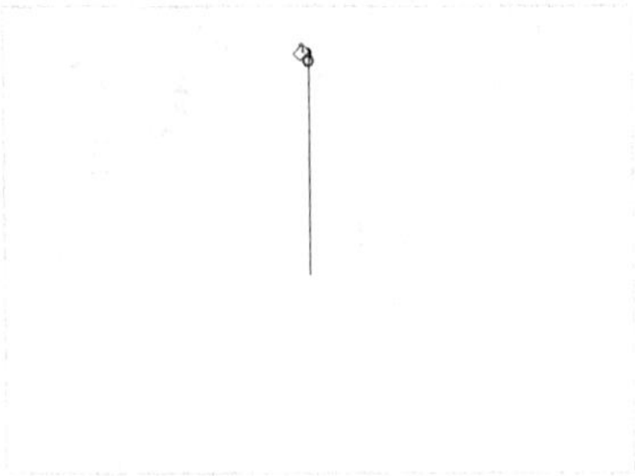

图 2-118

图 2-119

步骤 4 在“时间轴”面板下方单击“插入图层”按钮创建新图层，并将其命名为“沙滩”。选择“矩形”工具，将笔触颜色设为无，填充色设为白色，绘制白色矩形，效果如图 2-120 所示。调出“颜色”面板，在“类型”选项的下拉列表中选择“线性”，在色带上单击鼠标增加颜色控制点，将第 1 个颜色控制点设为象牙色（#FFFBF8），第 2 个颜色控制点设为浅肤色（#FEDDB7），效果如图 2-121 所示。选择“颜料桶”工具，在图形上拖曳填充渐变色，释放鼠标，效果如图 2-122 所示。

图 2-120

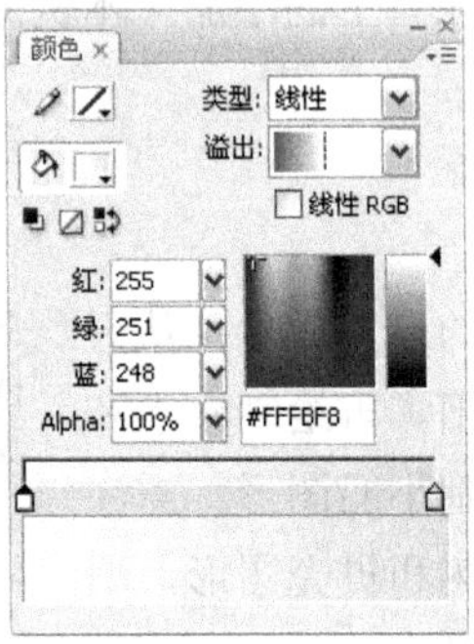

图 2-121

图 2-122

2. 绘制海水

步骤 1 在“时间轴”面板下方单击“插入图层”按钮创建新图层，并将其命名为“海水”。选择“钢笔”工具，将笔触颜色设为黑色，高度设为 1，在沙滩图形上绘制海水路径，如图 2-123 所示。调出“颜色”面板，在“类型”选项的下拉列表中选择“线性”，在色带上单击鼠标增加颜色控制点，将第 1 个颜色控制点设为浅蓝色（#C6E5DB），第 2 个颜色控制点设为蓝色（#1886B2），第 3 个颜色控制点设为深蓝色（#123994），分别移动控制点的位置，效果如图 2-124 所示。

步骤 2 选择“颜料桶”工具，在矩形图形上方向中间拖曳填充渐变色。选择“选择”工具，选中黑色描边，按 Delete 键将其删除，效果如图 2-125 所示。

步骤 3 选择“文件 > 导入 > 导入到舞台”命令，在弹出的对话框中选择“Ch02 > 素材 > 绘制沙滩风景 > 透明波纹”文件，单击“打开”按钮，图形被导入到舞台窗口中，效果如图 2-126 所示。

步骤 4 选择“椭圆”工具，在工具箱中将笔触颜色设为无，填充色设为白色，在舞台窗口中绘制一个椭圆形，用相同的方法绘制出多个椭圆形作为云彩图形，如图 2-127 所示。

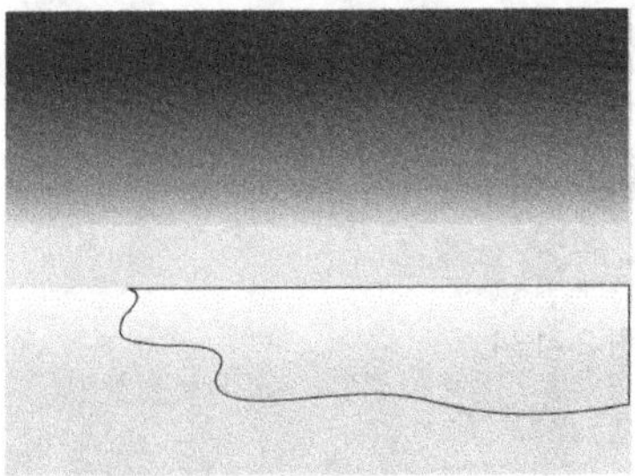

图 2-123

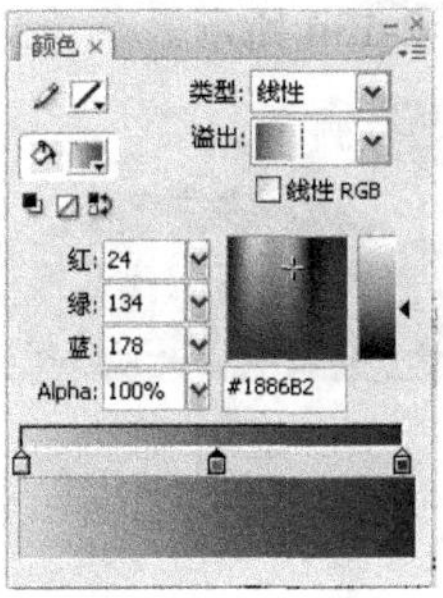

图 2-124

图 2-125

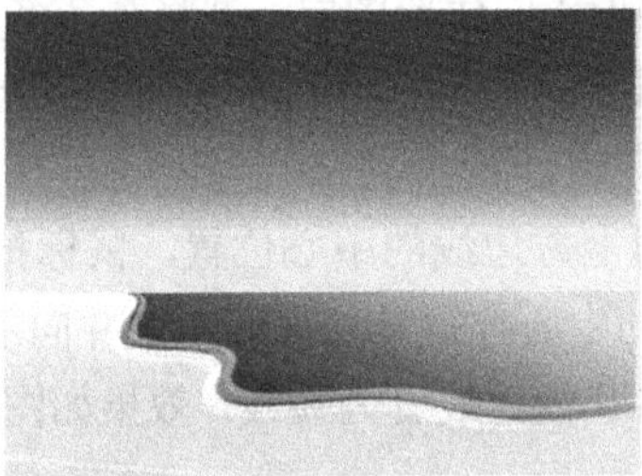

图 2-126

图 2-127

步骤 5 选择“选择”工具，选中云彩图形，在“颜色”面板中将“Alpha”选项设为 50%，如图 2-128 所示，此时云彩图形呈半透明状态，效果如图 2-129 所示。用相同的方法绘制出如图 2-130 所示的效果。

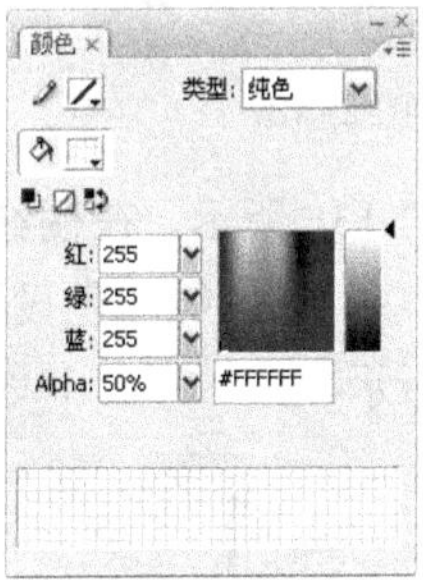

图 2-128

图 2-129

图 2-130

步骤 6 选择“铅笔”工具，单击工具箱下方的“平滑”按钮。在铅笔工具“属性”面板中将“笔触颜色”选项设为黑色，“笔触高度”选项设为 1，在舞台窗口的中间位置绘制出一条曲线。按住 Shift 键的同时在曲线的下方绘制出一条直线，使曲线与直线形成闭合区域，效果如图 2-131 所示。选择“颜料桶”工具，在工具箱中将填充色设为深绿色（#375F2F），在闭合的区域中间单击鼠标填充颜色，删除描边，效果如图 2-132 所示。

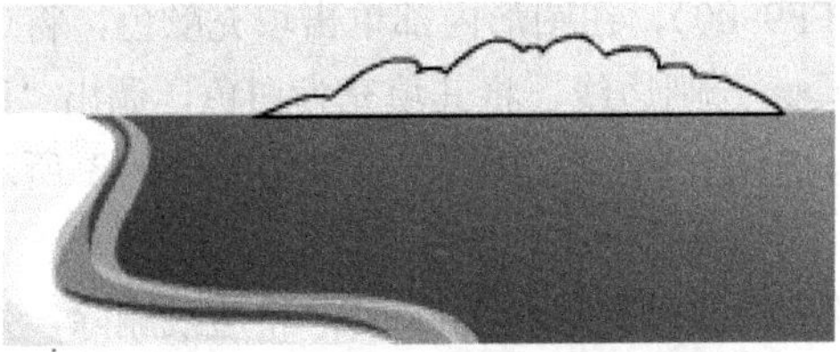

图 2-131

图 2-132

步骤 7 选择“选择”工具，选中图形，按 Ctrl+G 组合键将其组合，如图 2-133 所示。用相同的方法制作其他图形，效果如图 2-134 所示。

图 2–133

图 2–134

3. 绘制船和太阳图形

步骤 1 在“时间轴”面板下方单击“插入图层”按钮创建新图层，并将其命名为“船”。选择“矩形”工具，将笔触颜色设为无，填充色设为橘红色（#FF6600），在舞台窗口的右上方绘制出一个矩形，效果如图 2-135 所示。

步骤 2 选择“选择”工具，将鼠标指针放在矩形上方边线的中心位置，鼠标指针下方出现圆弧，这表明可以将直线转换为弧线，在直线的中心位置按住鼠标左键并向下拖曳，直线变为弧线，效果如图 2-136 所示。用相同的方法将其他边线变为弧线，效果如图 2-137 所示。

图 2–135

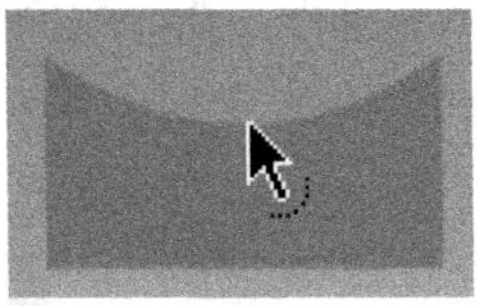

图 2–136

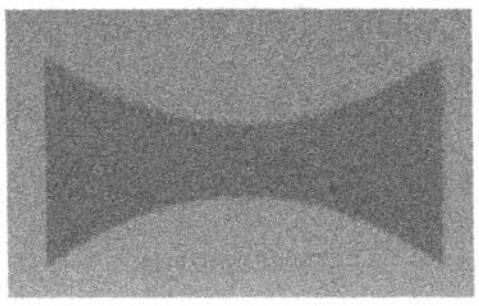

图 2–137

步骤 3 选择“线条”工具，在线条“属性”面板中进行设置，如图 2-138 所示。在橘红色图形的左侧绘制出一条直线，效果如图 2-139 所示。选择“矩形”工具，将笔触颜色设为无，填充色设为黑色，在舞台窗口中绘制出一个矩形，效果如图 2-140 所示。

图 2–138

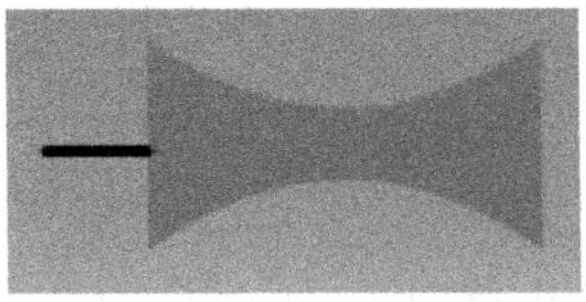

图 2–139

图 2–140

步骤 4 选择“铅笔”工具，将笔触颜色设为黑色，绘制出如图 2-141 所示的边线效果。选择“颜料桶”工具，将填充色设为橘黄色（#FF9900），在图形内部单击填充颜色，将边线删除，效果如图 2-142 所示。选择“铅笔”工具绘制边线，将其填充为白色，调出“颜色”面板，在“Alpha”选项中将其不透明度设为 50%，将边线删除，效果如图 2-143 所示。用相同的方法制作出如图 2-144 所示的效果。

步骤 5 选择“铅笔”工具绘制边线，填充颜色为浅棕色（#CC6666），将边线删除，效果如图 2-145 所示。

图 2-141

图 2-142

图 2-143

图 2-144

图 2-145

步骤 6 选择“椭圆”工具，将笔触颜色设为无，填充色设为黄色（#FFFF33），按住 Shift 键在舞台窗口的左上方绘制出一个圆形，效果如图 2-146 所示。选中圆形，选择“修改 > 形状 > 柔化填充边缘”命令，弹出“柔化填充边缘”对话框，在对话框中进行设置，如图 2-147 所示，单击“确定”按钮，效果如图 2-148 所示。

图 2-146

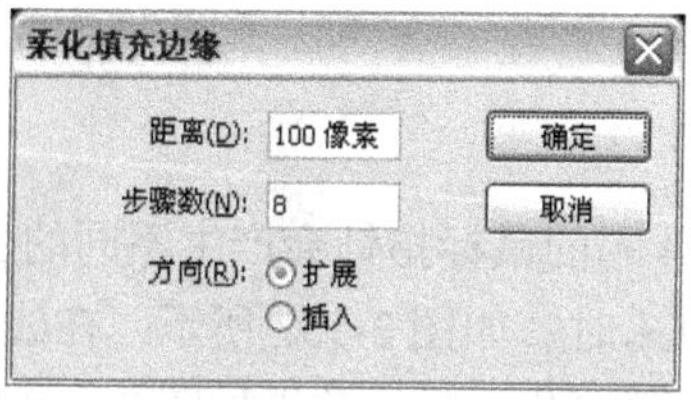

图 2-147

图 2-148

步骤 7 在“时间轴”面板下方单击“插入图层”按钮创建新图层，并将其命名为“椰树”。按 Ctrl+R 组合键，在弹出的对话框中选择“Ch02 > 素材 > 绘制沙滩风景 > 椰树”文件，单击“打开”按钮，图像被导入到舞台窗口中，将图像拖曳到适当的位置，效果如图 2-149 所示。沙滩风景效果绘制完成，如图 2-150 所示。

图 2-149

图 2-150

2.2.4 【相关工具】

1. 钢笔工具

选择“钢笔”工具，将鼠标指针放置在舞台上想要绘制曲线的起始位置，然后按住鼠标左键不放。此时出现第一个锚点，并且钢笔尖样式的鼠标指针变为箭头形状，如图 2-151 所示。释放鼠标，将鼠标指针放置在想要绘制的第二个锚点的位置，单击鼠标左键并按住不放，绘制出一条直线段，如图 2-152 所示。将鼠标指针向其他方向拖曳，直线转换为曲线，如图 2-153 所示。释放鼠标，一条曲线绘制完成，如图 2-154 所示。

图 2-151

图 2-152

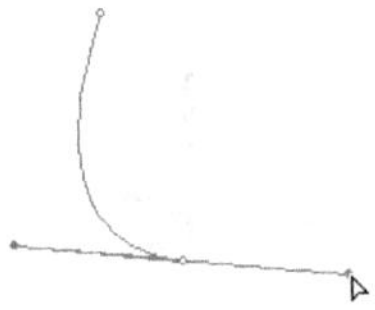
图 2-153

图 2-154

用相同的方法可以绘制出由多条曲线段组合而成的不同样式的曲线，如图 2-155 所示。

在绘制线段时，如果按住 Shift 键再进行绘制，绘制出的线段将被限制为倾斜 45° 的倍数，如图 2-156 所示。

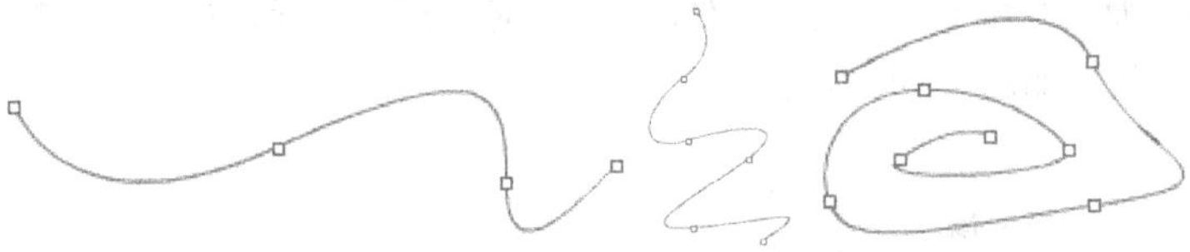
图 2-155

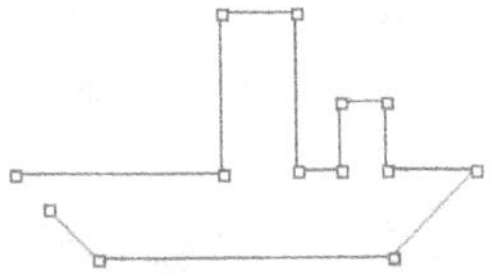
图 2-156

在绘制线段时，“钢笔”工具的鼠标指针会产生不同的变化，并且其表示的含义也不同。

增加节点：当鼠标指针变为时，如图 2-157 所示，在线段上单击鼠标就会增加一个节点，这样有助于更精确地调整线段。增加节点后的效果如图 2-158 所示。

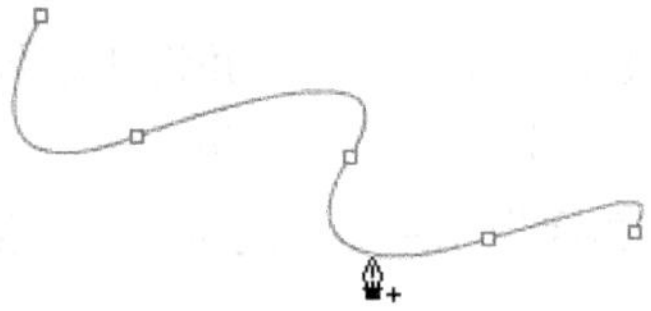
图 2-157

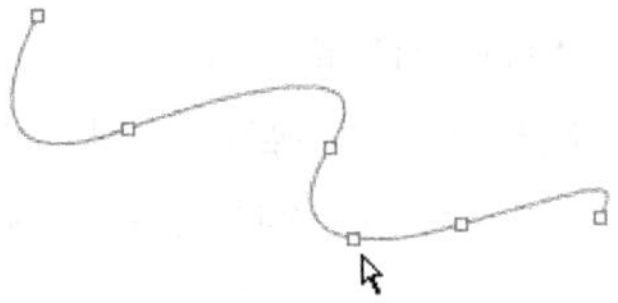
图 2-158

删除节点：当鼠标指针变为时，如图 2-159 所示，在线段上单击节点，就会将这个节点删除。删除节点后的效果如图 2-160 所示。

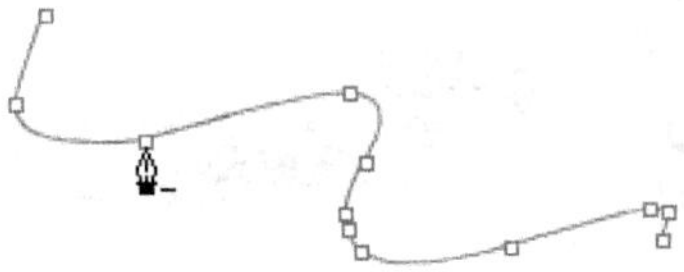
图 2-159

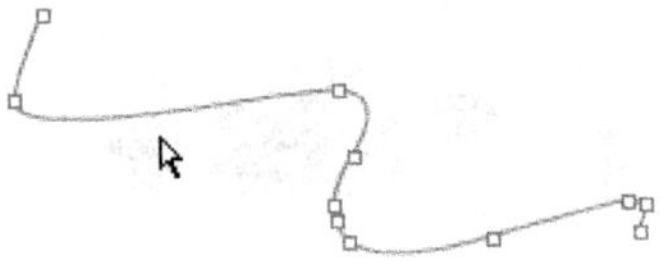
图 2-160

转换节点：当鼠标指针变为时，如图 2-161 所示，在线段上单击节点，就会将这个节点从曲线节点转换为直线节点。转换节点后的效果如图 2-162 所示。

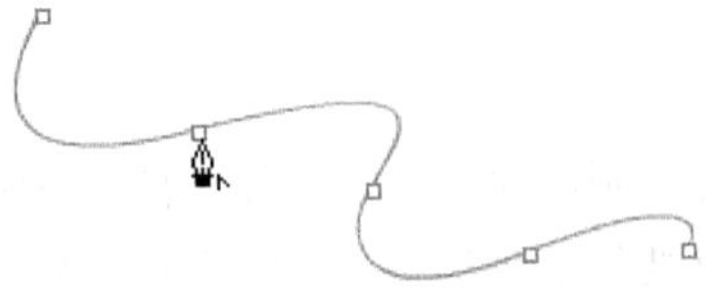
图 2-161

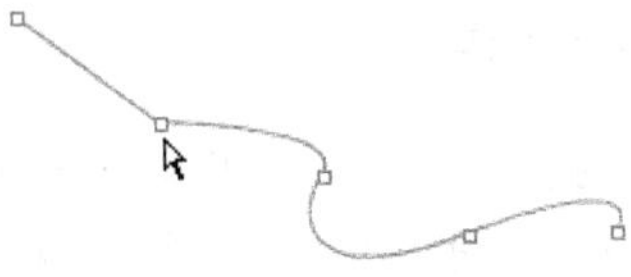
图 2-162

提 示 当选择“钢笔”工具绘画时，若在用铅笔、刷子、线条、椭圆或矩形工具创建的对象上单击，就可以调整对象的节点，以改变这些线条的形状。

2. 矩形工具

选择“矩形”工具，在舞台上单击并按住鼠标左键不放，向需要的位置拖曳鼠标绘制出矩形图形，释放鼠标，矩形效果如图 2-163 所示。按住 Shift 键的同时绘制图形，可以绘制出正方形，如图 2-164 所示。

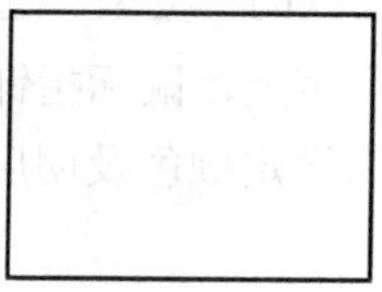
图 2-163

图 2-164

可以在矩形工具“属性”面板中设置不同的边框颜色、边框粗细、边框线型和填充颜色，如图 2-165 所示。设置不同的边框属性和填充颜色后，绘制的图形如图 2-166 所示。

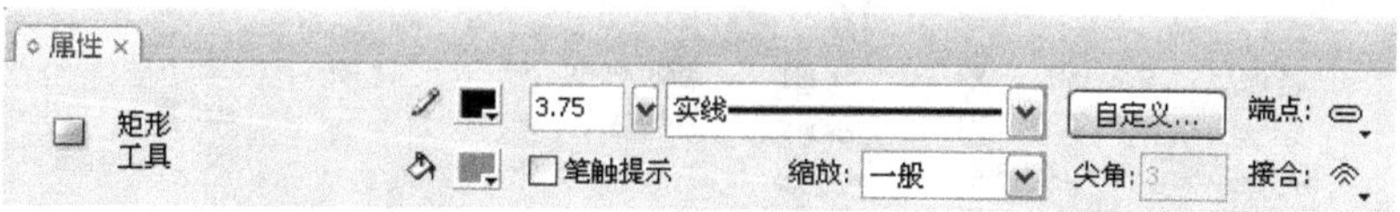

图 2-165

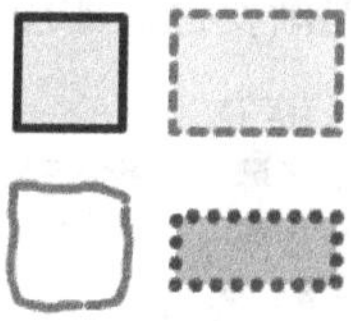
图 2-166

可以应用矩形工具绘制圆角矩形。选择“属性”面板，在“矩形边角半径”数值框中输入需要的数值，如图 2-167 所示。输入的数值不同，绘制出的圆角矩形也相对地不同，效果如图 2-168 所示。

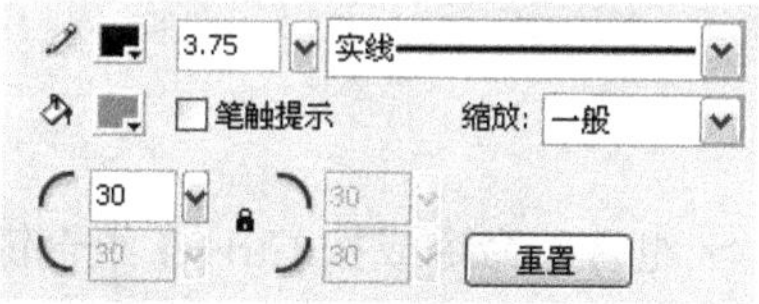

图 2-167

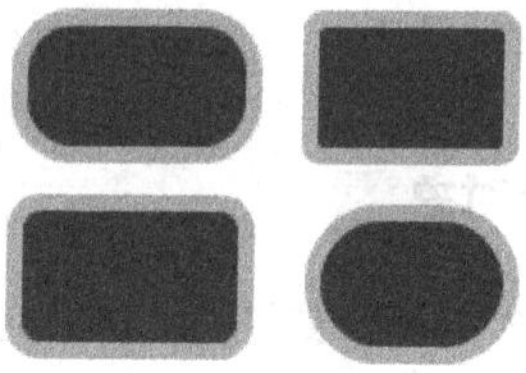
图 2-168

3. “颜色”面板

选择“窗口 > 颜色”命令，弹出“颜色”面板。

◎ 自定义纯色

在“颜色”面板的“类型”选项的下拉列表中，选择“纯色”选项，面板效果如图 2-169 所示。

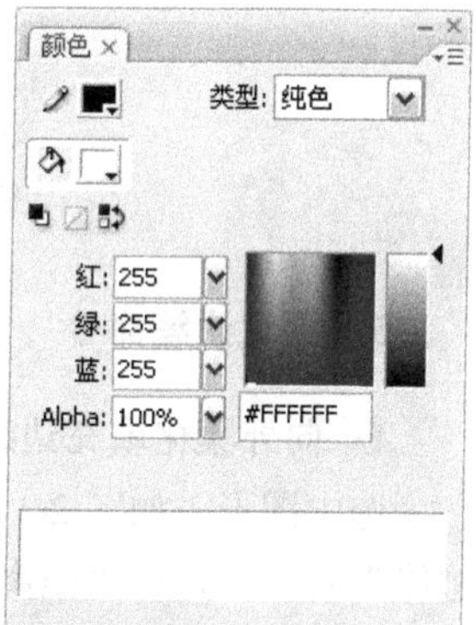

图 2-169

“笔触颜色”按钮：可以设定矢量线条的颜色。

“填充颜色”按钮：可以设定填充色的颜色。

“黑白”按钮：单击此按钮，线条与填充色恢复为系统默认的状态。

“没有颜色”按钮：用于取消矢量线条或填充色块。当选择“椭圆”工具或“矩形”工具时，此按钮为可用状态。

“交换颜色”按钮：单击此按钮，可以将线条颜色和填充色互换。

“红”、“绿”、“蓝”选项：可以用精确的数值来设定颜色。

“Alpha”选项：用于设定颜色的不透明度，数值的选取范围为 0～100。

在“颜色”面板下方的颜色选择区域内，可以根据需要选择相应的颜色。

◎ **自定义线性渐变色**

在“颜色”面板的“类型”选项下拉列表中选择“线性”，面板效果如图 2-170 所示。将鼠标指针放置在滑动色带上，鼠标指针变为，在色带上单击鼠标增加颜色控制点，并在面板的下方为新增加的控制点设定颜色及明度，如图 2-171 所示。当要删除控制点时，只需将控制点向色带下方拖曳即可。

◎ **自定义放射状渐变色**

在“颜色”面板的“类型”选项下拉列表中选择“放射状”，面板效果如图 2-172 所示。使用与定义线性渐变色相同的方法在色带上定义放射状渐变色，定义完成后在面板的左下方显示出定义的渐变色，如图 2-173 所示。

图 2-170

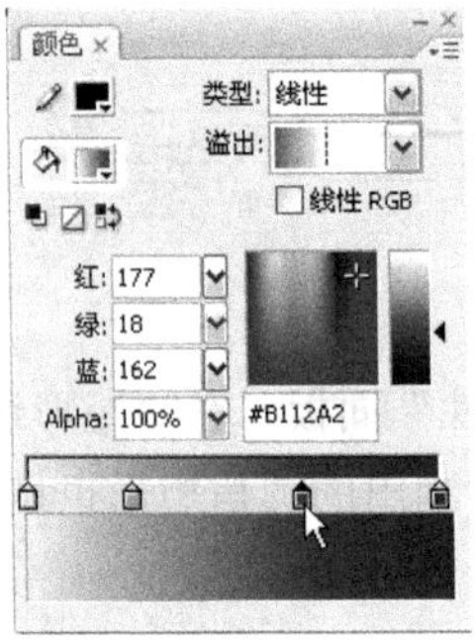

图 2-171

图 2-172

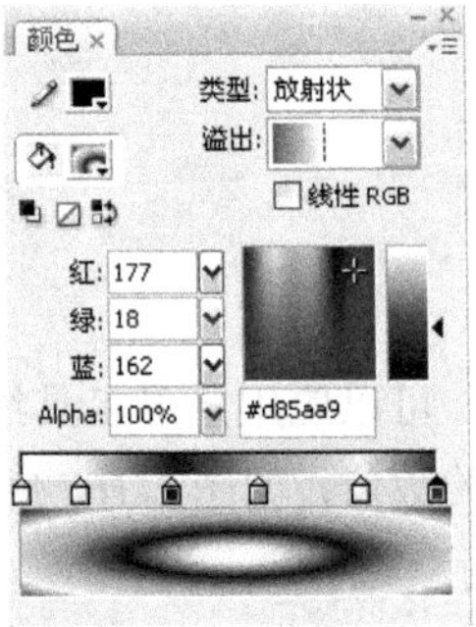

图 2-173

4. 组合对象

选中多个图形，如图 2-174 所示，选择“修改 > 组合”命令或按 Ctrl+G 组合键，将选中的图形进行组合，如图 2-175 所示。

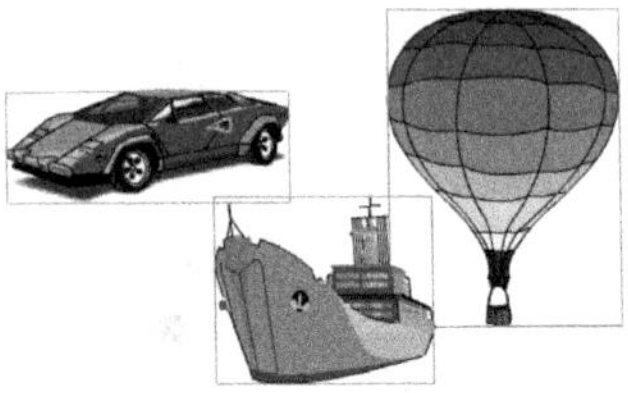

图 2-174

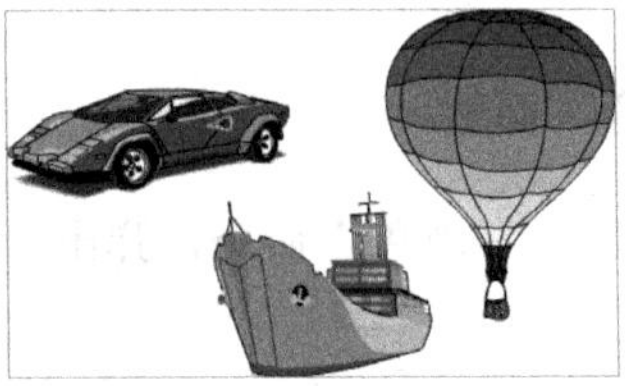

图 2-175

5. 柔化边缘命令

◎ **向外柔化填充边缘**

选中图形，如图 2-176 所示，选择“修改 > 形状 > 柔化填充边缘”命令，弹出“柔化填充边缘”对话框，在“距离”文本框中输入 50，在“步骤数”文本框中输入 5，选中“扩展”单选项，如图 2-177 所示，单击“确定”按钮，效果如图 2-178 所示。

在“柔化填充边缘”对话框中设置的数值不同，所产生的效果也各不相同。

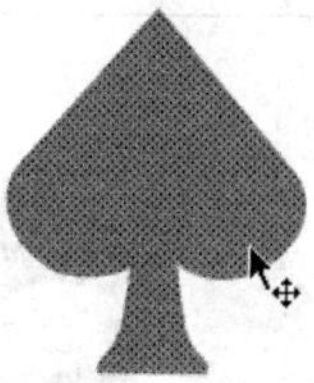

图 2-176

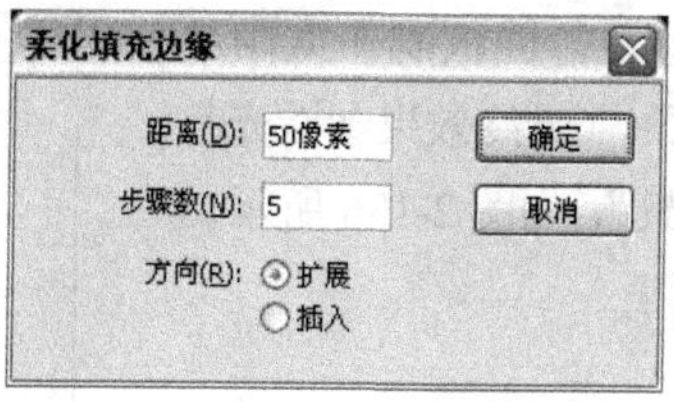

图 2-177

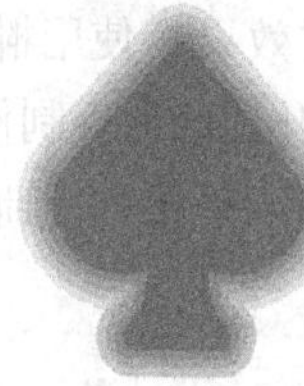

图 2-178

选中图形，选择“修改 > 形状 > 柔化填充边缘”命令，弹出“柔化填充边缘”对话框，在“距离”文本框中输入 30，在“步骤数”文本框中输入 20，选中“扩展”单选项，如图 2-179 所示，单击“确定”按钮，效果如图 2-180 所示。

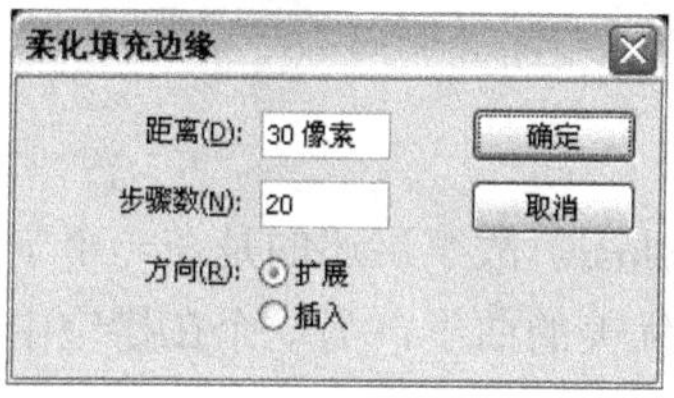

图 2-179

图 2-180

◎ **向内柔化填充边缘**

选中图形，如图 2-181 所示，选择“修改 > 形状 > 柔化填充边缘”命令，弹出“柔化填充边缘”对话框，在“距离”文本框中输入 50，在“步骤数”文本框中输入 5，选中“插入”单选项，如图 2-182 所示，单击“确定”按钮，效果如图 2-183 所示。

图 2-181

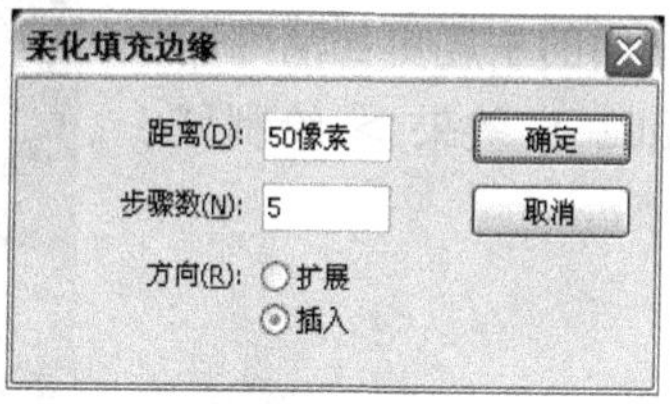

图 2-182

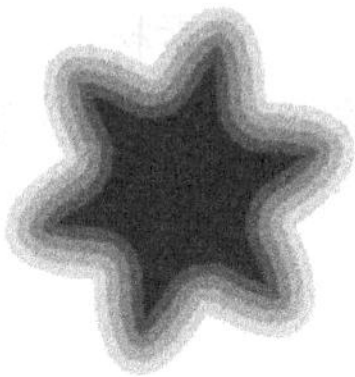

图 2-183

选中图形，选择“修改 > 形状 > 柔化填充边缘”命令，弹出“柔化填充边缘”对话框，在“距离”文本框中输入 30，在“步骤数”文本框中输入 20，选中“插入”单选项，如图 2-184 所示，单击“确定”按钮，效果如图 2-185 所示。

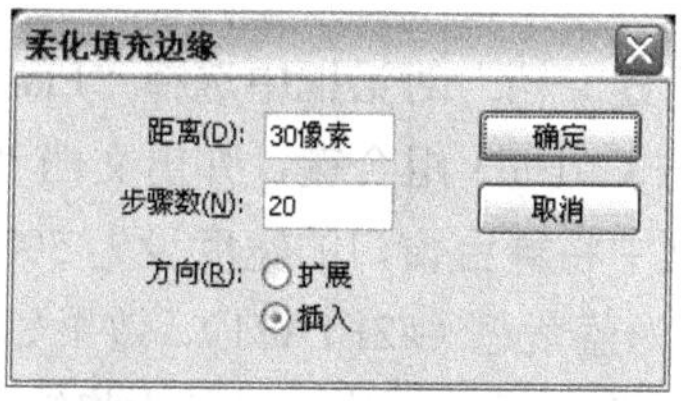

图 2-184

图 2-185

2.2.5 【实战演练】绘制冬天雪景

使用矩形工具制作背景效果，使用铅笔工具和颜料桶工具制作雪地效果，使用刷子工具绘制树枝和积雪效果，使用椭圆和“颜色”面板制作太阳效果，使用柔化边缘命令制作雪花效果。（最终效果参看光盘中的“Ch02 > 效果 > 绘制冬天雪景”，如图 2-186 所示。）

图 2-186

2.3 绘制城市夜景

2.3.1 【案例分析】

本案例是为童话故事期刊绘制故事中的夜景插图。故事讲述的是在一个宁静的夜晚，两个小孩坐着像伞一样的船在空中玩耍，其中一个吹着优美的曲子，另一个在捞空中的星星。在绘制上要通过简洁的图形和颜色表现出故事的内容与意境。

2.3.2 【设计理念】

在设计制作过程中，首先要设计城市背景下的生活景象，从典型的城市楼房入手，绘制出群楼图形。再加入星星和云彩等元素，使画面变得更具真实感。最后添加活泼可爱的儿童素材，使整个画面的主题更加清晰明确。（最终效果参看光盘中的“Ch02 > 效果 > 绘制城市夜景”，如图 2-187 所示。）

图 2-187

2.3.3 【操作步骤】

1. 绘制星星和云朵

步骤 1 选择“文件 > 新建”命令，在弹出的“新建文档”对话框中选择“Flash 文件”选项，单击“确定”按钮，进入新建文档舞台窗口。按 Ctrl+F3 组合键，弹出文档“属性”面板，单击“大小”选项后面的按钮，在弹出的对话框中将舞台窗口的宽度设为 500 像素，高度设为 395 像素，单击“确定”按钮。将背景颜色设为蓝紫色（#2F1A71），效果如图 2-188 所示。

步骤 2 将“图层 1”重命名为“云朵”，选择“椭圆”工具，在工具箱中将笔触颜色设为无，填充色设为白色，在舞台窗口中绘制多个圆形，效果如图 2-189 所示。选中图形，在“颜色”面板中将“Alpha”选项设为 60%，如图 2-190 所示。此时图形呈透明状，效果如图 2-191 所示。

步骤 3 选中图形，在按住 Alt 键的同时复制图形并将其拖曳到适当的位置，选择“任意变形”工具，在图形的周围出现控制点，拖动控制点可以改变图形的大小，如图 2-192 所示，用相同的方法复制图形并调整大小，效果如图 2-193 所示。

图 2-188

图 2-189

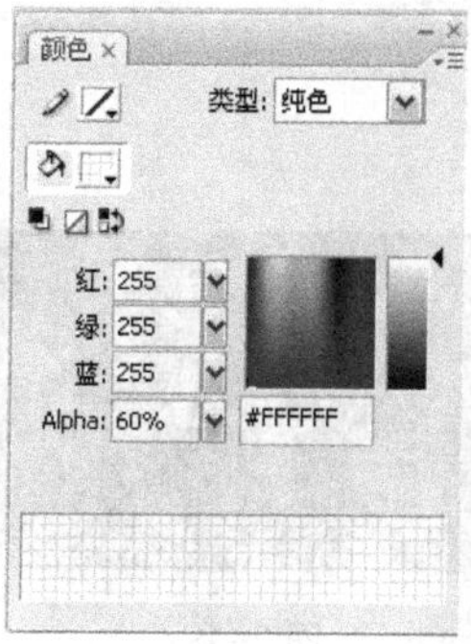

图 2-190

图 2-191

图 2-192

图 2-193

步骤 4 在“时间轴”面板下方单击“插入图层”按钮创建新图层，并将其命名为“星星”。选择“多角星形”工具，在工具箱中将笔触颜色设为无，填充颜色设为黄色（#FFCF00），“Alpha”选项设为 80%。

步骤 5 单击多角星形工具“属性”面板中的“选项”按钮，在弹出的对话框中进行设置，如图 2-194 所示，单击“确定”按钮。在舞台窗口的适当位置绘制图形，如图 2-195 所示。用相同的方法再次绘制多个星星，效果如图 2-196 所示。

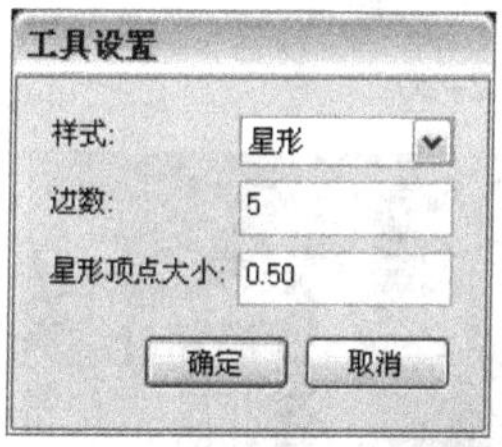

图 2-194

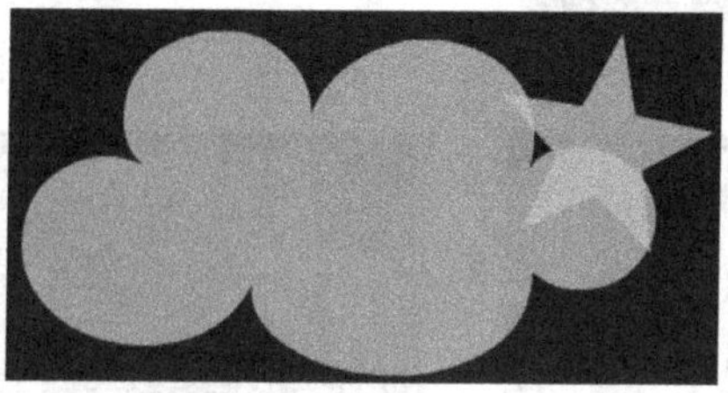

图 2-195

图 2-196

2. 绘制群楼和儿童

步骤 1 在“时间轴”面板下方单击“插入图层”按钮创建新图层，并将其命名为“群楼”。选择“钢笔”工具，将笔触颜色设为白色，填充色设为无，绘制路径，如图 2-197 所示。调出“颜色”面板，在“类型”下拉列表中选择“线性”，在色带上增加两个控制点，将第 1 个颜色控制点设为蓝色（#009FDC），第 2 个颜色控制点设为深蓝色（#0068BB），第 3 个颜色控制点设为蓝色（#42CDF8），第 4 个颜色控制点设为蓝色（#2CBCF0），如图 2-198 所示。

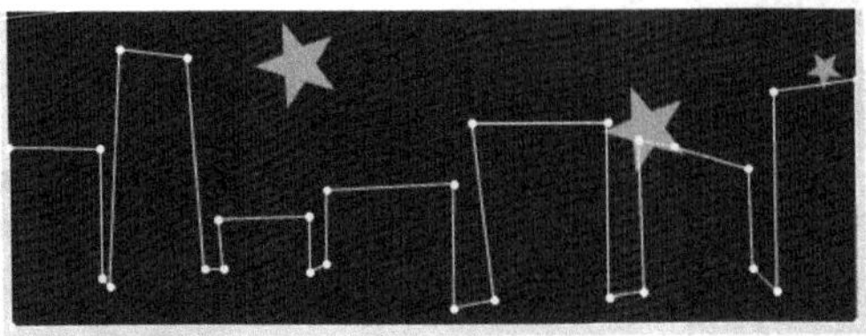

图 2-197

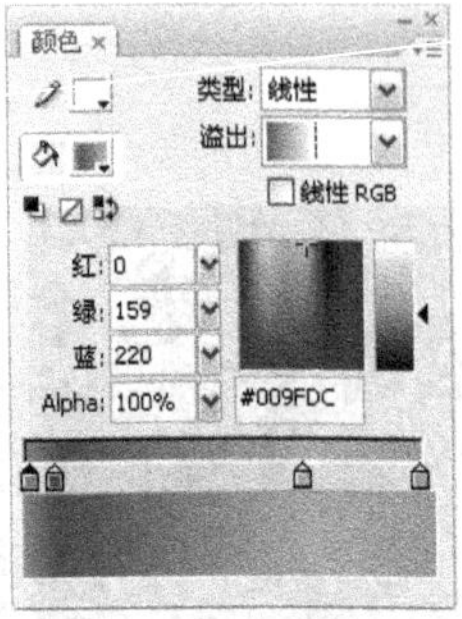

图 2-198

步骤 2 选择“颜料桶”工具，在路径上由上向下拖曳填充渐变色，如图 2-199 所示。释放鼠标，将边线删除，效果如图 2-200 所示。

图 2-199

图 2-200

步骤 3 选择“渐变变形”工具，用鼠标单击图形，出现 3 个控制点和 2 条平行线，如图 2-201 所示。向图形外侧拖动方形控制点，渐变区域变大，如图 2-202 所示。向上移动中心控制点，改变渐变区域的位置，效果如图 2-203 所示。

步骤 4 选择“橡皮擦”工具，在工具箱下方单击“橡皮擦形状”按钮，在弹出的下拉列表中选择第一个方形，在图形上多次单击鼠标，图形被擦除，制作窗户效果，如图 2-204 所示。

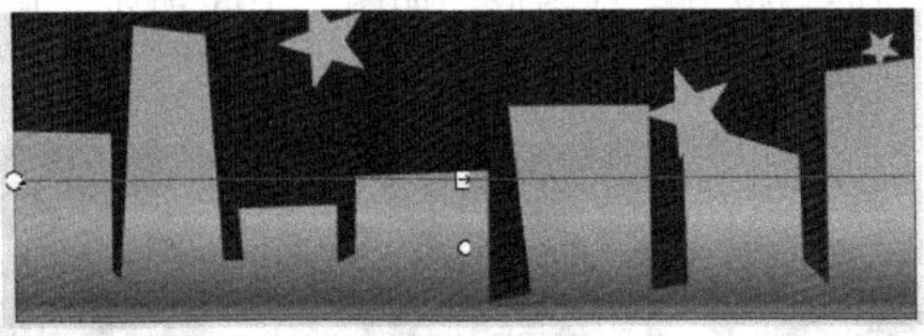

图 2-201

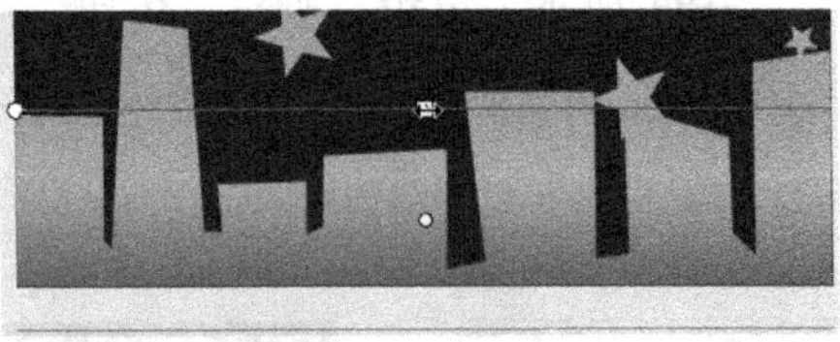

图 2-202

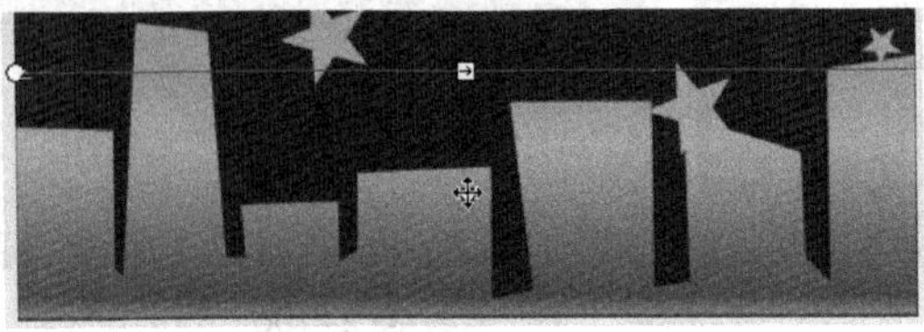

图 2-203

图 2-204

步骤 5 在“时间轴”面板下方单击“插入图层”按钮创建新图层，并将其命名为“儿童”。选择“文件 > 导入 > 导入到舞台”命令，在弹出的“导入到舞台”对话框中选择“Ch02 > 素材 > 绘制城市夜景 > 儿童”文件，单击“打开”按钮，文件被导入到舞台窗口中，如图 2-205 所示。

步骤 6 将“星星”图层拖曳到所有图层的上方，如图 2-206 所示。选中星星，如图 2-207 所示。在“颜色”面板中将“Alpha”选项设为 100%，效果如图 2-208 所示。城市夜景效果绘制完成，如图 2-209 所示。

图 2-205

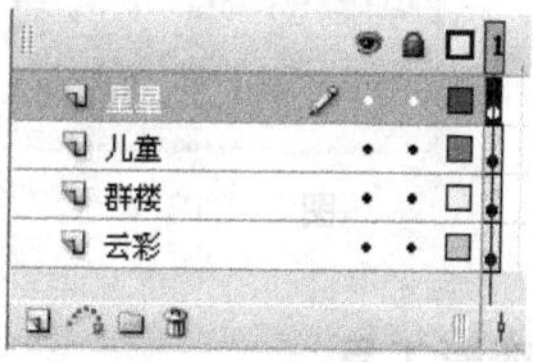

图 2-206

图 2-207

图 2-208

图 2-209

2.3.4 【相关工具】

1. 多角星形工具

应用多角星形工具可以绘制出不同样式的多边形和星形。选择“多角星形”工具，在舞台上单击并按住鼠标左键不放，向需要的位置拖曳鼠标，即可绘制出多边形，释放鼠标，多边形效果如图 2-210 所示。

可以在多角星形工具“属性”面板中设置不同的边框颜色、边框粗细、边框线型和填充颜色，如图 2-211 所示。设置不同的边框属性和填充颜色后，绘制的图形如图 2-212 所示。

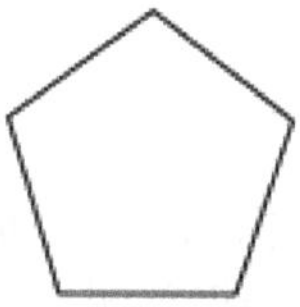

图 2-210

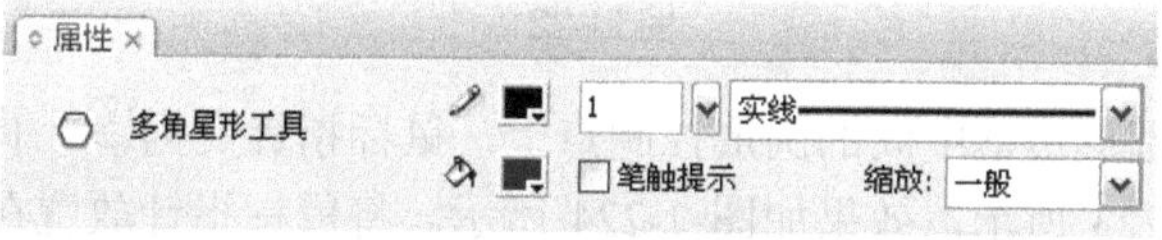

图 2-211

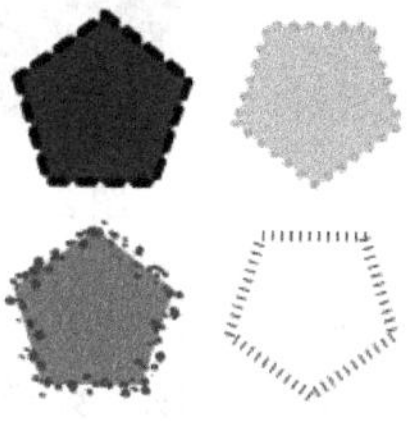

图 2-212

单击属性面板右侧的“选项”按钮，弹出“工具设置”对话框，如图 2-213 所示，在对话框中可以自定义多边形的各种属性。

“样式”选项：选择绘制多边形或星形。

“边数”选项：设置多边形的边数，其取值范围为 3～32。

“星形顶点大小”选项：输入一个 0～1 的数字以指定星形顶点的深度。此数字越接近 0，创建的顶点就越深。此选项在多边形的形状绘制中不起作用。

设置的数值不同，绘制出的多边形和星形也不同，如图 2-214 所示。

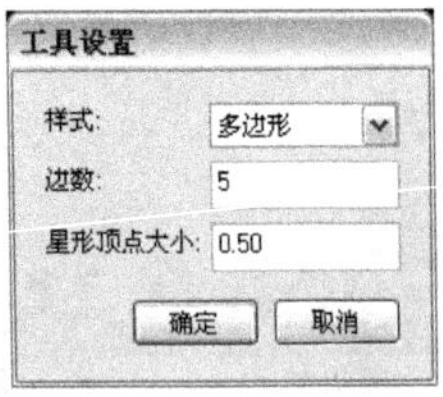

图 2-213

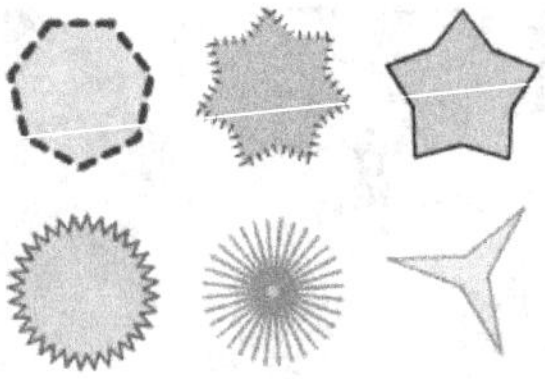

图 2-214

2. 渐变变形工具

使用渐变变形工具可以改变选中图形的渐变填充效果。当图形的填充色为线性渐变色时，选择“渐变变形”工具，用鼠标单击图形，出现 3 个控制点和 2 条平行线，如图 2-215 所示。向图形中间拖动方形控制点，渐变区域缩小，如图 2-216 所示，效果如图 2-217 所示。

将鼠标指针放置在旋转控制点上，鼠标指针变为，拖动旋转控制点来改变渐变区域的角度，如图 2-218 所示，效果如图 2-219 所示。

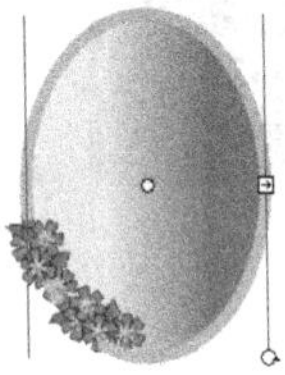

图 2-215

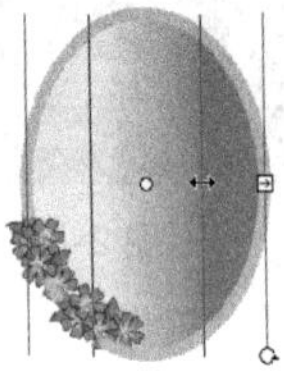

图 2-216

图 2-217

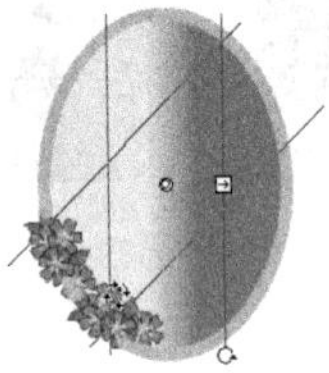

图 2-218

图 2-219

当图形的填充色为放射状渐变色时，选择“渐变变形”工具，用鼠标单击图形，出现 4 个控制点和 1 个圆形外框，如图 2-220 所示。向图形外侧水平拖动方形控制点，水平拉伸渐变区域，如图 2-221 所示，效果如图 2-222 所示。

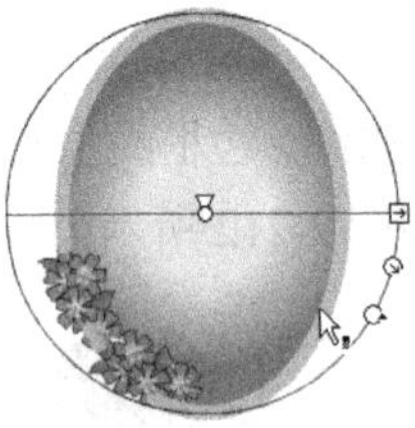

图 2-220

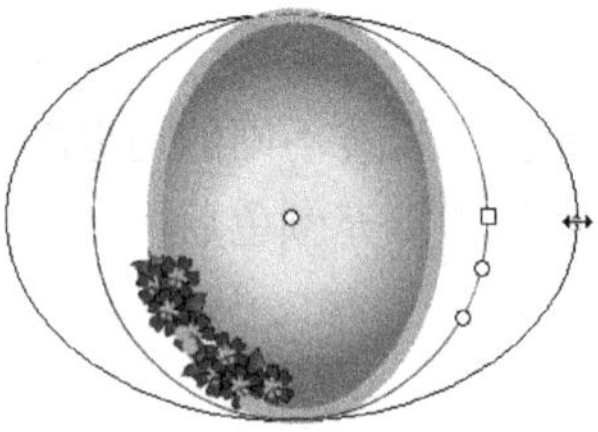

图 2-221

图 2-222

将鼠标指针放置在圆形边框中间的圆形控制点上，鼠标指针变为，向图形内部拖动鼠标，缩小渐变区域，如图 2-223 所示，效果如图 2-224 所示。将鼠标指针放置在圆形边框外侧的圆形控制点上，鼠标指针变为，向上旋转拖动控制点，改变渐变区域的角度，如图 2-225 所示，效果如图 2-226 所示。

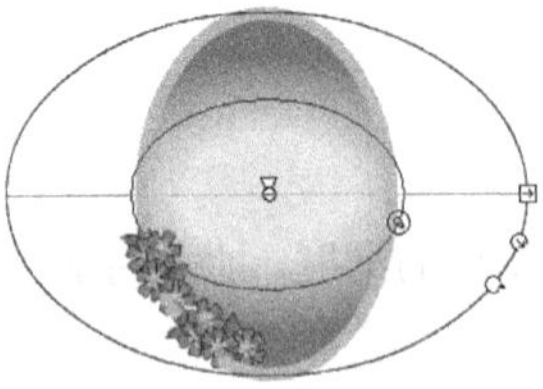

图 2-223

图 2-224

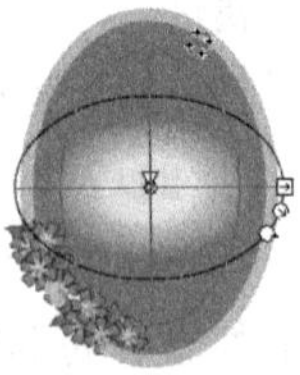

图 2-225

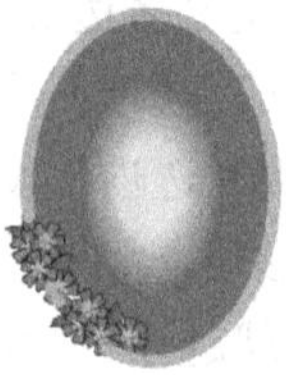

图 2-226

提 示 通过移动中心控制点可以改变渐变区域的位置。

3. 橡皮擦工具

选择“橡皮擦”工具，在图形上想要删除的地方按住鼠标左键并拖动，图形被擦除，如图2-227所示。单击工具箱下方的“橡皮擦形状”按钮，在弹出的下拉列表中可以选择橡皮擦的形状与大小。

如果想得到特殊的擦除效果，系统在工具箱的下方设置了5种擦除模式可供选择，如图2-228所示。

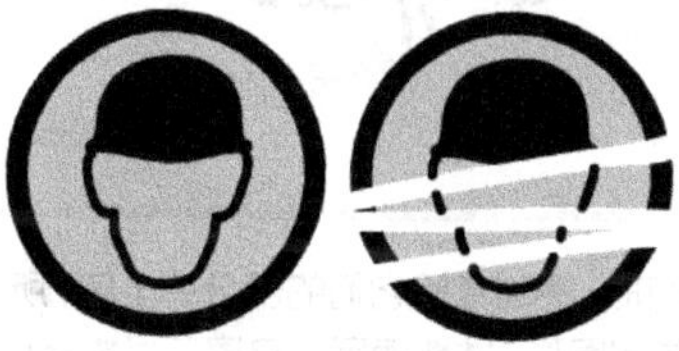

图 2-227

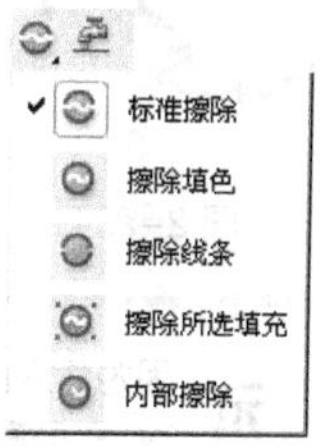

图 2-228

“标准擦除”模式：擦除同一层的线条和填充。选择此模式后擦除图形的前后对照效果如图2-229所示。

“擦除填色”模式：仅擦除填充区域，其他部分（如边框线）不受影响。选择此模式后擦除图形的前后对照效果如图2-230所示。

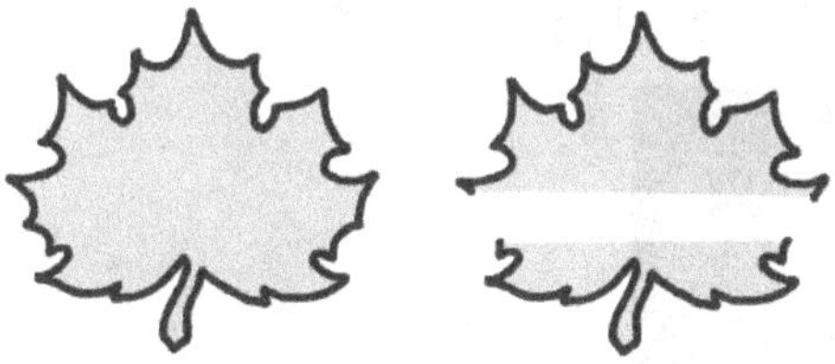

图 2-229

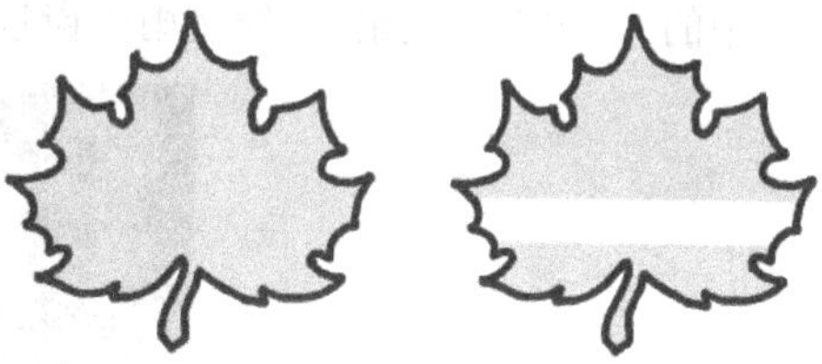

图 2-230

“擦除线条”模式：仅擦除图形的线条部分，不影响其填充部分。选择此模式后擦除图形的前后对照效果如图2-231所示。

“擦除所选填充”模式：仅擦除已经选择的填充部分，不影响其他未被选择的部分。（如果场景中没有任何填充被选择，那么擦除命令无效。）选择此模式后擦除图形的前后对照效果如图2-232所示。

图 2-231

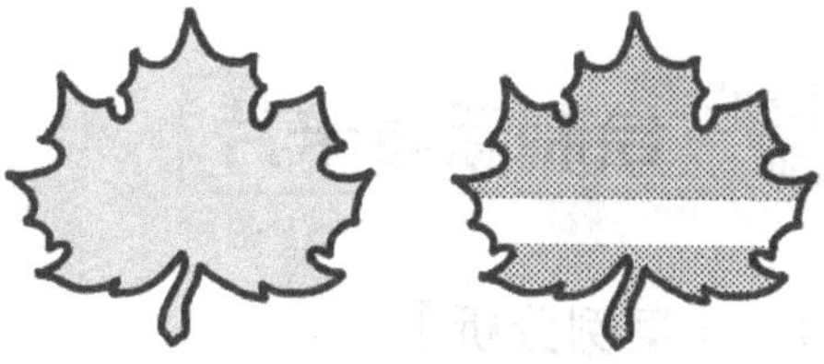

图 2-232

“内部擦除”模式：仅擦除起点所在的填充区域部分，不影响线条填充区域外的部分。选择此模式后擦除图形的前后对照效果如图 2-233 所示。

要想快速删除舞台上的所有对象，双击“橡皮擦”工具即可。

要想删除矢量图形上的线段或填充区域，可以选择“橡皮擦”工具，再单击工具箱中的“水龙头”按钮，然后单击舞台上想要删除的线段或填充区域即可，如图 2-234 和图 2-235 所示。

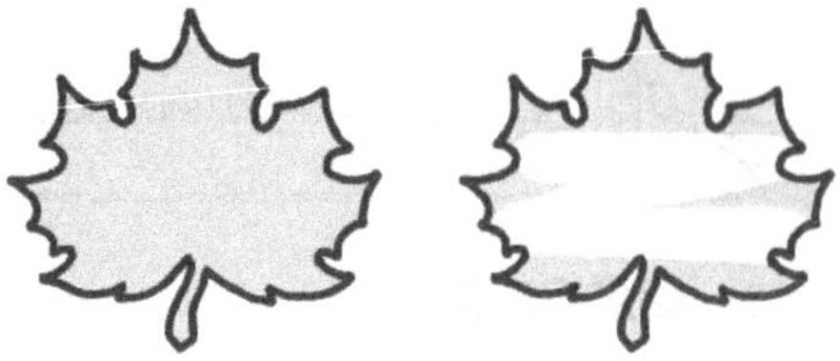

图 2-233

图 2-234

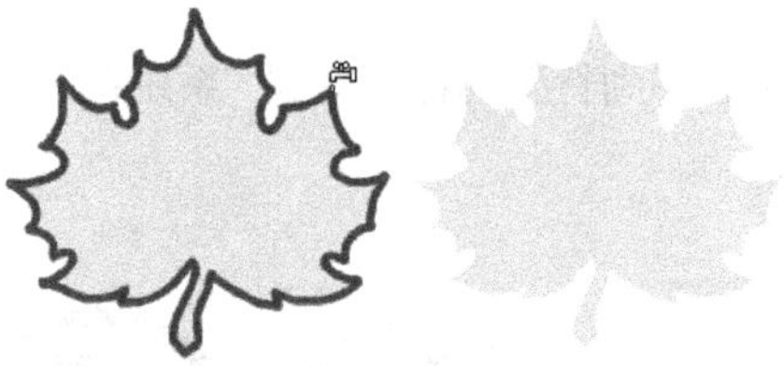

图 2-235

提　示　因为导入的位图和文字不是矢量图形，不能擦除它们的部分或全部，所以必须先选择“修改 > 分离”命令，将它们分离成矢量图形，才能使用橡皮擦工具擦除它们的部分或全部。

2.3.5 【实战演练】绘制雨中街景

使用渐变变形工具改变渐变色的大小制作背景效果，使用钢笔工具绘制群楼效果，使用橡皮擦工具制作窗户效果，使用线条工具制作雨点效果，使用多角星形工具制作星星效果。（最终效果参看光盘中的“Ch02 > 效果 > 绘制雨中街景”，如图 2-236 所示。）

图 2-236

2.4 绘制新春卡片

2.4.1 【案例分析】

春节是农历正月初一，又叫阴历年，俗称“过年”。这是一个最隆重、最热闹的传统节日。本例制作的新春卡片要表现出春节喜庆祥和的气氛，把吉祥和祝福送给亲友。

2.4.2 【设计理念】

在设计制作过程中，先设计出童子拜年的喜庆形象，祝福亲友大吉大利，再导入燃放爆竹的图片，表达出爆竹声声除旧迎新的美好寓意。在表现形式上将“福”字布满整个画面，体现人们对幸福生活的向往和对美好未来的祝愿，也体现出春节的热闹气氛。（最终效果参看光盘中的“Ch02 > 效果 > 绘制新春卡片”，如图 2-237 所示。）

图 2-237

2.4.3 【操作步骤】

1. 绘制刘海图形

步骤 1 选择“文件 > 新建”命令，在弹出的“新建文档”对话框中选择“Flash 文件”选项，单击“确定”按钮，进入新建文档舞台窗口。按 Ctrl+F3 组合键，弹出文档“属性”面板，单击“大小”选项后面的按钮，在弹出的对话框中将舞台窗口的宽度设为 400 像素，高度设为 550 像素，单击“确定”按钮。将“图层 1”重命名为“头”，如图 2-238 所示。

步骤 2 选择“椭圆”工具，选择椭圆工具“属性”面板，将填充颜色设为粉色（#FFE7E7），其他选项的设置如图 2-239 所示。按住 Shift 键在舞台窗口中绘制出一个圆形，效果如图 2-240 所示。

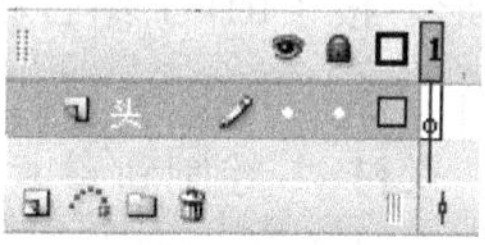

图 2-238

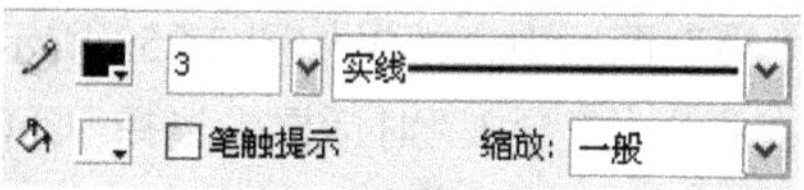

图 2-239

图 2-240

步骤 3 选择“选择”工具，将鼠标指针放置在圆形边线的下方，鼠标指针下方出现圆弧，按住鼠标左键并向上拖曳，如图 2-241 所示。释放鼠标，将鼠标指针放置在图形的右下方，鼠标指针下方出现圆弧，按住鼠标左键并向右下方拖曳，如图 2-242 所示。用相同的方法制作出如图 2-243 所示的效果。

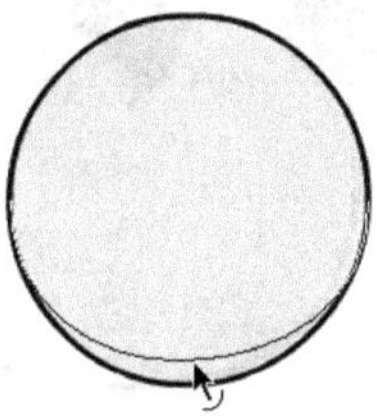

图 2-241

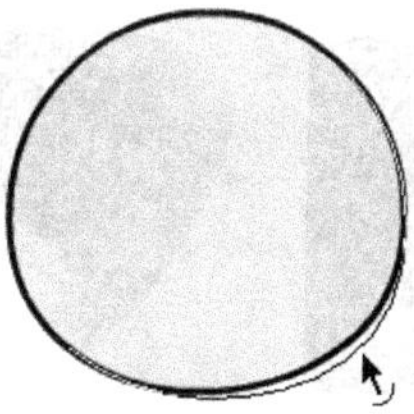

图 2-242

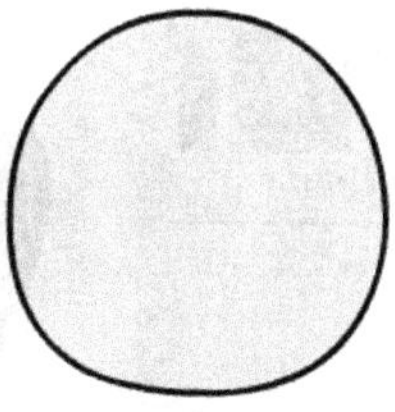

图 2-243

步骤 4 单击“时间轴”面板下方的“插入图层”按钮创建新图层，并将其命名为“五官”，如图 2-244 所示。选择“椭圆”工具，在工具箱中将笔触颜色设为无，填充色设为深粉色（#EFA6A5），在舞台窗口中绘制出一个椭圆形，如图 2-245 所示。

步骤 5 选择“选择”工具，将椭圆形变形，效果如图 2-246 所示。用相同的方法再次绘制黑色图形，效果如图 2-247 所示。

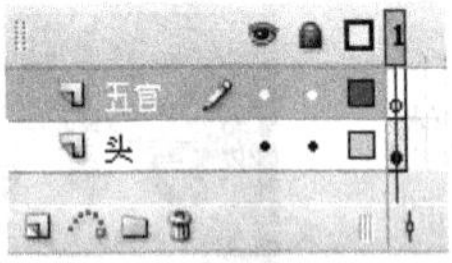

图 2-244

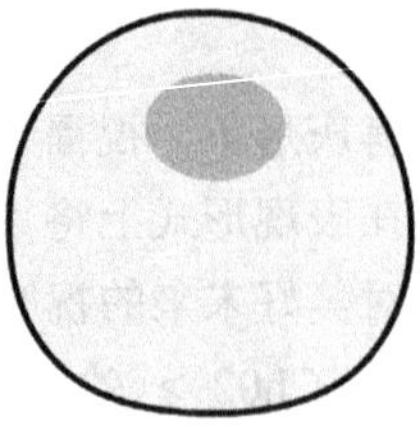

图 2-245

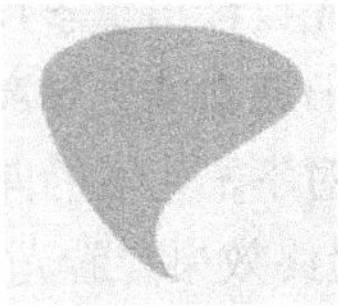

图 2-246

图 2-247

步骤 6 选中“五官”图层，将图层中的内容全部选中，按 Ctrl+X 组合键剪切图形，选中“头”图层，如图 2-248 所示。按 Ctrl+Shift+V 组合键将剪切的图形粘贴到当前位置。

步骤 7 选中“五官”图层，选择“椭圆”工具，将笔触颜色设为白色，填充色设为无，在舞台窗口中绘制出一个椭圆形，效果如图 2-249 所示。

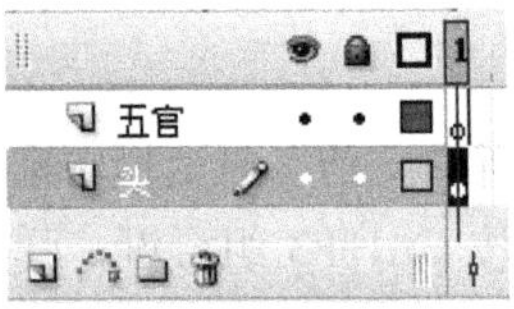

图 2-248

图 2-249

步骤 8 选择“窗口 > 颜色”命令，弹出“颜色”面板，选中色带上左侧的控制点，将其设为白色，选中色带上右侧的控制点，将其设为白色，在“Alpha”选项中将其不透明度设为 0%，如图 2-250 所示。

步骤 9 选择“颜料桶”工具，在图形的左上方向右下方拖曳填充渐变色，如图 2-251 所示，释放鼠标，选择“选择”工具选取边线并将其删除。选中图形，按 Ctrl+G 组合键将其进行组合，并原位粘贴到“头”图层中，效果如图 2-252 所示。

步骤 10 按 Ctrl+R 组合键，在弹出的“导入”对话框中选择“Ch02 > 素材 > 绘制新春卡片 > 头发”文件，单击“打开”按钮，图片被导入到舞台窗口中。将其放置在头的左上方，复制该图形，并将其向右拖曳，选择“修改 > 变形 > 水平翻转”命令，将其水平翻转，效果如图 2-253 所示。

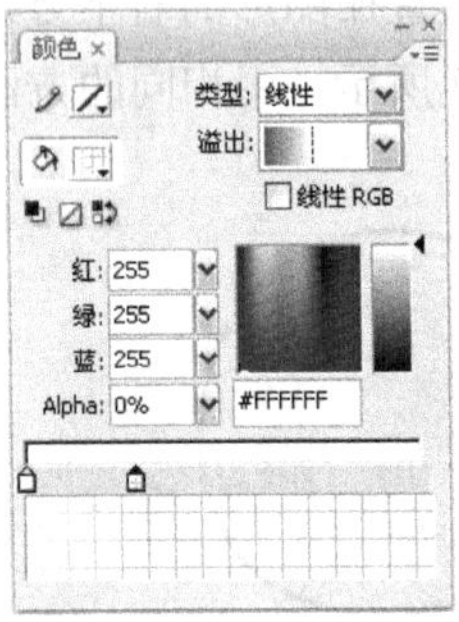

图 2-250

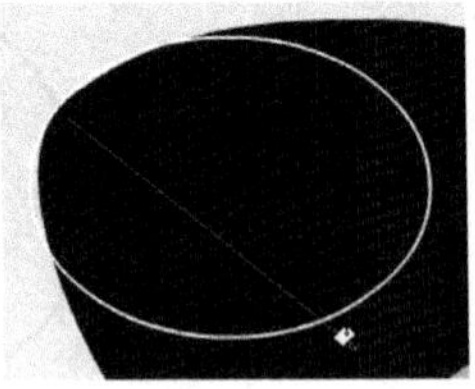

图 2-251

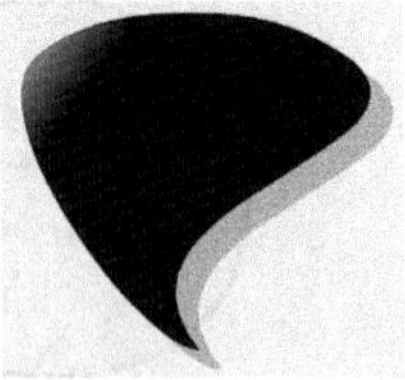

图 2-252

图 2-253

2. 绘制五官

步骤 1 选中“五官”图层，选择“椭圆”工具，在工具箱中将笔触颜色设为无，填充色设为黑色，在舞台窗口中绘制出一个椭圆形，效果如图 2-254 所示。将填充色设为白色，在黑色椭圆形的上方绘制图形，效果如图 2-255 所示。

图 2-254

图 2-255

步骤 2 在“时间轴”面板中单击“锁定/解除锁定所有图层”按钮下方的小黑圆点，“头”图层上显示出一个锁状图标，表示“头”图层被锁定，如图 2-256 所示。选择“选择”工具，在舞台窗口中拖曳出一个矩形选择框，如图 2-257 所示，按 Delete 键将选中的图形删除，效果如图 2-258 所示。

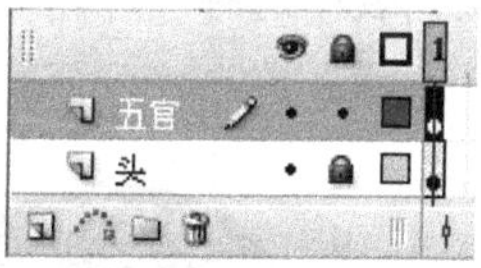

图 2-256

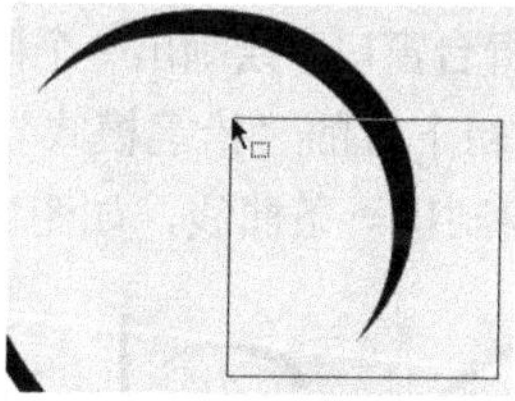

图 2-257

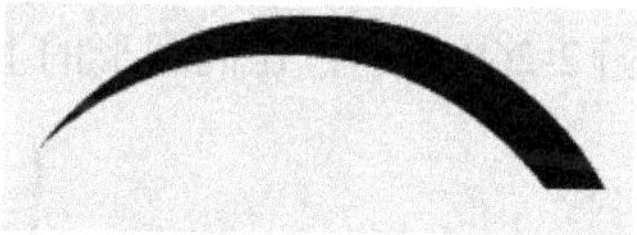

图 2-258

步骤 3 将鼠标指针放置在直线的下方，鼠标指针下方出现圆弧，在直线的中心位置按住鼠标左键并向下拖曳，直线变为弧线，如图 2-259 所示，释放鼠标，效果如图 2-260 所示。

图 2-259

图 2-260

步骤 4 按住 Alt 键，用鼠标选中眼睛图形并向右拖曳，可复制当前选中的图形。选择“修改 > 变形 > 水平翻转”命令，将图形水平翻转，效果如图 2-261 所示。

步骤 5 选择“椭圆”工具，在工具箱中将笔触颜色设为无，填充色设为橘红色（#E7615A），按住 Shift 键在舞台窗口中绘制一个圆形。选中圆形，选择“颜色”面板，在“Alpha”选项中将其不透明度设为 80%，如图 2-262 所示，图形效果如图 2-263 所示。

图 2-261

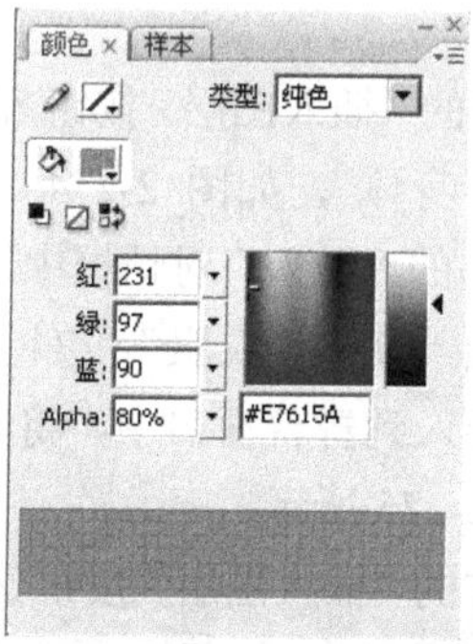

图 2-262

图 2-263

步骤 6 选中图形，选择“修改 > 形状 > 柔化填充边缘”命令，在弹出的对话框中进行设置，如图 2-264 所示，单击“确定”按钮，按 Ctrl+G 组合键将图形组合，效果如图 2-265 所示。选中柔化的图形，在按住 Alt 键的同时将其向右拖曳到适当的位置，即可复制当前选中的图形，效果如图 2-266 所示。

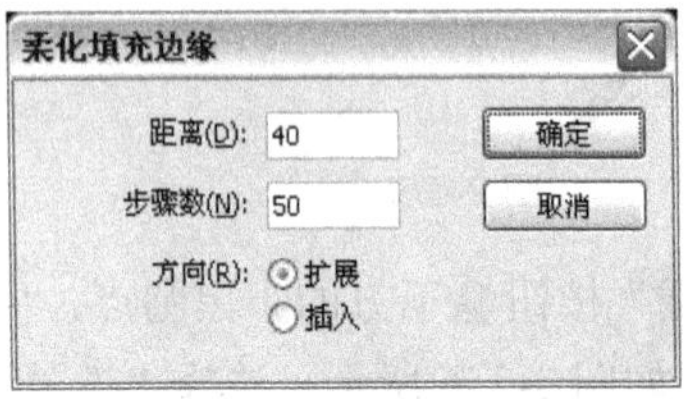

图 2-264

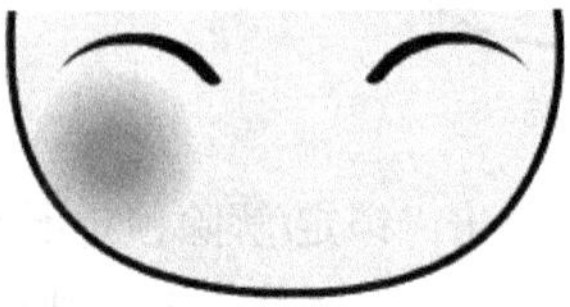

图 2-265

图 2-266

步骤 7 选择“椭圆”工具，选择“椭圆”工具“属性”面板，将“填充颜色”选项设为红色(#EB807B)，其他选项的设置如图 2-267 所示，在舞台窗口中绘制出一个椭圆形，效果如图 2-268 所示。

步骤 8 选择“铅笔”工具，在工具箱下方的“铅笔模式”下拉列表中选择“平滑”选项，如图 2-269 所示，在椭圆形的上方绘制出一条曲线，如图 2-270 所示。

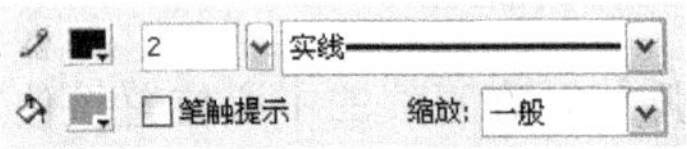

图 2-267

图 2-268

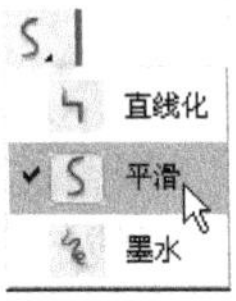

图 2-269

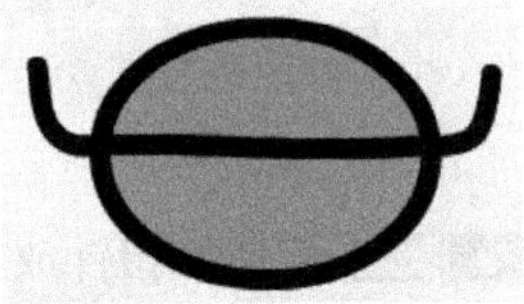

图 2-270

步骤 9 选中不需要的图形，如图 2-271 所示，按 Delete 键将其删除，效果如图 2-272 所示。选择“矩形”工具，在工具箱中将笔触颜色设为无，填充色设为白色，在舞台窗口中绘制出一个矩形，效果如图 2-273 所示。

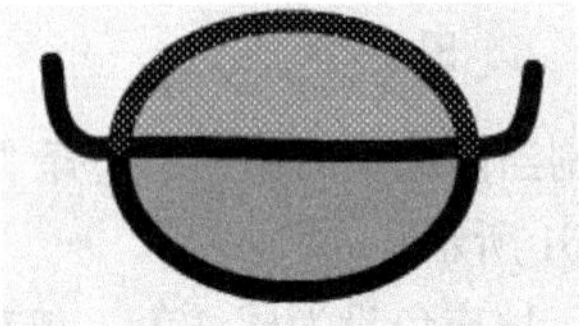

图 2-271

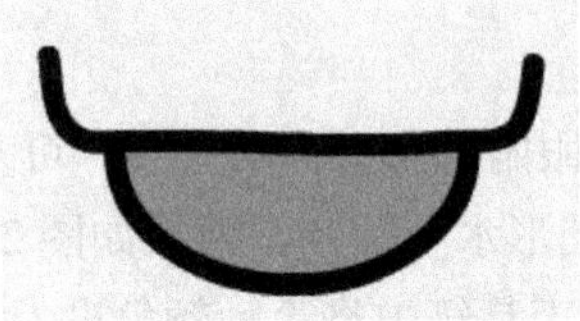

图 2-272

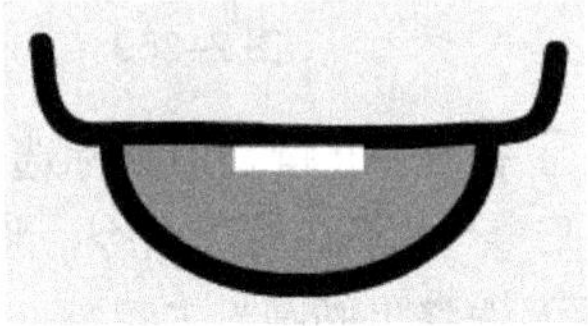

图 2-273

3. 绘制四肢

步骤 1 单击“时间轴”面板下方的“插入图层”按钮创建新图层，并将其命名为“身体”，如图 2-274 所示。按 Ctrl+R 组合键，在弹出的“导入”对话框中选择“Ch02 > 素材 > 绘制新年卡片 > 衣服”文件，单击“打开”按钮，图片被导入到舞台窗口中，将其放置在头的下方，效果如图 2-275 所示。

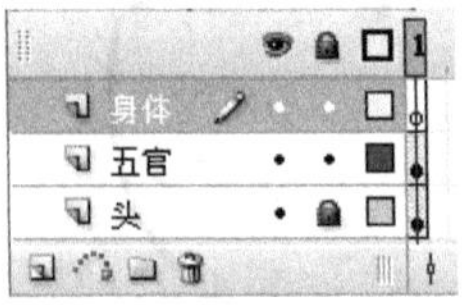

图 2-274

图 2-275

步骤 2 单击“时间轴”面板下方的“插入图层”按钮创建新图层，并将其命名为“四肢”，如图 2-276 所示。选择“铅笔”工具，在工具箱中将笔触颜色设为黑色，在铅笔“属性”面板中将“笔触高度”选项设为3，在舞台窗口中绘制出图形，如图2-277所示。

步骤 3 选择“颜料桶”工具，在工具箱中将填充色设为粉色（#FFE7E7），在图形的内部单击鼠标填充颜色，效果如图2-278所示。

图2-276

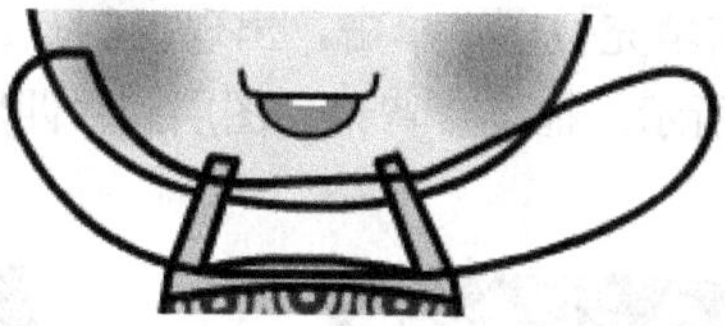

图2-277

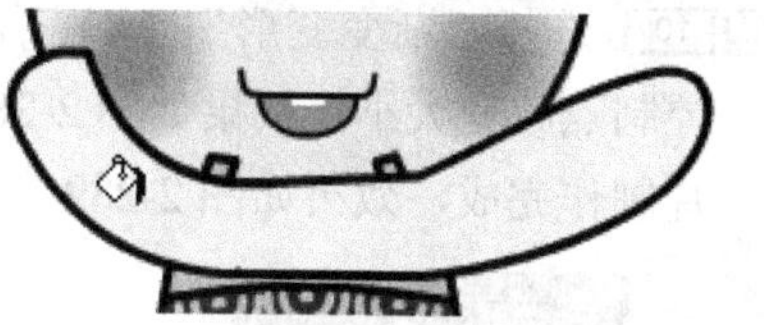

图2-278

步骤 4 用相同的方法制作出如图2-279所示的效果。在“时间轴”面板中拖曳“身体”图层到“头”图层的下方，拖曳“四肢”图层到“身体”图层的下方，舞台窗口中的效果如图2-280所示。

步骤 5 选择“椭圆”工具，在工具箱中将笔触颜色设为无，填充色设为黑色，选择“颜色”面板，在“Alpha”选项中将其不透明度设为50%，如图2-281所示，在舞台窗口中绘制出一个椭圆形，效果如图2-282所示。

图2-279

图2-280

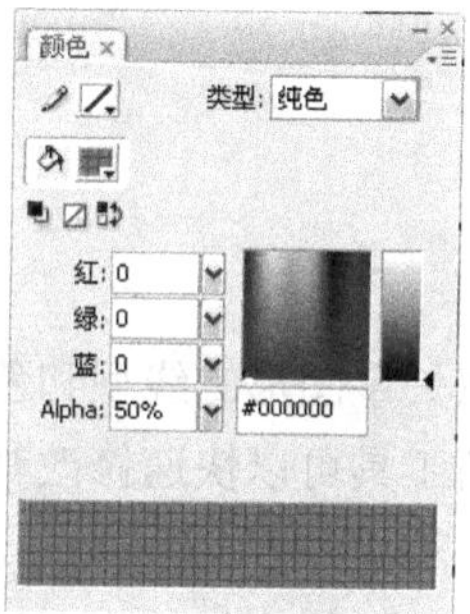

图2-281

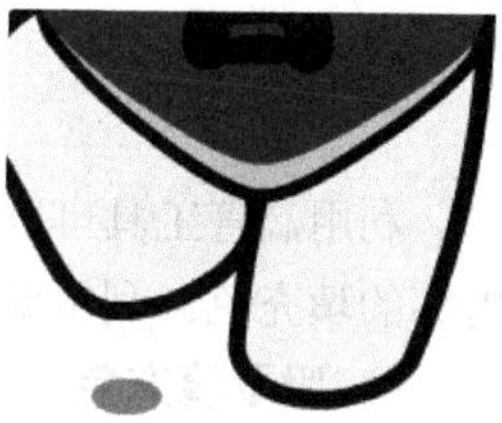

图2-282

步骤 6 选中图形，选择“修改 > 形状 > 柔化填充边缘”命令，在弹出的对话框中进行设置，如图2-283所示，单击“确定”按钮。按Ctrl+G组合键将图形组合，效果如图2-284所示。

步骤 7 选中“五官”图层，按Ctrl+R组合键，在弹出的“导入”对话框中选择“Ch02 > 素材 > 绘制新年卡片 > 鞭炮”文件，单击“打开”按钮，图片被导入到舞台窗口中，将其拖曳到适当的位置，如图2-285所示。

步骤 8 单击“时间轴”面板下方的“插入图层”按钮创建新图层，并将其命名为“背景”，按Ctrl+R组合键，在弹出的“导入”对话框中选择“Ch02 > 素材 > 绘制新春卡片 > 福字”文件，单击“打开”按钮，图片被导入到舞台窗口中，将其拖曳到舞台窗口的外侧，如图2-286所示。

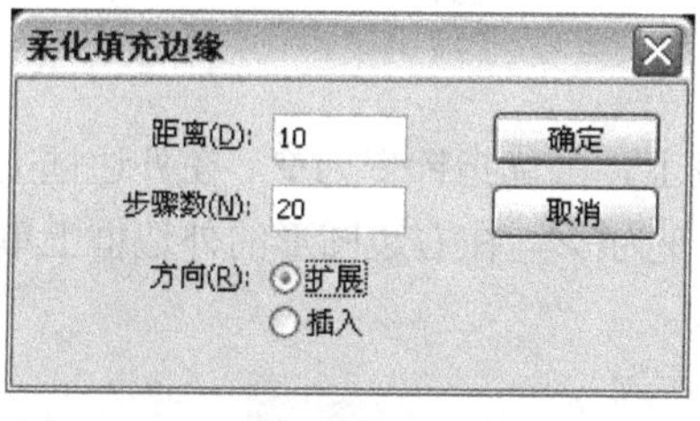

图2-283

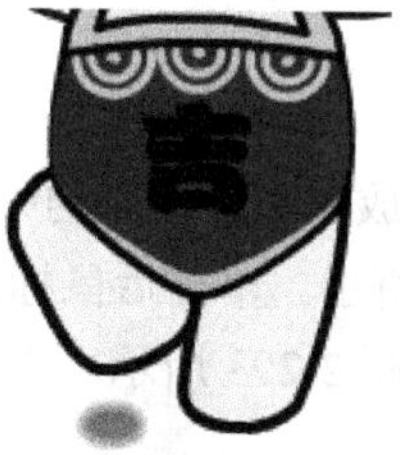

图2-284

图2-285

图2-286

步骤 9 选择“矩形”工具，在工具箱中将笔触颜色设为无，填充色设为白色，绘制一个与舞台窗口大小相等的矩形。调出“颜色”面板，在“类型”选项的下拉列表中选择“位图”，选择“滴管”工具，单击面板中的“福”字图形，吸取图形为填充色，选择“颜料桶”工具，在白色矩形上单击鼠标填充图形，效果如图 2-287 所示。

步骤 10 选择“渐变变形”工具，在填充位图上单击，出现控制点。向内拖曳左下方的方形控制点改变大小，效果如图 2-288 所示。拖曳“背景”图层到“四肢”图层的下方，新春卡片制作完成，效果如图 2-289 所示。

图 2-287

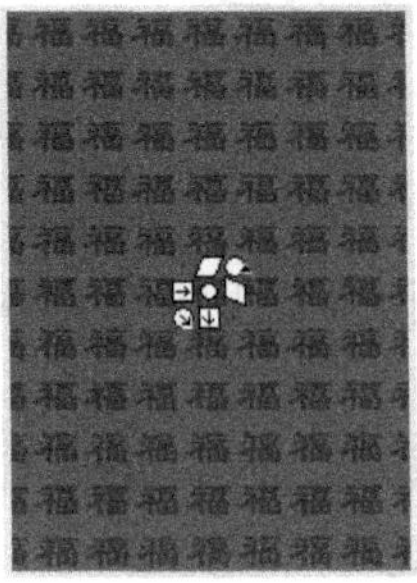

图 2-288

图 2-289

2.4.4 【相关工具】

1. 滴管工具

利用滴管工具可以吸取矢量图形的线型和色彩，利用颜料桶工具可以快速修改其他矢量图形内部的填充色。利用墨水瓶工具可以快速修改其他矢量图形的边框颜色及线型。

◎ 吸取填充色

选择“滴管”工具，将鼠标指针放在左边图形的填充色上，鼠标指针变为，在填充色上单击鼠标，吸取填充色样本，如图 2-290 所示。

单击后鼠标指针变为，表示填充色被锁定。在工具箱的下方取消对“锁定填充”按钮的选择，鼠标指针变为，在右边图形的填充色上单击鼠标，图形的颜色被更改，如图 2-291 所示。

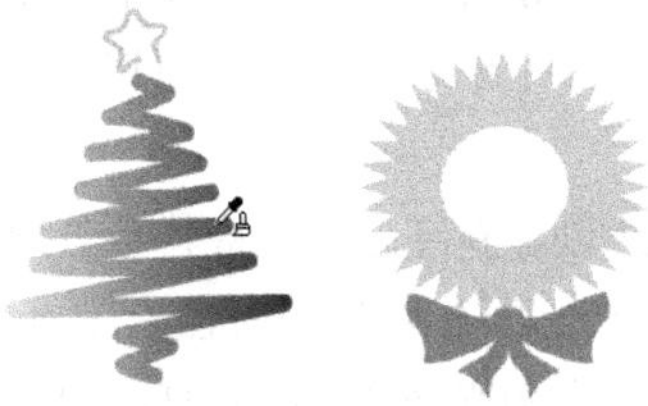

图 2-290

图 2-291

◎ 吸取边框属性

选择“滴管”工具，将鼠标指针放在左边图形的外边框上，鼠标指针变为，在外边框上单击鼠标，吸取边框样本，如图 2-292 所示。单击后鼠标指针变为，在右边图形的外边框上单击鼠标，线条的颜色和样式被更改，如图 2-293 所示。

◎ 吸取位图图案

滴管工具可以吸取外部引入的位图图案。导入瓷碗图片，如图 2-294 所示。按 Ctrl+B 组合键将位图分离，绘制一个矩形图形，如图 2-295 所示。

选择“滴管”工具，将鼠标指针放在位图上，鼠标指针变为，单击鼠标吸取图案样本，如图 2-296 所示。单击后鼠标指针变为，在矩形图形上单击鼠标，图案被填充，如图 2-297 所示。

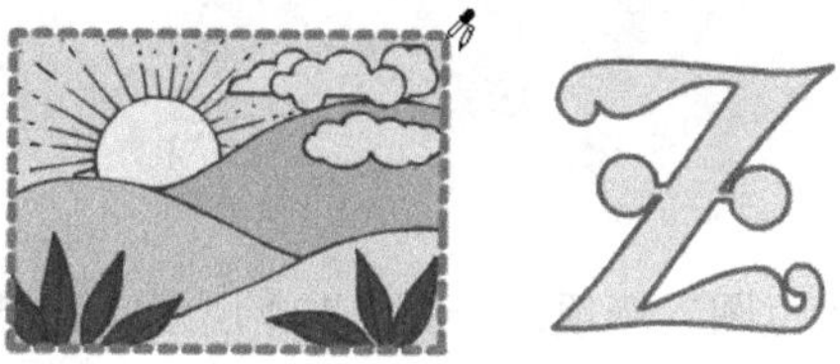

图 2-292

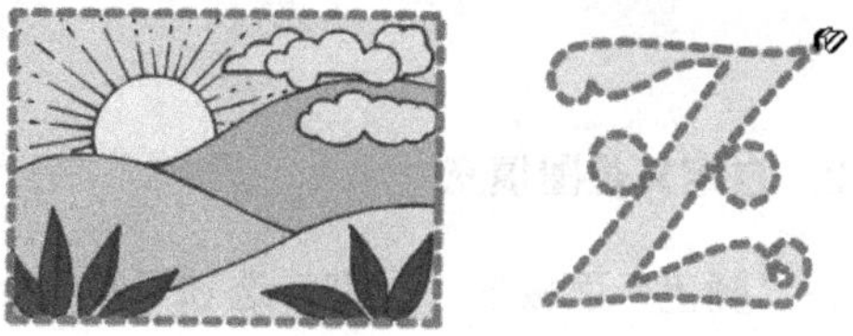

图 2-293

图 2-294

图 2-295

图 2-296

图 2-297

选择“渐变变形”工具，单击被填充图案样本的矩形，出现控制点，如图 2-298 所示。按住 Shift 键将左下方的控制点向中心拖曳，如图 2-299 所示。填充图案变小，如图 2-300 所示。

图 2-298

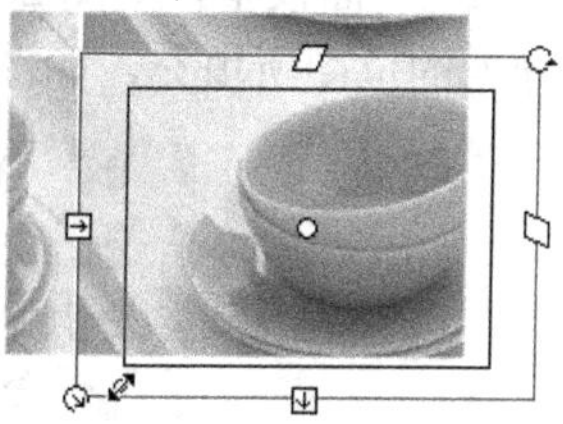

图 2-299

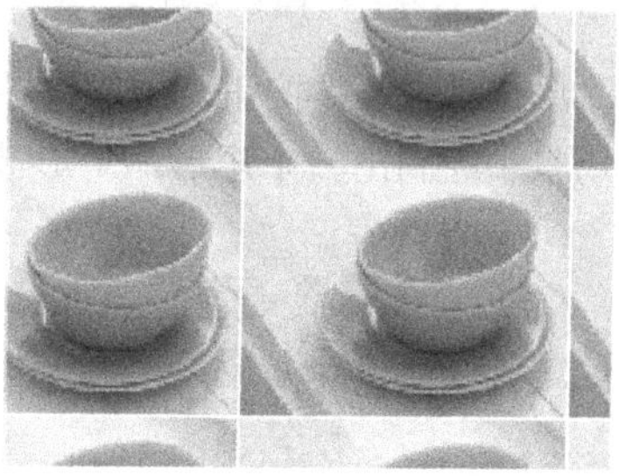

图 2-300

◎ **吸取文字属性**

滴管工具还可以吸取文字的属性，如颜色、字体、字型、大小等。选择要修改的目标文字，如图 2-301 所示。

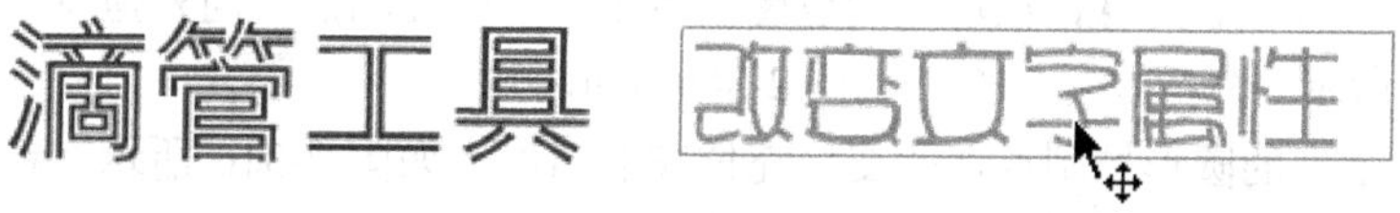

图 2-301

选择“滴管”工具，将鼠标指针放在源文字上，鼠标指针变为，如图 2-302 所示。

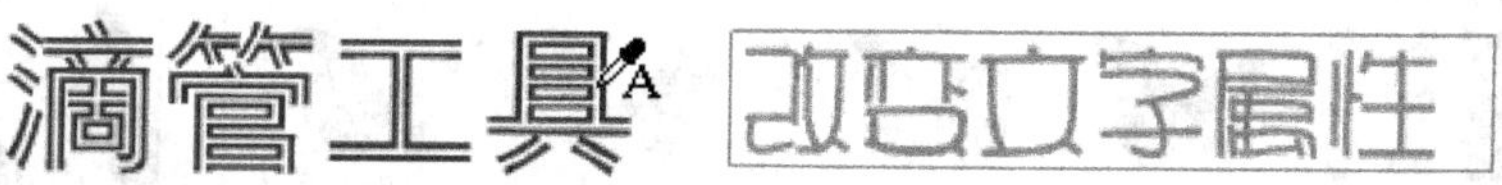

图 2-302

在源文字上单击鼠标，源文字的文字属性被应用到了目标文字上，如图 2-303 所示。

图 2-303

2. 自定义位图填充

在“颜色”面板的“类型”选项下拉列表中选择“位图”选项，如图 2-304 所示。弹出“导入到库”对话框，在对话框中选择要导入的图片，如图 2-305 所示。

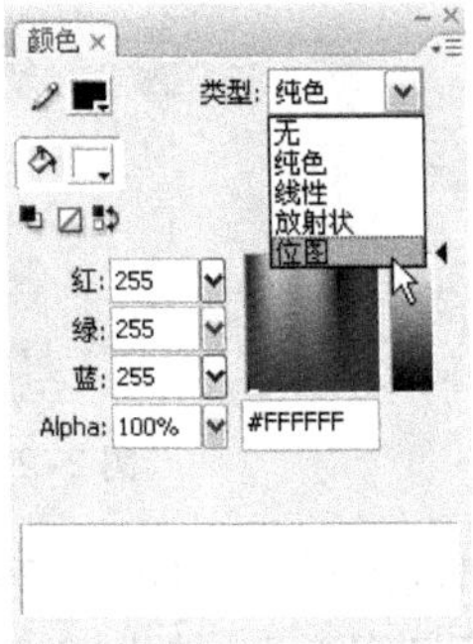

图 2-304

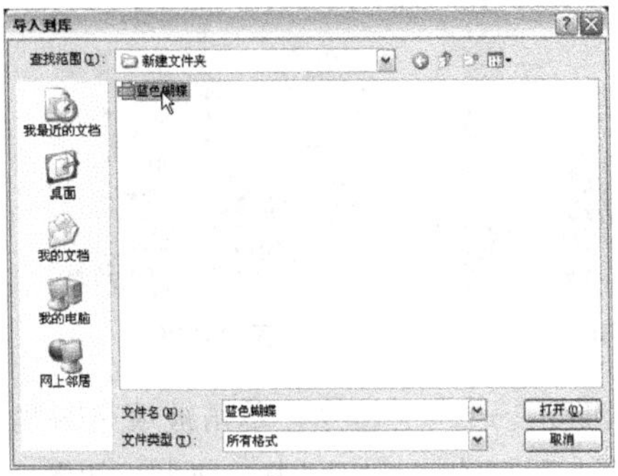

图 2-305

单击“打开”按钮，图片被导入到“颜色”面板中，如图 2-306 所示。选择“矩形”工具，在场景中绘制出一个矩形，矩形被刚才导入的位图所填充，如图 2-307 所示。

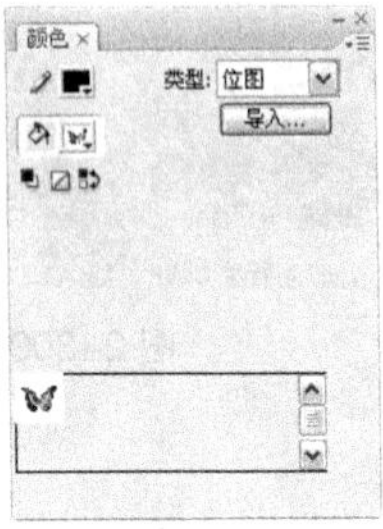

图 2-306

图 2-307

选择“渐变变形”工具，在填充的位图上单击，出现控制点。向外拖曳左下方的方形控制点，如图 2-308 所示。释放鼠标后效果如图 2-309 所示。

向上拖曳右上方的圆形控制点，改变填充位图的角度，如图 2-310 所示。释放鼠标后效果如图 2-311 所示。

图 2-308

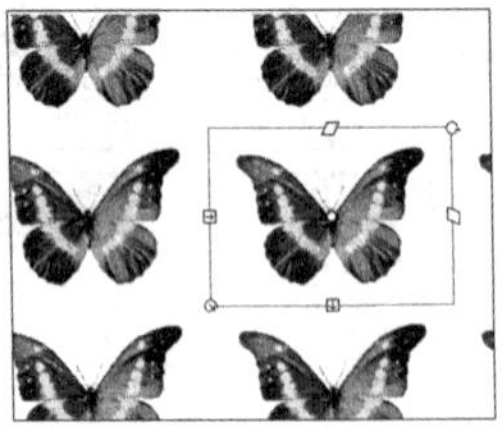

图 2-309

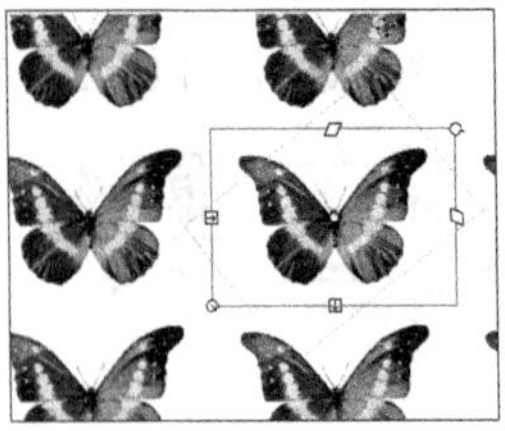

图 2-310

图 2-311

2.4.5 【实战演练】绘制婚礼卡

使用位图填充制作背景图效果，使用任意变形工具改变“喜”字的角度和大小，使用“导入到舞台”命令导入素材图片，使用移动工具改变图形的位置。（最终效果参看光盘中的“Ch02 > 效果 >绘制婚礼卡”，如图 2-312 所示。）

图 2-312

2.5 综合演练——绘制卡通小熊

使用线条工具制作下雨的效果，使用“属性”面板改变线条的样式，使用钢笔工具和刷子工具绘制叶子图形，使用椭圆工具和铅笔工具绘制小熊图案，使用选择工具改变线条的弧度。（最终效果参看光盘中的“Ch02 > 效果 > 绘制卡通小熊”，如图 2-313 所示。）

图 2-313

2.6 综合演练——绘制海底世界

使用“导入到舞台”命令导入素材图片制作海底效果，使用钢笔工具绘制海马身体，使用椭圆工具绘制海马的眼睛和项链图案，使用“属性”面板改变线条的样式来制作海马背部。（最终效果参看光盘中的“Ch02 > 效果 > 绘制海底世界”，如图 2-314 所示。）

图 2-314

第3章 标志制作

标志代表着企业的形象和文化，以及企业的服务水平、管理机制和综合实力，标志动画可以在动态视觉上为企业进行形象推广。本章将主要介绍 Flash 标志动画中标志的导入以及动画的制作方法，同时介绍如何应用不同的颜色设置和动画方式来更准确地诠释企业的精神。

课堂学习目标

- 掌握标志的设计思路
- 掌握标志的制作方法
- 掌握标志的应用技巧

3.1 制作果汁标牌

3.1.1 【案例分析】

本例是为果汁饮料公司制作的果汁标牌，果汁饮料公司的产品主要针对的是关注健康、注意营养膳食结构的人群。在标牌设计上要简洁、大方、稳重，同时符合公司的特征，能融入行业的理念和特色。

3.1.2 【设计理念】

在设计制作过程中，通过蓝色、紫色和黄色的底圆展示出企业的沉稳和权威。在字体设计上进行变形处理，通过字体表现出向上、进取的企业形象。通过红色飘带图形表现企业的精神风貌。标牌的整体设计简洁流畅、美观大方。（最终效果参看光盘中的“Ch03 > 效果 > 制作果汁标牌”，如图 3-1 所示。）

图 3-1

3.1.3 【操作步骤】

步骤 1 选择“文件 > 新建”命令，在弹出的“新建文档”对话框中选择“Flash 文件”选项，单击“确定”按钮，进入新建文档舞台窗口。按 Ctrl+F3 组合键，弹出文档“属性”面板，单击“大小”选项右侧的按钮，在弹出的对话框中将舞台窗口的宽度设为 480 像素，高度设为 330 像素，单击“确定”按钮即可改变舞台窗口的大小。

步骤 2 在“时间轴”面板中将“图层 1”重命名为“背景”。选择“文件 > 导入 > 导入到舞台”命令，在弹出的“导入”对话框中选择“Ch03 > 素材 > 制作果汁标牌 > 背景”文件，单击“打开”按钮，文件被导入到舞台窗口中并调整其位置，效果如图 3-2 所示。在“时间轴”面板中新建图层并将其命名为“文字”。选择“文本”工具 T，在文本工具“属性”面板中进行设置，如图 3-3 所示。在舞台窗口中输入需要的白色文字“天然食品”，如图 3-4 所示。

图 3-2

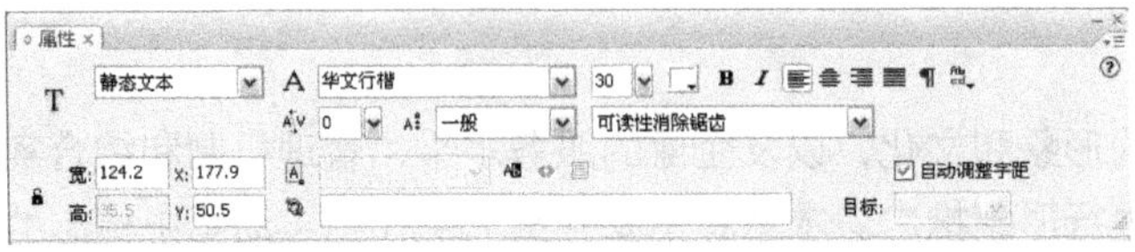

图 3-3

图 3-4

步骤 3 选择“任意变形”工具，选中文字，按两次 Ctrl+B 组合键将文字打散。单击工具箱下方的“封套”按钮，在文字周围出现控制点，调整各个控制点将文字变形，效果如图 3-5 所示。用相同的方法制作“品质保证”文字，取消文字选取状态，效果如图 3-6 所示。

图 3-5

图 3-6

步骤 4 选择“文本”工具 T，在文本工具“属性”面板中进行设置，并单击“切换粗体”按钮 **B**，在舞台窗口中输入需要的文字，如图 3-7 所示。按两次 Ctrl+B 组合键将文字打散。选择“任意变形”工具，单击工具箱下方的“封套”按钮，在文字周围出现控制点，调整各个控制点将文字变形，效果如图 3-8 所示。

图 3-7

图 3-8

步骤 5 选择“墨水瓶”工具，在“属性”面板中将“笔触颜色”选项设为棕色（#937900），其他选项的设置如图 3-9 所示。在文字上单击鼠标，填充边线，效果如图 3-10 所示。果汁标牌效果制作完成。

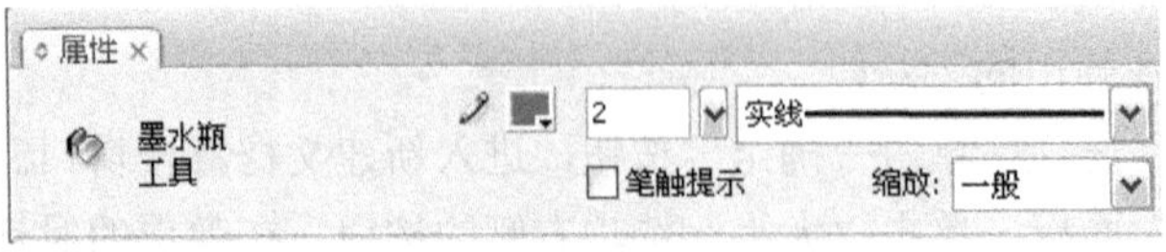

图 3-9

图 3-10

3.1.4 【相关工具】

1. 创建文本

选择“文本”工具T，选择“窗口 > 属性 > 属性”命令，弹出文本工具“属性”面板，如图3-11所示。

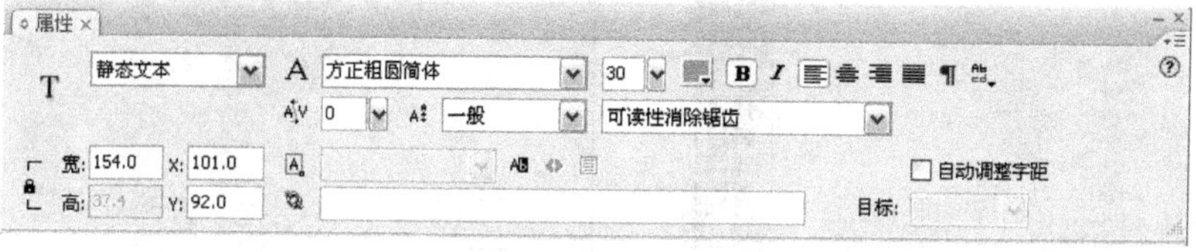

图 3-11

将鼠标指针放置在场景中，鼠标指针变为十A，在场景中单击，出现文本输入光标，如图3-12所示。直接输入文字即可，效果如图3-13所示。

在场景中单击并按住鼠标左键，向右下角方向拖曳出一个文本框，如图3-14所示。释放鼠标，出现文本输入光标，如图3-15所示。在文本框中输入文字，文字被限定在文本框中，如果输入的文字较多，会自动转到下一行显示，如图3-16所示。

图 3-12

图 3-13

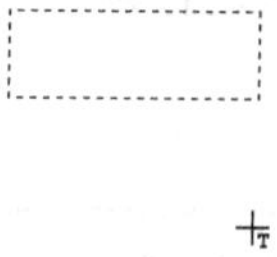

图 3-14

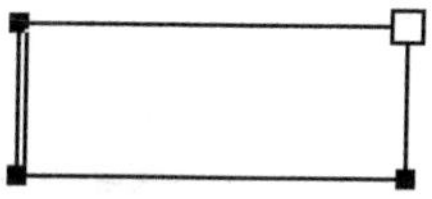

图 3-15

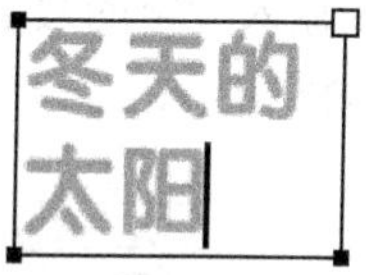

图 3-16

向左拖曳文本框上方的方形控制点，可以缩小文字的行宽，如图3-17所示。向右拖曳控制点可以扩大文字的行宽，如图3-18所示。

双击文本框上方的方形控制点，如图3-19所示，文字将转换成单行显示状态，并且方形控制点转换为圆形控制点，如图3-20所示。

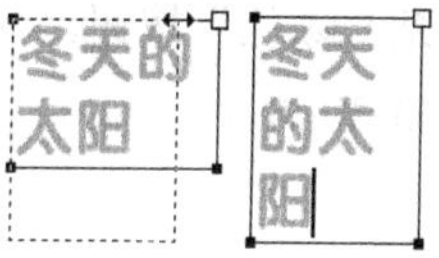

图 3-17

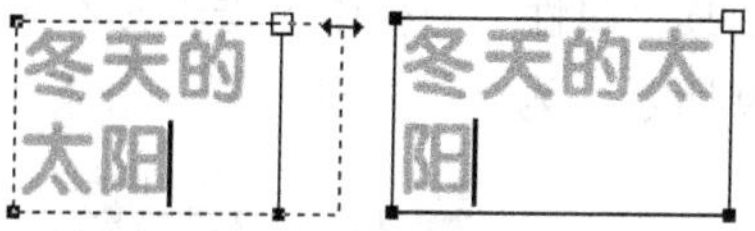

图 3-18

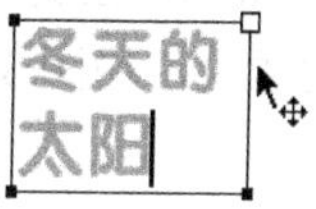

图 3-19

图 3-20

2. 文本属性

文本“属性”面板如图3-21所示。下面对各文字调整选项逐一介绍。

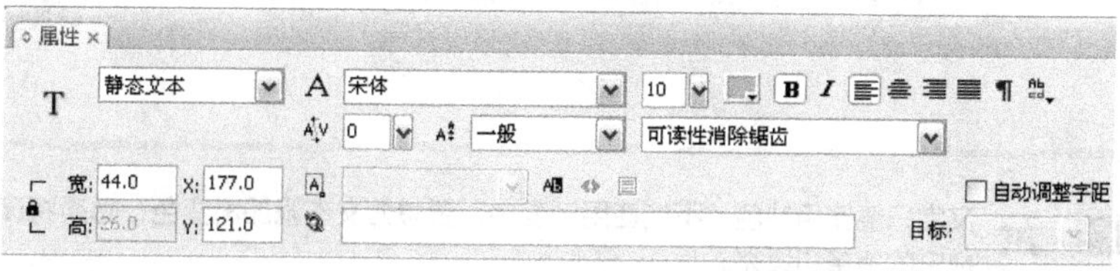

图 3-21

◎ **设置文本的字体、字体大小、样式和颜色**

“字体”选项：设定选定字符或整个文本块的文字字体。

选中文字，如图 3-22 所示，在文本工具“属性”面板中的“字体”下拉列表中选择要转换的字体，如图 3-23 所示，文字的字体被转换，效果如图 3-24 所示。

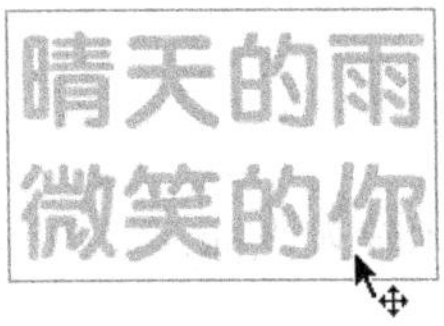

图 3-22

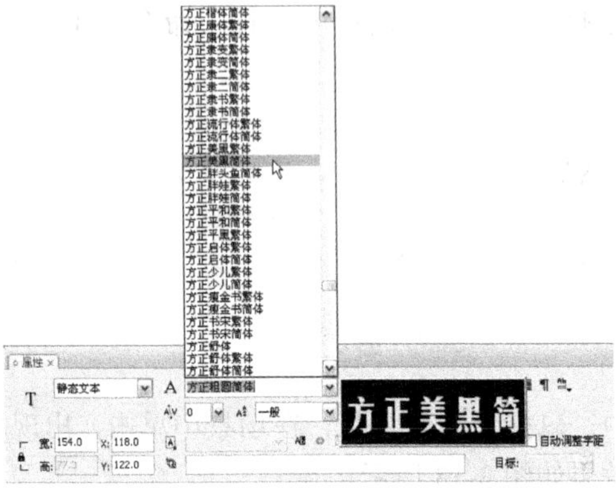

图 3-23

图 3-24

“字体大小”选项：设定选定字符或整个文本块的文字大小，数值越大，文字越大。

选中文字，如图 3-25 所示，在文本工具“属性”面板中选择“字体大小”选项，在其数值框中输入设定的数值或拖动其右侧的滑动条来进行设定，如图 3-26 所示，文字的字号变小，如图 3-27 所示。

图 3-25

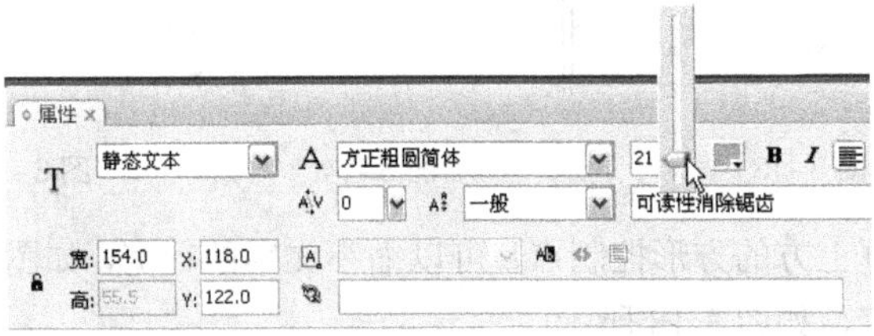

图 3-26

图 3-27

“文本（填充）颜色”按钮：为选定字符或整个文本块的文字设定颜色。

选中文字，如图 3-28 所示，在文本工具“属性”面板中单击“文本（填充）颜色”按钮，弹出颜色面板，选择需要的颜色，如图 3-29 所示，为文字替换颜色，效果如图 3-30 所示。

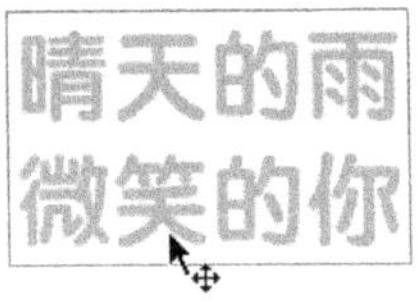

图 3-28

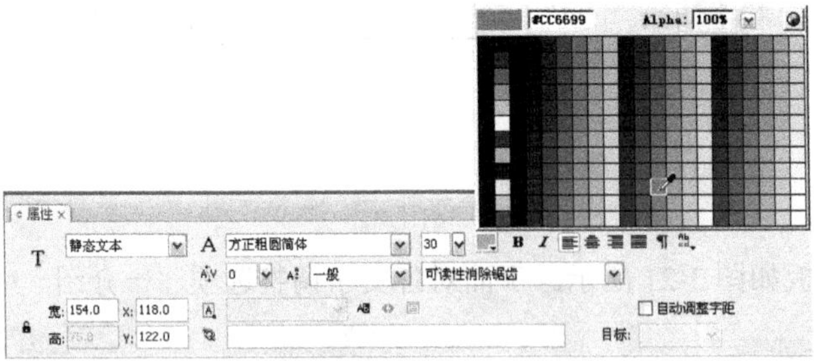

图 3-29

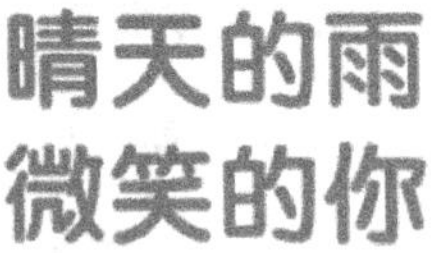

图 3-30

提　示　文字只能使用纯色，不能使用渐变色。要想为文本添加渐变色，必须将该文本转换为组成它的线条和填充。

“切换粗体”按钮：可以将文字加粗。

选中文字，如图3-31所示，单击“切换粗体”按钮，文字被加粗，如图3-32所示。

“切换斜体”按钮：可以使文字向右倾斜。

选中文字，如图3-33所示，单击“切换斜体”按钮，文字向右倾斜，如图3-34所示。

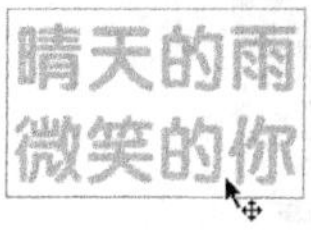

图3-31

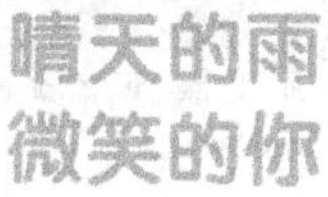

图3-32

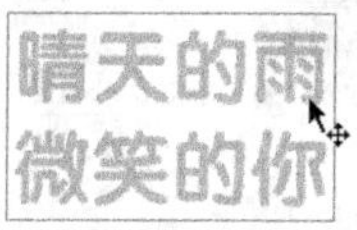

图3-33

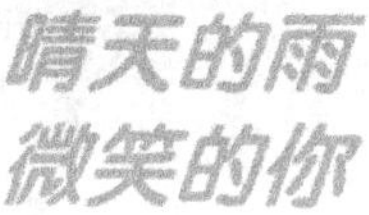

图3-34

“改变文本方向”按钮：可以改变文字的排列方向。

选中文字，如图3-35所示，单击“改变文本方向”按钮，在弹出的下拉列表中选择“垂直，从左向右”选项，如图3-36所示，文字将从左向右排列，效果如图3-37所示。如果在其下拉列表中选择“垂直，从右向左”选项，如图3-38所示，文字将从右向左排列，效果如图3-39所示。

图3-35

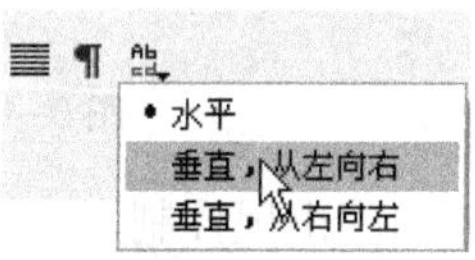

图3-36

图3-37

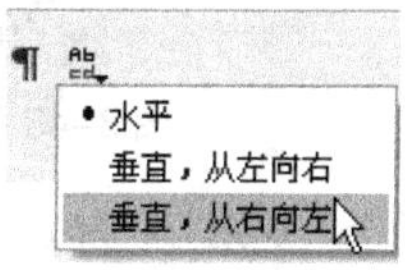

图3-38

图3-39

◎ **设置字符与段落**

文本对齐方式按钮可以将文字以不同的形式进行对齐。

“左对齐”按钮：将文字以文本框的左边线进行对齐。

“居中对齐”按钮：将文字以文本框的中线进行对齐。

“右对齐”按钮：将文字以文本框的右边线进行对齐。

“两端对齐”按钮：将文字以文本框的两端进行对齐。

选择不同的对齐方式，文字对齐的效果如图3-40所示。

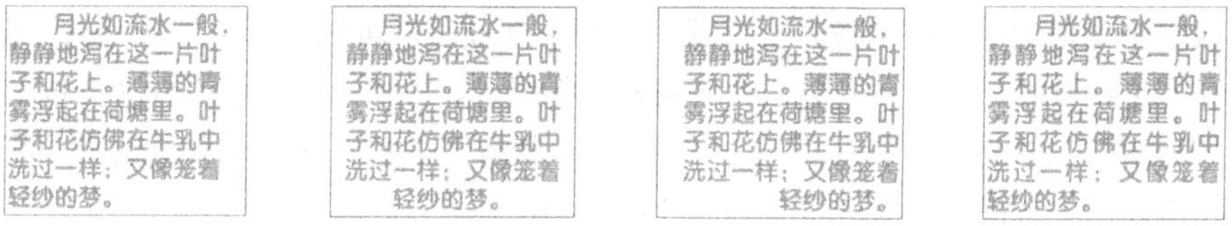

（a）左对齐　（b）居中对齐　（c）右对齐　（d）两端对齐

图3-40

“字符间距”选项：在选定的字符或整个文本块的字符之间插入统一的间隔。

设置不同的文字间距，文字的效果如图3-41所示。

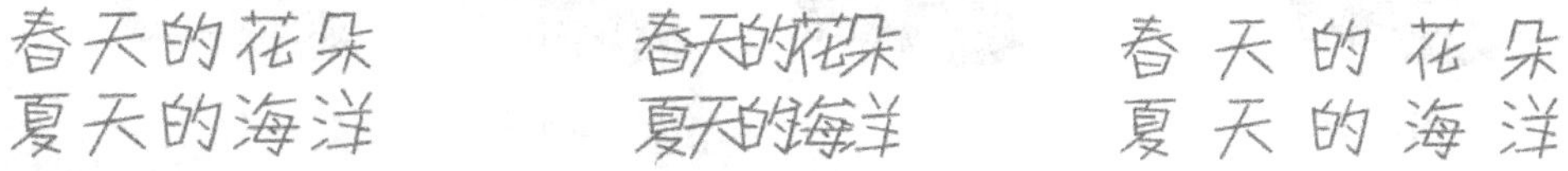

（a）间距为0时的效果　（b）缩小间距后的效果　（c）扩大间距后的效果

图3-41

◎ **静态文本**

选择“静态文本”选项，“属性”面板如图 3-42 所示。

“可选”按钮 AB：单击此按钮，当文件输出为 SWF 格式时，可以对影片中的文字进行选取、复制操作。

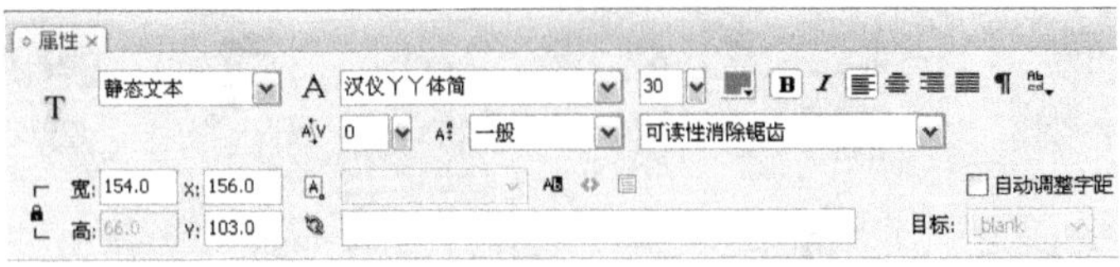

图 3-42

◎ **变形文本**

选中文字，如图 3-43 所示，按两次 Ctrl+B 组合键将文字打散，如图 3-44 所示。

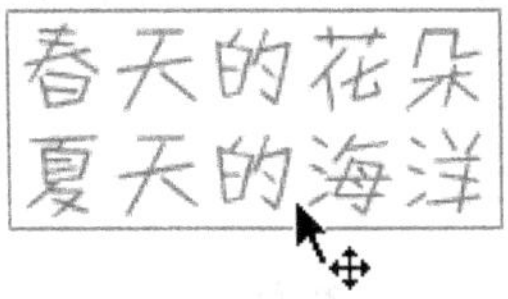

图 3-43

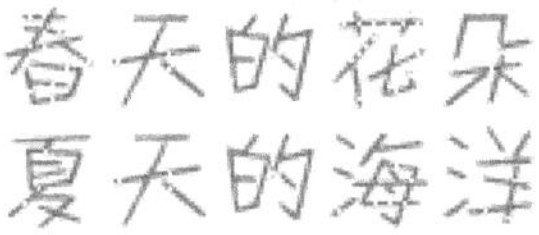

图 3-44

选择“修改 > 变形 > 封套”命令，在文字的周围出现控制点，如图 3-45 所示，拖动控制点改变文字的形状，如图 3-46 所示，变形完成后的文字效果如图 3-47 所示。

图 3-45

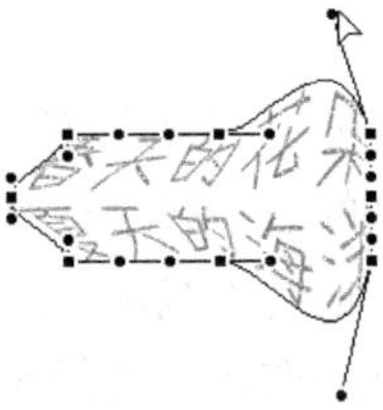

图 3-46

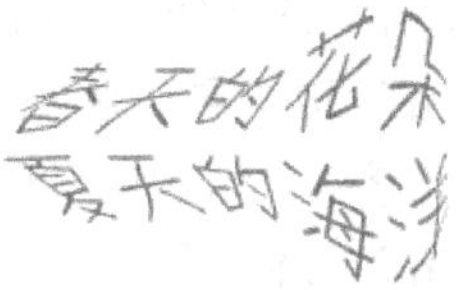

图 3-47

◎ **分离对象**

要修改多个图形的组合、图像、文字或组件的一部分时，可以选择“修改 > 分离”命令。另外，制作变形动画时，需用“分离”命令将图形的组合、图像、文字或组件转变成图形。

选中图形组合，如图 3-48 所示。选择“修改 > 分离”命令或按 Ctrl+B 组合键，将组合的图形打散，多次使用“分离”命令的效果如图 3-49 所示。

图 3-48

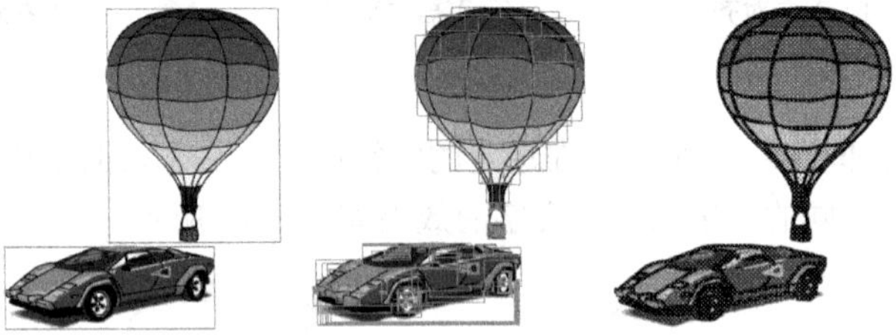

图 3-49

◎ **墨水瓶工具**

使用墨水瓶工具可以修改矢量图形的边线。

导入运动员图形，如图 3-50 所示。选择“墨水瓶”工具，在“属性”面板中设置笔触颜色、笔触高度以及笔触样式，如图 3-51 所示。

图 3-50

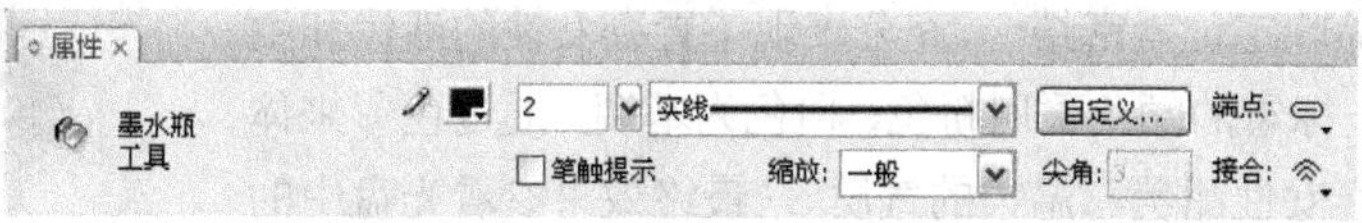

图 3-51

这时，鼠标指针变为，在图形上单击鼠标，为图形增加设置好的边线，如图 3-52 所示。在“属性”面板中设置的属性不同，所绘制的边线效果也不同，如图 3-53 所示。

图 3-52

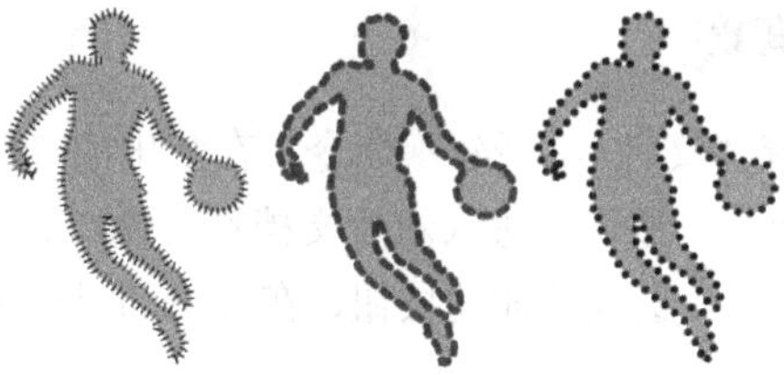

图 3-53

3.1.5 【实战演练】制作英语培训标牌

使用椭圆工具制作底图图案效果，使用文本工具输入标题文字，使用文本“属性”面板改变文字的大小和颜色，使用“分离”命令将文字打散，使用任意变形工具改变文字的形状。（最终效果参看光盘中的“Ch03 > 效果 > 制作英语培训标牌”，如图 3-54 所示。）

图 3-54

3.2 制作化妆品网页标志

3.2.1 【案例分析】

本例是为美朵坊化妆品公司设计制作的网页标志，该公司的产品主要针对的客户是热衷于护肤、美容，致力于让自己变得更青春美丽的女性。在网页标志设计上希望能表现出青春的气息和活力。

3.2.2 【设计理念】

在设计思路上，我们从公司的品牌名称入手，对“美朵坊”3 个文字进行了精心的变形设计和处理，文字设计后的风格和品牌定位紧密结合，充分表现了青春女性的活泼和生活气息。标志的颜色采用粉色、白色为基调，通过色彩来体现出青春女性甜美、温柔的气质。（最终效果参看光盘中的“Ch03 > 效果 > 制作化妆品网页标志”，如图 3-55 所示。）

图 3-55

3.2.3 【操作步骤】

1. 绘制背景

步骤 1 选择“文件 > 新建”命令，在弹出的“新建文档”对话框中选择“Flash 文件”选项，单击“确定”按钮，进入新建文档舞台窗口。按 Ctrl+F3 组合键，弹出文档“属性”面板，单击“大小”选项后面的按钮，在弹出的对话框中将舞台窗口的宽度设为 450 像素，高度设为 300 像素。

步骤 2 将“图层 1”重命名为“背景”，选择“矩形”工具，在矩形工具“属性”面板中将笔触颜色设为无，填充色设为淡粉色（#FDE1F0），绘制多个矩形，效果如图 3-56 所示。单击“时间轴”面板下方的“插入图层”按钮创建新图层，并将其命名为“椭圆形”。选择“椭圆”工具，在工具箱中将笔触颜色设为无，填充色设为深粉色（#FB1F8D），在舞台窗口中绘制出一个椭圆形，选中图形，在形状“属性”面板中将“宽”设为 280，“高”设为 120，效果如图 3-57 所示。

图 3-56

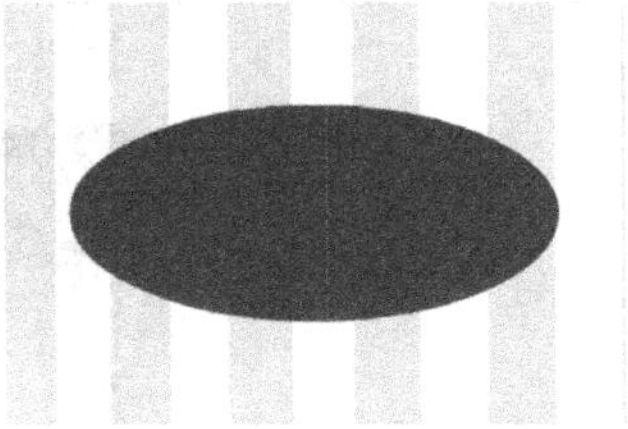
图 3-57

2. 输入文字并编辑

步骤 1 单击“时间轴”面板下方的“插入图层”按钮创建新图层，并将其命名为“文字”。选择“文本”工具 T，在文本工具“属性”面板中进行设置，在舞台窗口中输入白色文字“美朵坊”，效果如图 3-58 所示。选中文字，按两次 Ctrl+B 组合键将文字打散，分别移动文字到适当的位置，效果如图 3-59 所示。

图 3-58

图 3-59

步骤 2 分别锁定“背景”和“椭圆形”图层，如图 3-60 所示。删除“朵”字的上半部分，如图 3-61 所示。选择“套索”工具，圈选“美”字的两点，如图 3-62 所示，按 Delete 键将其删除，效果如图 3-63 所示。用相同的方法删除文字上多余的笔画后，效果如图 3-64 所示。

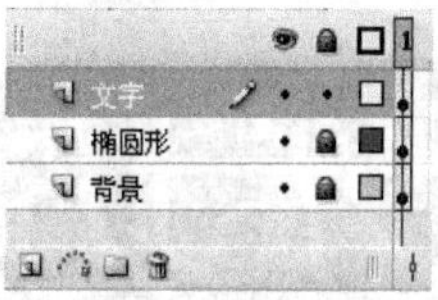

图 3-60

图 3-61

图 3-62

图 3-63

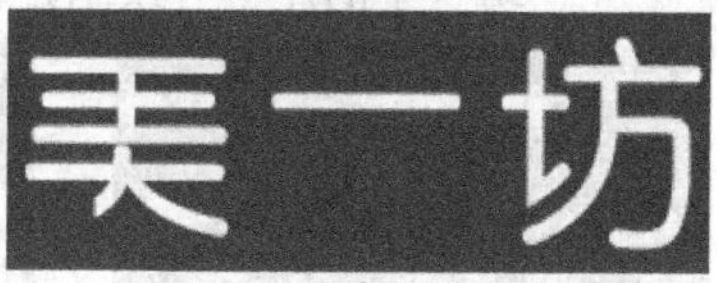
图 3-64

步骤 3 选中笔画，如图 3-65 所示。选择“任意变形”工具，在图形的周围出现控制点，拖曳右侧中间的控制点，改变图形的长度，效果如图 3-66 所示。在舞台窗口的空白处单击，控制点即可消失。

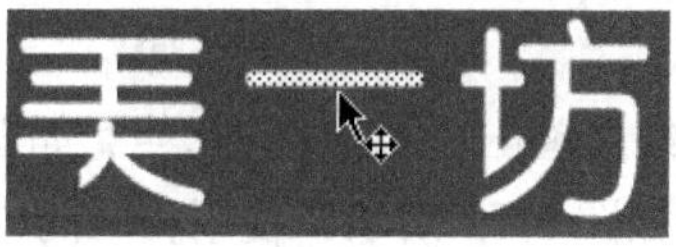
图 3-65

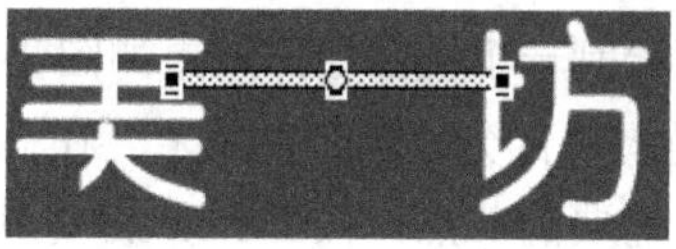
图 3-66

步骤 4 单击“时间轴”面板下方的“插入图层”按钮创建新图层，并将其命名为“修改笔画”。选择“钢笔”工具，在钢笔工具“属性”面板中将笔触颜色设为白色，在“笔触高度”数值框中输入 5，如图 3-67 所示。

步骤 5 在“美”字的上方单击，设置起始点，在字下方的空白处单击，设置第 2 个节点，按住鼠标左键不放，向旁边拖曳控制手柄，通过调节控制手柄来改变路径的弯度，释放鼠标，绘制出一条曲线。在第 2 个节点的右侧单击，设置第 3 个节点，释放鼠标，效果如图 3-68 所示。

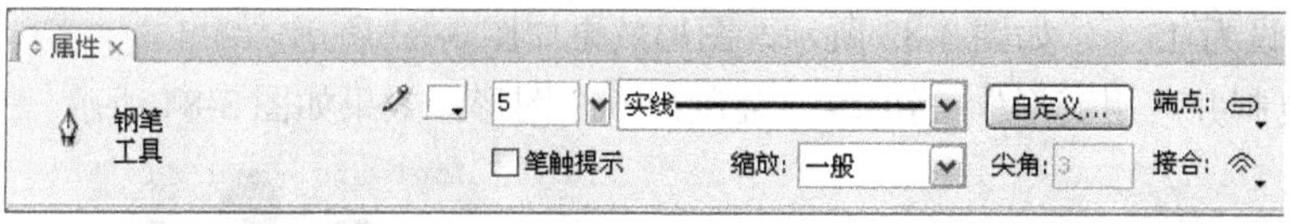

图 3-67

图 3-68

步骤 6 选择“线条”工具，分别绘制两条斜线，如图 3-69 所示。选择“选择”工具，将鼠标指针移动到曲线上，鼠标指针变为，拖动曲线来修改曲线的弧度，效果如图 3-70 所示。选择“椭圆”工具，将填充色设为无，绘制圆形描边，如图 3-71 所示。选择“选择”工具框选图形的下半部，将其删除，移动图形的上半部分到适当的位置，效果如图 3-72 所示。

步骤 7 选择“线条”工具，在“属性”面板中的“端点”选项下拉列表中选择“方型”，在半圆形的两端绘制直线，效果如图 3-73 所示。

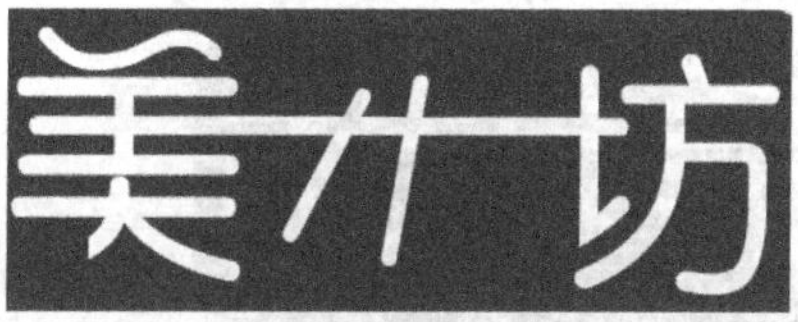
图 3-69

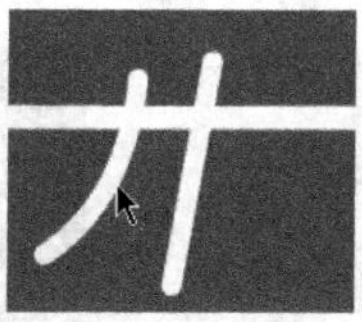
图 3-70

图 3-71

图 3-72

图 3-73

步骤 8 选择“钢笔”工具，在钢笔工具“属性”面板中将笔触颜色设为黑色，高度设为 0.1，在“美”字的左下方绘制一条封闭的路径，如图 3-74 所示。在工具箱的下方将填充色设为白色，选择“颜料桶”工具填充路径，并删除路径，效果如图 3-75 所示。用相同的方法在“坊”字的左下方绘制路径并填充，效果如图 3-76 所示。

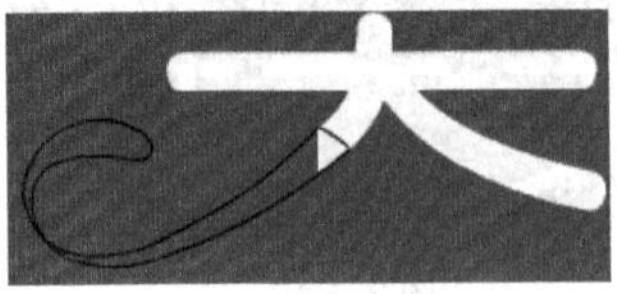

图 3-74

图 3-75

图 3-76

3. 添加花朵图案

步骤 1 选择“椭圆”工具，在工具箱中将笔触颜色设为无，填充色设为黑色，在舞台窗口的外侧绘制一个椭圆形，效果如图 3-77 所示。

步骤 2 选择“部分选取”工具，在椭圆形的外边线上单击，出现多个节点，如图 3-78 所示。单击不需要的节点，按 Delete 键将其删除，效果如图 3-79 所示。使用相同的方法删除其他节点，如图 3-80 所示。

图 3-77

图 3-78

图 3-79

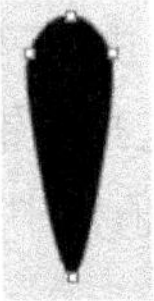

图 3-80

步骤 3 选择“任意变形”工具，单击图形，出现控制点，将中心点移动到如图 3-81 所示的位置，按 Ctrl+T 组合键弹出“变形”面板，单击“复制并应用变形”按钮复制出一个图形，将“旋转”选项设为 45°，如图 3-82 所示，图形效果如图 3-83 所示。

步骤 4 再单击 6 次“复制并应用变形”按钮，复制出 6 个图形，效果如图 3-84 所示。

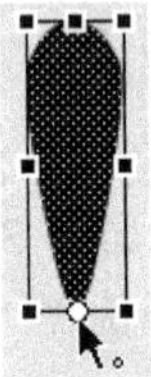

图 3-81

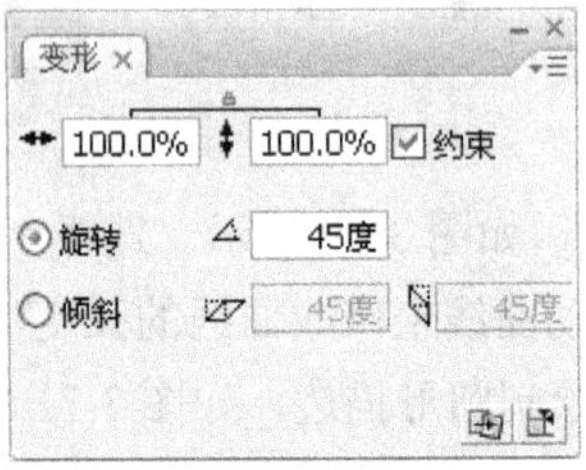

图 3-82

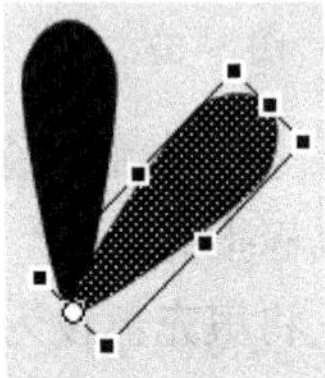

图 3-83

图 3-84

步骤 5 选择“选择”工具，拖曳图形到“朵”字的右下角，并调整其大小，将填充色设为白色，效果如图 3-85 所示。按住 Alt 键选中图形，并将其拖曳到“朵”字的上方，复制当前选中的图形，选择“任意变形”工具将其缩小，效果如图 3-86 所示。

图 3-85

图 3-86

步骤 6 选择“文件 > 导入 > 导入到舞台”命令，在弹出的“导入”对话框中选择“Ch03 > 素材 > 制作化妆品网页标志”中的“蝴蝶”和“花纹”文件，单击“打开”按钮，图形分别被导入到舞台窗口中，将它们拖曳到适当的位置，效果如图 3-87 所示。化妆品网页标志制作完成，效果如图 3-88 所示。

图 3–87

图 3–88

3.2.4 【相关工具】

1. 套索工具

选择“套索”工具，在场景中导入一幅位图，按 Ctrl+B 组合键将位图进行分离。在位图上任意勾选需要的区域，形成一个封闭的选区，如图 3-89 所示。释放鼠标，选区中的图像被选中，如图 3-90 所示。

在选择“套索”工具后，工具箱的下方出现如图 3-91 所示的按钮，利用这些按钮可以完成以下工作。

图 3–89

图 3–90

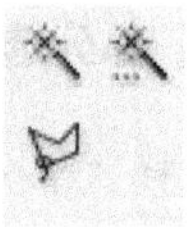

图 3–91

“魔术棒”按钮：以点选的方式选择颜色相似的位图图形。

单击“魔术棒”按钮，将鼠标指针放在位图上，鼠标指针变为，在要选择的位图上单击鼠标，如图 3-92 所示。与单击点颜色相近的图像区域被选中，如图 3-93 所示。

“魔术棒设置”按钮：可以用来设置魔术棒的属性，应用的属性不同，魔术棒选取的图像区域大小也不同。

单击“魔术棒设置”按钮，弹出“魔术棒设置”对话框，如图 3-94 所示。

在“魔术棒设置”对话框中设置不同的数值后，所产生的不同效果如图 3-95 所示。

“多边形模式”按钮：可以用鼠标精确地选择需要的图像。

单击“多边形模式”按钮，在图像上单击鼠标，确定第 1 个定位点，将鼠标指针移至下一个定位点，再单击鼠标，用相同的方法直到选择出想要的图像，并使选取区域形成一个封闭的状态，如图 3-96 所示。双击鼠标，选区中的图像被选中，如图 3-97 所示。

图 3-92

图 3-93

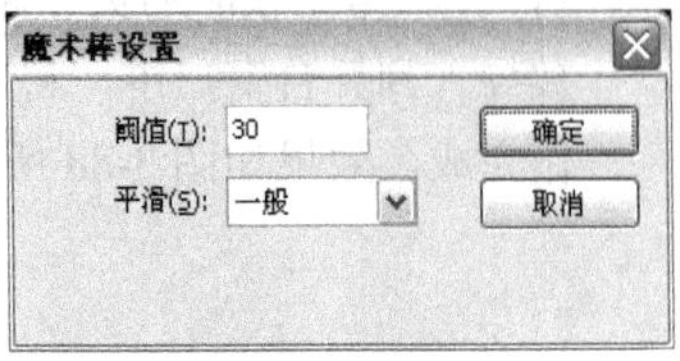

图 3-94

（a）阈值为 10 时选取图像的区域

（b）阈值为 60 时选取图像的区域

图 3-95

图 3-96

图 3-97

2. 部分选取工具

选择“部分选取”工具，在对象的外边线上单击，对象上出现多个节点，如图 3-98 所示。通过拖动节点来调整控制线的长度和斜率，从而改变对象的曲线形状，如图 3-99 所示。

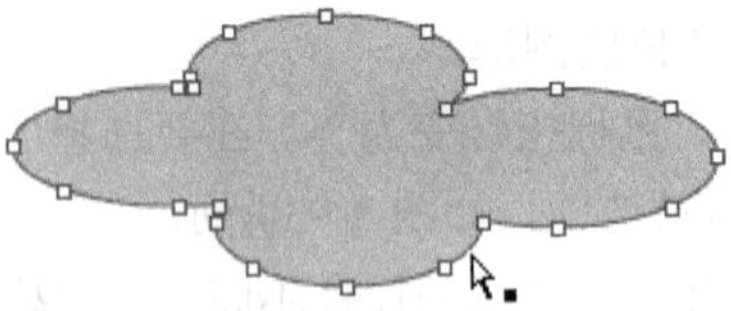
图 3-98

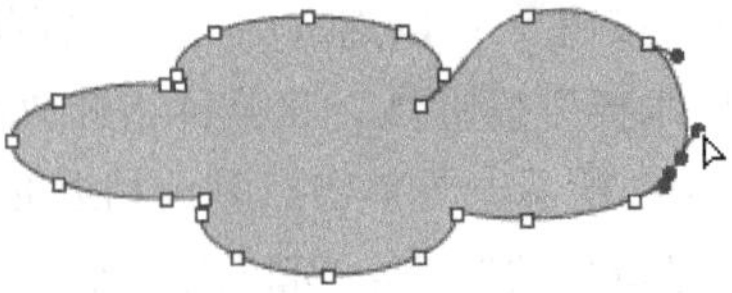
图 3-99

提　示 若要增加图形上的节点，可使用“钢笔”工具在图形上单击来增加节点。

在改变对象的形状时，“部分选取”工具的鼠标指针会产生不同的变化，变化不同，其表示的含义也不同。

带黑色方块的鼠标指针：当将鼠标指针放置在节点以外的线段上时，鼠标指针变为，如图 3-100 所示。这时可以移动对象到其他位置，如图 3-101 和图 3-102 所示。

图 3-100

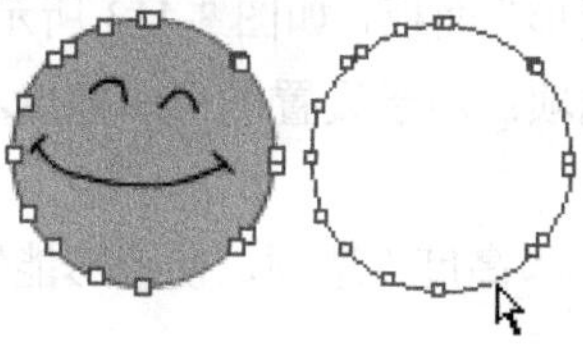

图 3-101

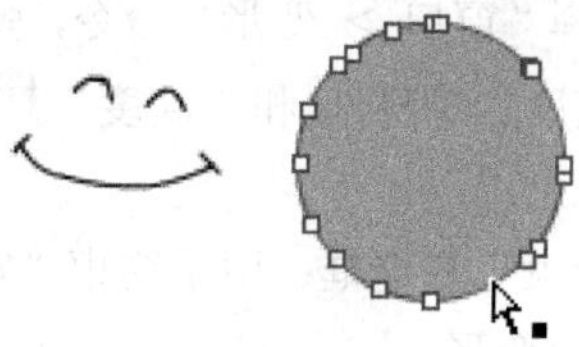

图 3-102

带白色方块的鼠标指针：当将鼠标指针放置在节点上时，鼠标指针变为，如图 3-103 所示。这时可以移动单个的节点到其他位置，如图 3-104 和图 3-105 所示。

图 3-103

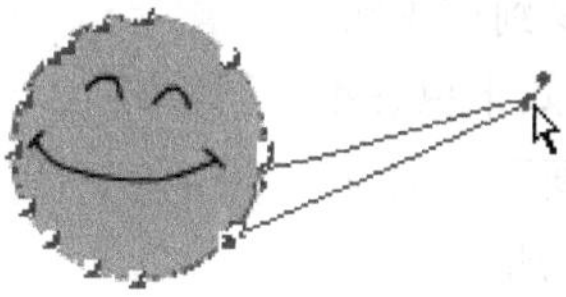

图 3-104

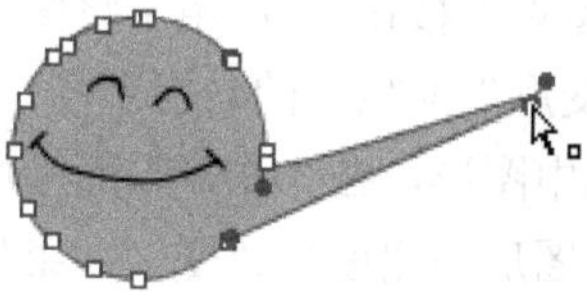

图 3-105

变为小箭头的鼠标指针：当将鼠标指针放置在节点调整手柄的尽头时，鼠标指针变为，如图 3-106 所示。这时可以调整与该节点相连的线段的弯曲度，如图 3-107 和图 3-108 所示。

图 3-106

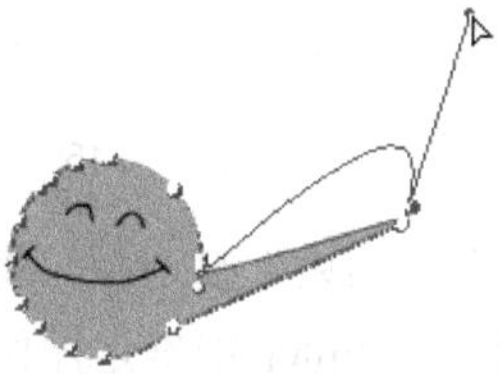

图 3-107

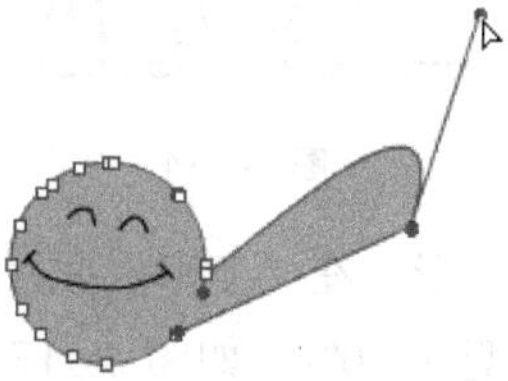

图 3-108

提 示 在调整节点的手柄时，调整一个手柄，另一个相对的手柄也会随之发生变化。如果只想调整其中的一个手柄，按住 Alt 键再进行调整即可。

可以将直线节点转换为曲线节点，并进行弯曲度调整。选择“部分选取”工具，在对象的外边线上单击，对象上即可显示出节点，如图 3-109 所示。单击要转换的节点，节点从空心变为实心，表示可编辑，如图 3-110 所示。

按住 Alt 键，将节点向外拖曳，节点多出两个可调整手柄，如图 3-111 所示。通过调整手柄可调整线段的弯曲度，如图 3-112 所示。

图 3-109

图 3-110

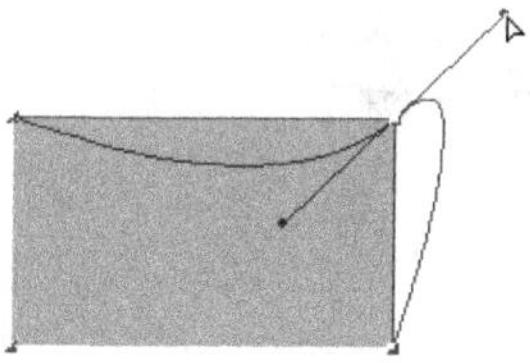

图 3-111

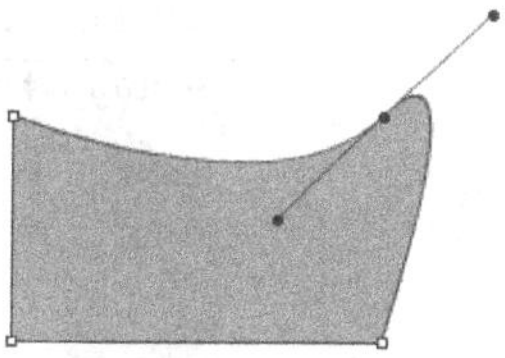

图 3-112

3. “变形”面板

选择“窗口 > 变形”命令，弹出“变形”面板，如图 3-113 所示。

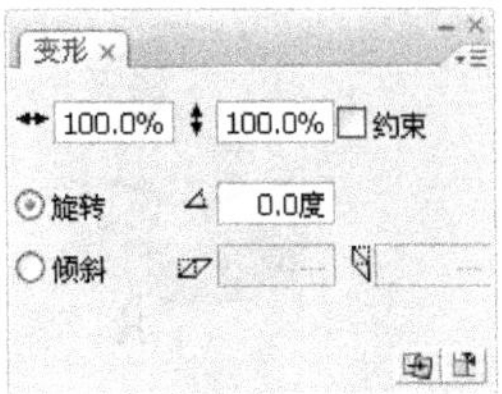

图 3-113

“宽度” 100.0% 和“高度” 100.0% 选项：用于设置图形的宽度和高度。

“约束”复选框：用于约束“宽度”和“高度”选项，使图形能够成比例地变形。

“旋转”单选项：用于设置图形的旋转角度。

“倾斜”单选项：用于设置图形的水平倾斜或垂直倾斜。

“复制并应用变形”按钮：用于复制图形并将变形设置应用于图形。

“重置”按钮：用于将图形属性恢复到初始状态。

“变形”面板中的设置不同，所产生的效果也各不相同。导入一张图片，如图 3-114 所示。

选中图形，在“变形”面板中将“宽度”选项设为 50%，如图 3-115 所示。按 Enter 键确定操作，图形的宽度被改变，效果如图 3-116 所示。

图 3-114

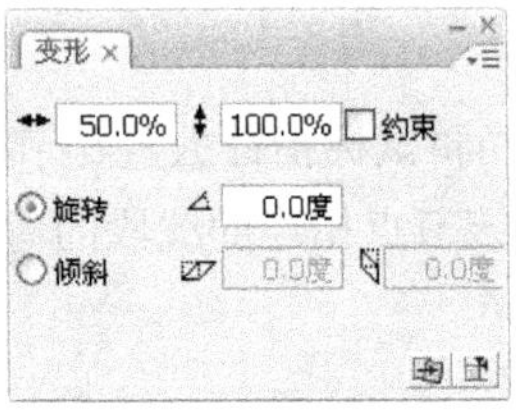

图 3-115

图 3-116

选中图形，在“变形”面板中勾选“约束”复选框，将“宽度”选项设为 50%，“高度”选项也随之变为 50%，如图 3-117 所示。按 Enter 键确定操作，图形的宽度和高度成比例缩小，效果如图 3-118 所示。

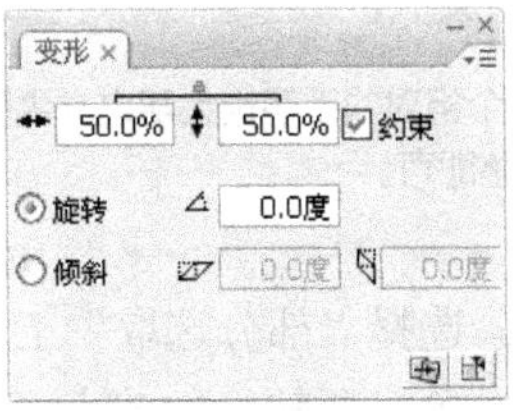

图 3-117

图 3-118

选中图形，在“变形”面板中选中“旋转”单选项，将旋转角度设为 30°，如图 3-119 所示。按 Enter 键确定操作，图形被旋转，效果如图 3-120 所示。

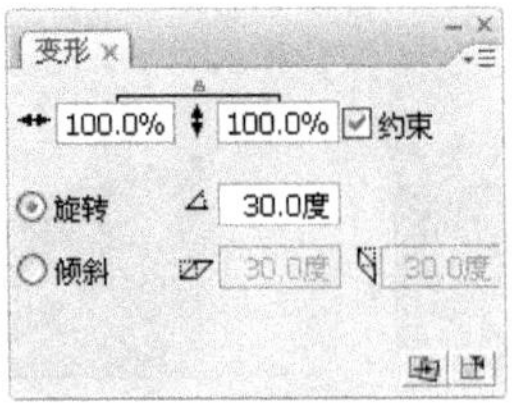

图 3-119

图 3-120

选中图形，在“变形”面板中选中“倾斜”单选项，将水平倾斜设为 40°，如图 3-121 所示。

按 Enter 键确定操作，图形进行水平倾斜变形，效果如图 3-122 所示。

选中图形，在“变形”面板中选中“倾斜”单选项，将垂直倾斜设为-20°，如图 3-123 所示。按 Enter 键确定操作，图形进行垂直倾斜变形，效果如图 3-124 所示。

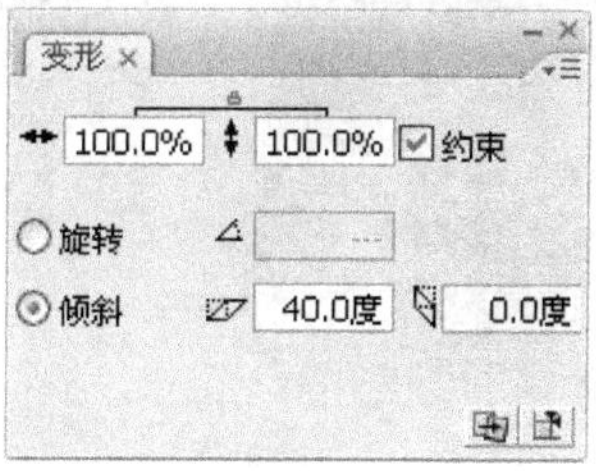

图 3-121

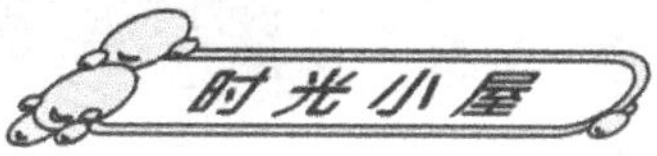

图 3-122

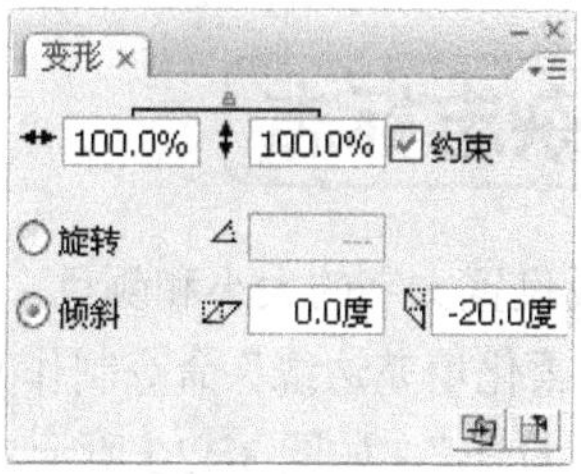

图 3-123

图 3-124

选中图形，在“变形”面板中将旋转角度设为 60°，单击“复制并应用变形”按钮，如图 3-125 所示，图形被复制并沿其中心点旋转了 60°，效果如图 3-126 所示。

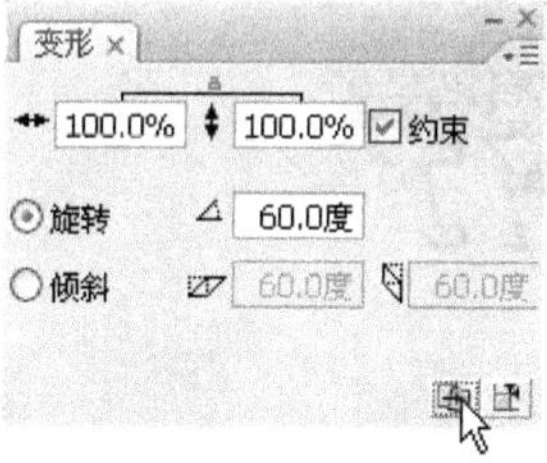

图 3-125

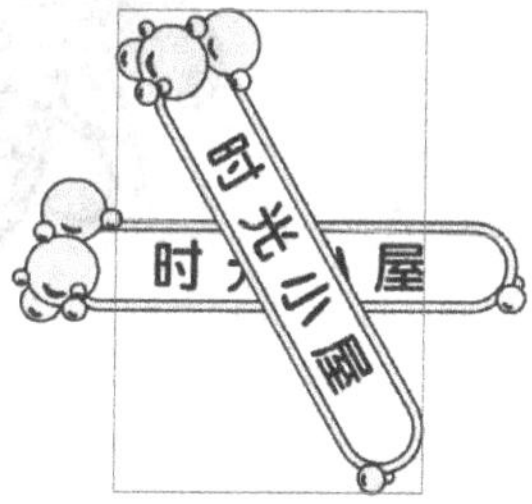
图 3-126

再次单击“复制并应用变形”按钮，图形再次被复制并旋转了 60°，如图 3-127 所示，此时面板中显示旋转角度为 120°，表示复制出的图形当前角度为 120°，如图 3-128 所示。

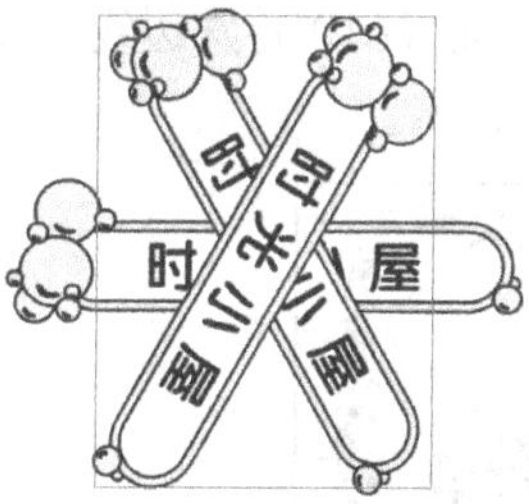
图 3-127

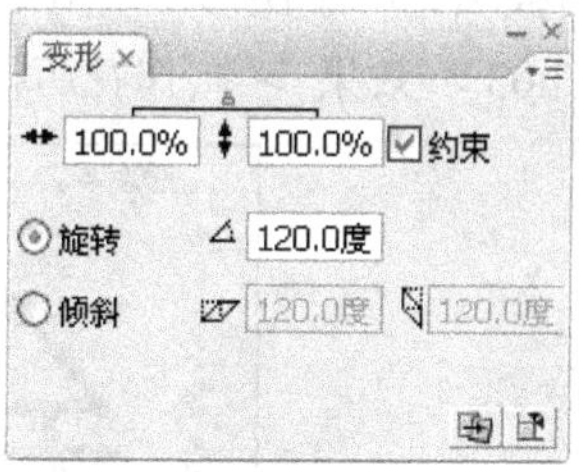

图 3-128

3.2.5 【实战演练】制作时尚网络标志

使用选择工具和套索工具删除多余的笔画，使用部分选取工具将文字变形，使用矩形工具绘制圆角矩形，使用椭圆工具为文字添加艺术笔画。（最终效果参看光盘中的“Ch03 > 效果 > 制作时尚网络标志”，如图 3-129 所示。）

图 3-129

3.3 综合演练——制作休闲杂志标志

使用文本工具输入标志名称，使用“属性”面板设置文字的大小和颜色，使用套索工具删除不需要的笔画，使用钢笔工具绘制装饰图形，使用“柔化填充边缘”命令制作文字羽化效果。（最终效果参看光盘中的“Ch03 > 效果 > 制作休闲杂志标志”，如图 3-130 所示。）

图 3-130

3.4 综合演练——制作花店标志

使用文本工具输入标志名称，使用“分离”命令将文字打散，使用钢笔工具绘制装饰图形，使用“颜色”面板填充叶子图形，使用矩形工具和“属性”面板制作特殊边线效果。（最终效果参看光盘中的“Ch03 > 效果 > 制作花店标志”，如图 3-131 所示。）

图 3-131

第4章 广告设计

广告可以帮助公司树立品牌、提升知名度、提高销售量。本章以制作多个主题的广告为例，介绍广告的设计方法和制作技巧。通过学习本章的内容，读者可以掌握广告的设计思路和制作要领，从而创作出完美的网络广告。

课堂学习目标

- 了解广告的表现形式
- 掌握广告动画的设计思路
- 掌握广告动画的制作方法和技巧

4.1 制作啤酒广告

4.1.1 【案例分析】

啤酒的口味清爽，营养成分丰富，是旅行、聚会时经常喝的酒。本例将设计制作啤酒的网络广告，希望借助网络和广告动画的形式表现出啤酒的独特魅力。

4.1.2 【设计理念】

在设计制作过程中，通过蓝色的背景效果营造出冰凉和冷静的氛围，通过装满酒杯的啤酒和广告语展示产品的特色，通过添加滑雪人物来烘托画面的动感，最后通过啤酒瓶和说明文字来点明广告的主题。广告的整体设计简约明快，颜色对比鲜明，观赏性很强。（最终效果参看光盘中的“Ch04 > 效果 > 制作啤酒广告”，如图 4-1 所示。）

图 4-1

4.1.3 【操作步骤】

步骤 1 选择“文件 > 新建”命令，在弹出的“新建文档”对话框中选择“Flash 文件”选项，单击“确定”按钮，进入新建文档舞台窗口。按 Ctrl+F3 组合键，弹出文档“属性”面板，单击“大小”选项后面的按钮，在弹出的对话框中将舞台窗口的宽度设为 390 像素，高度设为 550 像素，单击“确定”按钮。

步骤 2 将“图层 1”重命名为“底图”，选择“文件 > 导入 > 导入到舞台”命令，在弹出的“导入到舞台”对话框中选择“Ch04 > 素材 > 制作啤酒广告 > 底图”文件，单击“打开”按钮，文件被导入到舞台窗口中，如图 4-2 所示。

步骤 3 选择“修改 > 位图 > 转换位图为矢量图”命令，弹出“转换位图为矢量图”对话框，在对话框中进行设置，如图 4-3 所示，单击“确定”按钮，效果如图 4-4 所示。

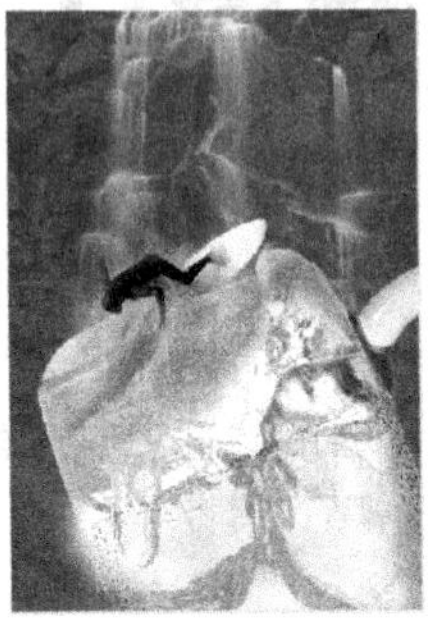

图 4-2

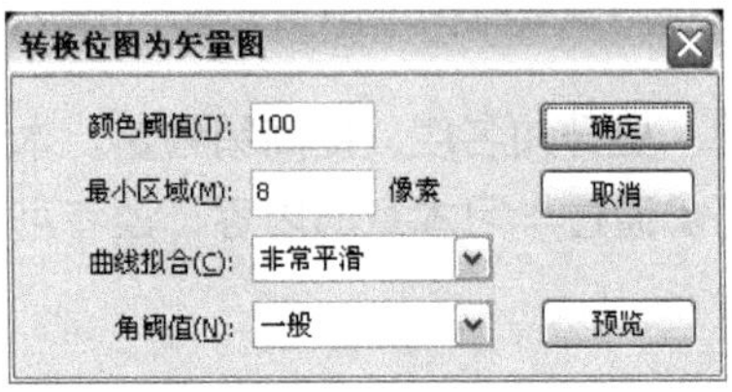

图 4-3

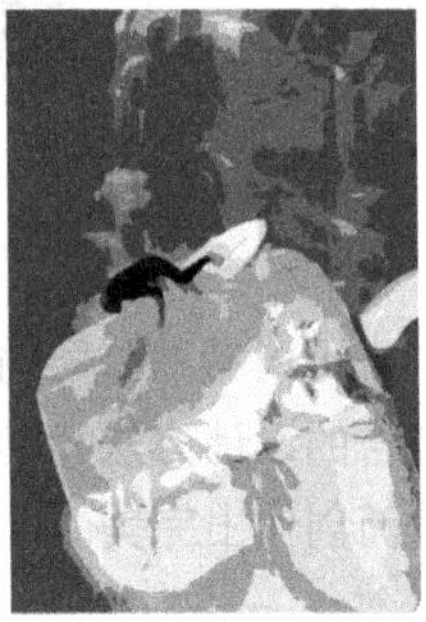

图 4-4

步骤 4 单击“时间轴”面板下方的“插入图层”按钮创建新图层，并将其命名为“广告语”，选择“文本”工具T，在“属性”面板中进行设置，在舞台窗口中输入广告语，如图 4-5 所示。按两次 Ctrl+B 组合键将文字打散，效果如图 4-6 所示。

步骤 5 选择“任意变形”工具，在工具箱的下方单击“扭曲”按钮，分别拖曳各个控制点到适当的位置，将文字变形，效果如图 4-7 所示。

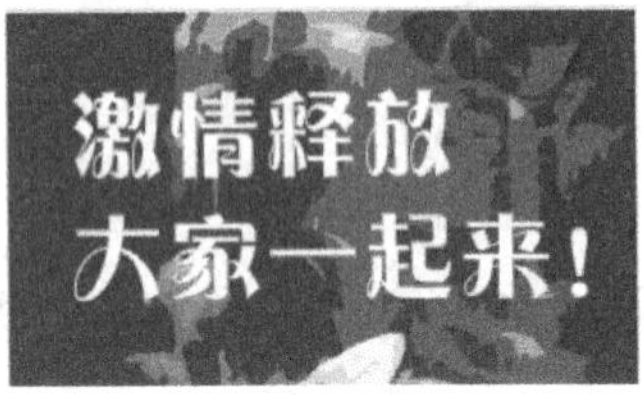

图 4-5

图 4-6

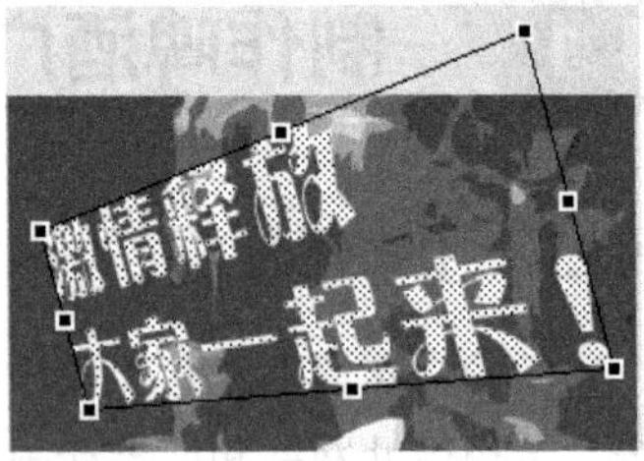

图 4-7

步骤 6 按 Ctrl+G 组合键将文字组合，在按住 Alt 键的同时复制文字，并向右拖曳。按 Ctrl+B 组合键将文字打散，填充颜色为深蓝色（#063C66），效果如图 4-8 所示。选择“文件 > 导入 > 导入到舞台”命令，在弹出的“导入到舞台”对话框中选择“Ch04 > 素材 > 制作啤酒广告 > 酒”文件，单击“打开”按钮，文件被导入到舞台窗口中，如图 4-9 所示。啤酒广告效果制作完成，按 Ctrl+Enter 组合键即可查看效果，如图 4-10 所示。

图 4-8

图 4-9

图 4-10

4.1.4 【相关工具】

1. 将位图转换为矢量图

选中位图，如图 4-11 所示，选择“修改 > 位图 > 转换位图为矢量图”命令，在弹出的“转换位图为矢量图”对话框中设置数值，如图 4-12 所示，单击“确定”按钮，位图转换为矢量图，如图 4-13 所示。

图 4-11

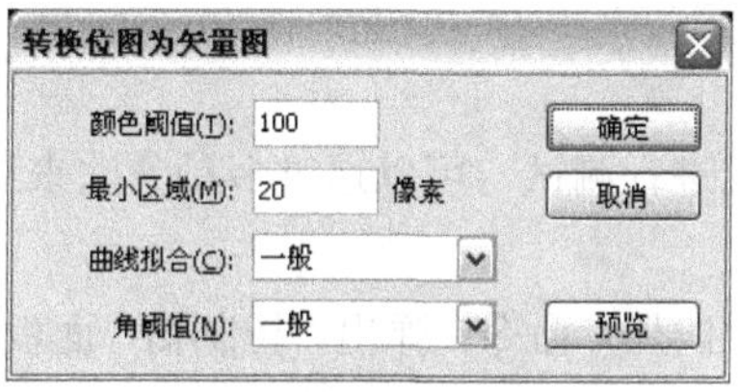

图 4-12

图 4-13

“颜色阈值”选项：设置将位图转化成矢量图形时的色彩细节。数值的输入范围为 0～500，该值越大，图像越细腻。

“最小区域”选项：设置将位图转化成矢量图形时色块的大小。数值的输入范围为 0～1 000，该值越大，色块越大。

“曲线拟合”选项：设置在转换过程中对色块处理的精细程度。图形转化时边缘越光滑，对原图像细节的失真程度越高。

“角阈值”选项：定义角转化的精细程度。

在“转换位图为矢量图”对话框中设置的数值不同，所产生的效果也不相同，如图 4-14 所示。

图 4-14

将位图转换为矢量图形后，可以应用“颜料桶”工具为其重新填色。

选择“颜料桶”工具，将填充颜色设置为绿色，在图形的背景区域单击，将背景区域填充为绿色，如图 4-15 所示。

将位图转换为矢量图形后，还可以用“滴管”工具对图形进行采样，然后将其用做填充。

选择“滴管”工具，鼠标指针变为，在黄色帆船上单击，吸取黄色的色彩值，如图 4-16 所示。吸取后鼠标指针变为，在红色帆船上单击，用黄色进行填充，从而将红色区域全部转换为黄色，如图 4-17 所示。

图 4-15

图 4-16

图 4-17

2. 测试动画

动画在制作完成后，要对其进行测试，可以通过多种方法来测试动画。

◎ **应用“控制器”面板**

选择“窗口 > 工具栏 > 控制器”命令，弹出“控制器”面板，如图 4-18 所示。

图 4-18

“停止”按钮■：用于停止播放动画。

“转到第一帧”按钮⏮：用于将动画返回到第 1 帧并停止播放。

“后退一帧”按钮◀◀：用于将动画逐帧向后播放。

“播放”按钮▶：用于播放动画。

“前进一帧”按钮▶▶：用于将动画逐帧向前播放。

“转到最后一帧”按钮⏭：用于将动画跳转到最后 1 帧并停止播放。

◎ **应用“播放”命令**

选择“控制 > 播放”命令或按 Enter 键，可以对当前舞台中的动画进行浏览。在“时间轴”面板中可以看见播放头在运动，随着播放头的运动，舞台中显示出播放头所经过的帧上的内容。

◎ **应用“测试影片”命令**

选择“控制 > 测试影片”命令或按 Ctrl+Enter 组合键，可以进入动画测试窗口，对动画作品的多个场景进行连续的测试。

◎ **应用“测试场景”命令**

选择“控制 > 测试场景”命令或按 Ctrl+Alt+Enter 组合键，可以进入动画测试窗口，测试当前舞台窗口中显示的场景或元件中的动画。

4.1.5 【实战演练】制作冰酷饮料广告

使用“将位图转换为矢量图”命令将位图转换为矢量图，使用“测试影片”命令观看制作完成的广告动画，使用“导入到舞台”命令导入素材图片。（最终效果参看光盘中的“Ch04 > 效果 > 制作冰酷饮料广告”，如图 4-19 所示。）

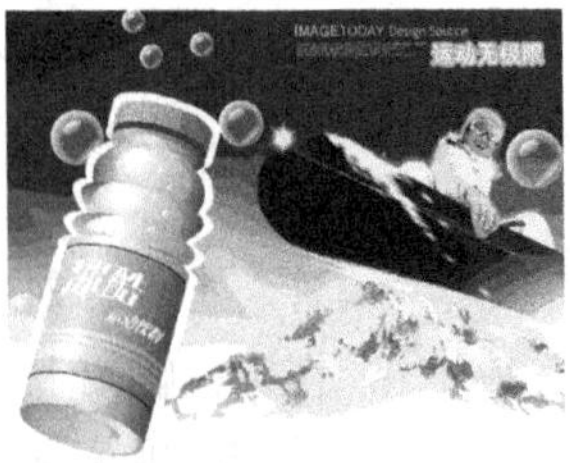

图 4-19

4.2 制作牛奶广告

4.2.1 【案例分析】

牛奶是古老的天然饮品之一。它营养成分丰富，常饮对人的身体好处颇多。本例是为牛奶公司设计的牛奶广告，主要针对的消费者是关注健康、注意营养膳食结构的人群。在动画设计上要体现出牛奶源于健康的奶牛和天然的牧场。

4.2.2 【设计理念】

在设计制作过程中以绿色的草原为背景，突出牛奶的新鲜、健康和安全。通过视频的播放表现出牛奶源自天然牧场的优质奶牛饲养基地，是健康奶牛提供的营养均衡的好奶。添加广告文字明示牛奶产品的定位。（最终效果参看光盘中的“Ch04 > 效果 > 制作牛奶广告”，如图 4-20 所示。）

图 4-20

4.2.3 【操作步骤】

步骤 1 选择“文件 > 新建”命令，在弹出的“新建文档”对话框中选择“Flash 文件”选项，单击“确定”按钮，进入新建文档舞台窗口。按 Ctrl+F3 组合键，弹出文档“属性”面板，单击“大小”选项后面的按钮，在弹出的对话框中将舞台窗口的宽度设为 720 像素，高度设为 470 像素，单击“确定”按钮。

步骤 2 选择“文件 > 导入 > 导入到舞台”命令，在弹出的“导入”对话框中选择“Ch04 > 素材 > 制作牛奶广告 > 底图”文件，单击“打开”按钮，文件被导入到舞台窗口中，如图 4-21 所示。将“图层 1”重命名为“底图”。

步骤 3 在“时间轴”面板中创建新图层并将其命名为“视频”。选择“文件 > 导入 > 导入视频”命令，弹出“导入视频”对话框，单击“浏览”按钮，在弹出的“打开”对话框中选择“Ch04 > 素材 > 制作牛奶广告 > 视频”文件，单击“打开”按钮，如图 4-22 所示。单击“下一个”按钮，选中“在 SWF 中嵌入视频并在时间轴上播放”单选项，如图 4-23 所示。单击“下一个”按钮，进入“嵌入”对话框，如图 4-24 所示。再次单击“下一个”按钮，进入“选择视频导入”对话框，单击“完成”按钮，视频文件被导入到舞台窗口中，如图 4-25 所示。“时间轴”面板如图 4-26 所示。

步骤 4 选择“底图”图层的第 452 帧，按 F5 键，在该帧上插入普通帧。选择“视频”图层，选择“任意变形”工具，在视频周围出现控制点，调整视频的大小，效果如图 4-27 所示。

步骤 5 在“时间轴”中创建新图层并将其命名为“文字”。选择“文件 > 导入 > 导入到舞台”命令，在弹出的“导入”对话框中选择“Ch04 > 素材 >制作牛奶广告> 文字”文件，单击“打开”按钮，文件被导入到舞台窗口中，效果如图 4-28 所示。

图 4-21

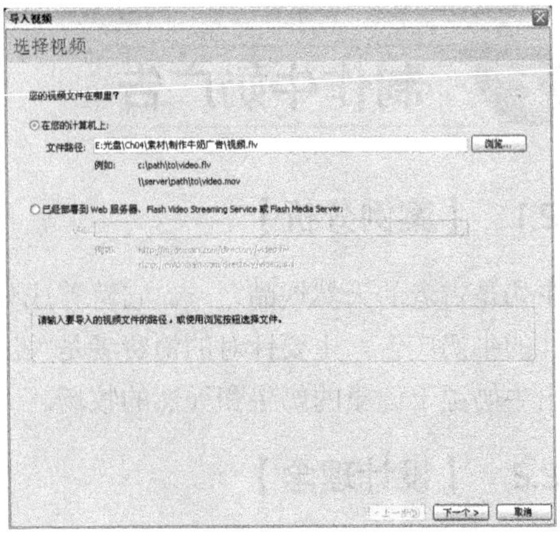

图 4-22

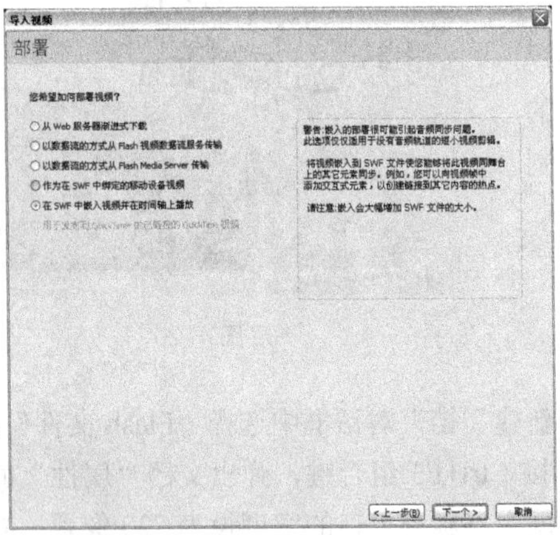

图 4-23

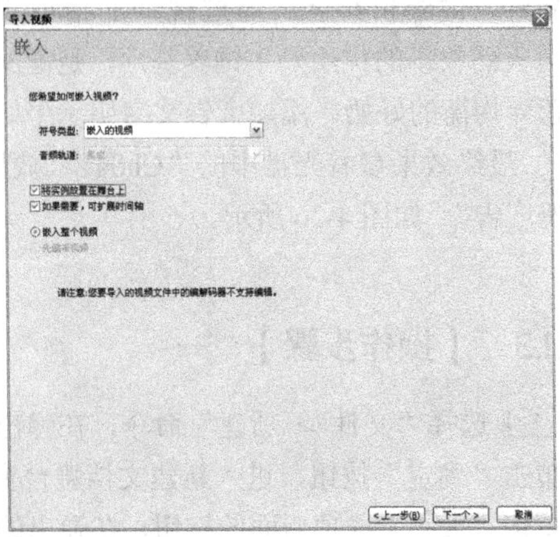

图 4-24

图 4-25

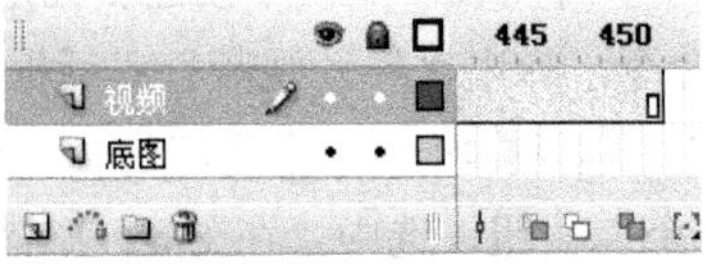

图 4-26

图 4-27

图 4-28

步骤 6 选择“椭圆”工具，在工具箱中将笔触颜色设为黄色（#FFFF00），填充色设为草绿色（#A8DB6A），在“属性”面板中将高度设为 5，分别在视频的角上绘制圆形，效果如图 4-29 所示。牛奶广告效果制作完成，按 Ctrl+Enter 组合键即可查看效果，如图 4-30 所示。

图 4-29

图 4-30

4.2.4 【相关工具】

1. 导入视频素材

◎ **导入 Flash CS3 视频（FLV）文件**

Flash 视频（FLV）文件格式可以导入或导出带编码音频的静态视频流，此格式可以用于通信应用程序，如视频会议。

要导入 FLV 格式的文件，可以选择“文件 > 导入 > 导入到舞台”命令或“文件 > 导入 > 导入到库”命令。双击“库”面板中的任意现有视频，弹出“嵌入视频属性”对话框。在弹出的对话框中单击“导入”按钮，定位到要导入的文件。

◎ **导入 QuickTime 影片**

如果要导入 QuickTime 视频剪辑，可以从 Flash 文件链接到该视频，而不是嵌入该视频。导入到 Flash CS3 中的链接 QuickTime 影片并不会成为 Flash CS3 文件的一部分，而是 Flash CS3 中保留指向该源文件的指针。如果链接到一个 QuickTime 视频，则必须将该动画作品发布为 QuickTime 影片。

要在 Flash CS3 文档中导入 QuickTime 影片，可选择“文件 > 导入 > 导入视频”命令，然后选择要导入的视频文件，最后按照向导导入影片。

◎ **导入 AVI 影片**

要导入 AVI 格式的文件，可以选择“文件 > 导入 > 导入视频”命令，弹出“选择视频”对话框，在对话框中单击“浏览”按钮查找要导入的视频，如图 4-31 所示。单击“下一个”按钮，进入“部署”对话框，选中“在 SWF 中嵌入视频并在时间轴上播放”单选项，如图 4-32 所示。

单击“下一个”按钮，在弹出的对话框中选中“先编辑视频”单选项，如图 4-33 所示。单击“下一个”按钮，在弹出的对话框中拖动黄色的滑块或单击“预览剪辑”按钮，可以查看视频的内容，如图 4-34 所示。

提 示 选中“嵌入整个视频”单选项可以将视频文件完整地导入，选中“先编辑视频”单选项，可以对视频文件进行编辑，这对未经过加工的影片尤其有用。

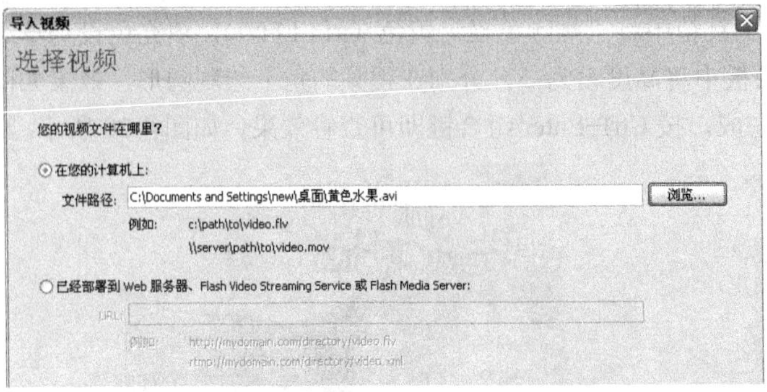

图 4-31

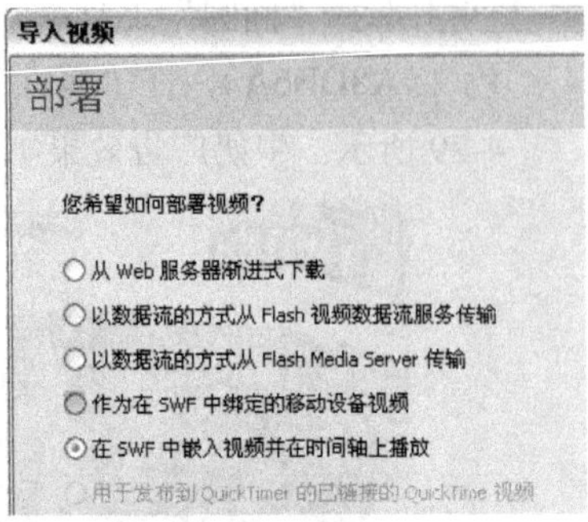

图 4-32

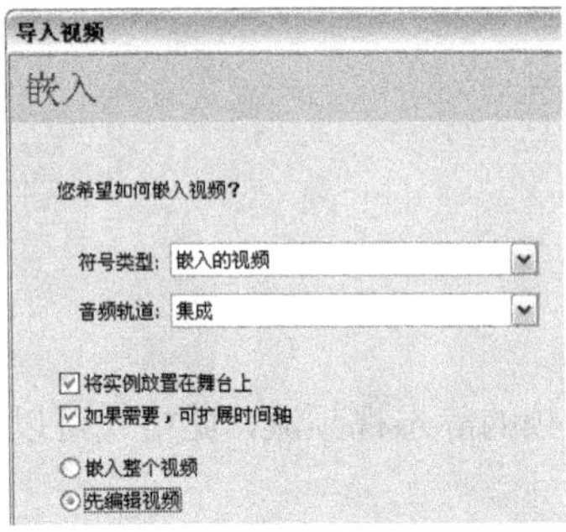

图 4-33

图 4-34

将黄色滑块拖动到需要设定起始点的地方，单击“将输入点设为当前位置”按钮，设置要导入视频的起始点，如图 4-35 所示。

将黄色滑块拖动到需要设定终止点的地方，单击“将输出点设为当前位置”按钮，设置要导入视频的终止点，如图 4-36 所示。此时，蓝色滑动条代表要导入的视频，白色滑动条代表要舍弃的视频。单击左侧文本框上方的“在列表中创建一个新的剪辑”按钮，在文本框中出现视频的名称，更改视频名称，如图 4-37 所示。

图 4-35

图 4-36

图 4-37

如果想重新设置视频的起始点和终止点，可以拖动滑动条下方的三角形按钮和来进行更改，如图 4-38 所示。单击“更新剪辑”按钮，更新左侧文本框中的视频内容。单击“下一个”按钮，进入“编码”对话框，如图 4-39 所示。在“编码配置文件”选项卡中可以进行导入视频的压缩设置，可以根据宽带或视频质量进行选择。

单击“下一个”按钮，进入“完成视频导入”对话框，如图 4-40 所示。单击“完成”按钮完成视频的编辑，弹出“Flash 视频编码进度”对话框，如图 4-41 所示。

图 4-38

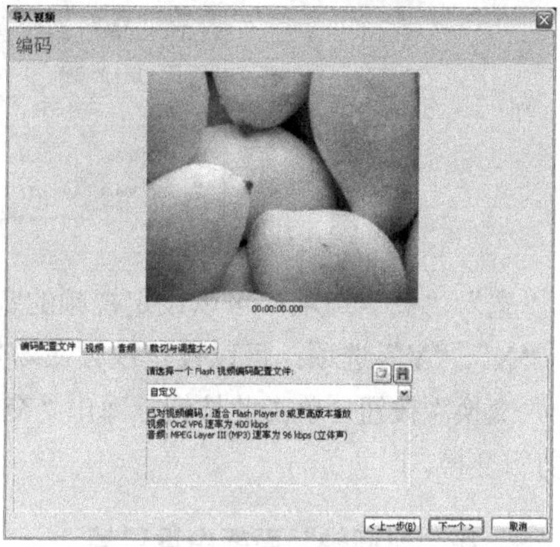

图 4-39

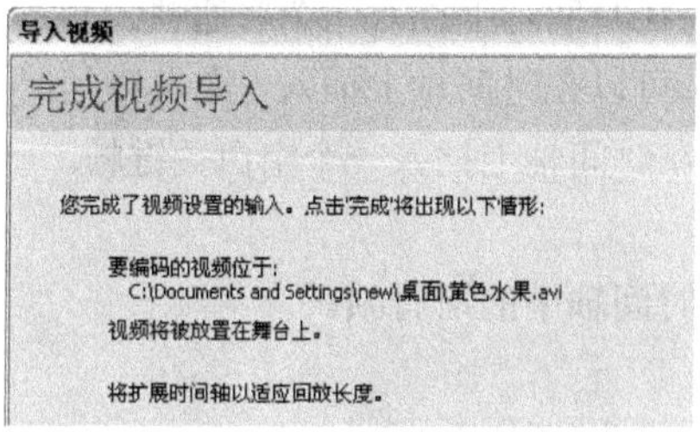

图 4-40

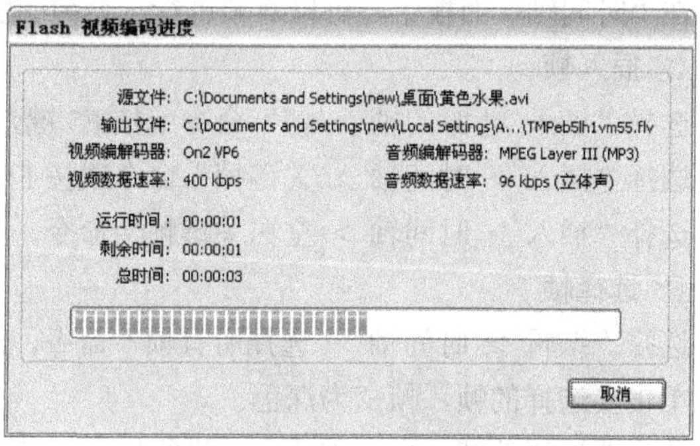

图 4-41

进度完成后，剪辑后的视频出现在场景中，如图 4-42 所示。此时时间轴和“库”面板中的效果如图 4-43 和图 4-44 所示。

图 4-42

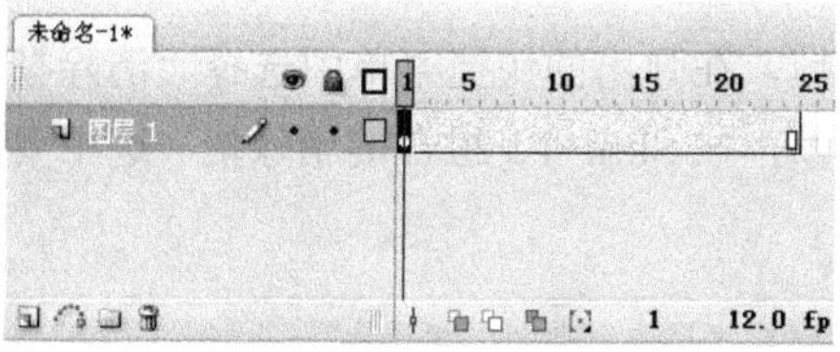

图 4-43

图 4-44

2. 视频的属性

在“属性”面板中可以更改导入视频的属性。选中视频，选择“窗口 > 属性”命令，弹出视频“属性”面板，如图 4-45 所示。

“实例名称”选项：可以设定嵌入视频的名称。

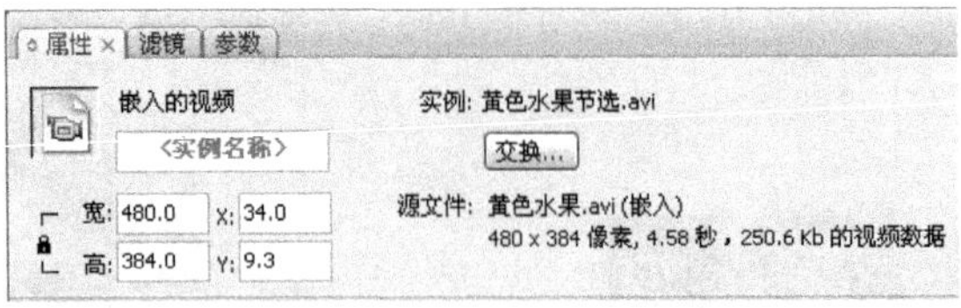

图 4-45

“宽”、“高”选项：可以设定视频的宽度和高度。

“X”、“Y”选项：可以设定视频在场景中的位置。

“交换”按钮：单击此按钮，弹出“交换嵌入视频”对话框，可以将一个视频剪辑与另一个视频剪辑交换。

3. 在“时间轴”面板中设置帧

在“时间轴”面板中，可以对帧进行一系列的操作。

◎ **插入帧**

选择“插入 > 时间轴 > 帧”命令或按 F5 键，可以在时间轴上插入一个普通帧。

选择“插入 > 时间轴 > 关键帧”命令或按 F6 键，可以在时间轴上插入一个关键帧。

选择“插入 > 时间轴 > 空白关键帧”命令，可以在时间轴上插入一个空白关键帧。

◎ **选择帧**

选择“编辑 > 时间轴 > 选择所有帧”命令，选中时间轴中的所有帧。

单击要选择的帧，帧变为深色。

单击要选择的帧，再向前或向后进行拖曳，其间鼠标经过的帧全部被选中。

按住 Ctrl 键的同时用鼠标单击要选择的帧，可以选择多个不连续的帧。

按住 Shift 键的同时用鼠标单击要选择的两个帧，则这两个帧中间的所有帧都被选中。

◎ **移动帧**

选中一个或多个帧，按住鼠标左键移动所选帧到目标位置。在移动过程中如果按住 Alt 键，会在目标位置上复制所选的帧。

选中一个或多个帧，选择“编辑 > 时间轴 > 剪切帧”命令或按 Ctrl+Alt+X 组合键，剪切所选的帧。选中目标位置，选择“编辑 > 时间轴 > 粘贴帧”命令或按 Ctrl+Alt+V 组合键，在目标位置上粘贴所选的帧。

◎ **删除帧**

右键单击要删除的帧，在弹出的快捷菜单中选择“清除帧”命令。

选中要删除的普通帧，按 Shift+F5 组合键删除帧。选中要删除的关键帧，按 Shift+F6 组合键删除关键帧。

提　示　在 Flash CS3 系统默认状态下，“时间轴”面板中每一个图层的第 1 帧都被设置为关键帧，后面插入的帧将拥有第 1 帧中的所有内容。

4.2.5 【实战演练】制作海洋公园广告

使用“导入视频”命令导入视频素材，使用“帧”命令插入普通帧，延长动画的播放时间，使用“任意变形”命令改变视频的大小和角度。（最终效果参看光盘中的“Ch04 > 效果 > 制作海洋公园广告”，如图 4-46 所示。）

图 4-46

4.3 制作时装节招贴

4.3.1 【案例分析】

夏季不知不觉地到来，又是各大品牌服装推出新款时装的高峰期。各类的时装节和各种 T 台秀让人目不暇接。时装节既着眼于贸易，又面向大众，从而让每个人都能感知时装潮流。本例是为服饰公司设计的时装节招贴，主要展示了各种极富创新和风格独特的新款服装。

4.3.2 【设计理念】

在设计制作过程中，通过红色的背景效果营造出时尚的气氛，通过模特的剪影展现出服装的潮流，通过夜景图片制作的人物剪影表达出时尚在都市的流行。招贴的整体设计充满活力，冲击力强，容易引起时尚人群的注意。（最终效果参看光盘中的“Ch04 > 效果 > 制作时装节招贴”，如图 4-47 所示。）

图 4-47

4.3.3 【操作步骤】

步骤 1 选择“文件 > 新建”命令，在弹出的“新建文档”对话框中选择“Flash 文件”选项，单击“确定”按钮，进入新建文档舞台窗口。选择“文件 > 导入 > 导入到舞台”命令，在弹出的“导入”对话框中选择“Ch04 > 素材 > 制作时装节招贴>模特 1”文件，单击“打开”按钮，图形被导入到舞台窗口中，效果如图 4-48 所示。

步骤 2 选择“矩形”工具，在矩形“属性”面板中将“边角半径”选项设为 25，笔触颜色设为无，填充色设为红色（#FF0000），如图 4-49 所示，在模特的下方绘制一个圆角矩形，效果如图 4-50 所示。

图 4-48

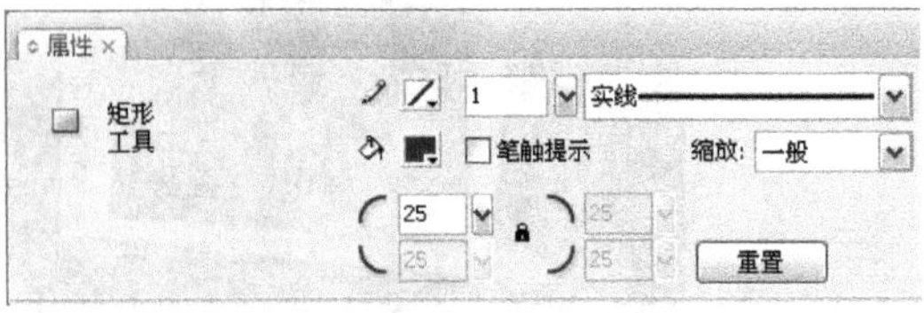

图 4-49

图 4-50

步骤 3 选中模特，反复按 Ctrl+B 组合键将模特图形打散，效果如图 4-51 所示。取消对模特的选择，选中圆角矩形并将其向右侧移动，效果如图 4-52 所示。圆角矩形上留下了模特的剪影，效果如图 4-53 所示。

图 4-51

图 4-52

图 4-53

步骤 4 选中模特图形并将其删除。选中剪影图形，按 Ctrl+G 组合键将其组合并放置在舞台窗口的左侧，效果如图 4-54 所示。用相同的方法将“模特 2”、“模特 3”文件导入到舞台窗口中进行制作，改变图形的大小及位置后效果如图 4-55 所示。

图 4-54

图 4-55

步骤 5 按住键盘上的 Shift 键同时选中 3 个剪影图形，按 Ctrl+G 组合键将它们组合。选中组合图形，按 Ctrl+T 组合键弹出“变形”面板，勾选“约束”复选框，单击面板下方的“复制并应用变形”按钮，将长宽比例设置为 20%，如图 4-56 所示。复制剪影图形并将其缩小后放置在合适的位置，效果如图 4-57 所示。

步骤 6 在“时间轴”面板中锁定“剪影”图层，单击“时间轴”面板下方的“插入图层”按钮创建新图层，并将其命名为“图片”，如图 4-58 所示。选择“文件 > 导入 > 导入到舞台”命令，在弹出的“导入”对话框中选择“Ch04 > 素材 > 制作时装节招贴 > 夜景”文件，单击“打开”按钮，图片被导入到舞台窗口中，效果如图 4-59 所示。

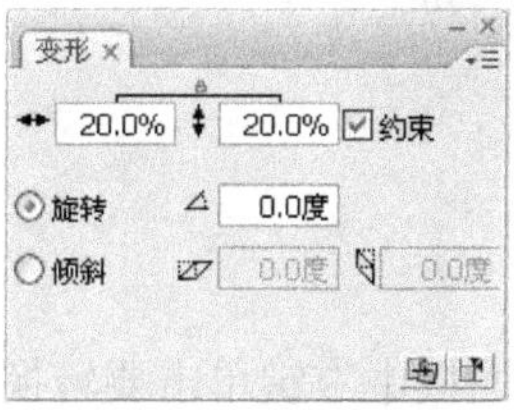

图 4-56

图 4-57

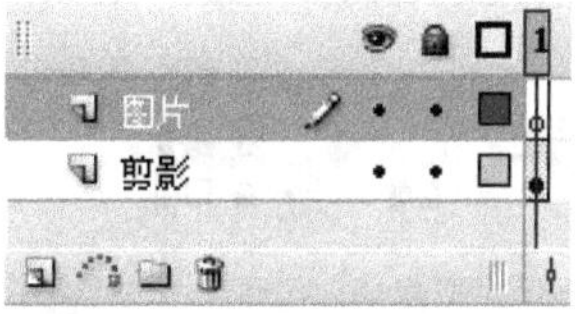

图 4-58

图 4-59

步骤 7　单击“时间轴”面板下方的“插入图层”按钮创建新图层，并将其命名为“剪影 2”。将“Ch04 > 素材 > 制作时装节招贴 > 模特 4”文件导入到“剪影 2”图层中，将其放置在夜景图片的上方，效果如图 4-60 所示。右键单击“剪影 2”，在弹出的快捷菜单中选择“遮罩层”命令，将“剪影 2”图层设置为遮罩层，“图片”图层为被遮罩层，如图 4-61 所示。

图 4-60

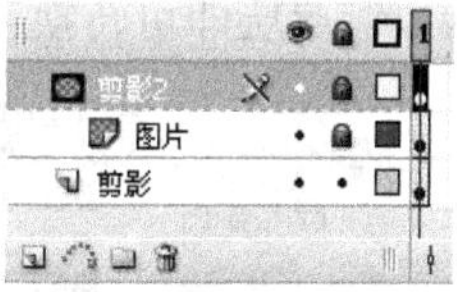

图 4-61

步骤 8　舞台窗口中的效果如图 4-62 所示。单击“时间轴”面板下方的“插入图层”按钮创建新图层，并将其命名为“文字”。选择“文本”工具 T，在文字“属性”面板中进行设置，在舞台窗口下方输入黑色文字“PARIS”，单击“切换斜体”按钮 I，将文字设为斜体，效果如图 4-63 所示。时装节招贴绘制完成，按键盘上的 Ctrl+Enter 组合键即可查看效果。

图 4-62

图 4-63

4.3.4 【相关工具】

1. 遮罩层

◎ 创建遮罩层

要创建遮罩动画，首先要创建遮罩层。在“时间轴”面板中右键单击要转换遮罩层的图层，在弹出的快捷菜单中选择“遮罩层”命令，如图 4-64 所示。此时选中的图层转换为遮罩层，其下方的图层自动转换为被遮罩层，并且它们都自动被锁定，如图 4-65 所示。

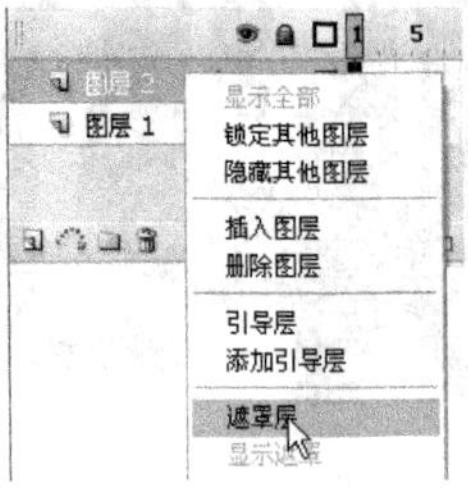

图 4-64

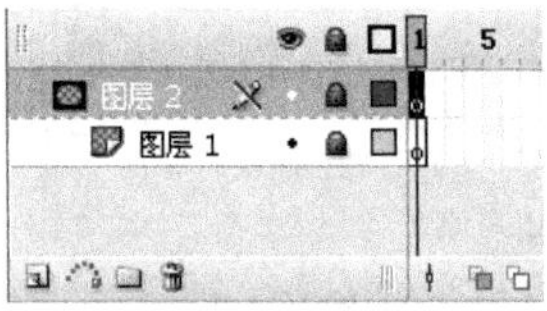

图 4-65

提 示 如果想解除遮罩，只需单击“时间轴”面板上的遮罩层或被遮罩层上的图标将其解锁。遮罩层中的对象可以是图形、文字、元件的实例等，但不显示位图、渐变色、透明色和线条。一个遮罩层可以作为多个图层的遮罩层，如果要将一个普通图层变为某个遮罩层的被遮罩层，只需将此图层拖曳至遮罩层下方即可。

◎ 将遮罩层转换为普通图层

在“时间轴”面板中右键单击要转换的遮罩层，在弹出的快捷菜单中选择“遮罩层”命令，如图 4-66 所示，遮罩层即可转换为普通图层，如图 4-67 所示。

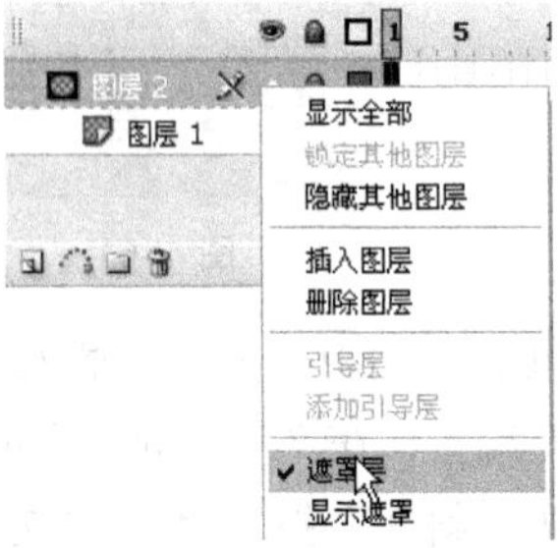

图 4-66

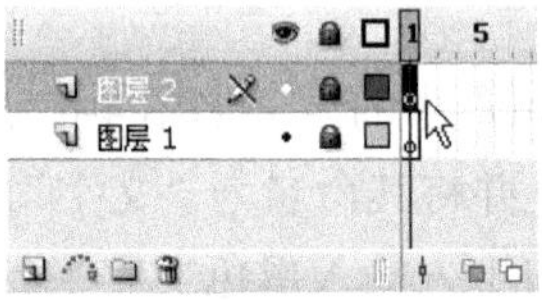

图 4-67

2. 静态遮罩动画

在“图层 1”中绘制一个七彩花图形，如图 4-68 所示。在“时间轴”面板下方单击“插入图层”按钮 创建新的图层“图层 2”，如图 4-69 所示。在“图层 2”的舞台窗口中绘制火炬图形，如图 4-70 所示。反复按 Ctrl+B 组合键将火炬图形打散。在“时间轴”面板中右键单击“图层 2”，在弹出的快捷菜单中选择“遮罩层”命令，如图 4-71 所示。

此时“图层 2”转换为遮罩层，“图层 1”转换为被遮罩层，两个图层被自动锁定，如图 4-72 所示。舞台窗口中图形的遮罩效果如图 4-73 所示。

图 4-68

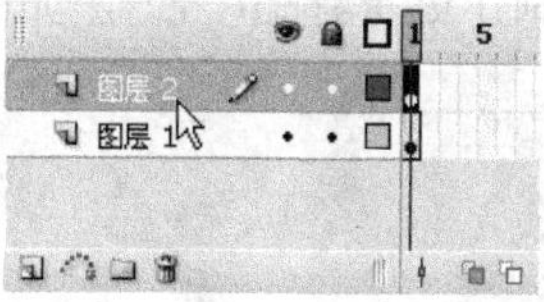

图 4-69

图 4-70

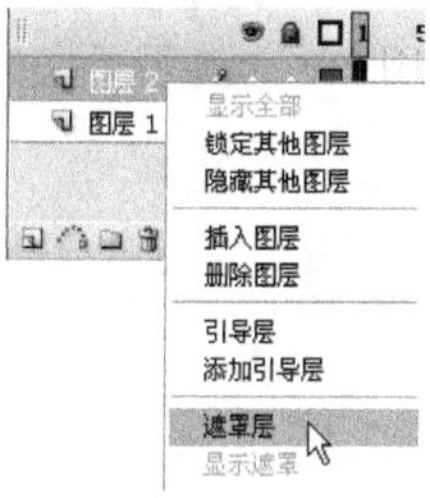

图 4-71

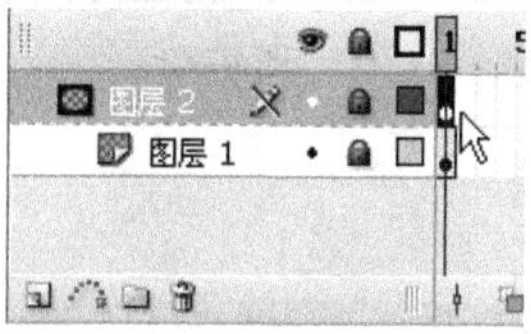

图 4-72

图 4-73

4.3.5 【实战演练】制作音乐会招贴

使用“遮罩层”命令制作静态遮罩动画效果，使用文本工具输入广告语，使用“分离”命令将文字打散，使用“颜色”面板和颜料桶工具为文字添加渐变效果。（最终效果参看光盘中的“Ch04 > 效果 > 制作音乐会招贴”，如图 4-74 所示。）

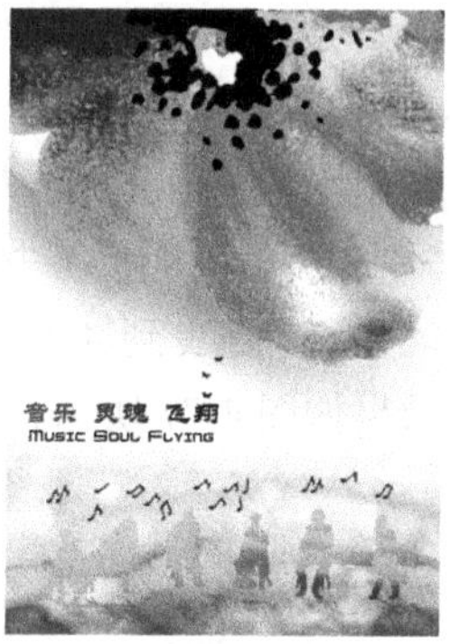

图 4-74

4.4 制作健身舞蹈广告

4.4.1 【案例分析】

近年来，健康意识深入人心，健身热潮持续升温。健身舞蹈是一种集体性的健身活动形式，它编排新颖，动作简单，易于普及，已经成为现代人热衷的健身娱乐方式。本例制作的健身舞蹈广告要表现出健康、时尚、积极、进取的主题。

4.4.2 【设计理念】

在设计制作过程中，以橘黄色的背景和彩色的圆环表现生活的多彩，以正在跳舞的人物剪影表现出运动的生机和活力，以跃动的节奏图形和主题文字激发人们参与健身舞蹈的热情。（最终效果参看光盘中的“Ch04 > 效果 > 制作健身舞蹈广告”，如图 4-75 所示。）

图 4-75

4.4.3 【操作步骤】

1. 导入图片并制作人物动画

步骤 1 选择“文件 > 新建”命令，在弹出的“新建文档”对话框中选择“Flash 文件”选项，单击“确定”按钮，进入新建文档舞台窗口。按 Ctrl+F3 组合键，弹出文档“属性”面板，单击“大小”选项右侧的按钮，在弹出的对话框中将舞台窗口的宽度设为 350 像素，高度设为 500 像素，将背景颜色设为橘红色（#FF8737），单击“确定”按钮。

步骤 2 选择“文件 > 导入 > 导入到库”命令，在弹出的“导入到库”对话框中选择“Ch04 > 素材 > 制作健身舞蹈广告”中的“人 1”、“人 2”、“圆”文件，单击“打开”按钮，文件被导入到“库”面板中，如图 4-76 所示。

步骤 3 单击“新建元件”按钮，新建影片剪辑元件“人动”。将“库”面板中的图形元件“人 1”拖曳到舞台窗口的左侧。单击“时间轴”面板下方的“插入图层”按钮，新建“图层 2”。将“库”面板中的图形元件“人 2”拖曳到舞台窗口的右侧，与“人 1”实例大致保持同一高度，间距大于舞台宽度，效果如图 4-77 所示。

图 4-76

图 4-77

步骤 4 分别选中“图层 1”、“图层 2”的第 5 帧，按 F6 键在选中的帧上插入关键帧，在舞台窗口中选中对应的人物，在按住 Shift 键的同时分别将其向舞台中心水平拖曳，效果如图 4-78 所示。

步骤 5 分别用鼠标右键单击“图层 1”、“图层 2”的第 1 帧，在弹出的快捷菜单中选择“创建补间动画”命令，生成动作补间动画，如图 4-79 所示。

步骤 6 分别选中“图层 1”、“图层 2”的第 24 帧，按 F5 键在选中的帧上插入普通帧。分别选中“图层 1”的第 9 帧和第 10 帧，在选中的帧上插入关键帧。

步骤 7 选中“图层 1”的第 9 帧，在舞台窗口中选中“人 1”实例，调出图形“属性”面板，选择“颜色”下拉列表中的“色调”选项，将填充色设为白色，“色彩数量”选项设为 100，其他选项为默认值，舞台窗口中的效果如图 4-80 所示。

图 4-78

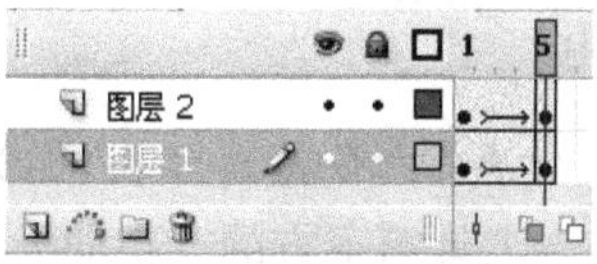

图 4-79

图 4-80

步骤 8 选中“图层 1”的第 9 帧和第 10 帧，右键单击被选中的帧，在弹出的快捷菜单中选择“复制帧”命令将其复制。右键单击“图层 1”的第 15 帧，在弹出的快捷菜单中选择“粘贴帧”命令，将复制的帧粘贴到第 15 帧中。

步骤 9 分别选中“图层 2”的第 8 帧和第 9 帧，在选中的帧上插入关键帧。选中“图层 2”的第 8 帧，在舞台窗口中选中“人 2”实例，用相同的方法对其进行同样的操作，效果如图 4-81 所示。选中“图层 2”的第 8 帧和第 9 帧，将其复制，并粘贴到“图层 2”的第 14 帧中，如图 4-82 所示。

图 4-81

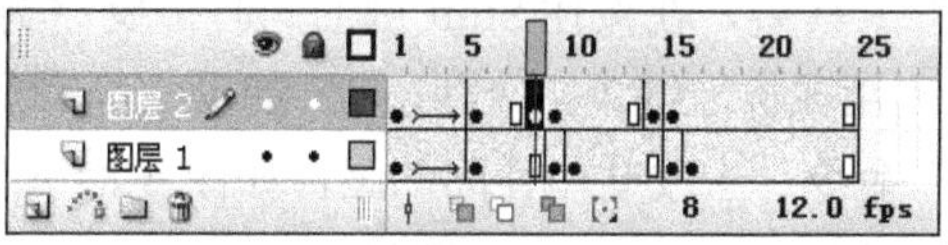

图 4-82

技 巧 如果想删除帧，右键单击要删除的帧，在弹出的快捷菜单中选择“清除帧”命令即可。或者选中要删除的普通帧，按 Shift+F5 组合键将其删除。选中要删除的关键帧，按 Shift+F6 组合键将其删除。

2. 制作影片剪辑元件

步骤 1 单击“新建元件”按钮，新建影片剪辑元件“声音条”。选择“矩形”工具，在工具箱中将“笔触颜色”设为无，“填充颜色”设为白色，在舞台窗口中竖直绘制多个矩形，效果如图 4-83 所示。

步骤 2 分别选中“图层 1”的第 2 帧、第 3 帧、第 4 帧，在选中的帧上插入关键帧。选中“图层 1”的第 2 帧，选择“任意变形”工具，在舞台窗口中随机改变各个矩形的高度，保持底端对齐。

步骤 3 用相同的方法分别对“图层 1”的第 3 帧、第 4 帧所对应舞台窗口中的矩形进行操作。

步骤 4 单击“新建元件”按钮，新建影片剪辑元件“文字”。选择“文本”工具，在文字“属性”面板中进行设置，在舞台窗口中输入蓝色（#33CCFF）文字，效果如图 4-84 所示。

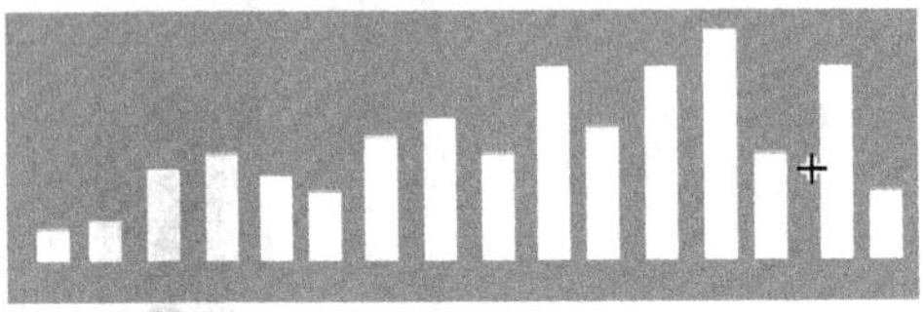

图 4-83

图 4-84

步骤 5 选中文字，选择“修改 > 分离”命令将其打散。分别选择“健康生活”和“由我做主”，选择“任意变形”工具，单击工具箱下方的“扭曲”按钮，拖曳控制点将其变形，并放置到合适的位置，效果如图 4-85 所示。

步骤 6 选中“图层 1”的第 2 帧，在该帧上插入关键帧。在工具箱中将“填充颜色”设为白色，舞台窗口中的效果如图 4-86 所示。

图 4-85

图 4-86

步骤 7 单击“新建元件”按钮，新建影片剪辑元件“圆动”。将“库”面板中的图形元件“圆”拖曳到舞台窗口中，效果如图 4-87 所示。分别选中“图层 1”的第 6 帧和第 10 帧，在选中的帧上插入关键帧。选中“图层 1”图层的第 6 帧，在舞台窗口中选中“圆”实例，选择“任意变形”工具，在按住 Shift 键的同时拖曳控制点，将其等比缩小，效果如图 4-88 所示。

步骤 8 分别用鼠标右键单击“图层 1”的第 1 帧和第 6 帧，在弹出的快捷菜单中选择“创建补间动画”命令，生成动作补间动画，如图 4-89 所示。

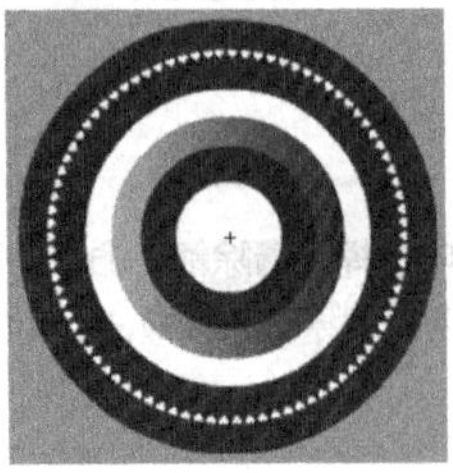

图 4-87

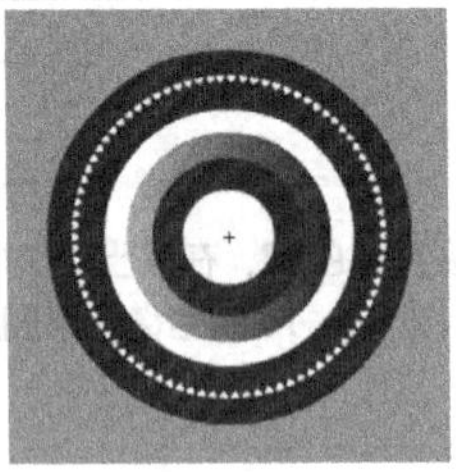

图 4-88

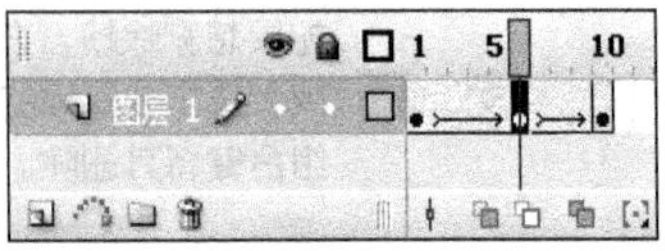

图 4-89

3. 制作动画

步骤 1 单击“时间轴”面板下方的“场景 1”图标，进入“场景 1”的舞台窗口。将“图层 1”重命名为“圆”。将“库”面板中的影片剪辑元件“圆动”向舞台窗口中拖曳 9 次，选择“任意变形”工具，根据需要分别调整“圆动”实例的大小，并放置到合适的位置，效果如图 4-90 所示。

步骤 2 在“时间轴”面板中创建新图层并将其命名为“文字”，将“库”面板中的影片剪辑元件“文字”拖曳到舞台窗口中，效果如图 4-91 所示。

图 4-90

图 4-91

步骤 3 在“时间轴”面板中创建新图层并将其命名为“声音条”。将“库”面板中的影片剪辑元件“声音条”拖曳到舞台窗口中，选择“任意变形”工具将其调整到合适的大小，并放置到合适的位置，效果如图 4-92 所示。

步骤 4 在“时间轴”面板中创建新图层并将其命名为“人物”。将“库”面板中的影片剪辑元件“人动”拖曳到舞台窗口中，效果如图 4-93 所示。健身舞蹈广告制作完成，按 Ctrl+Enter 组合键即可查看效果。

图 4-92

图 4-93

4.4.4 【相关工具】

1. 动作补间动画

新建空白文档，选择“文件 > 导入 > 导入到库”命令，将“运动员”文件导入到“库”面板中，如图 4-94 所示，将“足球运动员”元件拖曳到舞台的左下方，如图 4-95 所示。

图 4-94

图 4-95

右键单击“时间轴”面板中的第 10 帧，在弹出的快捷菜单中选择“插入关键帧”命令，在第 10 帧上插入一个关键帧，如图 4-96 所示。将运动员拖曳到舞台的右上方，如图 4-97 所示。

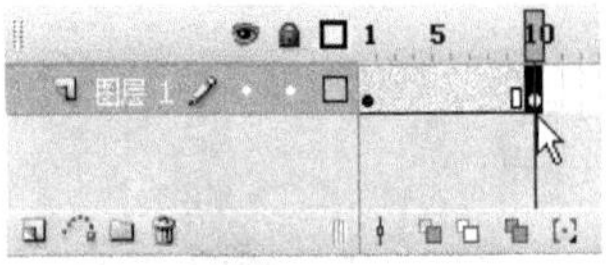

图 4–96

图 4–97

在“时间轴”面板中选中第 1 帧，调出帧“属性”面板。在面板中将“补间”选项设为“动画”，如图 4-98 所示。

设为“动画”后，面板中出现多个新的选项。

“缓动”选项：用于设定动作补间动画从开始到结束时的运动速度，其取值范围为-100～100。当选择正数时，运动速度呈递减趋势，即开始时速度快，然后速度逐渐减慢；当选择负数时，运动速度呈递增趋势，即开始时速度慢，然后速度逐渐加快。

“缩放”复选框：勾选此复选框，对象在运动过程中可以改变比例。

“旋转”选项：用于设置对象在运动过程中的旋转样式和次数。

“调整到路径”复选框：勾选此复选框，对象在运动引导动画过程中可以根据引导路径的曲线改变变化的方向。

“同步”复选框：勾选此复选框，如果对象是一个包含动画效果的图形组件实例，其动画和主时间轴同步。

“贴紧”复选框：勾选此复选框，如果使用运动引导动画，则根据对象的中心点将其吸附到运动路径上。

在“时间轴”面板中，第 1 帧～第 10 帧出现蓝色的背景和黑色的箭头，表示生成动作补间动画，如图 4-99 所示。完成动作补间动画的制作后按 Enter 键，让播放头进行播放，即可观看制作的效果。

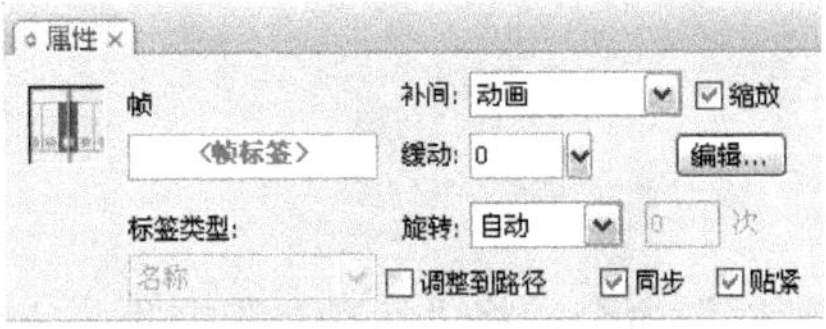

图 4–98

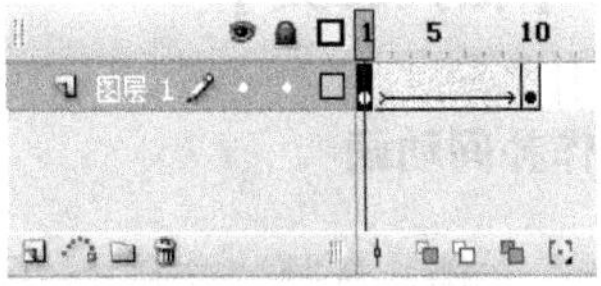

图 4–99

如果想观察制作的动作补间动画中每 1 帧产生的不同效果，可以单击“时间轴”面板下方的“绘图纸外观”按钮，并将标记点的起始点设为第 1 帧，终止点设为第 10 帧，如图 4-100 所示。此时舞台中显示出在不同的帧中运动员位置的变化效果，如图 4-101 所示。

图 4–100

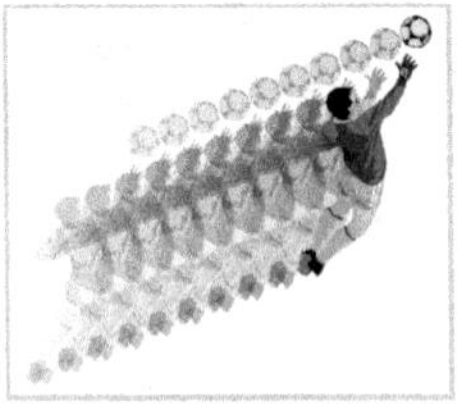

图 4–101

如果在帧“属性”面板中将“旋转”选项设为“顺时针”，如图 4-102 所示，那么在不同的帧中运动员位置的变化效果，如图 4-103 所示。

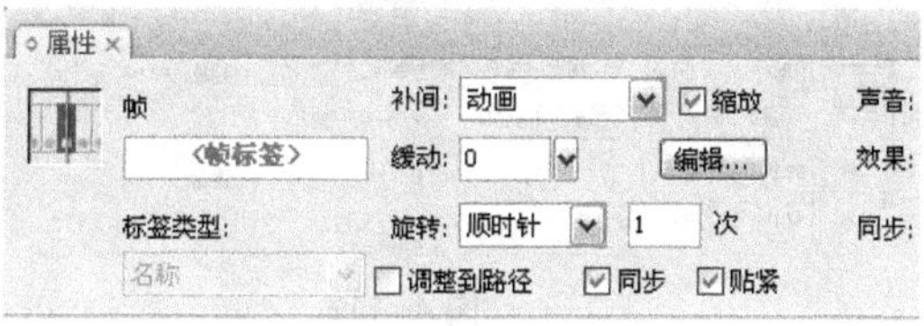

图 4-102

图 4-103

还可以在对象的运动过程中改变其大小、透明度等，下面进行详细的介绍。

新建空白文档，选择“文件 > 导入 > 导入到库”命令，将“铃铛”文件导入到“库”面板中，如图 4-104 所示，将铃铛图形拖曳到舞台的中心，如图 4-105 所示。

右键单击“时间轴”面板中的第 10 帧，在弹出的快捷菜单中选择“插入关键帧”命令，在第 10 帧上插入一个关键帧，如图 4-106 所示。选择“任意变形”工具，在舞台中单击铃铛图形，出现变形控制点，如图 4-107 所示。

图 4-104

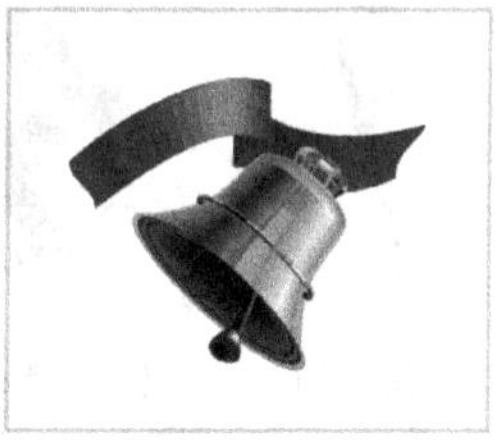

图 4-105

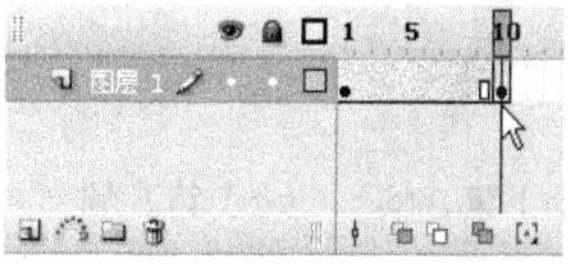

图 4-106

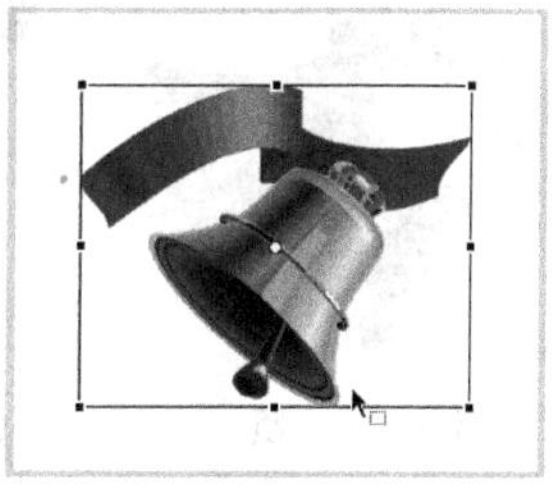

图 4-107

将鼠标指针放在左侧的控制点上，鼠标指针变为双箭头↔，按住鼠标左键不放，选中控制点并向右拖曳，将铃铛图形水平翻转，如图 4-108 所示。释放鼠标后效果如图 4-109 所示。

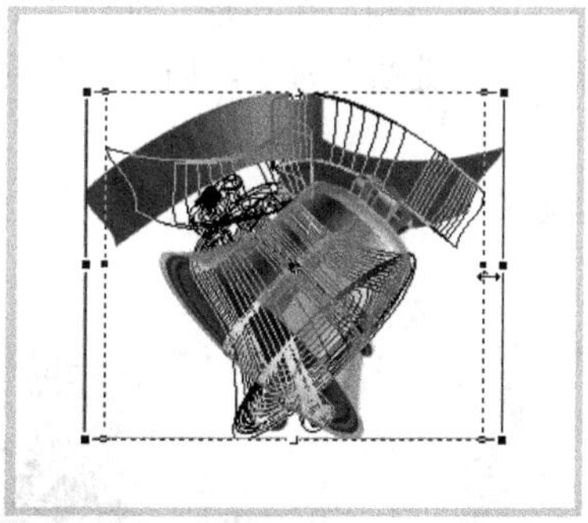

图 4-108

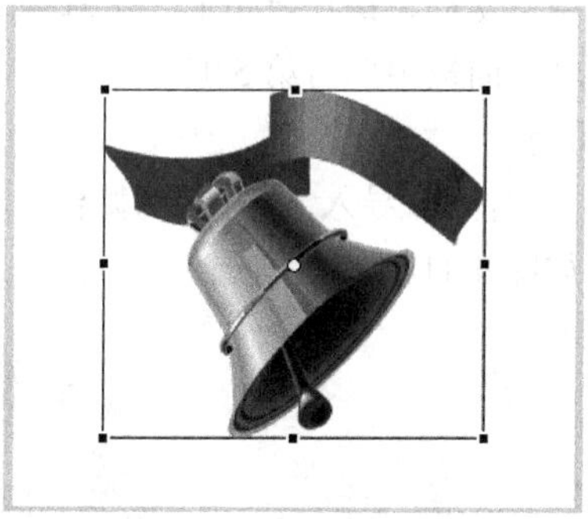

图 4-109

按 Ctrl+T 组合键弹出“变形”面板，将“高度”和“宽度”选项设置为 70%，其他选项为默认值，如图 4-110 所示。按 Enter 键确认操作，如图 4-111 所示。

选择“选择”工具，选中铃铛图形，调出图形“属性”面板，在“颜色”选项的下拉列表中选择“Alpha”，将右边的“Alpha 数量”选项设为 14%，如图 4-112 所示。

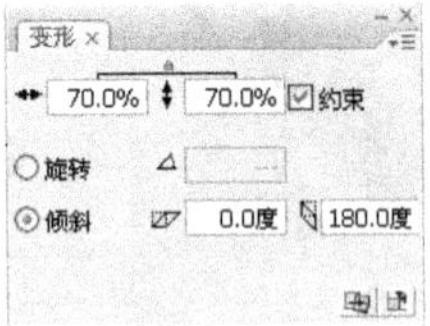

图 4-110

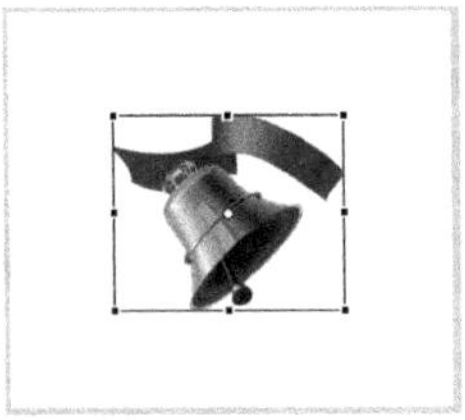

图 4-111

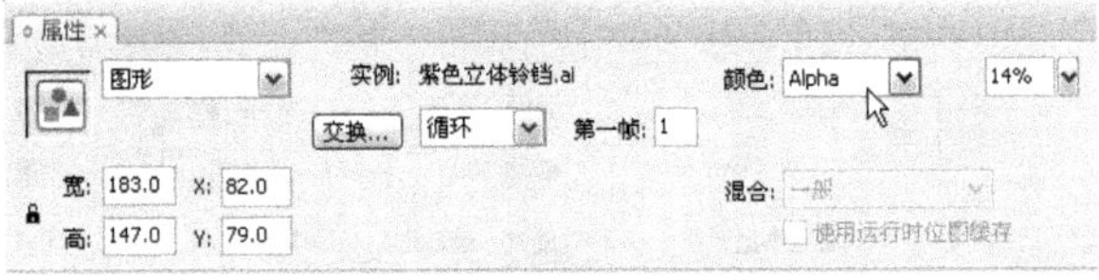

图 4-112

此时舞台中铃铛图形的不透明度被改变，如图 4-113 所示。在“时间轴”面板中，用鼠标右键单击第 1 帧，在弹出的快捷菜单中选择“创建补间动画”命令，在第 1 帧～第 10 帧之间生成动作补间动画，如图 4-114 所示。按 Enter 键让播放头进行播放，即可观看制作的效果。

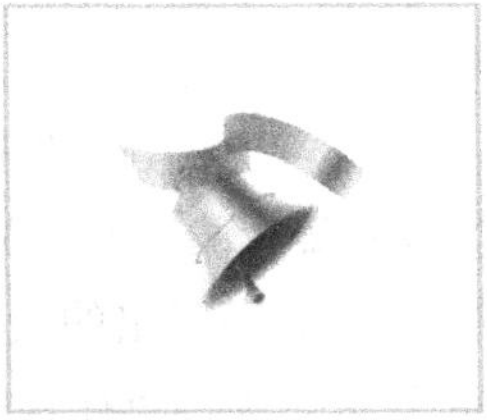

图 4-113

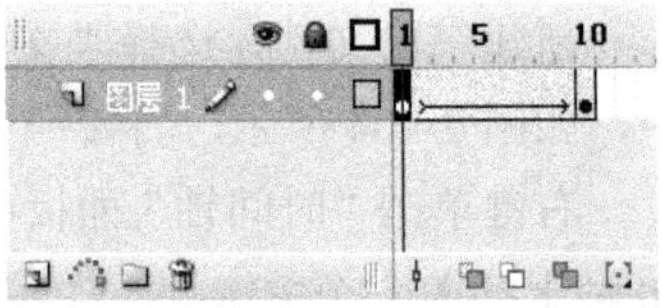

图 4-114

在不同的关键帧中，铃铛图形的动作变化效果如图 4-115 所示。

（a）第 1 帧　（b）第 3 帧　（c）第 5 帧　（d）第 7 帧　（e）第 9 帧　（f）第 10 帧

图 4-115

2. 帧动画

新建空白文档，选择“矩形”工具，在第 1 帧的舞台中绘制一个矩形，如图 4-116 所示。在“时间轴”面板中单击第 5 帧，选择“插入 > 时间轴 > 关键帧”命令，插入一个关键帧，如图 4-117 所示。

选择“文件 > 导入 > 导入到舞台”命令，将“运动员”图片导入到舞台中，移动到舞台的右下方，如图 4-118 所示。

图 4-116

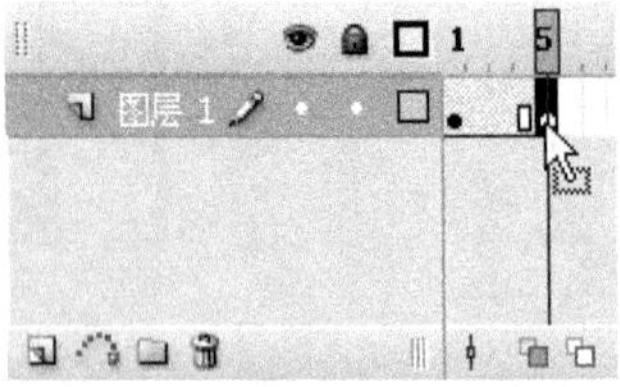

图 4-117

图 4-118

右键单击“时间轴”面板中的第 9 帧，在弹出的快捷菜单中选择“插入关键帧”命令，在第 9 帧上插入关键帧，如图 4-119 所示。在第 9 帧对应的舞台中，将运动员移动到舞台的中间，如图 4-120 所示。在“时间轴”面板中选中第 12 帧，如图 4-121 所示。

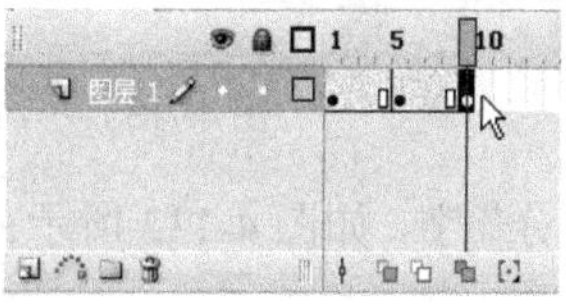

图 4-119

图 4-120

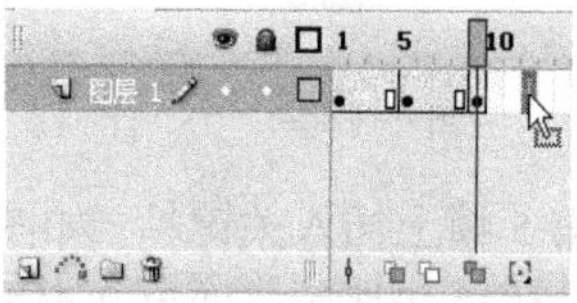

图 4-121

按 F6 键在第 12 帧上插入关键帧，如图 4-122 所示。在第 12 帧对应的舞台中，将运动员移动到舞台的左上方，如图 4-123 所示。

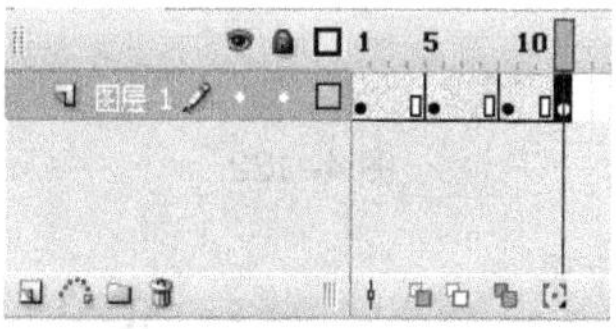

图 4-122

图 4-123

按 Enter 键让播放头进行播放，即可观看制作的效果。在不同的关键帧上动画显示的效果如图 4-124 所示。

（a）第 1 帧　（b）第 5 帧　（c）第 9 帧　（d）第 12 帧

图 4-124

3. 逐帧动画

新建空白文档，选择“文本”工具 T，在第 1 帧的舞台中输入“美”字，如图 4-125 所示。在“时间轴”面板中选中第 2 帧，如图 4-126 所示。按 F6 键在第 2 帧上插入关键帧，如图 4-127 所示。

图 4-125

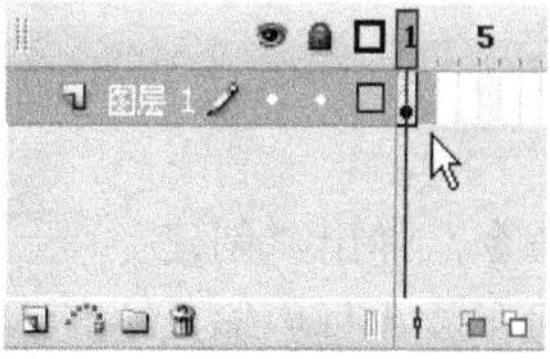

图 4-126

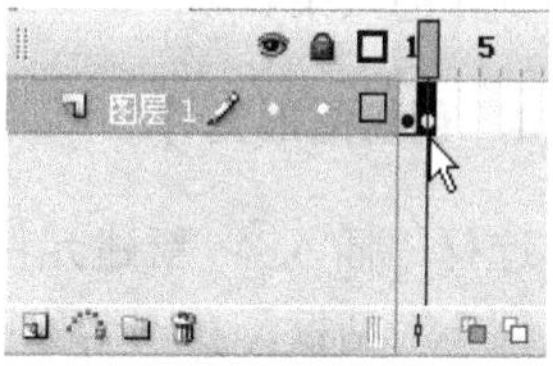

图 4-127

在第 2 帧的舞台中输入“丽”字，如图 4-128 所示。用相同的方法在第 3 帧上插入关键帧，在舞台中输入“一”字，如图 4-129 所示。在第 4 帧上插入关键帧，在舞台中输入“百”字，如图 4-130 所示。

图 4-128

图 4-129

图 4-130

在第 5 帧上插入关键帧，如图 4-131 所示，在舞台中输入“分”字，如图 4-132 所示。按 Enter 键让播放头进行播放，即可观看制作的效果。

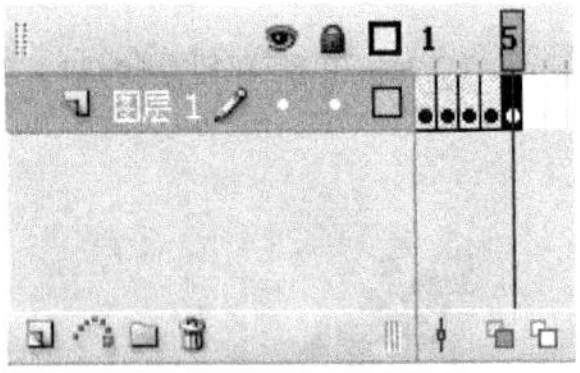

图 4-131

图 4-132

还可以通过从外部导入图片组来实现逐帧动画的效果。

选择“文件 > 导入 > 导入到舞台”命令，弹出“导入”对话框，在对话框中选中素材文件，如图 4-133 所示，单击“打开”按钮，弹出提示对话框，询问是否将图像序列中的所有图像导入，如图 4-134 所示。

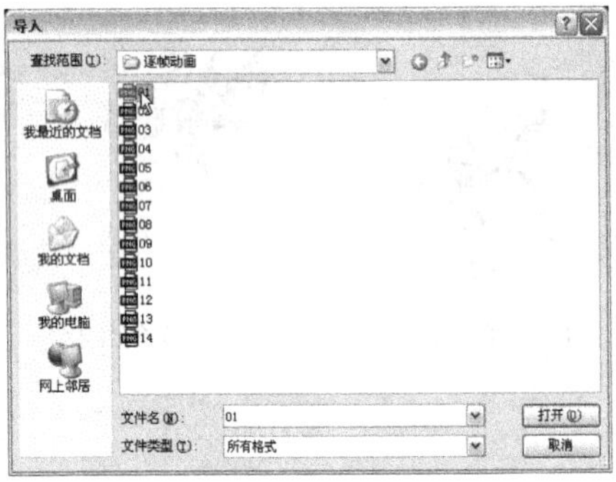

图 4-133

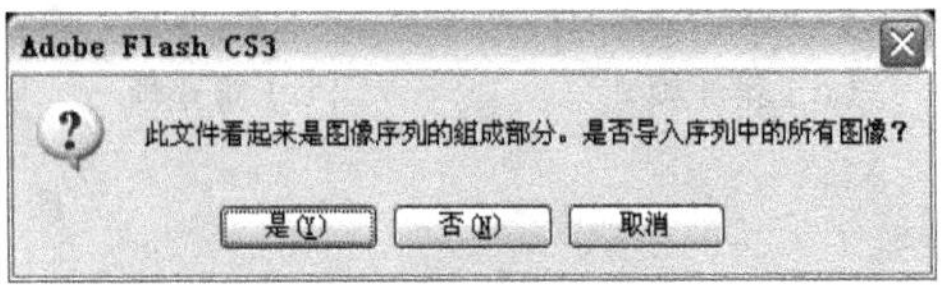

图 4-134

单击“是”按钮将图像序列导入到舞台中，如图 4-135 所示。按 Enter 键让播放头进行播放，即可观看制作的效果。

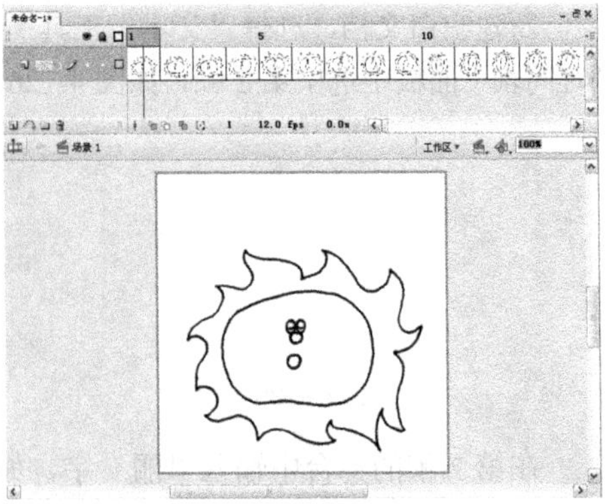

图 4-135

4. 创建图形元件

选择“插入 > 新建元件”命令，弹出“创建新元件”对话框，在“名称”选项的文本框中输入“草莓”，选中“图形”单选项，如图 4-136 所示。

单击“确定”按钮，创建一个新的图形元件“草莓”。此时图形元件的名称出现在舞台的左上方，舞台切换到了图形元件“草莓”的窗口，窗口中间出现“＋”，代表图形元件的中心定位点，如图 4-137 所示。在“库”面板中显示出图形元件，如图 4-138 所示。

选择“文件 > 导入 > 导入到舞台”命令，弹出“导入”对话框，选择要导入的图形将其导入到舞台，如图 4-139 所示，完成图形元件的创建。单击舞台左上方的场景名称“场景 1”，就可以返回到场景的编辑舞台。

还可以应用“库”面板创建图形元件。单击“库”面板右上方的 按钮，在弹出的菜单中选择“新建元件”命令，弹出“创建新元件”对话框，选中“图形”单选项，单击“确定”按钮创建图形元件。也可在“库”面板中创建按钮元件或影片剪辑元件。

图 4–136

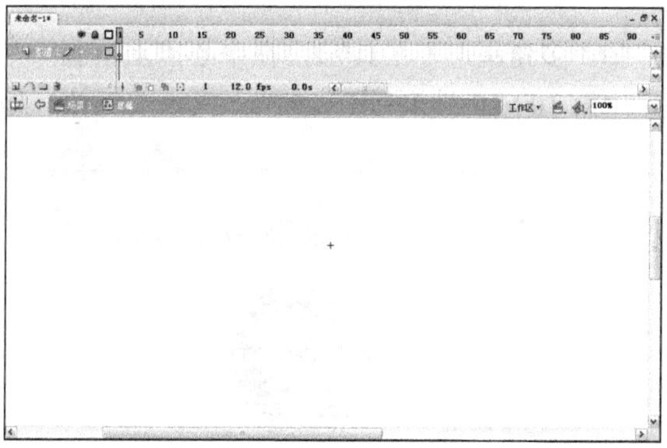

图 4–137

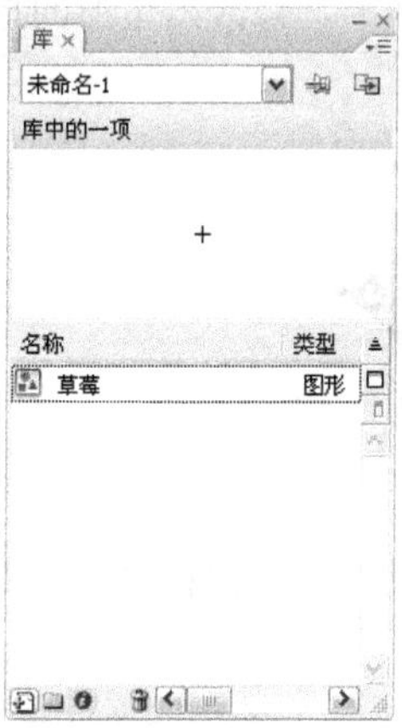

图 4–138

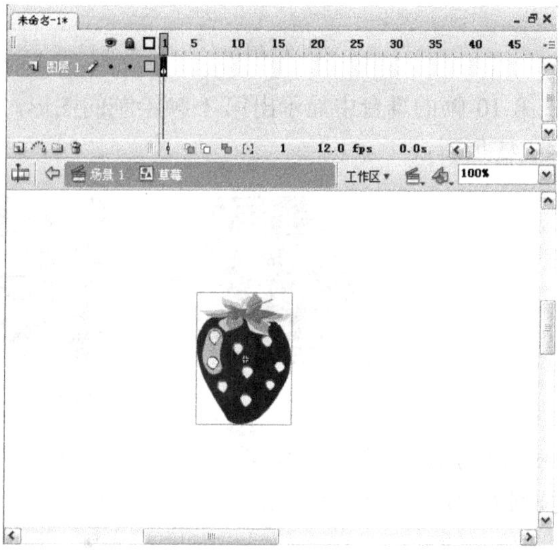

图 4–139

5. 创建影片剪辑元件

选择“插入 > 新建元件”命令，弹出“创建新元件”对话框，在“名称”文本框中输入“变形动画”，选中“影片剪辑”单选项，如图 4-140 所示。

单击“确定”按钮，创建一个新的影片剪辑元件“变形动画”。此时影片剪辑元件的名称出现在舞台的左上方，舞台切换到了影片剪辑元件“变形动画”的窗口，窗口中间出现“＋”，代表影片剪辑元件的中心定位点，如图 4-141 所示。在“库”面板中显示出影片剪辑元件，如图 4-142 所示。

图 4-140

图 4-141

图 4-142

选择“多角星形”工具，在中心点上绘制一个六边形，如图 4-143 所示。在“时间轴”面板中选中第 10 帧，按 F6 键在该帧上插入关键帧，如图 4-144 所示。

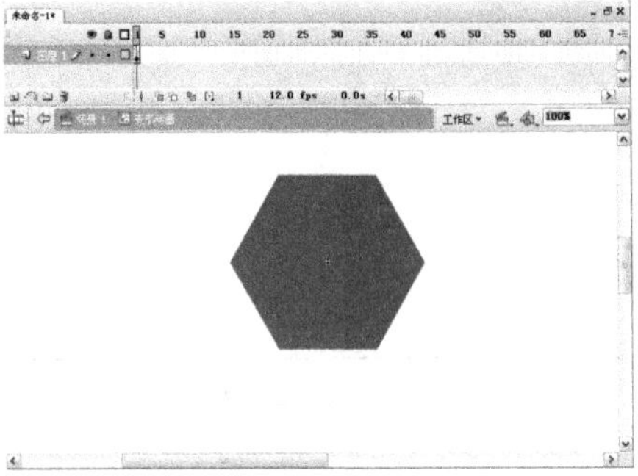

图 4-143

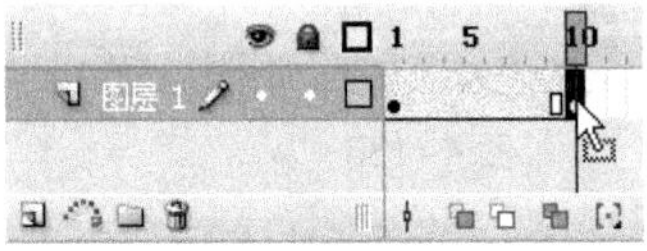

图 4-144

在第 10 帧的舞台中显示出第 1 帧绘制的图形，选择“选择”工具，修改六边形的形状，如图 4-145 所示。

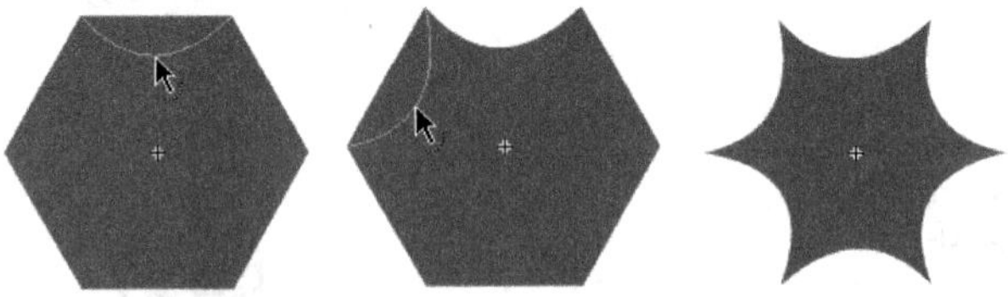

图 4-145

在“时间轴”面板中选中第 1 帧，如图 4-146 所示，调出帧“属性”面板，在“补间”选项的下拉列表中选择“形状”，如图 4-147 所示。

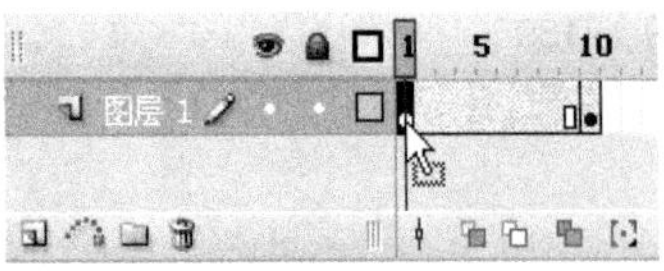

图 4-146

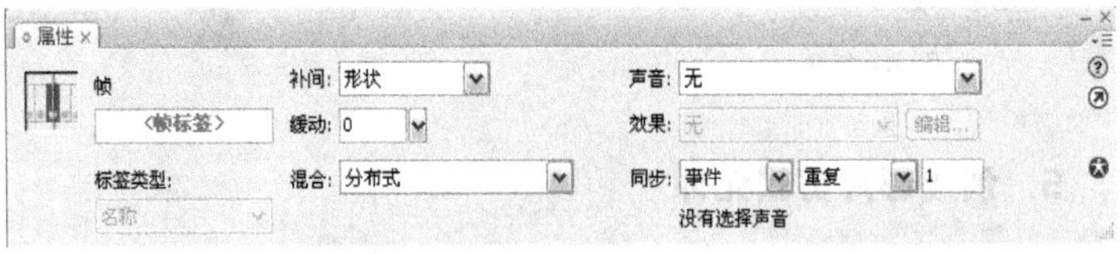

图 4-147

此时在“时间轴”面板中出现箭头标志线，如图 4-148 所示。

影片剪辑元件制作完成，在不同的关键帧上舞台中显示出不同的变形图形，如图 4-149 所示。单击舞台左上方的场景名称“场景 1”，就可以返回到场景的编辑舞台。

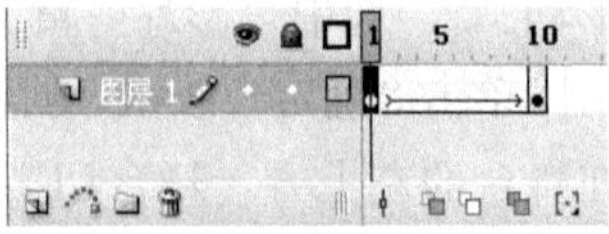

图 4-148

图 4-149

6. 改变实例的颜色和透明度

在舞台中选中实例，在“属性”面板中选择“颜色”选项的下拉列表，如图 4-150 所示。

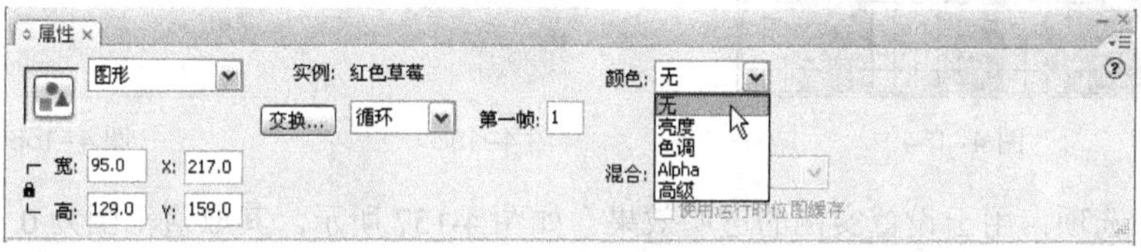

图 4-150

“无”选项：表示对当前实例不进行任何更改。如果对实例以前做的变化效果不满意，可以选择此选项取消实例的变化效果，然后再重新设置新的效果。

“亮度”选项：用于调整实例的明暗对比度。

可以在“亮度数量”数值框中直接输入数值，也可以拖动右侧的滑块来设置数值，如图 4-151 所示。其默认的数值为 0，取值范围为-100～100。当取值大于 0 时实例变亮，当取值小于 0 时实例变暗。

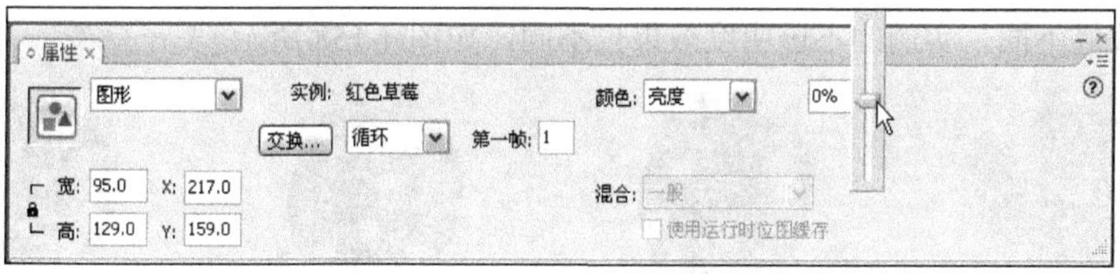

图 4-151

输入的数值不同，实例的亮度效果也不同，如图 4-152 所示。

（a）数值为 78 时　（b）数值为 45 时　（c）数值为 0 时　（d）数值为 – 45 时　（e）数值为 – 78 时

图 4-152

“色调”选项：用于为实例增加颜色，如图 4-153 所示。

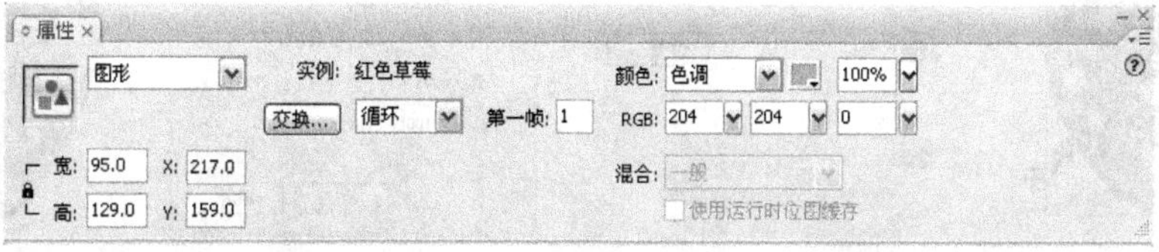

图 4-153

可以单击颜色按钮，在弹出的色板中选择要应用的颜色，如图 4-154 所示，应用颜色后的实例效果如图 4-155 所示。

在颜色按钮右侧的“色彩数量”数值框中设置数值，如图 4-156 所示。其取值范围为 0～100，当数值为 0 时，实例颜色将不受影响，当数值为 100 时，实例的颜色将完全被所选颜色取代。也可以在“RGB”数值框中输入数值来设置颜色。

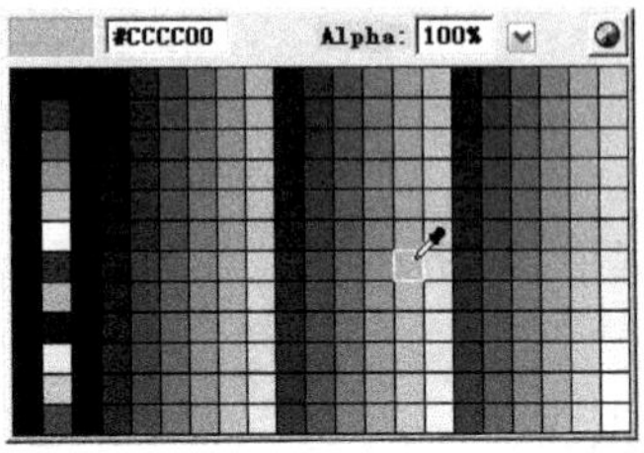

图 4-154

图 4-155

图 4-156

“Alpha”选项：用于设置实例的透明效果，如图 4-157 所示。其取值范围为 0～100，数值为 0 时实例不透明，数值为 100 时实例消失。

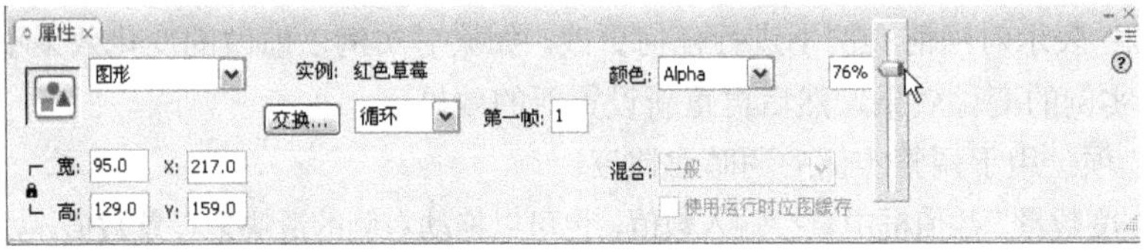

图 4-157

输入的数值不同，实例的不透明度效果也不同，如图 4-158 所示。

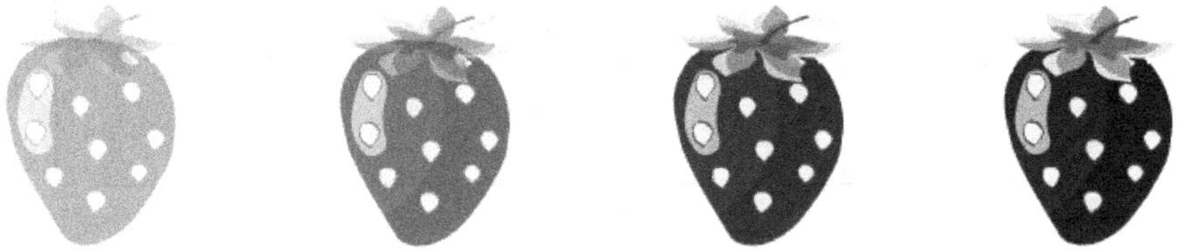

（a）数值为 30 时　（b）数值为 60 时　（c）数值为 90 时　（d）数值为 100 时

图 4-158

“高级”选项：用于设置实例的颜色和透明效果，可以分别调节“红”、“绿”、“蓝”和“Alpha”的值。

在舞台中选中实例，如图 4-159 所示。选择“高级”选项，单击右侧的“设置”按钮，如图 4-160 所示，弹出“高级效果”对话框，在“高级效果”对话框中设置各个选项的数值，如图 4-161 所示，单击“确定”按钮设置完成，如图 4-162 所示。

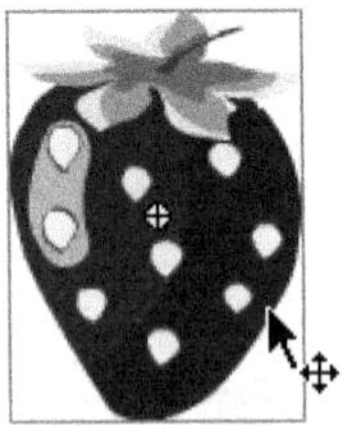

图 4-159

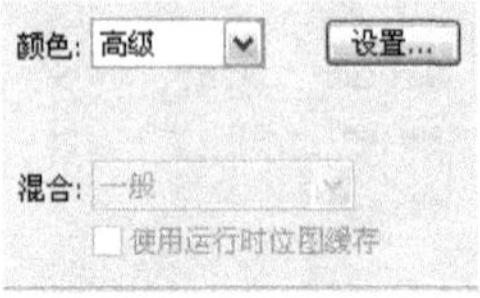

图 4-160

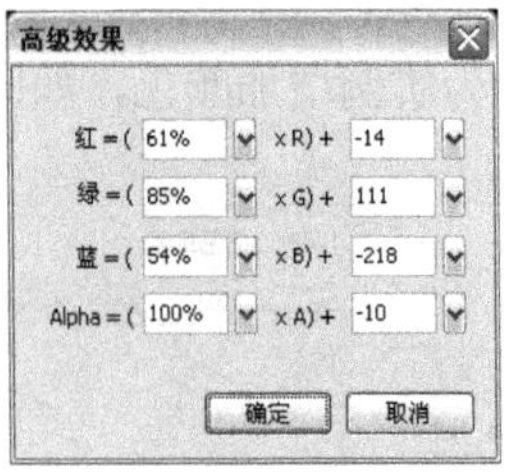

图 4-161

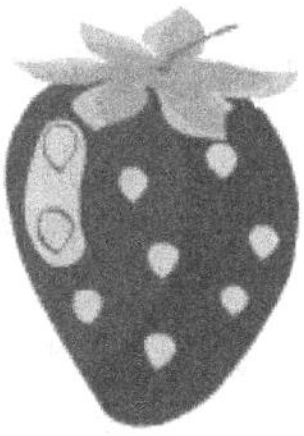

图 4-162

4.4.5 【实战演练】制作果汁饮料广告

使用“创建补间动画”命令制作动画效果，使用“新建图形元件”命令创建文字元件，使用“属性”面板改变水果的颜色，使用任意变形工具改变图形的角度。（最终效果参看光盘中的“Ch04 > 效果 > 制作果汁饮料广告”，如图 4-163 所示。）

图 4-163

4.5 制作咖啡广告

4.5.1 【案例分析】

浓浓的咖啡总是和现代白领生活联系在一起。现在爱喝咖啡的人越来越多，咖啡的魅力除了它良好的口感，还有引人入胜的香气以及其提神醒脑的作用。咖啡广告要表现出咖啡的优雅、品味和独特。

4.5.2 【设计理念】

在设计制作过程中采用黄色这种高明度的颜色作为广告的背景色，可以起到醒目的效果。飘着香气的咖啡引来彩色蝴蝶的亲吻，使画面变得更具真实感。广告的整体设计简单大方，颜色清爽明快，充满浪漫的生活气息，易使人产生购买行为。（最终效果参看光盘中的“Ch04 > 效果 > 制作咖啡广告”，如图 4-164 所示。）

图 4-164

4.5.3 【操作步骤】

步骤 1 选择“文件 > 新建”命令，在弹出的“新建文档”对话框中选择“Flash 文件”选项，单击“确定”按钮，进入新建文档舞台窗口。按 Ctrl+F3 组合键，弹出文档“属性”面板，单击“大小”选项后面的按钮，在弹出的对话框中将舞台窗口的宽度设为 565 像素，高度设为 350 像素，将背景颜色设为黑色。

步骤 2 选择“文件 > 导入 > 导入到舞台”命令，在弹出的“导入”对话框中选择“Ch04 > 素材 > 制作咖啡广告 > 咖啡背景图”文件，单击“打开”按钮，图片被导入到舞台窗口中，效果如图 4-165 所示。

步骤 3 按 Ctrl+L 组合键调出“库”面板，单击面板下方的“新建元件”按钮，弹出“创建新元件”对话框，在“名称”文本框中输入“香气蔓延的咖啡”，选中“影片剪辑”单选项，单击“确定”按钮，新建一个“香气蔓延的咖啡”影片剪辑元件，如图 4-166 所示，舞台窗口也随之转换为影片剪辑元件的舞台窗口。

图 4-165

图 4-166

步骤 4 在“时间轴”面板中双击“图层 1”的名称，将其改名为“咖啡”。选择“文件 > 导入> 导入到舞台”命令，在弹出的“导入”对话框中选择“Ch04 > 素材 > 制作咖啡广告 > 咖啡”文件，单击“打开”按钮，图片被导入到舞台窗口中，如图 4-167 所示。在时间轴上单击第 45 帧，按 F5 键在第 45 帧上插入普通帧，如图 4-168 所示。

图 4-167

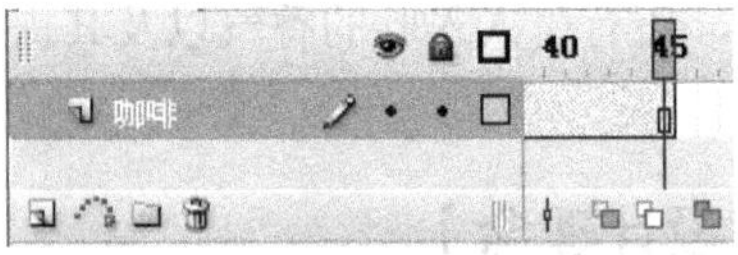

图 4-168

步骤 5 单击“时间轴”面板下方的“插入图层”按钮创建新图层，并将其命名为“香气动”。选择“铅笔”工具，将笔触颜色设为灰色（#999999），在工具箱下方的“选项”选项组中选择“平滑”选项，如图 4-169 所示。在咖啡上方绘制一条封闭的曲线作为烟，如图 4-170 所示。单击“香气动”图层的第 45 帧，按 F6 键插入一个关键帧。在第 45 帧对应的舞台窗口中绘制烟流动的效果，用选择工具选中多余的线条，按 Delete 键进行删除，如图 4-171 所示。

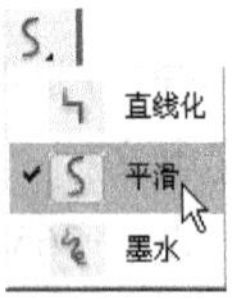

图 4-169

图 4-170

图 4-171

步骤 6 选择“颜料桶”工具，将填充色设为白色，在“颜色”面板的“Alpha”选项中将不透明度设为50%，如图4-172所示。在工具箱下方的选项中选择“封闭大空隙”，选中“香气动”图层的第1帧，在封闭的曲线中单击为烟填充颜色。选择“选择”工具，分别双击边线，按Delete键将边线删除，如图4-173所示。选中“香气动”图层的第45帧，在舞台窗口中为流动的烟填充颜色，并分别删除边线，如图4-174所示。

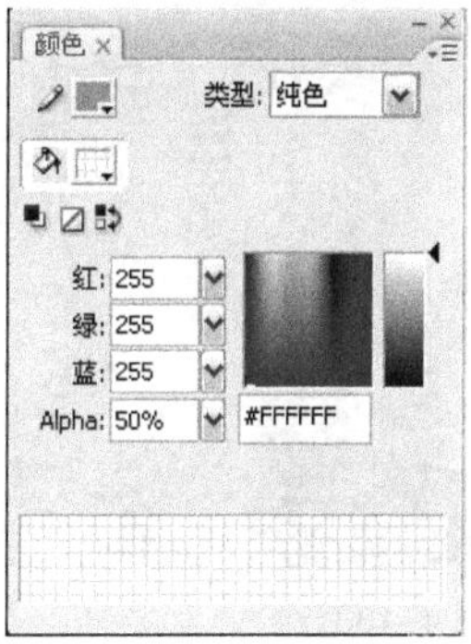

图4-172

图4-173

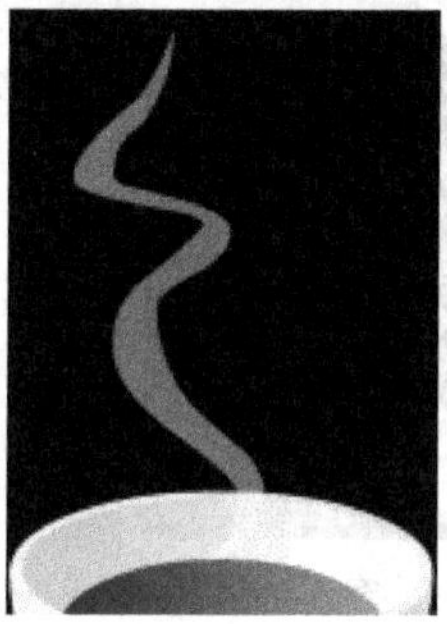
图4-174

步骤 7 选中“香气动”图层的第1帧，按Ctrl+F3组合键弹出帧“属性”面板，在“补间”选项的下拉列表中选择“形状”，如图4-175所示，在第1帧到第45帧之间设置变形动画，如图4-176所示。

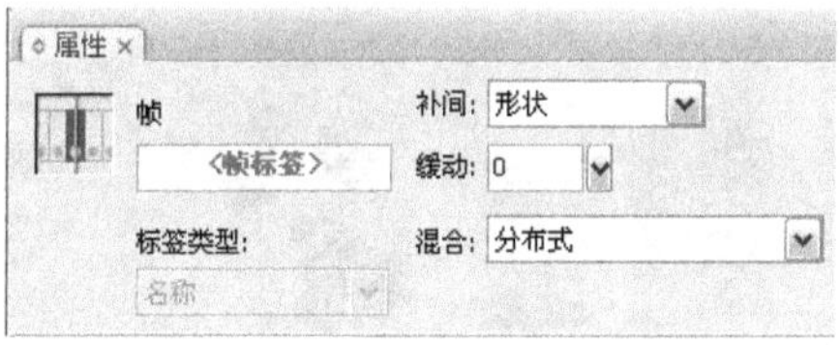

图4-175

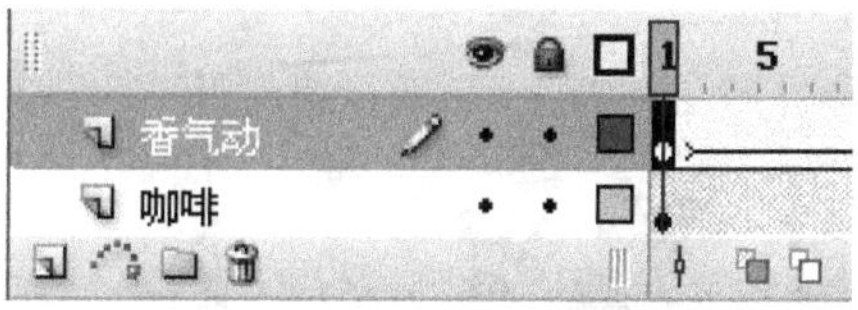

图4-176

步骤 8 选中“香气动”图层的第1帧，选择“修改 > 形状 > 添加形状提示”（其快捷键为Ctrl+ Shift+ H）命令，在烟图形的右边出现红色的提示点“a”，将提示点移动到烟的下方，如图4-177所示。选中“香气动”图层的第45帧，第45帧的烟图形上也出现相应的提示点“a”，如图4-178所示。

步骤 9 将烟图形的提示点移动到其下方，提示点从红色变为绿色，如图4-179所示。选中第1帧，可以观察到刚才红色的提示点变为黄色，如图4-180所示，这表示第1帧中的提示点和第45帧中的提示点已经相互对应。

图4-177

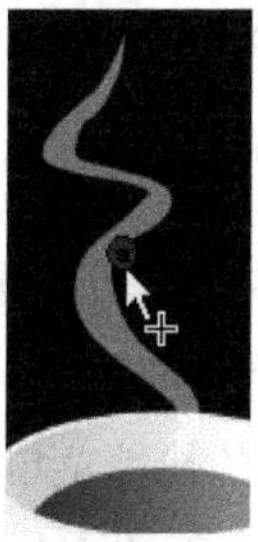
图4-178

图4-179

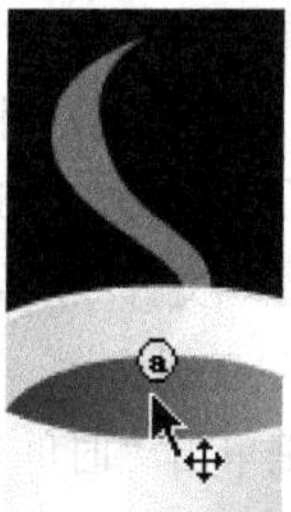
图4-180

步骤 10 用相同的方法在第 1 帧的图形中再添加 5 个提示点，分别为“b”、“c”、“d”、“e”、“f”，并将其放置在烟图形的边线上，如图 4-181 所示。在第 45 帧中将“b”、“c”、“d”、“e”、“f”提示点按顺时针的方向分别放置在烟图形的边线上，如图 4-182 所示，完成提示点的设置。

步骤 11 单击“时间轴”面板上方的“场景 1”图标 场景 1，进入“场景 1”的舞台窗口。将“库”面板中的影片剪辑元件“香气蔓延的咖啡”拖曳到舞台窗口中，效果如图 4-183 所示。

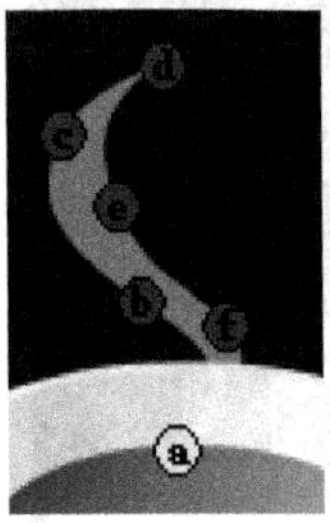

图 4-181

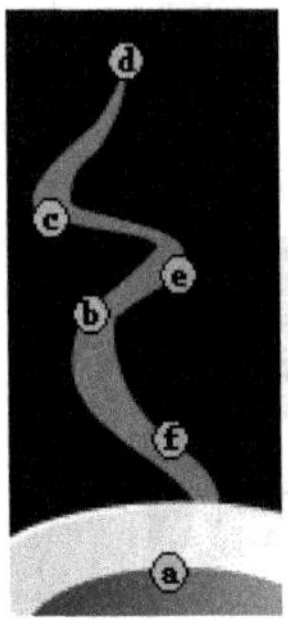

图 4-182

图 4-183

步骤 12 选择“文件 > 导入 > 导入到舞台”命令，在弹出的“导入”对话框中选择“Ch04 > 素材 > 制作咖啡广告 > 蝴蝶”文件，单击“打开”按钮，图片被导入到舞台窗口中，并应用“任意变形”工具改变图片的大小及倾斜度，效果如图 4-184 所示。咖啡广告制作完成，按 Ctrl+Enter 组合键即可查看效果，如图 4-185 所示。

图 4-184

图 4-185

4.5.4 【相关工具】

1. 形状补间动画

如果舞台上的对象是组件实例、多个图形的组合、文字和导入的素材对象，必须先分离或取消组合，将其打散成图形，才能制作形状补间动画。利用这种动画也可以实现上述对象的大小、位置、旋转、颜色及透明度等的变化。

选择“文件 > 导入 > 导入到舞台”命令，将“花朵图案”文件导入到舞台的第 1 帧中。多次按 Ctrl+B 组合键，直到将花朵图案打散，如图 4-186 所示。

右键单击“时间轴”面板中的第 10 帧，在弹出的快捷菜单中选择“插入空白关键帧”命令，如图 4-187 所示，在第 10 帧上插入一个空白关键帧，如图 4-188 所示。

图 4-186

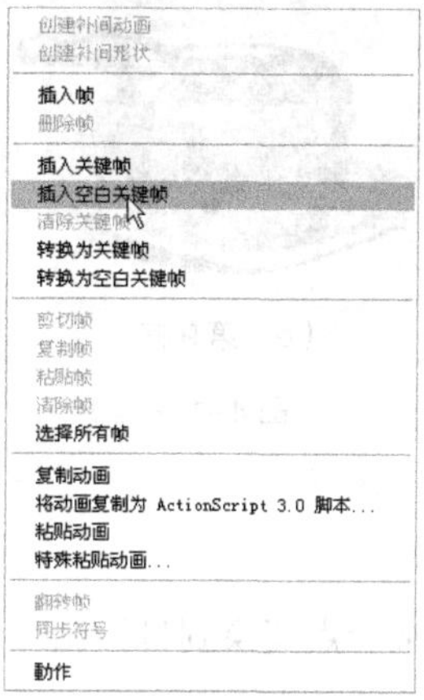

图 4-187

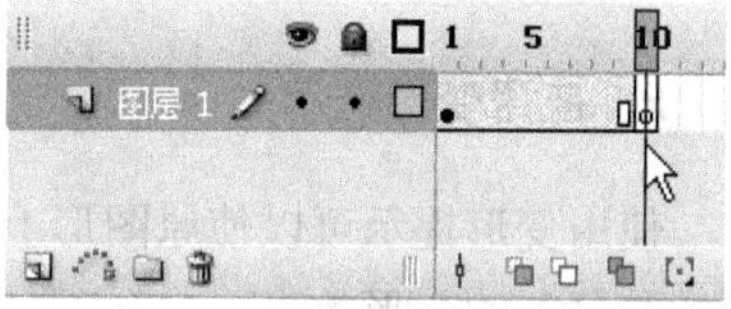

图 4-188

选中第 10 帧，选择“文件 > 导入 > 导入到库”命令，将“橘色咖啡杯”文件导入到库中。将“库”面板中的图形元件“橘色咖啡杯”拖曳到舞台窗口中，多次按 Ctrl+B 组合键，直到将咖啡杯打散，如图 4-189 所示。

图 4-189

在“时间轴”面板中选中第 1 帧，选择“窗口 > 属性”命令，弹出帧“属性”面板。在面板中将“补间”选项设为“形状”，如图 4-190 所示。

“补间”设为“形状”后，面板中出现如下 2 个新的选项。

“缓动”选项：用于设定变形动画从开始到结束时的变形速度，其取值范围为-100～100。当选择正数时，变形速度呈递减趋势，即开始时速度快，然后速度逐渐减慢；当选择负数时，变形速度呈递增趋势，即开始时速度慢，然后速度逐渐加快。

“混合”选项：提供了“分布式”和“角形”2 个选项。选择“分布式”选项可以使变形的中间形状趋于平滑，选择“角形”选项则创建包含角度和直线的中间形状。

设置完成后，在“时间轴”面板中第 1 帧～第 10 帧出现绿色的背景和黑色的箭头，表示生成形状补间动画，如图 4-191 所示，此时花朵图案变形为咖啡杯。按 Enter 键让播放头进行播放，即可观看制作的效果。

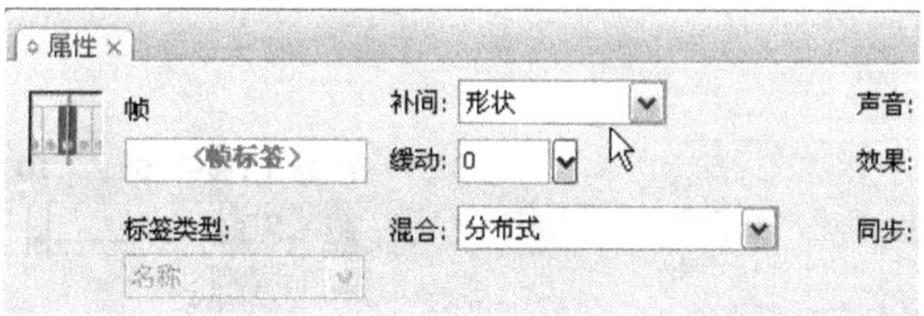

图 4-190

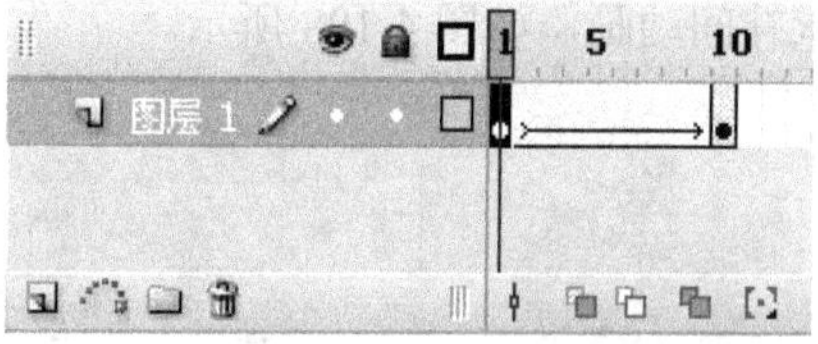

图 4-191

在变形过程中每一帧上的图形都发生不同的变化，如图 4-192 所示。

（a）第 1 帧　（b）第 3 帧　（c）第 5 帧

图 4-192

（d）第 7 帧　　（e）第 9 帧　　（f）第 10 帧

图 4-192

2. 应用变形提示

使用变形提示可以使原图形上的某一点变换到目标图形的某一点上，应用变形提示可以制作出各种复杂的变形效果。

选择“矩形”工具，在第 1 帧的舞台中绘制一个正方形，如图 4-193 所示。右键单击“时间轴”面板中的第 10 帧，在弹出的快捷菜单中选择“插入空白关键帧”命令，如图 4-194 所示，在第 10 帧上插入一个空白关键帧，如图 4-195 所示。

图 4-193

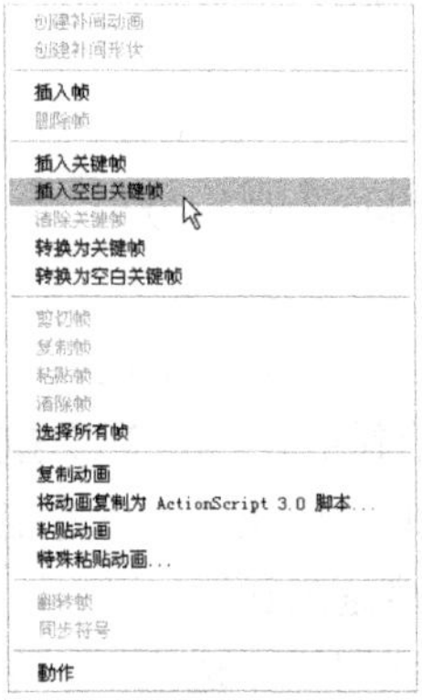

图 4-194

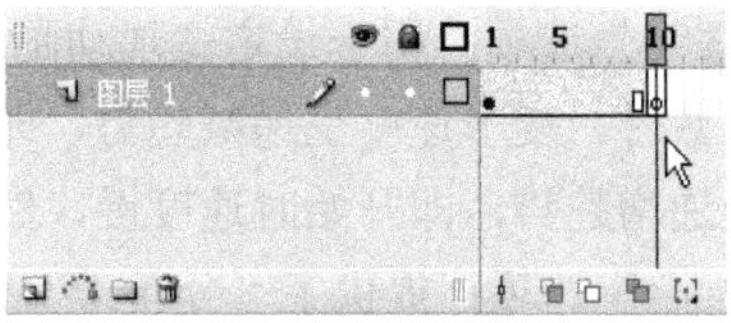

图 4-195

在第 10 帧的舞台中绘制一个树叶图形，如图 4-196 所示。在“时间轴”面板中选中第 1 帧，选择“窗口 > 属性”命令，弹出帧“属性”面板。在面板中将“补间”选项设为“形状”，如图 4-197 所示，此时在“时间轴”面板中第 1 帧～第 10 帧出现绿色的背景和黑色的箭头，表示生成形状补间动画，如图 4-198 所示。

图 4-196

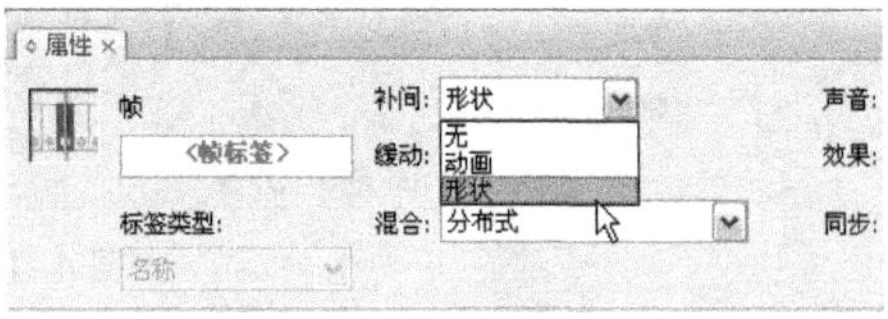

图 4-197

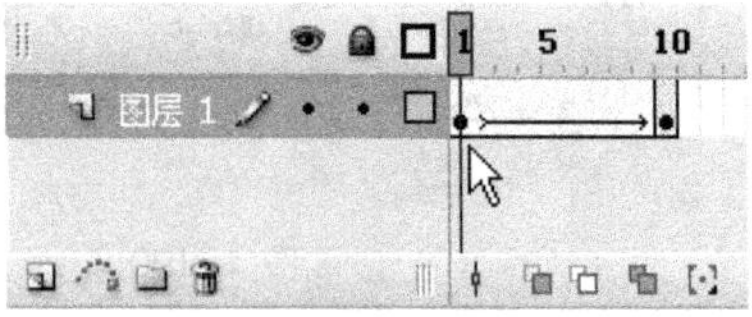

图 4-198

将“时间轴”面板中的播放头放在第 1 帧上，选择“修改 > 形状 > 添加形状提示”命令或按 Ctrl+Shift+H 组合键，在图形的中间出现红色的提示点“a”，如图 4-199 所示。将提示点移动到正方形左上方的角点上，如图 4-200 所示。将“时间轴”面板中的播放头放在第 10 帧上，第 10 帧的树叶图形上也出现红色的提示点“a”，如图 4-201 所示。

图 4-199

图 4-200

图 4-201

将树叶图形上的提示点移动到右上方的边线上，提示点从红色变为绿色，如图 4-202 所示。这时再将播放头放置在第 1 帧上，可以观察到刚才红色的提示点变为黄色，如图 4-203 所示，这表示第 1 帧中的提示点和第 10 帧中的提示点已经相互对应。

用相同的方法在第 1 帧的图形中再添加 3 个提示点，分别为“b”、“c”、“d”，并将其放置在正方形的角点上，如图 4-204 所示。在第 10 帧中将提示点按顺时针的方向分别放置在树叶图形的边线上，如图 4-205 所示。完成提示点的设置后，按 Enter 键让播放头进行播放，即可观看制作的效果。

图 4-202

图 4-203

图 4-204

图 4-205

提　示　形状提示点一定要按顺时针的方向添加，顺序不能错，否则无法实现效果。

在使用变形提示前，Flash CS3 自动生成的图形变化过程，如图 4-206 所示。

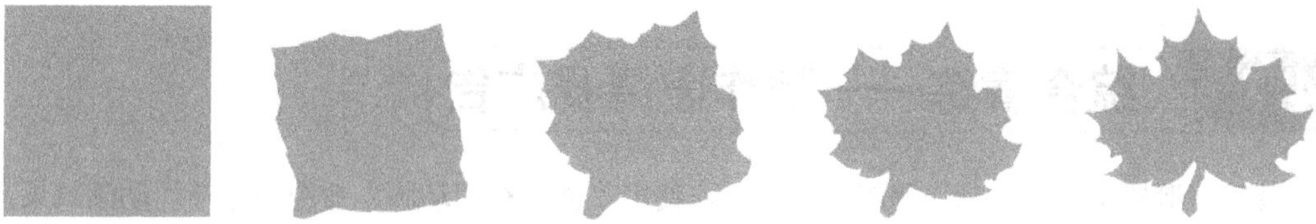

（a）第 1 帧　（b）第 3 帧　（c）第 5 帧　（d）第 7 帧　（e）第 10 帧

图 4-206

在使用变形提示后，在提示点的作用下生成的图形变化过程，如图 4-207 所示。

（a）第 1 帧　（b）第 3 帧　（c）第 5 帧　（d）第 7 帧　（e）第 10 帧

图 4-207

4.5.5 【实战演练】制作精美戒指广告

使用“创建形状补间”命令制作形状补间动画，使用文本工具添加广告语，使用渐变变形工具制作戒指的高光效果，使用钢笔工具绘制飘带效果，使用矩形工具和“颜色”面板制作星星图案。（最终效果参看光盘中的“Ch04 > 效果 > 制作精美戒指广告”，如图 4-208 所示。）

图 4-208

4.6 综合演练——制作摄像机广告

使用椭圆工具和位图制作相剪效果，使用文本工具添加广告语，使用“创建补间动画”命令制作补间动画效果，使用“帧”命令插入普通帧，延长动画的播放时间。（最终效果参看光盘中的“Ch04 > 效果 > 制作摄像机广告”，如图 4-209 所示。）

图 4-209

4.7 综合演练——制作邀请赛广告

使用“遮罩层”命令制作遮罩动画效果，使用“创建补间动画”命令制作补间动画效果，使用矩形工具和“颜色”面板制作渐变矩形效果，使用“关键帧”命令制作逐帧动画效果。（最终效果参看光盘中的“Ch04 > 效果 > 制作邀请赛广告”，如图 4-210 所示。）

图 4-210

第5章 电子相册

网络电子相册可以用于描述美丽的风景、展现亲密的友情、记录精彩的瞬间。本章以多个主题的电子相册为例，介绍网络电子相册的构思方法和制作技巧，读者通过学习可以掌握制作要点，从而设计制作出精美的网络电子相册。

课堂学习目标

- 掌握电子相册的设计思路
- 掌握电子相册的制作方法
- 掌握电子相册的应用技巧

5.1 制作好朋友的照片

5.1.1 【案例分析】

在我们的生活中总会有许多温馨时刻被相机记录下来，我们可以将这些温馨的生活照片制作成电子相册，通过新的艺术和技术手段给这些照片以新的意境和活力。

5.1.2 【设计理念】

在设计制作过程中，先设计出符合照片特色的背景图，再设置照片之间互相切换的顺序，增加电子相册的趣味性。在舞台窗口中通过更换不同的生活照片，完美表现出生活的精彩瞬间。（最终效果参看光盘中的“Ch05 > 效果 > 制作好朋友的照片”，如图 5-1 所示。）

图 5-1

5.1.3 【操作步骤】

1. 导入图片

步骤 1 选择“文件 > 新建”命令，在弹出的“新建文档”对话框中选择“Flash 文件”选项，单击“确定”按钮，进入新建文档舞台窗口。按 Ctrl+F3 组合键，弹出文档“属性”面板，单击“大小”选项右侧的按钮，在弹出的对话框中将舞台窗口的宽度设为 800 像素，高度设为 600 像素，将背影颜色设为白色，单击“确定”按钮。

步骤 2 在文档“属性”面板中单击“设置”按钮，在弹出的“发布设置”对话框中将“版本”选项设为“Flash Player 7”，将“ActionScript 版本”选项设为“ActionScript 2”，如图 5-2 所示，单击“确定”按钮。

图 5-2

步骤 3 将“图层 1”重命名为“背景图”。选择“文件 > 导入 > 导入到库”命令，在弹出的“导入到库”对话框中选择“Ch05 > 素材 > 制作好朋友的照片 > 背景图”文件，单击“打开”按钮，文件被导入到“库”面板中，如图 5-3 所示。将“库”面板中的位图“背景图”拖曳到舞台窗口的中心位置，如图 5-4 所示。选中“背景图”图层的第 75 帧，按 F5 键在该帧上插入普通帧。

步骤 4 在“库”面板下方单击“新建元件”按钮，弹出“创建新元件”对话框，在“名称”文本框中输入“小照片 1”，并选中“按钮”单选项，单击“确定”按钮新建一个按钮元件“小照片 1”，如图 5-5 所示，舞台窗口也随之转换为按钮元件的舞台窗口。

步骤 5 选择“文件 > 导入 > 导入到舞台”命令，在弹出的“导入”对话框中选择“Ch05 > 素材 > 制作好朋友的照片 > 小照片 1”文件，单击“打开”按钮，弹出提示对话框，单击“否”按钮，文件被导入到舞台窗口中，效果如图 5-6 所示。

图 5-3

图 5-4

图 5-5

图 5-6

步骤 6 新建按钮元件“小照片 2”，舞台窗口也随之转换为按钮元件“小照片 2”的舞台窗口。用相同的方法将“Ch05 > 素材 > 制作好朋友的照片 > 小照片 2”文件导入到舞台窗口中，效果如图 5-7 所示。新建按钮元件“小照片 3”，舞台窗口也随之转换为按钮元件“小照片 3”的舞台窗口。将“Ch05 > 素材 > 制作好朋友的照片 > 小照片 3”文件导入到舞台窗口中，效果如图 5-8 所示。

步骤 7 新建按钮元件“小照片 4”，舞台窗口也随之转换为按钮元件“小照片 4”的舞台窗口。将“Ch05 > 素材 > 制作好朋友的照片 > 小照片 4”文件导入到舞台窗口中，效果如图 5-9 所示。 新建按钮元件“小照片 5”，舞台窗口也随之转换为按钮元件“小照片 5”的舞台窗口。将“Ch05 > 素材 > 制作好朋友的照片 > 小照片 5”文件导入到舞台窗口中，效果如图 5-10 所示。

图 5-7

图 5-8

图 5-9

图 5-10

2. 制作小照片

步骤 1 单击“库”面板下方的“新建文件夹”按钮创建一个文件夹，并将其命名为“照片”，在“库”面板中选中任意一张小照片图片，按住 Ctrl 键的同时，选中除了“背景图”以外的所有位图图片，如图 5-11 所示。将选中的图片拖曳到“照片”文件夹中，如图 5-12 所示。

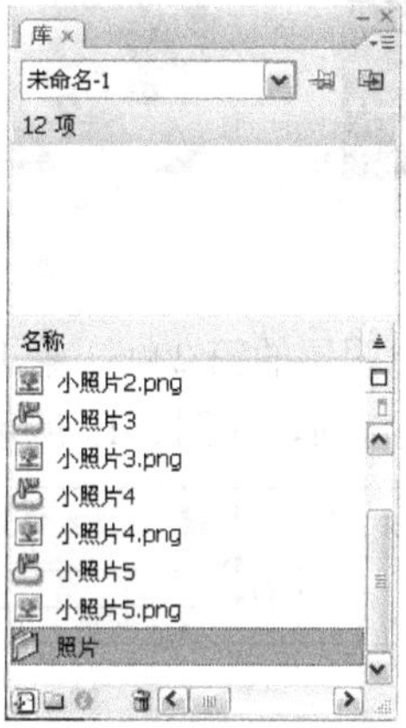

图 5-11

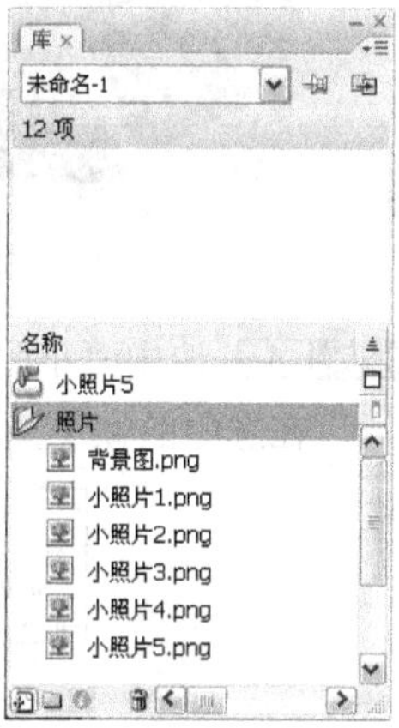

图 5-12

步骤 2 单击“时间轴”面板下方的“场景 1”图标 场景 1，进入“场景 1”的舞台窗口。单击“时间轴”面板下方的“插入图层”按钮创建新图层，并将其命名为“小照片”。将“库”面板中的按钮元件“小照片 1”拖曳到舞台窗口中。按 Ctrl+T 组合键，弹出“变形”面板，将“旋转”设为 7°，如图 5-13 所示。按 Enter 键“小照片 1”顺时针旋转 7°。在按钮“属性”面板中将“X”设为 8.3，“Y”设为-11，将实例放置在背景图的左上方，效果如图 5-14 所示。

步骤 3 将“库”面板中的按钮元件“小照片 2”拖曳到舞台窗口中，在“变形”面板中将“旋转”设为 27°，按 Enter 键“小照片 2”顺时针旋转 27°。在按钮“属性”面板中将“X”设为 67.5，“Y”设为 207，将实例放置在背景图的左下方，效果如图 5-15 所示。

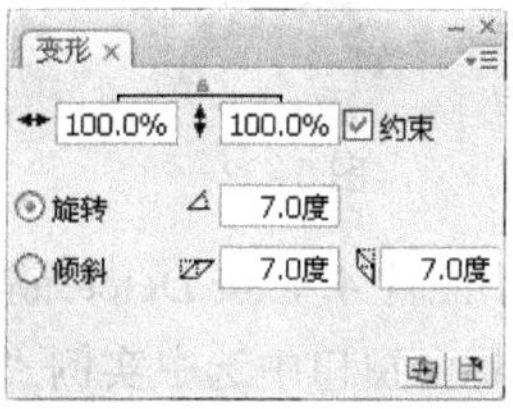

图 5-13

图 5-14

图 5-15

步骤 4 将“库”面板中的按钮元件“小照片 3”拖曳到舞台窗口中，在按钮“属性”面板中将“X”设为 271，“Y”设为-10.5，将实例放置在背景图的右上方，效果如图 5-16 所示。将“库”面板中的按钮元件“小照片 4”拖曳到舞台窗口中，在“变形”面板中将“旋转”设为-8°，按 Enter 键“小照片 4”逆时针旋转 8°。在按钮“属性”面板中将“X”设为 115，“Y”设为 121，将实例放置在背景图的中心位置，效果如图 5-17 所示。

步骤 5 将“库”面板中的按钮元件“小照片 5”拖曳到舞台窗口中，在“变形”面板中将“旋转”设为-40°，按 Enter 键“小照片 5”逆时针旋转 40°。在按钮“属性”面板中将“X”设为 204，“Y”设为 374，将实例放置在背景图的右下方，效果如图 5-18 所示。

图 5-16

图 5-17

图 5-18

步骤 6 选中“小照片”图层的第 2 帧、第 16 帧、第 29 帧、第 45 帧和第 62 帧，按 F6 键分别在选中的帧上插入关键帧，如图 5-19 所示。

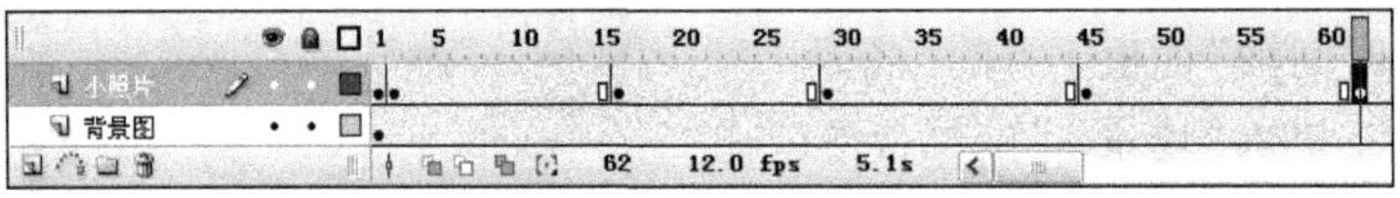

图 5-19

步骤 7 选中“小照片”图层的第 2 帧，在舞台窗口中选中实例“小照片 1”，按 Delete 键将其删除，效果如图 5-20 所示。选中“小照片”图层的第 16 帧，在舞台窗口中选中实例“小照片 2”，按 Delete 键将其删除，效果如图 5-21 所示。选中“小照片”图层的第 29 帧，在舞台窗口中选中实例“小照片 3”，按 Delete 键将其删除，效果如图 5-22 所示。

图 5-20

图 5-21

图 5-22

步骤 8 选中“小照片”图层的第 45 帧，在舞台窗口中选中实例“小照片 4”，按 Delete 键将其删除，效果如图 5-23 所示。选中“小照片”图层的第 62 帧，在舞台窗口中选中实例“小照片 5”，按 Delete 键将其删除，效果如图 5-24 所示。

步骤 9 单击“时间轴”面板下方的“插入图层”按钮创建新图层，并将其命名为“文字”。选择“文本”工具 T，在文本工具“属性”面板中进行设置，在舞台窗口中输入黑色字母“photo”，将字母放置在背景图的左上角，效果如图 5-25 所示。

图 5-23

图 5-24

图 5-25

3. 制作大照片

步骤 1 在“库”面板下方单击“新建元件”按钮，弹出“创建新元件”对话框，在“名称”文本框中输入“大照片 1”，并选中“按钮”单选项，单击“确定”按钮新建一个按钮元件“大照片 1”，舞台窗口也随之转换为按钮元件的舞台窗口。

步骤 2 选择“文件 > 导入 > 导入到舞台”命令，在弹出的“导入”对话框中选择“Ch05 > 素材 > 制作好朋友的照片 > 大照片 1”文件，单击“打开”按钮，弹出提示对话框，单击“否”按钮，文件被导入到舞台窗口中，效果如图 5-26 所示。

步骤 3 新建按钮元件“大照片 2”，舞台窗口也随之转换为按钮元件“大照片 2”的舞台窗口。用相同的方法将“Ch05 > 素材 > 制作好朋友的照片 > 大照片 2”文件导入到舞台窗口中，效果如图 5-27 所示。

步骤 4 新建按钮元件“大照片 3”，舞台窗口也随之转换为按钮元件“大照片 3”的舞台窗口。将“Ch05 > 素材 > 制作好朋友的照片 > 大照片 3”文件导入到舞台窗口中，效果如图 5-28 所示。

图 5-26

图 5-27

图 5-28

步骤 5 新建按钮元件“大照片 4”，舞台窗口也随之转换为按钮元件“大照片 4”的舞台窗口。将“Ch05 > 素材 > 制作好朋友的照片 > 大照片 4”文件导入到舞台窗口中，效果如图 5-29 所示。新建按钮元件“大照片 5”，舞台窗口也随之转换为按钮元件“大照片 5”的舞台窗口。将“Ch05 > 素材 > 制作好朋友的照片 > 大照片 5”文件导入到舞台窗口中，效果如图 5-30 所示。

步骤 6 按住 Ctrl 键的同时，在“库”面板中选中所有的大照片位图图片，将选中的图片拖曳到“照片”文件夹中，如图 5-31 所示。

步骤 7 单击“时间轴”面板下方的“场景 1”图标 场景 1，进入“场景 1”的舞台窗口。在“时间轴”面板中创建新图层并将其命名为“大照片 1”。分别选中“大照片 1”图层的第 2 帧和第 16 帧，按 F6 键在选中的帧上插入关键帧，如图 5-32 所示。

步骤 8 选中第 2 帧，将“库”面板中的按钮元件“大照片 1”拖曳到舞台窗口中。选中实例“大照片 1”，在“变形”面板中勾选“约束”复选框，将“宽度”和“高度”的缩放比例均设为 56%，将“旋转”设为 7°，如图 5-33 所示，按 Enter 键将实例缩小并旋转。

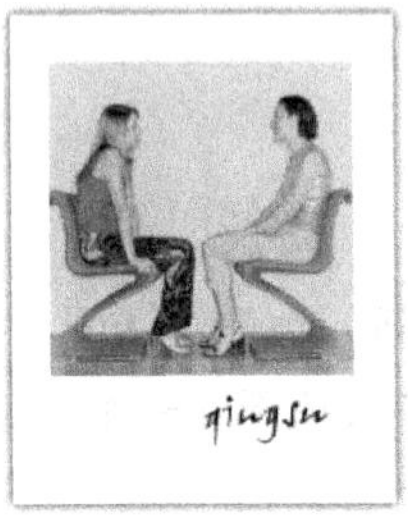

图 5-29

图 5-30

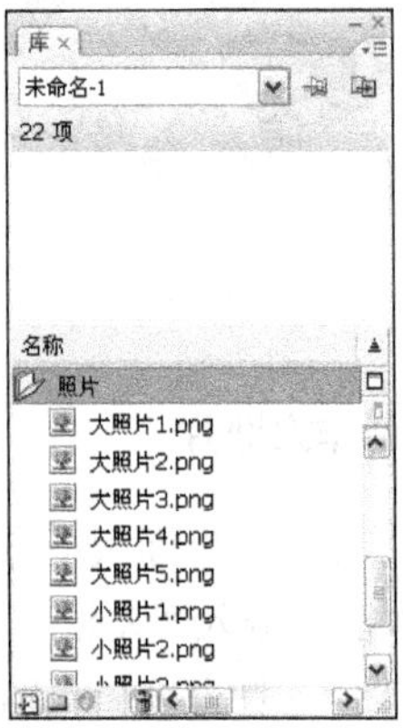

图 5-31

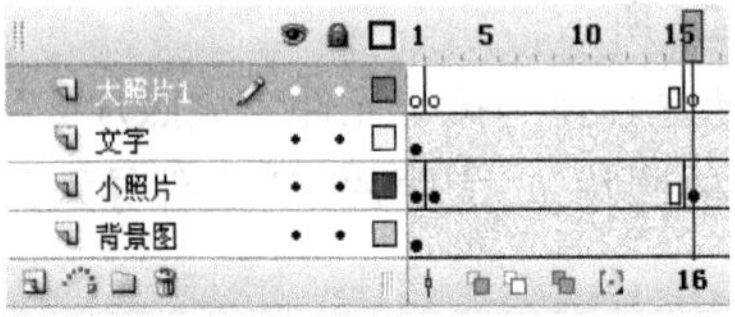

图 5-32

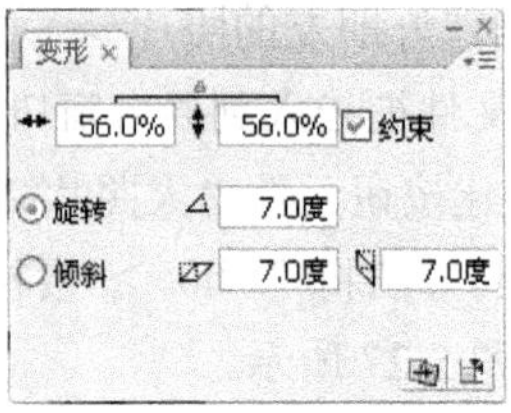

图 5-33

步骤 9 在按钮“属性”面板中将“X”设为 8.2，“Y”设为 0.6，将实例放置在背景图的左上方，效果如图 5-34 所示。选中“大照片 1”图层的第 8 帧和第 15 帧，按 F6 键在选中的帧上插入关键帧，如图 5-35 所示。

图 5-34

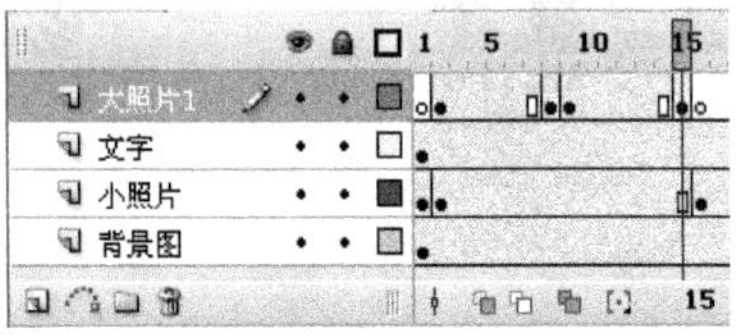

图 5-35

步骤 10 选中第 8 帧，选中舞台窗口中的“大照片 1”实例，在“变形”面板中将“宽度”和“高度”均设为 100%，将“旋转”设为 0°，按 Enter 键实例扩大，将实例放置在舞台窗口的中心位置，效果如图 5-36 所示。选中第 9 帧，按 F6 键在该帧上插入关键帧。分别用鼠标右键单击第 2 帧和第 9 帧，在弹出的快捷菜单中选择“创建补间动画”命令，创建动作补间动画，如图 5-37 所示。

步骤 11 选中“大照片 1”图层的第 8 帧，选择“窗口 > 动作”命令，弹出“动作”面板，在面板中单击“将新项目添加到脚本中”按钮，在弹出的菜单中选择“全局函数 > 时间轴控制 > stop”命令，如图 5-38 所示，在“脚本窗口”中显示出选择的脚本语言，如图 5-39

所示。设置完动作脚本后，在“大照片 1”图层的第 8 帧上显示出标记“a”。

图 5-36

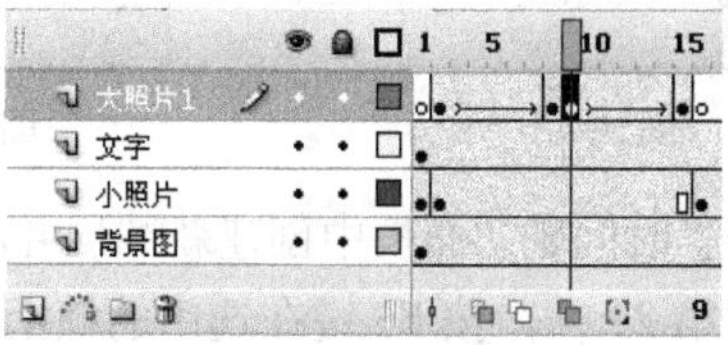

图 5-37

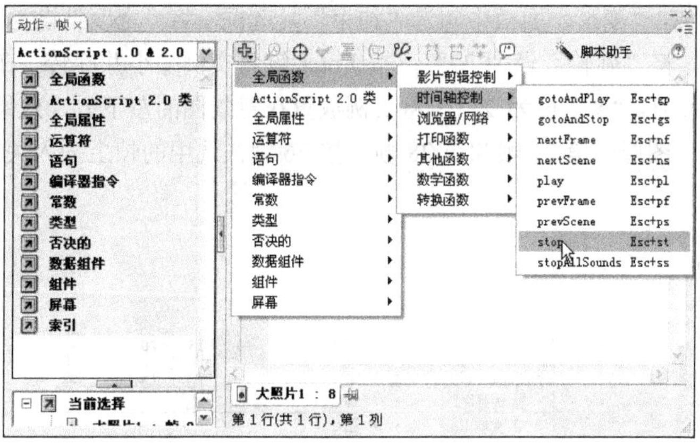

图 5-38

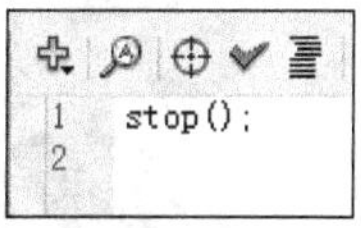

图 5-39

步骤 12 选中舞台窗口中的“大照片 1”实例，在“动作”面板中单击“将新项目添加到脚本中”按钮，在弹出的菜单中选择“全局函数 > 影片剪辑控制 > on”命令，如图 5-40 所示，在“脚本窗口”中显示出选择的脚本语言，在下拉列表中选择“press”选项并双击，如图 5-41 所示。

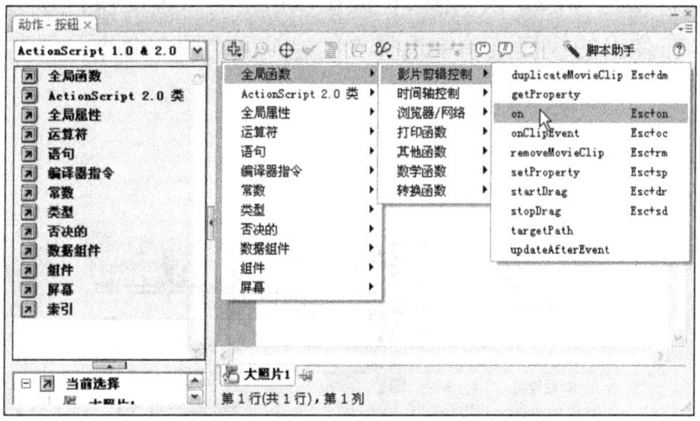

图 5-40

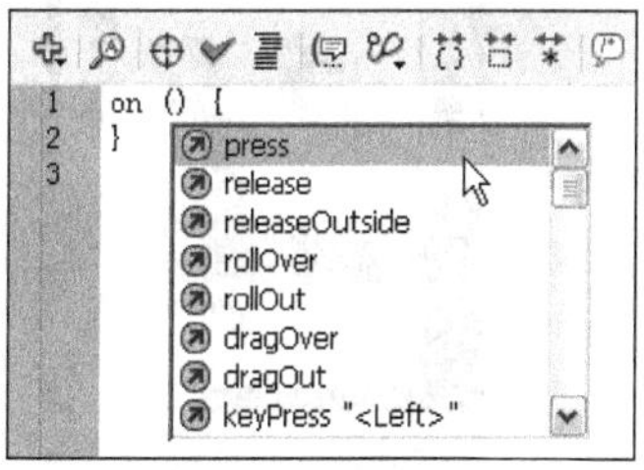

图 5-41

步骤 13 脚本语言如图 5-42 所示。将光标放置在第 1 行脚本语言的最后，按 Enter 键光标显示到第 2 行，如图 5-43 所示。

步骤 14 单击“将新项目添加到脚本中”按钮，在弹出的菜单中选择“全局函数 > 时间轴控制 > gotoAndPlay”命令，在“脚本窗口”中显示出选择的脚本语言，在第 2 行脚本语言“gotoAndPlay()”后面的括号中输入数字 9，如图 5-44 所示。（脚本语言表示当单击“大照片

1”实例时，跳转到第 9 帧并开始播放第 9 帧中的动画。）

图 5-42

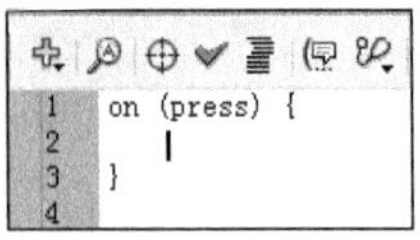

图 5-43

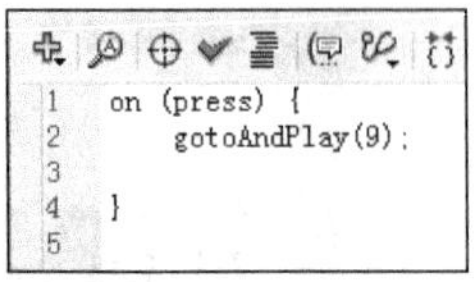

图 5-44

步骤 15 在“时间轴”面板中创建新图层并将其命名为“大照片 2”。选中“大照片 2”图层的第 16 帧和第 29 帧，按 F6 键在选中的帧上插入关键帧。选中第 16 帧，将“库”面板中的按钮元件“大照片 2”拖曳到舞台窗口中。

步骤 16 选中实例“大照片 2”，在“变形”面板中勾选“约束”复选框，将“宽度”设为 56%，“高度”也随之转换为 56%，将“旋转”设为 27°，按 Enter 键将实例缩小并旋转。在按钮“属性”面板中将“X”设为 61，“Y”设为 221，将实例放置在背景图的左下方，效果如图 5-45 所示。选中“大照片 2”图层的第 21 帧和第 28 帧，按 F6 键在选中的帧上插入关键帧，如图 5-46 所示。

图 5-45

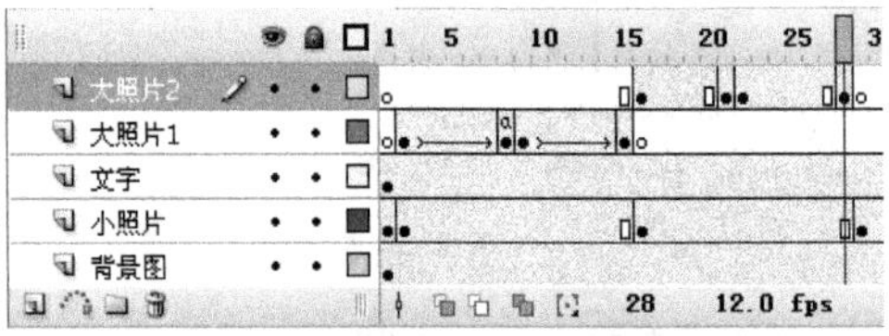

图 5-46

步骤 17 选中第 21 帧，选中舞台窗口中的“大照片 2”实例，在“变形”面板中将“宽度”和“高度”均设为 100%，将“旋转”设为 0°，按 Enter 键实例扩大，将实例放置在舞台窗口的中心位置，效果如图 5-47 所示。选中第 22 帧，按 F6 键在该帧上插入关键帧。分别用鼠标右键单击第 16 帧和第 22 帧，在弹出的快捷菜单中选择“创建补间动画”命令，创建动作补间动画，如图 5-48 所示。

图 5-47

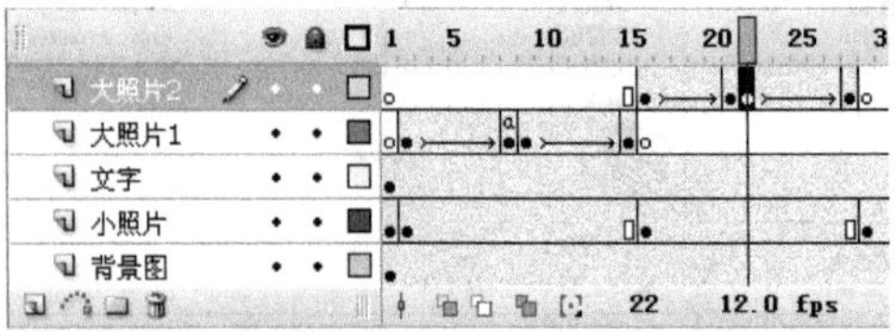

图 5-48

步骤 18 选中“大照片 2”图层的第 21 帧，按照步骤 11 的方法在第 21 帧上添加动作脚本，该帧上显示出标记“a”，如图 5-49 所示。选中舞台窗口中的“大照片 2”实例，按照步骤 12～步骤 14 的方法在“大照片 2”实例上添加动作脚本，并在脚本语言“gotoAndPlay()”后面的括号中输入数字 22，如图 5-50 所示。

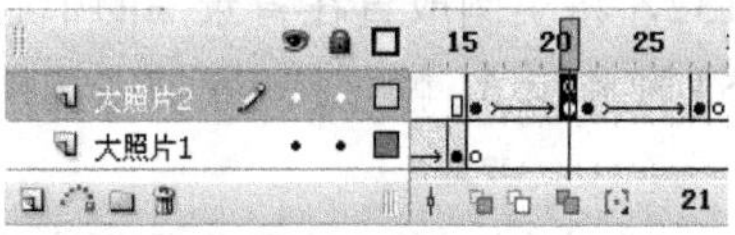

图 5-49

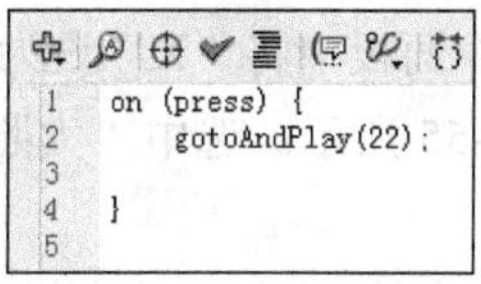

图 5-50

步骤 19 单击“时间轴”面板下方的“插入图层”按钮创建新图层，并将其命名为“大照片3”。分别选中“大照片 3”图层的第 29 帧和第 45 帧，按 F6 键在选中的帧上插入关键帧。选中第 29 帧，将“库”面板中的按钮元件“大照片 3”拖曳到舞台窗口中。

步骤 20 选中实例“大照片 3”，在“变形”面板中勾选“约束”复选框，将“宽度”设为 56%，“高度”也随之转换为 56%，按 Enter 键将实例缩小。在按钮“属性”面板中将“X”设为 273，“Y”设为 0，将实例放置在背景图的右上方，效果如图 5-51 所示。选中“大照片 3”图层的第 36 帧和第 44 帧，按 F6 键在选中的帧上插入关键帧。

步骤 21 选中第 36 帧，选中舞台窗口中的“大照片 3”实例，在“变形”面板中将“宽度”和“高度”均设为 100%，按 Enter 键实例扩大，将实例放置在舞台窗口的中心位置，效果如图 5-52 所示。

图 5-51

图 5-52

步骤 22 选中第 37 帧，按 F6 键在该帧上插入关键帧。分别用鼠标右键单击第 29 帧和第 37 帧，在弹出的快捷菜单中选择“创建补间动画”命令，创建动作补间动画，如图 5-53 所示。选中“大照片 3”图层的第 36 帧，按照步骤 11 的方法在第 36 帧上添加动作脚本，该帧上显示出标记“a”。选中舞台窗口中的“大照片 3”实例，按照步骤 12～步骤 14 的方法在“大照片 3”实例上添加动作脚本，并在脚本语言“gotoAndPlay()”后面的括号中输入数字 37，如图 5-54 所示。

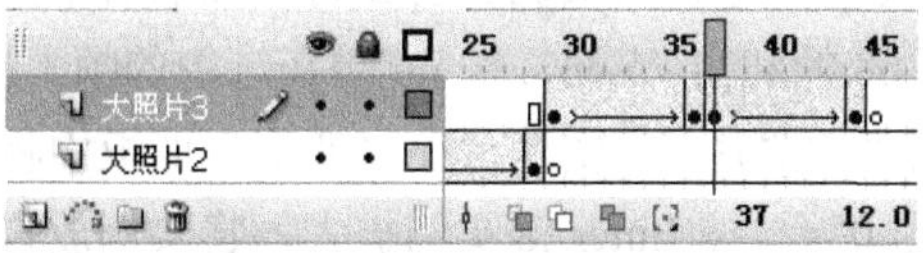

图 5-53

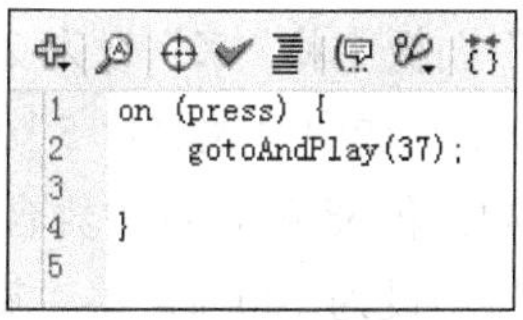

图 5-54

步骤 23 单击“时间轴”面板下方的“插入图层”按钮创建新图层，并将其命名为“大照片 4”。分别选中“大照片 4”图层的第 45 帧和第 62 帧，按 F6 键在选中的帧上插入关键帧。选中第 45 帧，将“库”面板中的按钮元件“大照片 4”拖曳到舞台窗口中。

步骤 24 选中实例“大照片 4”，在“变形”面板中勾选“约束”复选框，将“宽度”设为 56%，“高度”也随之转换为 56%，将“旋转”设为-8°，按 Enter 键将实例缩小并旋转。在按钮

“属性”面板中将“X”设为 119，“Y”设为 132，将实例放置在背景图的中心位置，效果如图 5-55 所示。选中“大照片 4”图层的第 53 帧和第 61 帧，按 F6 键在选中的帧上插入关键帧。

步骤 25 选中第 53 帧，选中舞台窗口中的“大照片 4”实例，在“变形”面板中将“宽度”和“高度”均设为 100%，将“旋转”设为 0°，按 Enter 键实例扩大，将实例放置在舞台窗口的中心位置，效果如图 5-56 所示。选中第 54 帧，按 F6 键在该帧上插入关键帧。

图 5-55

图 5-56

步骤 26 分别用鼠标右键单击第 45 帧和第 54 帧，在弹出的快捷菜单中选择“创建补间动画”命令，创建动作补间动画，如图 5-57 所示。选中“大照片 4”图层的第 53 帧，按照步骤 11 的方法在第 53 帧上添加动作脚本，该帧上显示出标记“a”。选中舞台窗口中的“大照片 4”实例，按照步骤 12～步骤 14 的方法在“大照片 4”实例上添加动作脚本，并在脚本语言“gotoAndPlay()”后面的括号中输入数字 54，如图 5-58 所示。

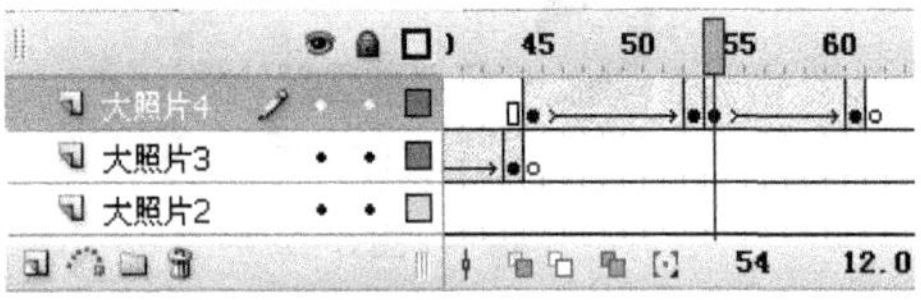

图 5-57

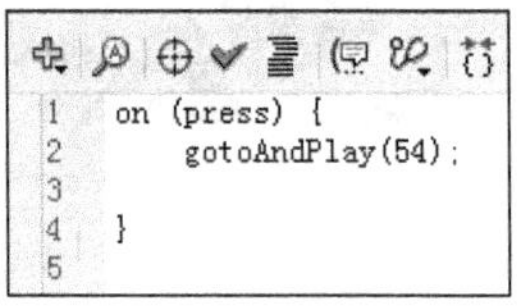

```
on (press) {
    gotoAndPlay(54);

}
```

图 5-58

步骤 27 单击“时间轴”面板下方的“插入图层”按钮 创建新图层，并将其命名为“大照片 5”。选中“大照片 5”图层的第 62 帧，按 F6 键在该帧上插入关键帧。将“库”面板中的按钮元件“大照片 5”拖曳到舞台窗口中。

步骤 28 选中实例“大照片 5”，在“变形”面板中勾选“约束”复选框，将“宽度”设为 56%，“高度”也随之转换为 56%，将“旋转”设为-40°，按 Enter 键将实例缩小并旋转。在按钮“属性”面板中将“X”设为 212，“Y”设为 384，将实例放置在背景图的右下方，效果如图 5-59 所示。选中“大照片 5”图层的第 68 帧和第 75 帧，按 F6 键在选中的帧上插入关键帧。

步骤 29 选中第 68 帧，选中舞台窗口中的“大照片 5”实例，在“变形”面板中将“宽度”和“高度”均设为 100%，将“旋转”设为 0°，按 Enter 键实例扩大，将实例放置在舞台窗口的中心位置，效果如图 5-60 所示。选中第 69 帧，按 F6 键在该帧上插入关键帧。

步骤 30 分别用鼠标右键单击第 62 帧和第 69 帧，在弹出的快捷菜单中选择“创建补间动画”命令，创建动作补间动画，如图 5-61 所示。选中“大照片 5”图层的第 68 帧，按照步骤 11 的方法在第 68 帧上添加动作脚本，该帧上显示出标记“a”。选中舞台窗口中的“大照片 5”实例，按照步骤 12～步骤 14 的方法在“大照片 5”实例上添加动作脚本，并在脚本语言“gotoAndPlay()”后面的括号中输入数字 69，如图 5-62 所示。

图 5-59

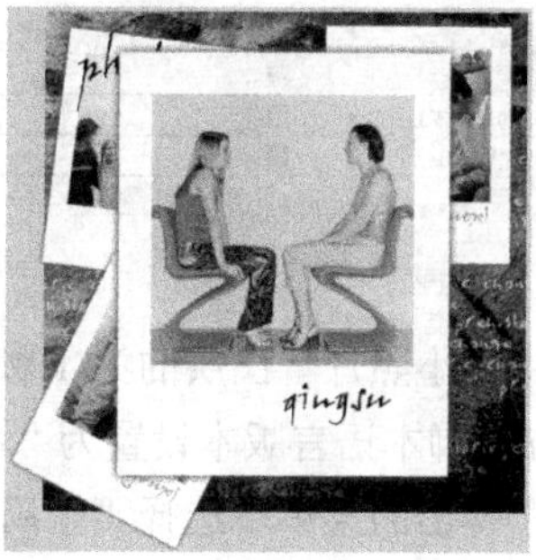

图 5-60

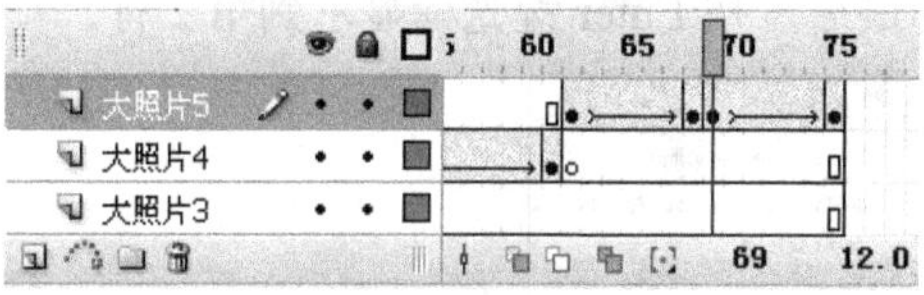

图 5-61

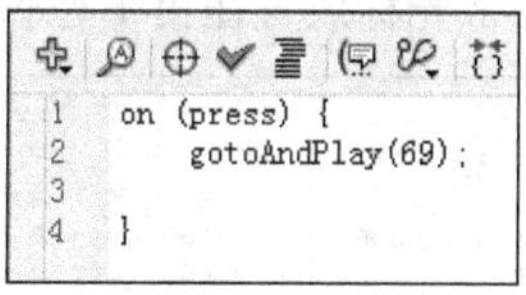

图 5-62

步骤 31 单击“时间轴”面板下方的“插入图层”按钮 创建新图层，并将其命名为“动作脚本 1”。选中“动作脚本 1”图层的第 2 帧，按 F6 键在该帧上插入关键帧。

步骤 32 选中第 1 帧，在“动作”面板的左上方将脚本语言版本设置为“ActionScript 1.0&2.0”，单击“将新项目添加到脚本中”按钮 ，在弹出的菜单中选择“全局函数 > 时间轴控制 > stop”命令，在“脚本窗口”中显示出选择的脚本语言，如图 5-63 所示。设置完动作脚本后，在图层“动作脚本 1”的第 1 帧上显示出一个标记“a”。

步骤 33 单击“时间轴”面板下方的“插入图层”按钮 创建新图层，并将其命名为“动作脚本 2”。选中“动作脚本 2”图层的第 15 帧，按 F6 键在该帧上插入关键帧。选中第 15 帧，在“动作”面板中单击“将新项目添加到脚本中”按钮 ，在弹出的菜单中选择“全局函数 > 时间轴控制 > gotoAndStop”命令，如图 5-64 所示，在“脚本窗口”中显示出选择的脚本语言，在脚本语言“gotoAndStop()”后面的括号中输入数字 1，如图 5-65 所示。（脚本语言表示动画跳转到第 1 帧并停留在第 1 帧。）

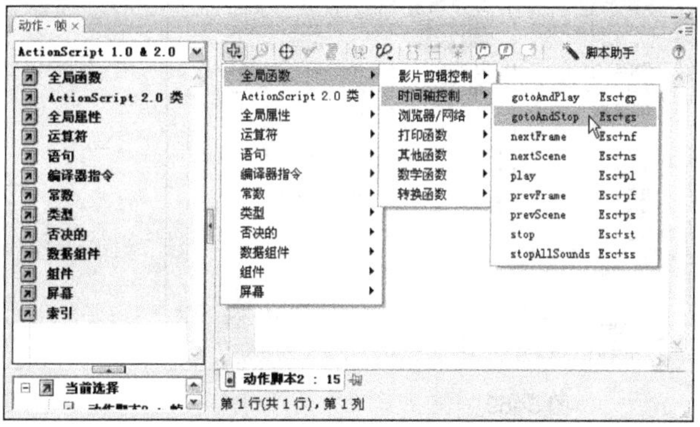

图 5-63　　图 5-64　　图 5-65

步骤 34 右键单击“动作脚本 2”图层的第 15 帧，在弹出的快捷菜单中选择“复制帧”命令。分别用鼠标右键单击“动作脚本 2”图层的第 28 帧、第 44 帧、第 61 帧和第 75 帧，在弹出的快捷菜单中选择“粘贴帧”命令，效果如图 5-66 所示。

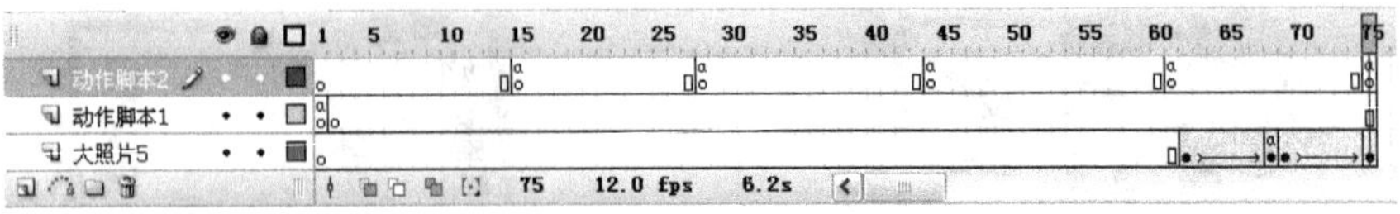

图 5-66

步骤 35 选中“小照片”图层的第 1 帧，在舞台窗口中选中实例“小照片 1”，在“动作”面板的左上方将脚本语言版本设置为“ActionScript 1.0&2.0”，单击“将新项目添加到脚本中”按钮，在弹出的菜单中选择“全局函数 > 影片剪辑控制 > on”命令，如图 5-67 所示，在“脚本窗口”中显示出选择的脚本语言，在下拉列表中选择“press”选项并双击，如图 5-68 所示。将光标放置在第 1 行脚本语言的最后，按 Enter 键光标显示到第 2 行。

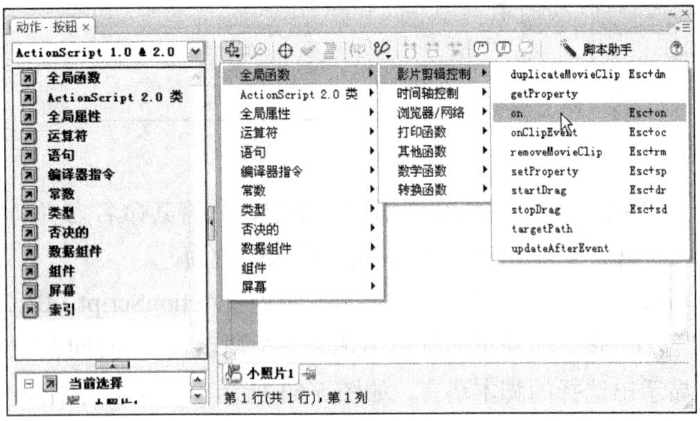

图 5-67

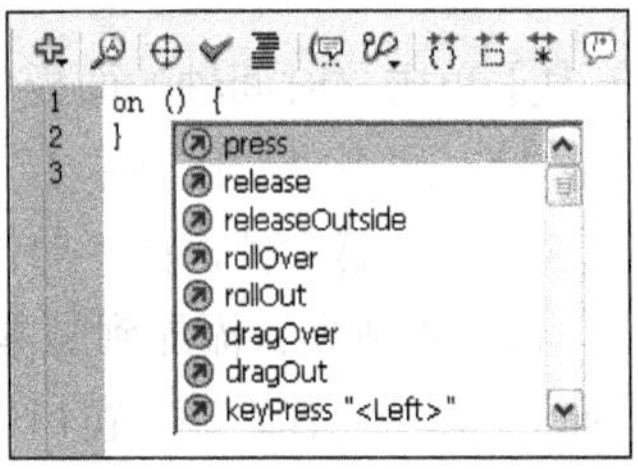

图 5-68

步骤 36 单击“将新项目添加到脚本中”按钮，在弹出的菜单中选择“全局函数 > 时间轴控制 > gotoAndPlay”命令，如图 5-69 所示，在“脚本窗口”中显示出选择的脚本语言，在第 2 行脚本语言“gotoAndPlay()”后面的括号中输入数字 2，如图 5-70 所示。（脚本语言表示当单击“小照片 1”实例时，跳转到第 2 帧并开始播放第 2 帧中的动画。）

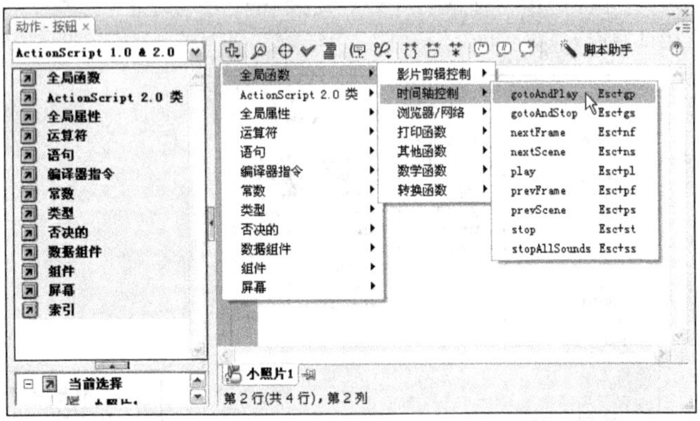

图 5-69

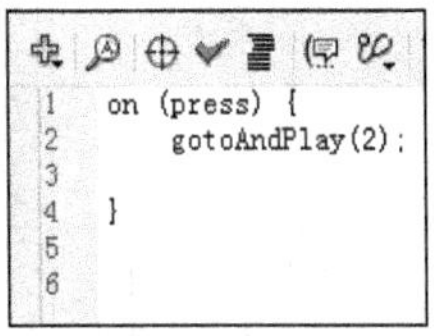

图 5-70

步骤 37 选中“脚本窗口”中的脚本语言，按 Ctrl+C 组合键复制脚本语言。选中舞台窗口中的“小照片 2”实例，在“动作”面板的“脚本窗口”中单击，出现闪动的光标，按 Ctrl+V 组合键将复制的脚本语言粘贴到“脚本窗口”中。在第 2 行脚本语言“gotoAndPlay()”后面的括号中重新输入数字 16，如图 5-71 所示。

步骤 38 选中舞台窗口中的“小照片 3”实例，在“动作”面板的“脚本窗口”中单击，出现闪动的光标，按 Ctrl+V 组合键将复制的脚本语言粘贴到“脚本窗口”中。在第 2 行脚本语言“gotoAndPlay()”后面的括号中重新输入数字 29，如图 5-72 所示。

步骤 39 选中舞台窗口中的“小照片 4”实例，在“动作”面板的“脚本窗口”中单击，出现闪动的光标，按 Ctrl+V 组合键将复制的脚本语言粘贴到“脚本窗口”中。在第 2 行脚本语言“gotoAndPlay()”后面的括号中重新输入数字 45，如图 5-73 所示。

步骤 40 选中舞台窗口中的“小照片 5”实例，在“动作”面板的“脚本窗口”中单击，出现闪动的光标，按 Ctrl+V 组合键将复制的脚本语言粘贴到“脚本窗口”中。在第 2 行脚本语言“gotoAndPlay()”后面的括号中重新输入数字 62，如图 5-74 所示。好朋友的照片制作完成，按 Ctrl+Enter 组合键即可查看效果。

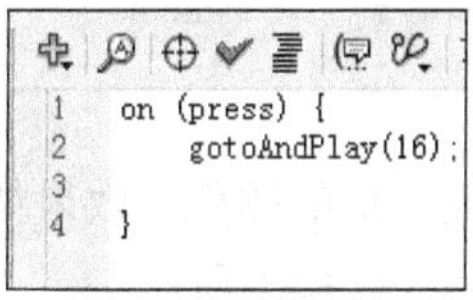

图 5-71

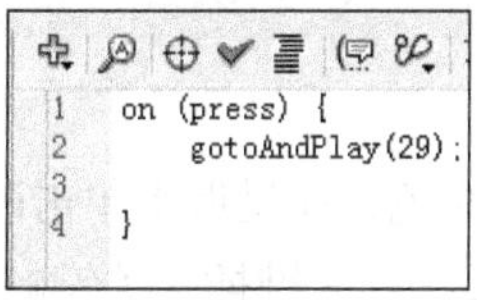

图 5-72

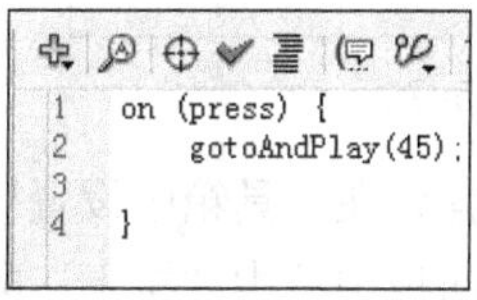

图 5-73

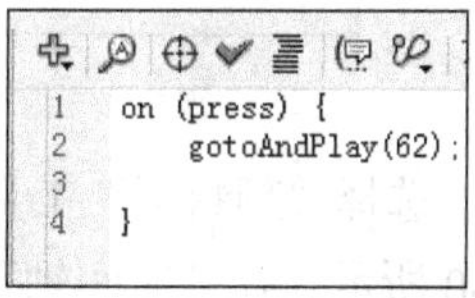

图 5-74

5.1.4 【相关工具】

1. 创建按钮元件

虽然 Flash CS3 库中提供了一些按钮，但如果需要复杂的按钮，还是需要自己创建。

选择“插入 > 新建元件”命令，弹出“创建新元件”对话框，在“名称”文本框中输入“星星”，并选中“按钮”单选项，如图 5-75 所示。

单击“确定”按钮创建一个新的按钮元件“星星”，按钮元件的名称出现在舞台窗口的左上方，舞台窗口切换到了按钮元件“星星”舞台窗口，窗口中间出现“＋”，代表按钮元件的中心定位点。在“时间轴”面板中显示出 4 个状态帧，分别为“弹起”、“指针经过”、“按下”、“点击”，如图 5-76 所示。

“弹起”帧：设置鼠标指针不在按钮上时按钮的外观。

“指针经过”帧：设置鼠标指针放在按钮上时按钮的外观。

“按下”帧：设置按钮被单击时的外观。

“点击”帧：设置响应鼠标单击的区域，此区域在影片里不可见。

“库”面板中的效果如图 5-77 所示。

图 5-75

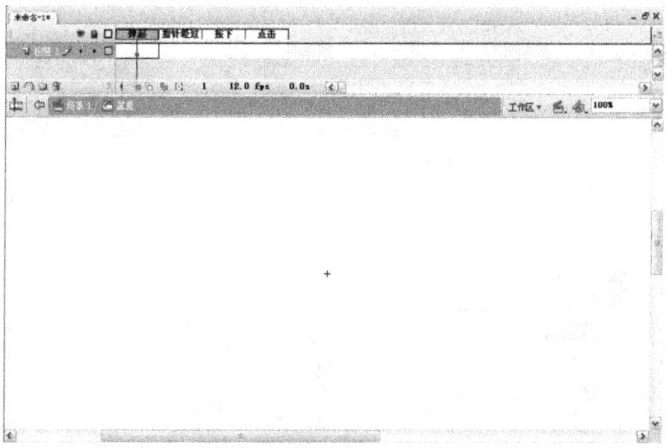

图 5-76

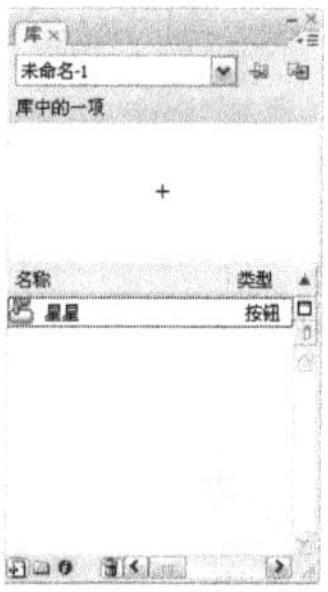

图 5-77

选择“多角星形”工具，在“属性”面板中设置星形的样式。在中心点绘制出一个五角星形，效果如图 5-78 所示。在“时间轴”面板中选中“指针经过”帧，按 F6 键插入关键帧，如图 5-79 所示。

图 5-78

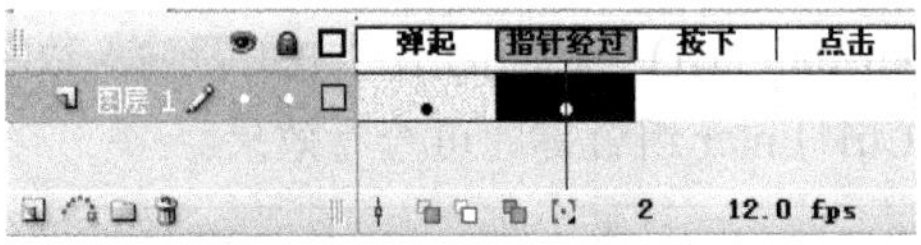

图 5-79

选择“颜料桶”工具，在工具箱中设置填充色，在星形上单击改变星形的颜色，效果如图 5-80 所示。在“时间轴”面板中选中“按下”帧，按 F6 键插入关键帧，如图 5-81 所示。

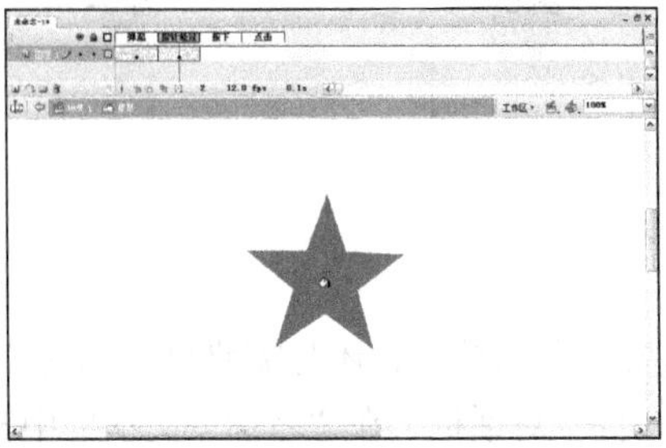

图 5-80

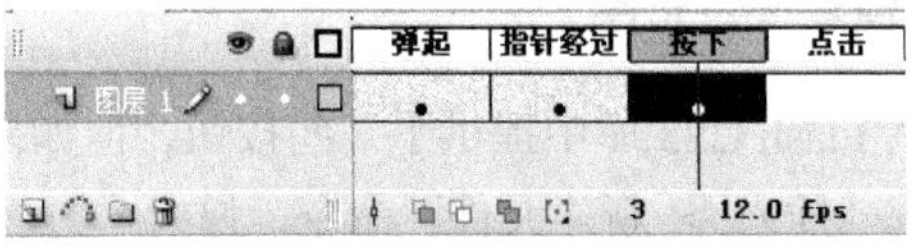

图 5-81

选择“选择”工具，将星形修改为花形，如图 5-82 所示。

图 5-82

右键单击“时间轴”面板中的“点击”帧，在弹出的快捷菜单中选择“插入空白关键帧”命令，插入一个没有任何图形的空白关键帧，如图 5-83 所示。选择“矩形”工具，在中心点绘制出一个矩形，作为按钮动画应用时响应鼠标的区域，如图 5-84 所示。

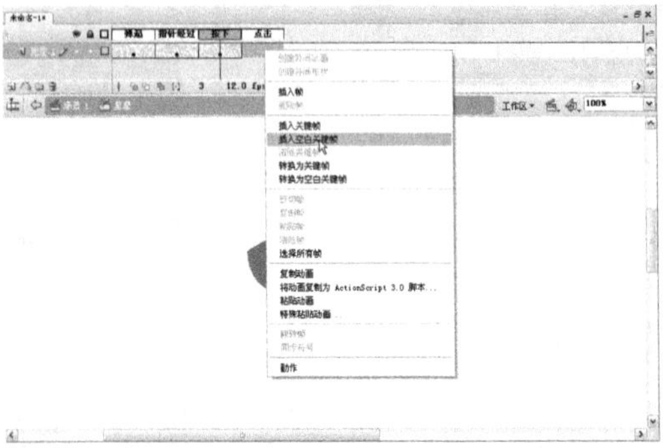

图 5-83

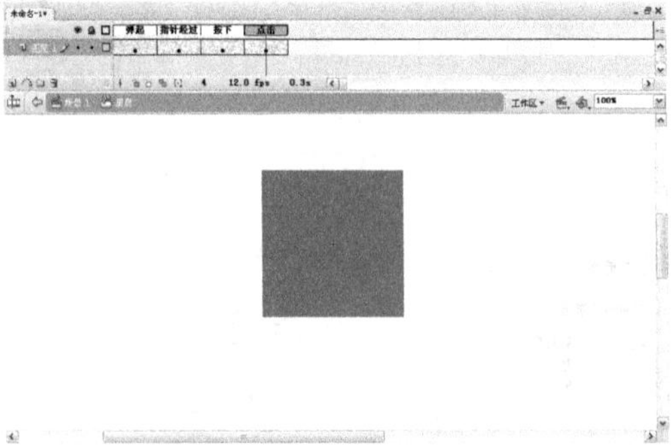

图 5-84

按钮元件制作完成，在各关键帧上，舞台窗口中显示的图形如图 5-85 所示。单击舞台左上方的场景名称“场景 1”就可以返回到场景的编辑舞台。

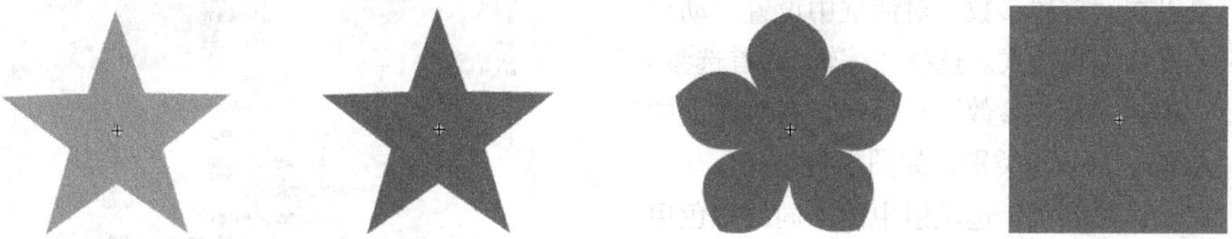

（a）“弹起”关键帧　（b）“指针经过”关键帧　（c）“按下”关键帧　（d）“点击”关键帧

图 5-85

2. “动作”面板

在“动作”面板中既可以选择 ActionScript 3.0 脚本语言，也可以选择 ActionScript 1.0&2.0 脚本语言。选择“窗口 > 动作”命令，弹出“动作”面板，左上方为“动作工具箱”，左下方为“对象窗口”，右上方为功能按钮，右下方为“脚本窗口”，如图 5-86 所示。

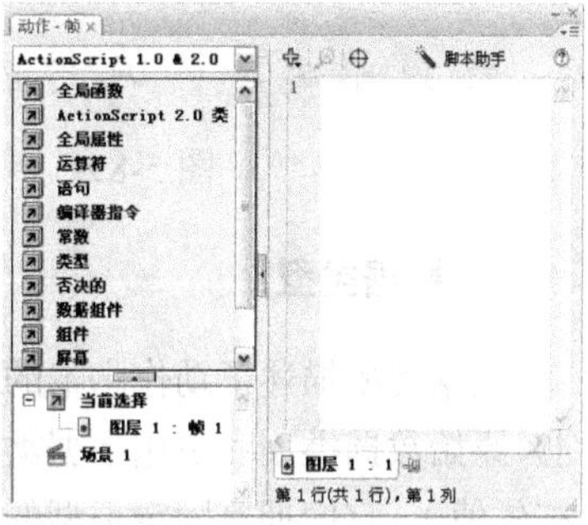

图 5-86

“动作工具箱”中显示了包含语句、函数和操作符等各种类别的文件夹。单击文件夹即可显示出动作语句，双击动作语句可以将其添加到“脚本窗口”中，如图 5-87 所示。也可单击“动作”面板右上方的“将新项目添加到脚本中”按钮，在弹出的菜单中选择动作语句添加到“脚本窗口”中，如图 5-88 所示，还可以在“脚本窗口”中直接编写动作语句。

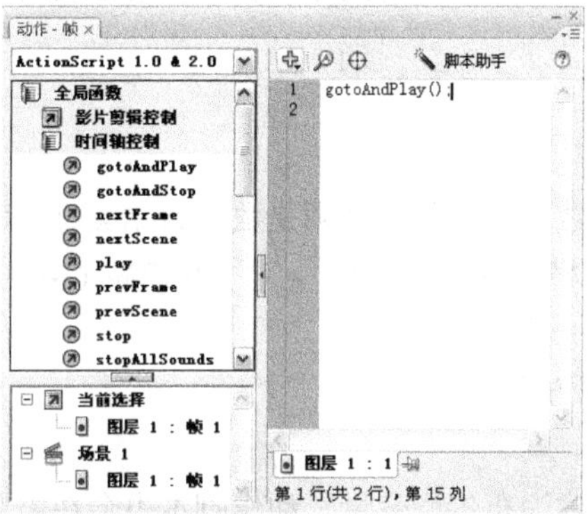

图 5-87

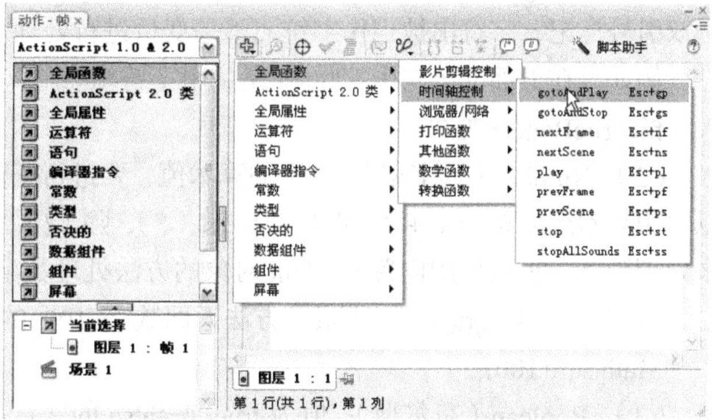

图 5-88

在面板右上方有多个功能按钮，分别为“将新项目添加到脚本中”按钮、“查找”按钮、“插入目标路径”按钮、“语法检查”按钮、“自动套用格式”按钮、“显示代码提示”按钮、“调试选项”按钮、“折叠成对大括号”按钮、“折叠所选”按钮、“展开全部”按钮、“应用块注释”按钮、“应用行注释”按钮、“删除注释”按钮和“显示/隐藏工具箱”按钮，如图 5-89 所示。

如果当前选择的是帧，那么在“动作”面板中设置的是该帧的动作语句；如果当前选择的是一个对象，那么在“动作”面板中设置的是该对象的动作语句。

可以在“首选参数”对话框中设置“动作”面板的默认编辑模式。选择“编辑 > 首选参数”命令，弹出“首选参数”对话框，在对话框中选择“ActionScript”类别，如图 5-90 所示。

在“语法颜色”选项组中，不同的颜色用于表示不同的动作脚本语句，这样可以减少脚本中的语法错误。

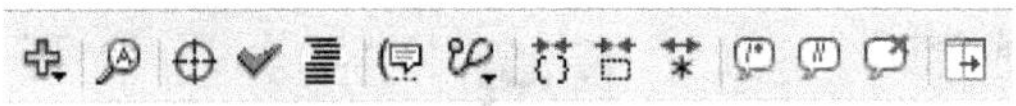

图 5-89

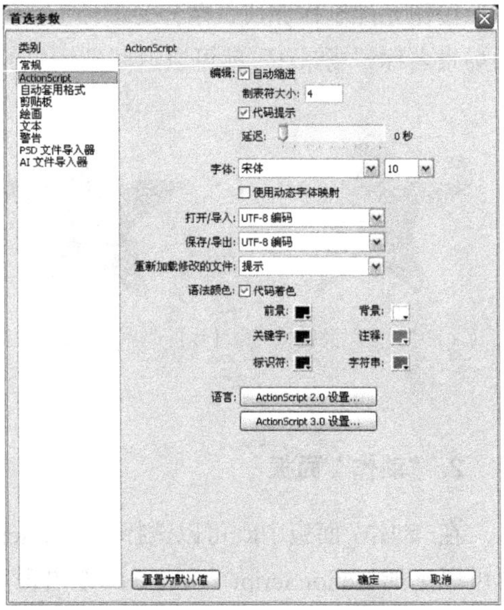

图 5-90

3. 数据类型

数据类型描述了动作脚本的变量或元素可以包含信息的种类。动作脚本有两种数据类型，分别为原始数据类型和引用数据类型。原始数据类型是指 String（字符串）、Number（数字）和 Boolean（布尔值），它们拥有固定类型的值，因此可以包含它们所代表元素的实际值。引用数据类型是指影片剪辑和对象，它们值的类型是不固定的，因此它们包含对该元素实际值的引用。

下面介绍各种数据类型。

（1） String（字符串）：字符串是诸如字母、数字和标点符号等字符的序列，字符串必须用一对双引号标记，字符串被当作字符而不是变量进行处理。

例如，在下面的语句中，"L7" 是一个字符串。

```
favoriteBand = "L7";
```

（2） Number（数字型）：数字的算术值，要进行正确数学运算的值必须是数字数据类型。可以使用算术运算符加（+）、减（-）、乘（*）、除（/）、求模（%）、递增（++）和递减（--）来处理数字，也可使用内置的 Math 对象的方法处理数字。

例如，使用 sqrt()（平方根）方法返回数字 100 的平方根。

```
Math.sqrt(100);
```

（3） Boolean（布尔型）：值为 true 或 false 的变量被称为布尔型变量，动作脚本也会在需要时将值 true 和 false 转换为 1 和 0。在确定“是/否”的情况下，布尔型变量是非常有用的。布尔型变量在进行比较以控制脚本流的动作脚本语句中经常与逻辑运算符一起使用。

例如，在下面的脚本中如果变量 password 为 true，则会播放该 SWF 文件。

```
onClipEvent (enterFrame) {
    if (userName == true && password == true){
        play();
    }
}
```

（4） Movie Clip（影片剪辑型）：Flash影片中可以播放动画的元件，它们是唯一引用图形元素的数据类型。Flash中的每个影片剪辑都是一个Movie Clip对象，它们拥有Movie Clip对象中定义的方法和属性。通过点（.）运算符可以调用影片剪辑内部的属性和方法。

例如，

```
my_mc.startDrag(true);
parent_mc.getURL("http://www.macromedia.com/support/" + product);
```

（5） Object（对象型）：所有使用动作脚本创建的基于对象的代码。对象是属性的集合，每个属性都拥有自己的名称和值，属性的值可以是任何的Flash数据类型，甚至可以是对象数据类型。通过点（.）运算符可以引用对象中的属性。

例如，在下面的代码中，hoursWorked 是 weeklyStats 的属性，而weeklyStats是employee 的属性。

```
employee.weeklyStats.hoursWorked
```

（6） Null（空值）：空值数据类型只有一个值，即Null，这意味着没有值，即缺少数据。Null可以用在各种情况中，如作为函数的返回值，表明函数没有可以返回的值，表明变量还没有接收到值以及表明变量不再包含值等。

（7） Undefined（未定义）：未定义的数据类型只有一个值，即 Undefined，用于尚未分配值的变量。如果一个函数引用了未在其他地方定义的变量，那么Flash将返回未定义数据类型。

4. 语法规则

动作脚本拥有自己的一套语法规则和标点符号，下面将进行介绍相关内容。

（1）点运算符。在动作脚本中，点（.）用于表示与对象或影片剪辑相关联的属性或方法，也可用于标识影片剪辑或变量的目标路径。点（.）运算符表达式以影片或对象的名称开始，中间为点（.）运算符，最后是要指定的元素。

例如，_x 影片剪辑属性指示影片剪辑在舞台上的 x 轴位置，表达式ballMC._x引用影片剪辑实例ballMC的_x属性。

再如，ubmit 是 form 影片剪辑中设置的变量，此影片剪辑嵌在影片剪辑shoppingCart之中。表达式 shoppingCart.form.submit = true 将实例 form 的 submit 变量设置为 true。

无论是表达对象的方法还是影片剪辑的方法，均遵循同样的模式。例如，ball_mc 影片剪辑实例的 play() 方法在 ball_mc 的时间轴中移动播放头，可以用下面的语句表示。

```
ball_mc.play();
```

点语法还使用两个特殊别名，即_root和_parent。别名_root是指主时间轴，可以使用_root别名创建一个绝对目标路径。例如，下面的语句调用主时间轴上影片剪辑 functions 中的函数buildGameBoard()。

```
_root.functions.buildGameBoard();
```

可以使用别名_parent引用当前对象嵌入到的影片剪辑，也可使用_parent创建相对目标路径。例如，如果影片剪辑dog_mc嵌入影片剪辑animal_mc的内部，则实例dog_mc的如下语句会指示animal_mc停止。

```
_parent.stop();
```

（2）界定符。

大括号：动作脚本中的语句可被大括号包括起来组成语句块。例如，

```
// 事件处理函数
on (release) {
  myDate = new Date();
  currentMonth = myDate.getMonth();
}

on(release)
{
  myDate = new Date();
  currentMonth = myDate.getMonth();
}
```

分号：动作脚本中的语句可以由一个分号结尾。如果在结尾处省略分号，Flash 仍然可以成功编译脚本。例如，

```
var column = passedDate.getDay();
var row = 0;
```

圆括号：在定义函数时，任何参数定义都必须放在一对圆括号内。例如，

```
function myFunction (name, age, reader){
}
```

调用函数时，需要被传递的参数也必须放在一对圆括号内。例如，

```
myFunction ("Steve", 10, true);
```

可以使用圆括号改变动作脚本的优先顺序或增强程序的可读性。

（3）区分大小写。

在区分大小写的编程语言中，仅大小写不同的变量名（如 book 和 Book）被视为互不相同。Action Script 2.0 中的标识符区分大小写，例如，下面两条动作语句是不同的。

```
cat.hilite = true;
CAT.hilite = true;
```

对于关键字、类名、变量和方法名等要严格区分大小写。如果关键字大小写出现错误，在编写程序时就会有错误信息提示。如果采用了彩色语法模式，那么正确的关键字将以深蓝色显示。

（4）注释。在“动作”面板中，使用注释语句可以在一个帧或者按钮的脚本中添加说明，有利于增加程序的可读性。注释语句以双斜线（//）开始，斜线显示为灰色，注释内容可以不考虑长度和语法，注释语句不会影响 Flash 动画输出时的文件量。例如，

```
on (release) {
  // 创建新的 Date 对象
  myDate = new Date();
  currentMonth = myDate.getMonth();
  // 将月份数转换为月份名称
  monthName = calcMonth(currentMonth);
  year = myDate.getFullYear();
  currentDate = myDate.getDate();
}
```

（5）关键字。动作脚本保留一些单词用于该语言总的特定用途，因此不能将它们用作变量、函数或标签的名称。如果在编写程序的过程中使用了关键字，动作编辑框中的关键字会以蓝色显示。为了避免冲突，在命名时可以展开动作工具箱中的 Index 域，检查是否使用了已定义的名字。

（6）常量。常量中的值永远不会改变，所有的常量都可以在“动作”面板的工具箱和动作脚本字典中找到。

例如，常数 BACKSPACE、ENTER、QUOTE、RETURN、SPACE 和 TAB 是 Key 对象的属性，指代键盘的按键。若要测试是否按了 Enter 键，可以使用下面的语句。

```
if(Key.getCode() == Key.ENTER) {
  alert = "Are you ready to play?";
  controlMC.gotoAndStop(5);
}
```

5. 变量

变量是包含信息的容器，容器本身不会改变，但内容可以更改。当第一次定义变量时，最好为变量定义一个已知值，这就是初始化变量，通常在 SWF 文件的第 1 帧中完成。每一个影片剪辑对象都有自己的变量，而且不同的影片剪辑对象中的变量相互独立且互不影响。

变量中可以存储的常见信息类型包括 URL、用户名、数字运算的结果和事件发生的次数等。

为变量命名必须遵循以下规则。

（1）变量名在其作用范围内必须是唯一的。

（2）变量名不能是关键字或布尔值（true 或 false）。

（3）变量名必须以字母或下划线开始，由字母、数字和下划线组成，其间不能包含空格，且变量名没有大小写的区别。

变量的范围是指变量在其中已知并且可以引用的区域，它包含 3 种类型，具体如下。

（1）本地变量：在声明它们的函数体（由大括号决定）内可用。本地变量的使用范围只限于它的代码块，会在该代码块结束时到期，其余的本地变量会在脚本结束时到期。若要声明本地变量，可以在函数体内部使用 var 语句。

（2）时间轴变量：可用于时间轴上的任意脚本。要声明时间轴变量，应在时间轴的所有帧上都初始化这些变量。应先初始化变量，然后尝试在脚本中访问它。

（3）全局变量：对于文档中的每个时间轴和范围均可见。如果要创建全局变量，可以在变量名称前使用_global 标识符，不使用 var 语法。

6. 函数

函数是用来对常量、变量等进行某种运算的方法，如产生随机数、进行数值运算、获取对象属性等。函数是一个动作脚本代码块，它可以在影片中的任何位置上重新使用。如果将值作为参数传递给函数，则函数将对这些值进行操作。函数也可以返回值。

调用函数可以用一行代码来代替一个可执行的代码块。函数可以执行多个动作，并为它们传递可选项。函数必须要有唯一的名称，以便在代码行中可以知道访问的是哪一个函数。

Flash CS3 具有内置的函数，可以访问特定的信息或执行特定的任务。例如，获得 Flash 播放器的版本号。属于对象的函数叫方法，不属于对象的函数叫顶级函数，可以在“动作”面板的“函数”类别中找到。

每个函数都具备自己的特性，而且某些函数需要传递特定的值。如果传递的参数多于函数的需要，多余的值将被忽略。如果传递的参数少于函数的需要，空的参数会被指定为 Undefined 数据类型，这在导出脚本时可能会导致出现错误。如果要调用函数，该函数必须在播放头到达的帧中。

动作脚本提供了自定义函数的方法，用户可以自行定义参数，并返回结果。当在主时间轴上或影片剪辑时间轴的关键帧中添加函数时，就是在定义函数。所有的函数都有目标路径。所有的函数需要在名称后跟一对括号，但括号中是否有参数是可选的。一旦定义了函数，就可以从任何一个时间轴中调用它，包括加载的 SWF 文件的时间轴。

7. 表达式和运算符

表达式是由常量、变量、函数和运算符按照运算法则组成的计算式。运算符是可以提供对数值、字符串、逻辑值进行运算的关系符号。运算符有很多种，包括数值运算符、字符串运算符、比较运算符、逻辑运算符、位运算符和赋值运算符等。

（1）算术运算符及表达式：算术表达式是数值进行运算的表达式，它由数值、以数值为结果的函数和算术运算符组成，运算结果是数值或逻辑值。

在 Flash CS3 中可以使用的算术运算符如下。

+、−、* 、/：执行加、减、乘、除运算。

=、<>：比较两个数值是否相等、不相等。

< 、<= 、>、>=：比较运算符前面的数值是否小于、小于等于、大于、大于等于后面的数值。

（2）字符串表达式：字符串表达式是对字符串进行运算的表达式，它由字符串、以字符串为结果的函数和字符串运算符组成，运算结果是字符串或逻辑值。

在 Flash CS3 中可以参与字符串表达式的运算符如下。

&：连接运算符两边的字符串。

Eq 、Ne：判断运算符两边的字符串是否相等或不相等。

Lt 、Le 、Qt 、Qe：判断运算符左边字符串的 ASCII 是否小于、小于等于、大于、大于等于右边字符串的 ASCII。

（3）逻辑表达式：逻辑表达式是对正确、错误结果进行判断的表达式，它由逻辑值、以逻辑值为结果的函数、以逻辑值为结果的算术或字符串表达式和逻辑运算符组成，运算结果是逻辑值。

（4）位运算符：位运算符用于处理浮点数。运算时先将操作数转换为 32 位的二进制数，然后对每个操作数分别按位进行运算，运算后再将二进制的结果按照 Flash 的数值类型返回运算结果。

动作脚本的位运算符包括&（位与）、/（位或）、^（位异或）、～（位非）、<<（左移位）、>>（右移位）、>>>（填 0 右移位）等。

（5）赋值运算符：赋值运算符的作用是为变量、数组元素或对象的属性赋值。

5.1.5 【实战演练】制作礼物收藏相册

使用矩形工具和线条工具制作按钮菜单，使用文本工具添加数字，使用“关键帧”命令制作逐帧动画，使用“动作”面板设置脚本语言来控制动画播放。（最终效果参看光盘中的“Ch05 > 效

果 > 制作礼物收藏相册”，如图 5-91 所示。）

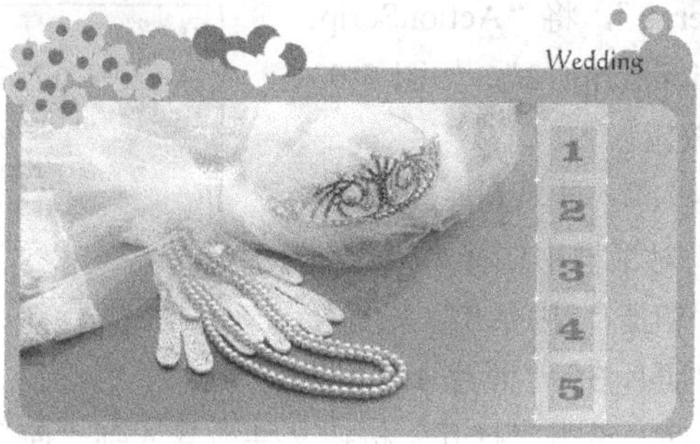

图 5-91

5.2 制作浪漫婚纱相册

5.2.1 【案例分析】

每对新人在举行婚礼前，都要拍摄浪漫的婚纱照片，还特别希望将拍摄好的婚纱照片制作成电子相册，在婚礼的现场播放，因此浪漫婚纱相册需要制造出浪漫温馨的气氛。

5.2.2 【设计理念】

在设计制作过程中，要挑选最有代表性的婚纱照片，根据照片的场景和颜色来设计摆放的顺序，并且选择最有意境的照片来作为背景图，通过动画来表现出照片在浏览时的视觉效果，通过色彩烘托出婚礼的喜庆和浪漫。（最终效果参看光盘中的“Ch05 > 效果 > 制作浪漫婚纱相册”，如图 5-92 所示。）

图 5-92

5.2.3 【操作步骤】

1. 导入图片

步骤 1 选择“文件 > 新建”命令，在弹出的“新建文档”对话框中选择“Flash 文件”选项，单击“确定”按钮，进入新建文档舞台窗口。按 Ctrl+F3 组合键，弹出文档“属性”面板，单击“大小”选项右侧的按钮，在弹出的对话框中将舞台窗口的宽度设为 800 像素，高度设为 550 像素，将背景颜色设为灰色，单击“确定”按钮。

步骤 2 在文档“属性”面板中单击“设置”按钮，在弹出的“发布设置”对话框中将“版本”选项设为“Flash Player 8”，将“ActionScript 版本”选项设为“ActionScript 2”，如图 5-93 所示，单击“确定”按钮。

图 5-93

步骤 3 选择“文件 > 导入 > 导入到库”命令，在弹出的“导入到库”对话框中选择“Ch05 > 素材 > 制作浪漫婚纱相册”中的“背景图”、“照片 1”、“照片 2”、“照片 3”、“照片 4”、“照片 5”和“照片 6”文件，单击“打开”按钮文件被导入到“库”面板中，如图 5-94 所示。

步骤 4 在“库”面板下方单击“新建元件”按钮，弹出“创建新元件”对话框，在“名称”文本框中输入“照片”，并选中“图形”单选项，单击“确定”按钮新建图形元件“照片”，如图 5-95 所示，舞台窗口也随之转换为图形元件舞台窗口。

步骤 5 分别将“库”面板中的位图“照片 1”、“照片 2”、“照片 3”、“照片 4”、“照片 5”和“照片 6”拖曳到舞台窗口中，并放置到同一高度，在位图“属性”面板中将所有照片的“Y”设为-60，“X”保持不变。选择“选择”工具，按住 Shift 键的同时选中所有照片，按 Ctrl+K 组合键，弹出“对齐”面板，分别单击“水平居中分布”按钮和“上对齐”按钮，效果如图 5-96 所示。

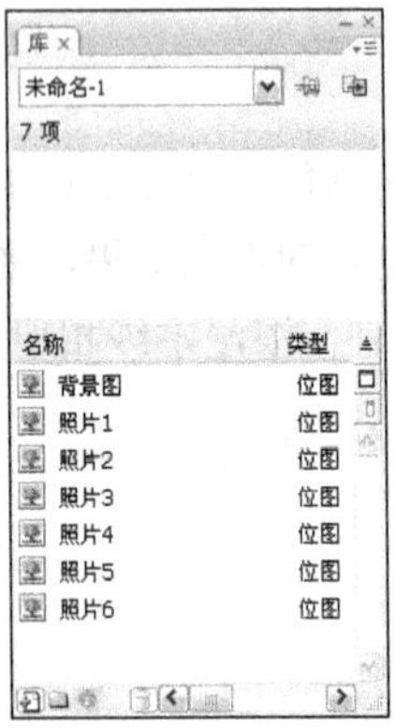

图 5-94

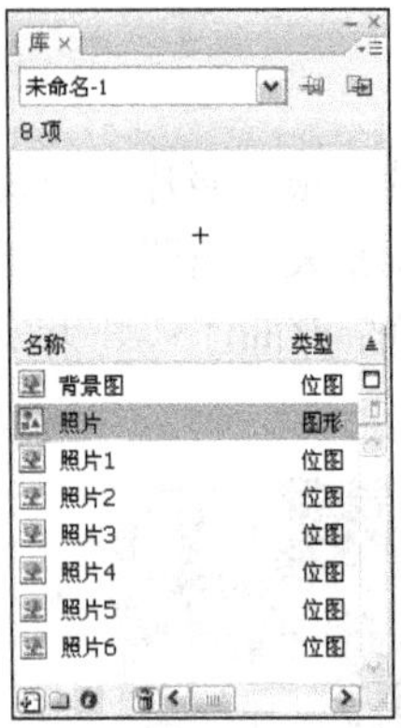

图 5-95

图 5-96

步骤 6 选择“窗口 > 颜色”命令，弹出“颜色”面板，将“填充颜色”设为白色，“Alpha”选项设为 50%，如图 5-97 所示。选择“矩形”工具，在工具箱中将“笔触颜色”设为无，在舞台窗口中绘制出一个矩形，并将其放置到照片的下方，效果如图 5-98 所示。

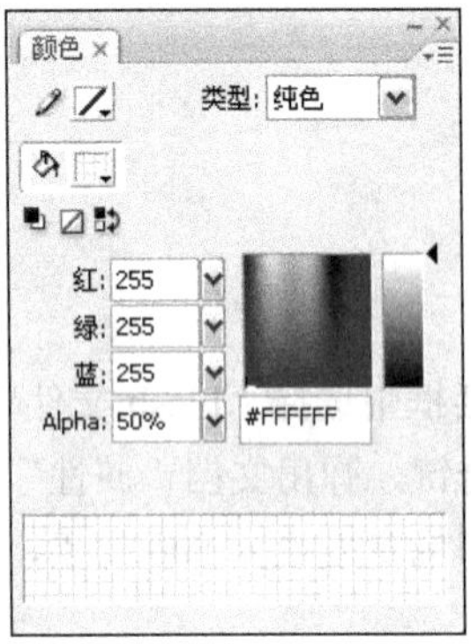

图 5-97　　图 5-98

2. 绘制按钮图形

步骤 1 在“库”面板下方单击“新建元件”按钮，弹出“创建新元件”对话框，在“名称”文本框中输入“按钮”，并选中“按钮”单选项，单击“确定”按钮新建按钮元件“按钮”，如图 5-99 所示，舞台窗口也随之转换为按钮元件的舞台窗口。

步骤 2 选择“多角星形”工具，调出多角星形工具“属性”面板，将“笔触颜色”设为无，“填充颜色”设为白色，单击“选项”按钮，弹出“工具设置”对话框，选择“样式”选项下拉列表中的“星形”，将“边数”设为 3，如图 5-100 所示，单击“确定”按钮，在舞台窗口中绘制一个三角星形，效果如图 5-101 所示。

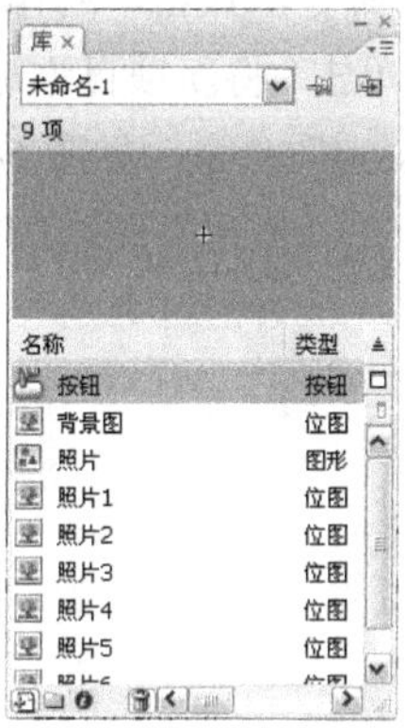

图 5-99

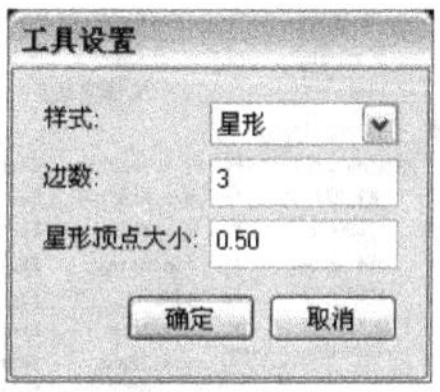

图 5-100

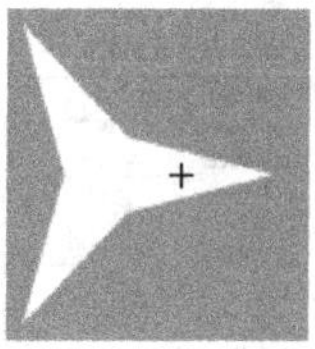
图 5-101

步骤 3 选择“选择”工具，将鼠标指针放置在星形右上方边线的折角位置，鼠标指针变为，如图 5-102 所示。向右上方拖曳鼠标，边线上出现圆圈，如图 5-103 所示，释放鼠标折角变为直线，如图 5-104 所示。用相同的方法拖曳星形右下方的折角，将其变为直线，效果如图 5-105 所示。选中星形，选择“任意变形”工具，改变星形的长度，效果如图 5-106 所示。

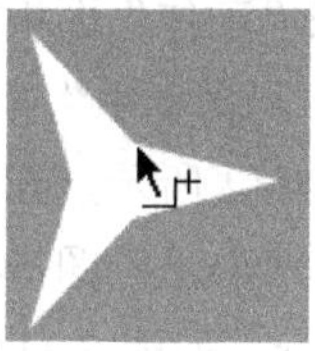
图 5-102

图 5-103

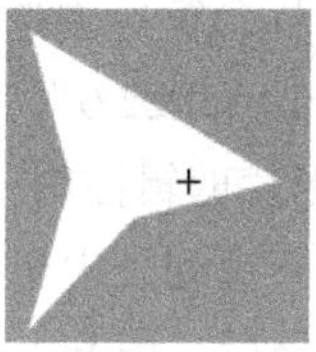
图 5-104

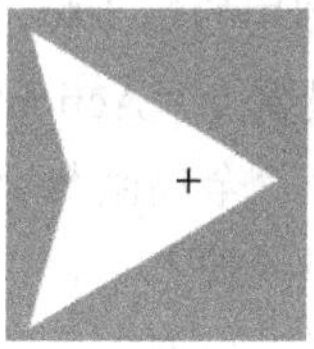
图 5-105

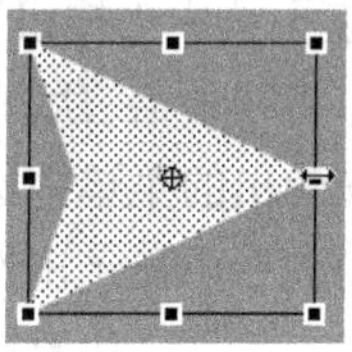
图 5-106

3. 制作图片的浏览效果

步骤 1 单击“时间轴”面板下方的“场景 1”图标 场景 1，进入“场景 1”的舞台窗口。将“图层 1”重命名为“背景图”。将“库”面板中的位图“背景图”拖曳到舞台窗口的中心位置，效果如图 5-107 所示。选中“背景图”图层的第 250 帧，按 F5 键在该帧上插入普通帧。

步骤 2 单击“时间轴”面板下方的“插入图层”按钮创建新图层，并将其命名为“按钮”。选中“按钮”图层的第 2 帧，按 F6 键在该帧上插入关键帧。选中“按钮”图层的第 1 帧，将“库”面板中的按钮元件“按钮”拖曳到舞台窗口的右下方，如图 5-108 所示。

步骤 3 选择“文本”工具T，在文本工具“属性”面板中进行设置，在按钮图形的左侧输入字体为“方正粗倩简体”，大小为 12 的白色文字“浏览”，效果如图 5-109 所示。

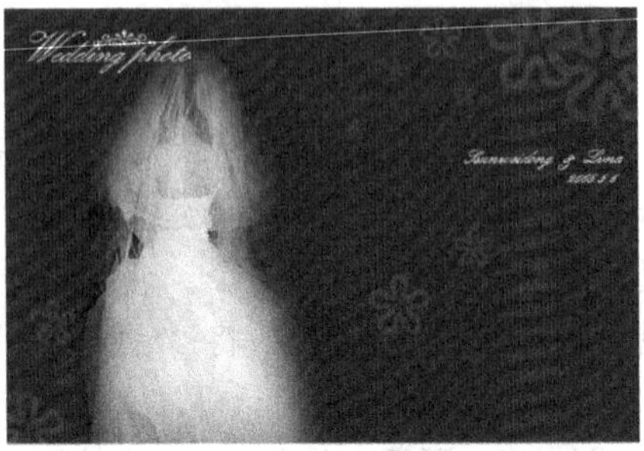

图 5-107

图 5-108

图 5-109

步骤 4 选中“按钮”图层的第 1 帧，选择菜单“窗口 > 动作”命令，弹出“动作”面板。在面板的左上方将脚本语言版本设置为“ActionScript 1.0&2.0”，单击“将新项目添加到脚本中”按钮，在弹出的菜单中选择“全局函数 > 时间轴控制 > stop”命令，如图 5-110 所示。在“脚本窗口”中显示出选择的脚本语言，如图 5-111 所示，在“按钮”图层的第 1 帧上显示出一个标记“a”。

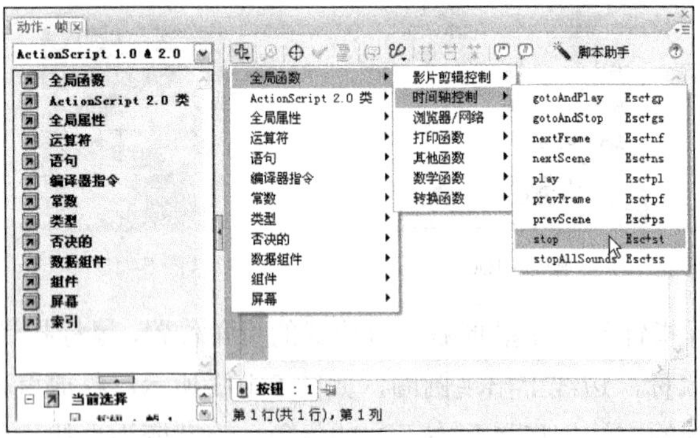

图 5-110

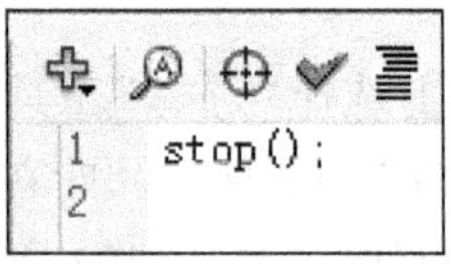

图 5-111

步骤 5 选中“按钮”图层的第 1 帧，在舞台窗口中选中“按钮”实例，在“动作”面板的左上方将脚本语言版本设置为“ActionScript 1.0&2.0”，单击“将新项目添加到脚本中”按钮，在弹出的菜单中选择“全局函数 > 影片剪辑控制 > on”命令，如图 5-112 所示，在“脚本窗口”中显示出选择的脚本语言，在下拉列表中选择“release”选项并双击，如图 5-113 所示。将光标放置在第 1 行脚本语言的最后，按 Enter 键光标显示到第 2 行，如图 5-114 所示。

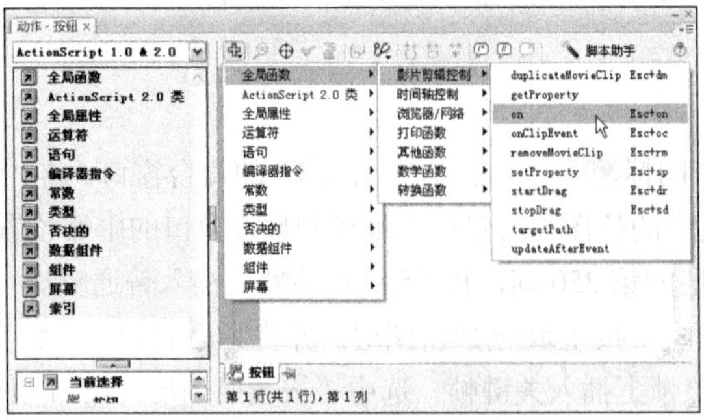

图 5-112

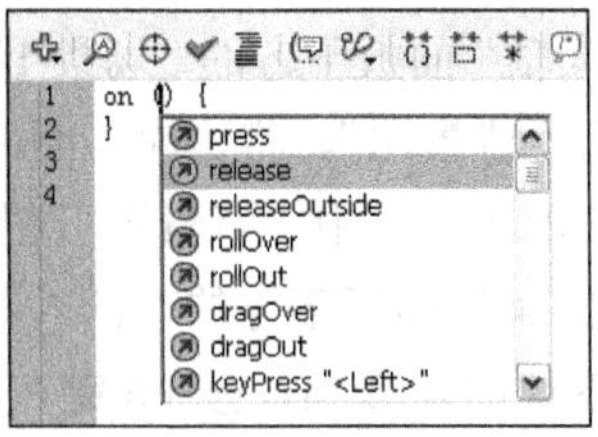

图 5-113

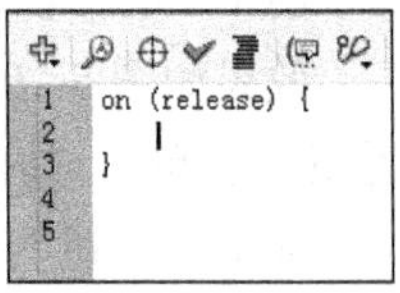

图 5-114

步骤 6 单击“将新项目添加到脚本中”按钮，在弹出的菜单中选择“全局函数 > 时间轴控

制 > gotoAndPlay”命令，如图 5-115 所示，在“脚本窗口”中显示出选择的脚本语言，如图 5-116 所示。在脚本语言后面的小括号中输入数字 2，如图 5-117 所示。设置完动作脚本后，关闭“动作”面板。

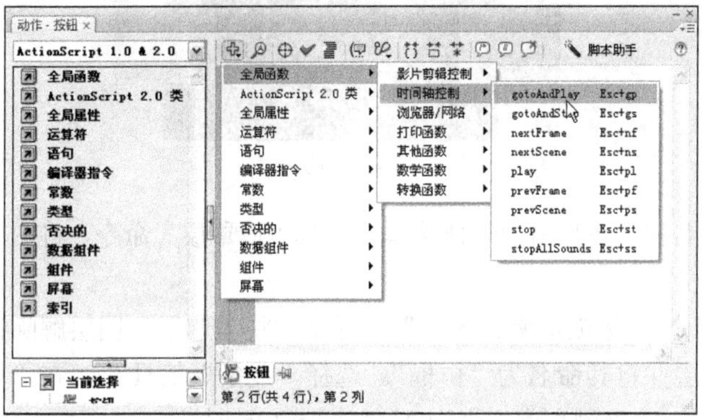

图 5-115

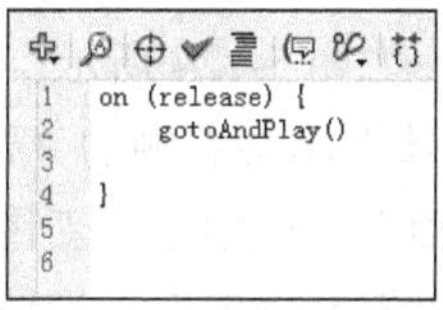

图 5-116

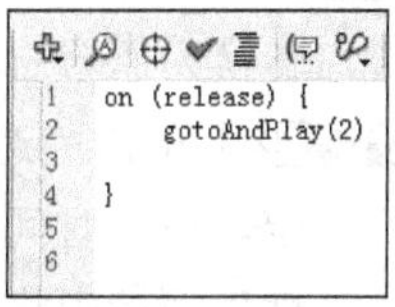

图 5-117

提 示 脚本语言“release”（弹起）表示按钮被按下后，弹起时的动作，即鼠标被释放时的事件。脚本语言 on (release)、gotoAndPlay(2)表示当单击按钮后释放鼠标时，跳转到第 2 帧并开始播放动画。

步骤 7 在“时间轴”面板中创建新图层并将其命名为“照片”。选中“照片”图层的第 2 帧，按 F6 键在该帧上插入关键帧。将“库”面板中的图形元件“照片”拖曳到舞台窗口的左边外侧，效果如图 5-118 所示。

步骤 8 选中“照片”图层的第 250 帧，按 F6 键在该帧上插入关键帧，如图 5-119 所示。按住 Shift 键的同时将“照片”实例水平拖曳到舞台窗口的右边外侧，效果如图 5-120 所示。右键单击“照片”图层的第 2 帧，在弹出的快捷菜单中选择“创建补间动画”命令，生成动作补间动画，如图 5-121 所示。

图 5-118

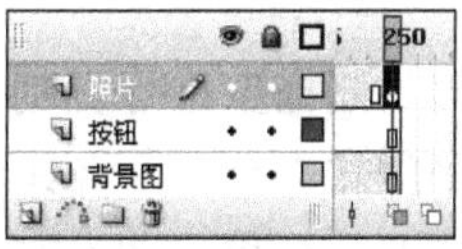

图 5-119

图 5-120

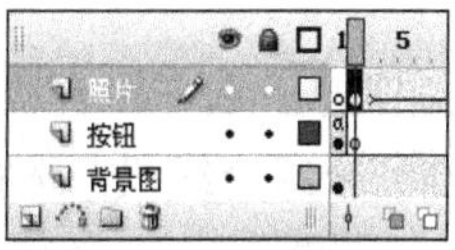

图 5-121

步骤 9 在“时间轴”面板中创建新图层并将其命名为“遮罩”。选中“遮罩”图层的第 2 帧，按 F6 键在该帧上插入关键帧。选择“矩形”工具，调出矩形工具“属性”面板，将“笔触颜色”设为白色，“笔触高度”设为 5，将“填充颜色”设为灰色（#666666），在舞台窗口中绘制一个矩形。选中矩形，选择“任意变形”工具，将选中的矩形调整到与“照片”实例等高，并将其放置到舞台窗口的中心位置，效果如图 5-122 所示。

步骤 10 选择“选择”工具，按住 Shift+Alt 组合键的同时将矩形水平向左拖曳进行复制。用相同的方法再次向右拖曳矩形进行复制，效果如图 5-123 所示。

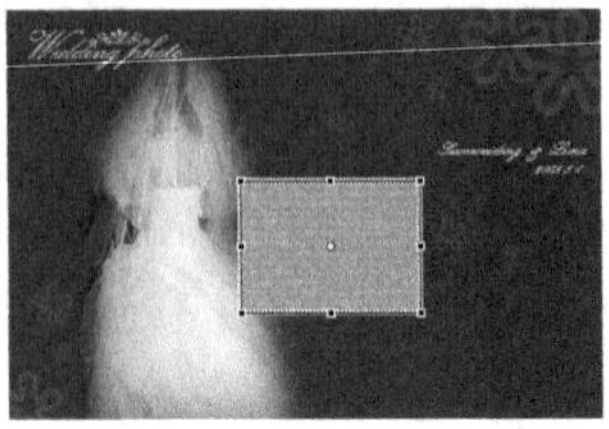
图 5-122

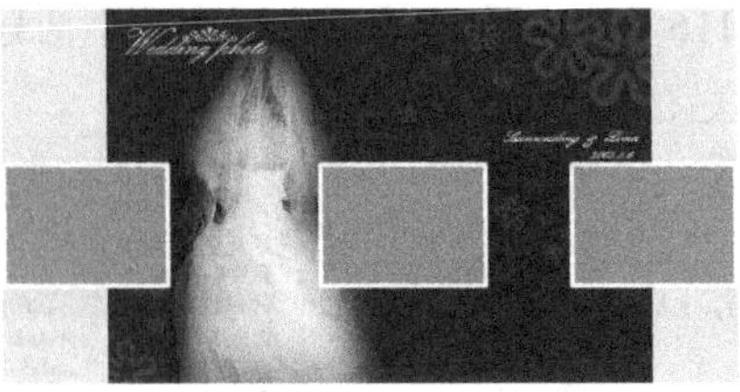
图 5-123

步骤 11 右键单击“遮罩”图层的图层名称，在弹出的快捷菜单中选择“遮罩层”命令，将图层转换为遮罩层，如图 5-124 所示。

步骤 12 单击“遮罩”图层右侧的“锁定/解除锁定所有图层”图标，将“遮罩”图层解除锁定。在“时间轴”面板中创建新图层并将其命名为“白框”。选择“线条”工具，在“属性”面板中将“笔触颜色”设为白色，“笔触高度”设为 2，如图 5-125 所示。

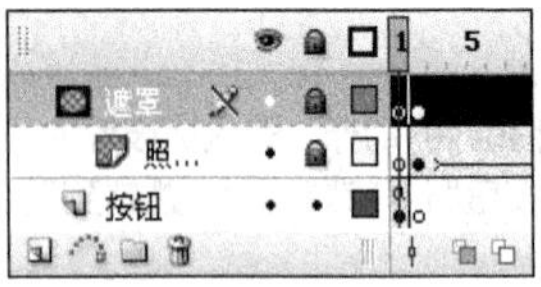

图 5-124

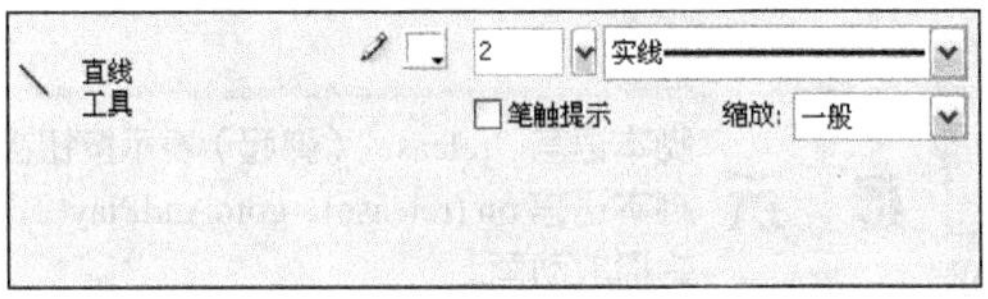

图 5-125

步骤 13 按住 Shift 键的同时在舞台窗口中绘制一条垂直线段和一条水平线段，如图 5-126 所示。选中水平线段，按住 Shift+Alt 组合键的同时向下拖曳线段，复制出一条新的水平线段，并将其放置到竖直线段的下端，效果如图 5-127 所示。选择“选择”工具，同时选中 3 条线段，按 Ctrl+G 组合键组合线段，效果如图 5-128 所示。将组合线段拖曳到与灰色矩形的右边框重合的位置，效果如图 5-129 所示。

图 5-126

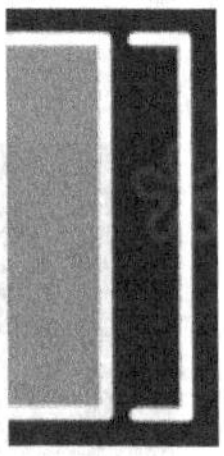
图 5-127

图 5-128

图 5-129

步骤 14 选中组合线段，按住 Alt 键的同时将其向外侧拖曳进行复制，共复制 3 次。选中任意两个组合线段，选择菜单“修改 > 变形 > 水平翻转”命令，将其水平翻转。将组合线段分别放置到与舞台窗口中的灰色矩形边框重合的位置，效果如图 5-130 所示。重新锁定“遮罩”图层，舞台窗口中的效果如图 5-131 所示。浪漫婚纱相册制作完成，按 Ctrl+Enter 组合键即可查看效果，如图 5-132 所示。

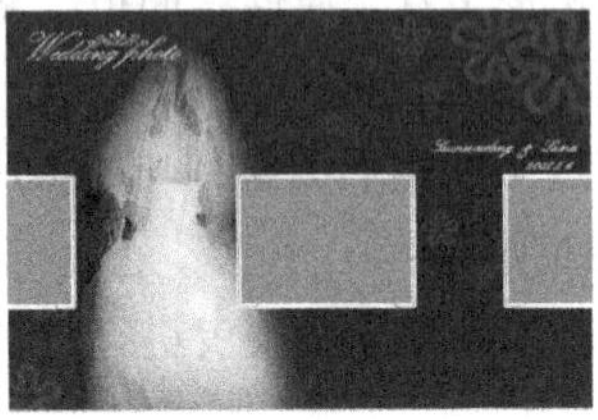

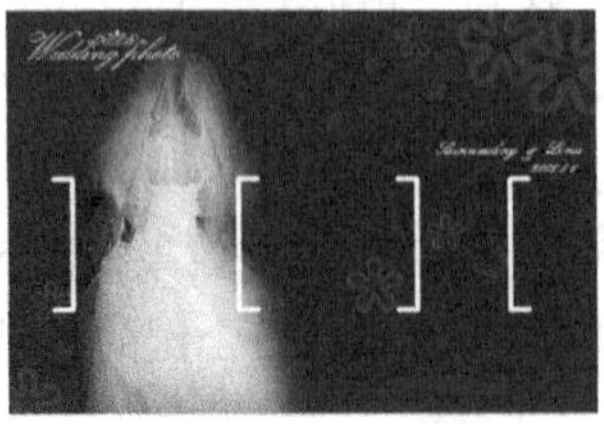

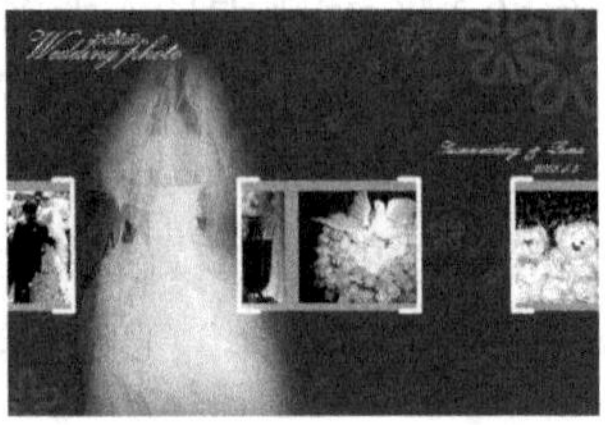

图 5-130　　图 5-131　　图 5-132

5.2.4 【相关工具】

1. “对齐”面板

选择“窗口 > 对齐”命令，弹出“对齐”面板，如图 5-133 所示。

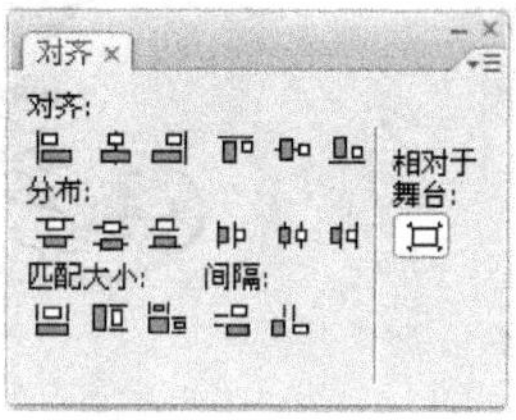

图 5-133

◎ **“对齐”选项组**

“左对齐”按钮：设置选取对象左端对齐。

“水平中齐”按钮：设置选取对象沿垂直线居中对齐。

“右对齐”按钮：设置选取对象右端对齐。

“上对齐”按钮：设置选取对象上端对齐。

“垂直中齐”按钮：设置选取对象沿水平线居中对齐。

“底对齐”按钮：设置选取对象下端对齐。

◎ **“分布”选项组**

“顶部分布”按钮：设置选取对象在横向上上端间距相等。

“垂直居中分布”按钮：设置选取对象在横向上中心间距相等。

“底部分布”按钮：设置选取对象在横向上下端间距相等。

“左侧分布”按钮：设置选取对象在纵向上左端间距相等。

“水平居中分布”按钮：设置选取对象在纵向上中心间距相等。

“右侧分布”按钮：设置选取对象在纵向上右端间距相等。

◎ **“匹配大小”选项组**

“匹配宽度”按钮：设置选取对象在水平方向上等尺寸变形（以所选对象中宽度最大的为基准）。

“匹配高度”按钮：设置选取对象在垂直方向上等尺寸变形（以所选对象中高度最大的为基准）。

“匹配宽和高”按钮：设置选取对象在水平方向和垂直方向同时进行等尺寸变形（同时以所选对象中宽度和高度最大的为基准）。

◎ **“间隔”选项组**

“垂直平均间隔”按钮：设置选取对象在纵向上间距相等。

“水平平均间隔”按钮：设置选取对象在横向上间距相等。

◎ **“相对于舞台”选项**

“对齐/相对舞台分布”按钮：单击此按钮后，上述设置的操作都是以整个舞台窗口的宽度或高度为基准。

选中要对齐的图形，如图 5-134 所示。单击“上对齐”按钮，图形上端对齐，如图 5-135 所示。

图 5-134　　　　图 5-135

选中要分布的图形，如图 5-136 所示。单击“水平居中分布”按钮，图形在纵向上中心间距相等，如图 5-137 所示。

图 5-136

图 5-137

选中要匹配大小的图形，如图 5-138 所示。单击“匹配高度”按钮，图形在垂直方向上等尺寸变形，如图 5-139 所示。

图 5-138

图 5-139

在单击“对齐”面板中的“对齐/相对舞台分布”按钮前、后，应用同一个命令所产生的效果不同。选中图形，如图 5-140 所示。单击“左侧分布”按钮，效果如图 5-141 所示。单击“对齐/相对舞台分布”按钮后，单击“左侧分布”按钮，效果如图 5-142 所示。

图 5-140

图 5-141

图 5-142

2. 翻转对象

选择“修改 > 变形”子菜单中的“垂直翻转”和“水平翻转”命令，可以将图形进行翻转，效果如图 5-143 和图 5-144 所示。

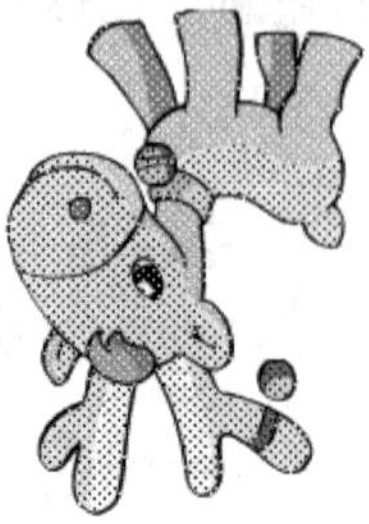

图 5-143　　图 5-144

3. 动态遮罩动画

步骤 1 新建空白文档，在“时间轴”面板下方单击“插入图层”按钮，创建新的图层“图层 2”，如图 5-145 所示。选择“椭圆”工具，在“图层 2”舞台窗口中绘制一个正圆形，如图 5-146 所示。

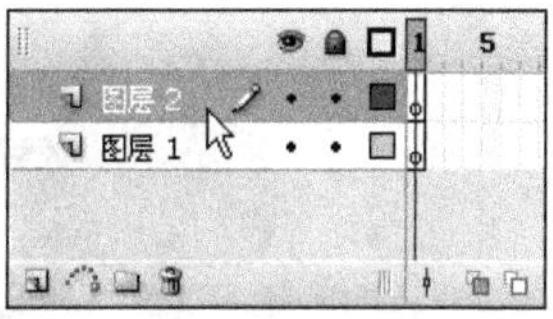

图 5-145

图 5-146

步骤 2 在“时间轴”面板中选中第 15 帧，按 F5 键在该帧上插入普通帧，如图 5-147 所示。在“库”面板下方单击“新建元件”按钮，弹出“创建新元件”对话框，在“名称”文本框中输入“元件 1”，并选中“图形”单选项，如图 5-148 所示。

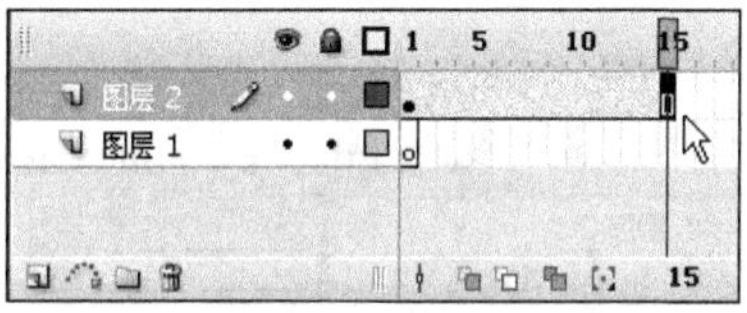

图 5-147

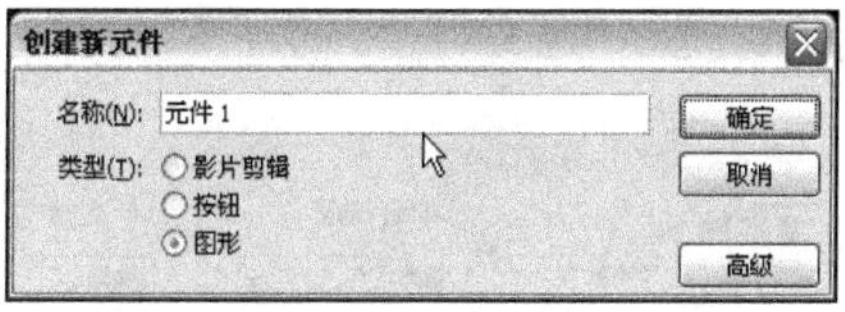

图 5-148

步骤 3 单击“确定”按钮在“库”面板中创建“元件 1”，如图 5-149 所示。舞台窗口也随即转换为“元件 1”的舞台窗口。选择“多角星形”工具，在多角星形工具“属性”面板中单击“选项”按钮，如图 5-150 所示。

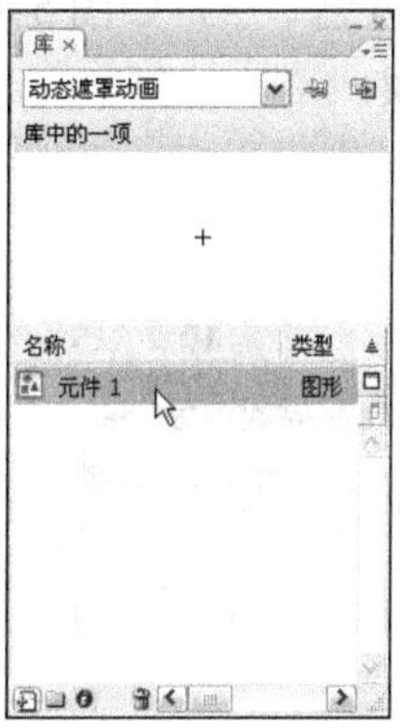

图 5-149

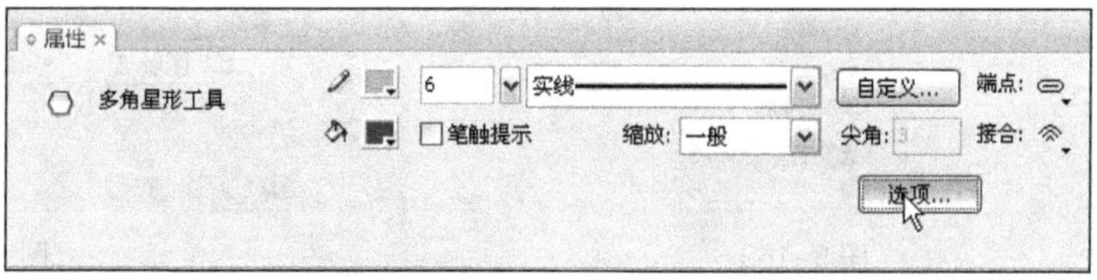

图 5-150

在弹出的“工具设置”对话框中进行设置，如图 5-151 所示，单击“确定”按钮，在“元件 1”的舞台窗口中绘制五角星图形，如图 5-152 所示。在“时间轴”面板下方单击“返回”按钮，如图 5-153 所示，返回到场景的舞台窗口中。选中“图层 1”，将“库”面板中的“元件 1”拖曳到舞台窗口中，将五角星图形放置在圆形的左半部，如图 5-154 所示。

步骤 4 在“时间轴”面板中选中“图层 1”的第 15 帧，按 F6 键在该帧上插入关键帧，如图

5-155 所示。将第 15 帧中的五角星图形移动到圆形的右半部，如图 5-156 所示。

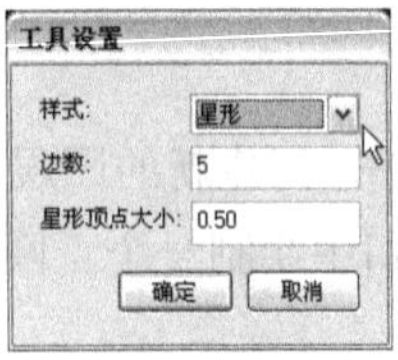

图 5-151

图 5-152

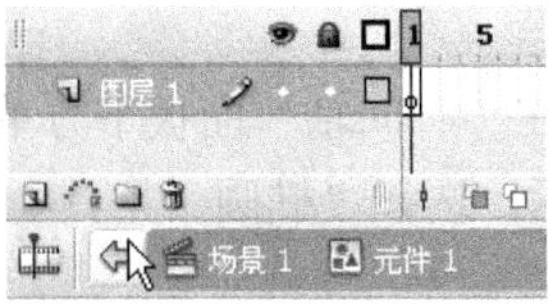

图 5-153

图 5-154

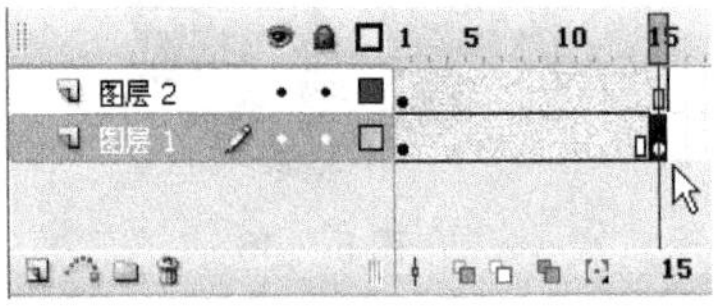

图 5-155

图 5-156

步骤 5 选中“图层 1”的第 1 帧，在帧“属性”面板中将“补间”选项设为“动画”，如图 5-157 所示。在“时间轴”面板中，“图层 1”的第 1 帧～第 15 帧之间生成动作补间动画，如图 5-158 所示。

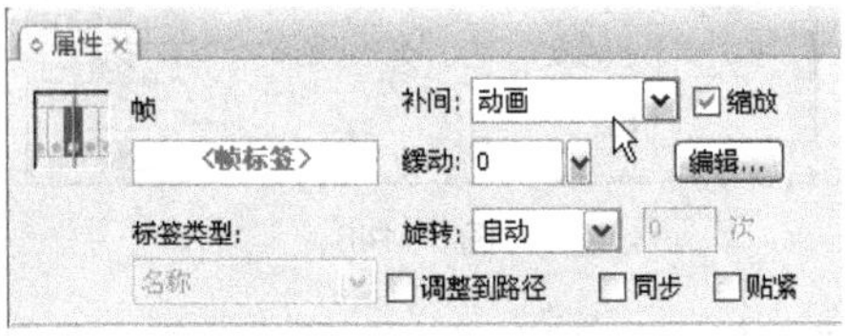

图 5-157

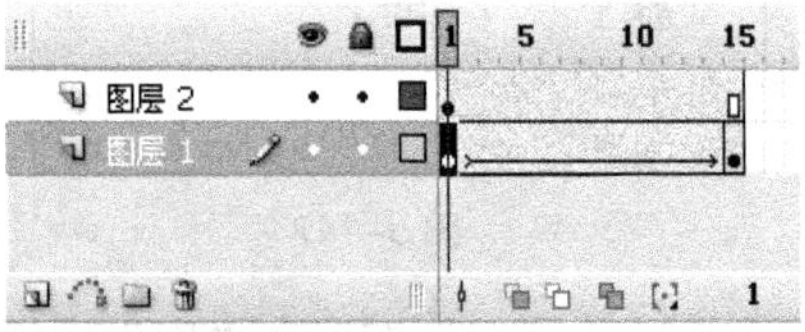

图 5-158

步骤 6 在“时间轴”面板中右键单击“图层 2”的名称，在弹出的快捷菜单中选择“遮罩层”命令，如图 5-159 所示，“图层 2”转换为遮罩层，“图层 1”转换为被遮罩层，如图 5-160 所示。动态遮罩动画制作完成，按 Ctrl+Enter 组合键即可测试动画效果。

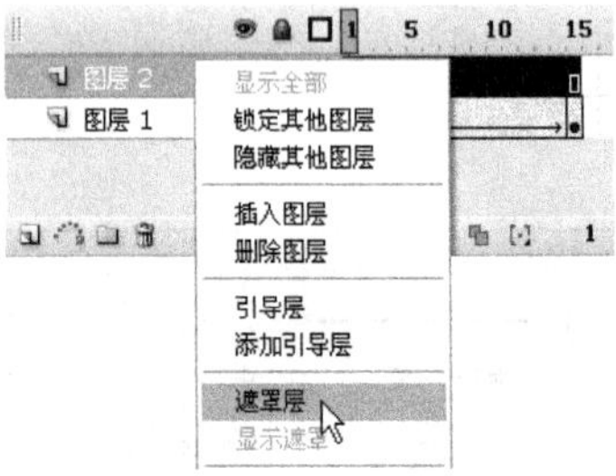

图 5-159

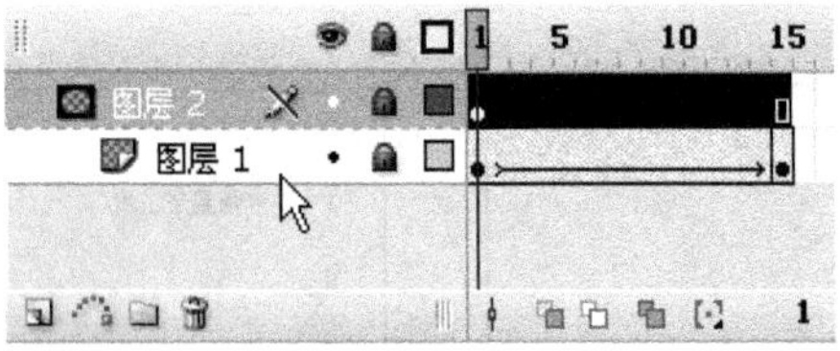

图 5-160

在不同的帧中，动画显示的效果如图 5-161 所示。

（a）第 1 帧

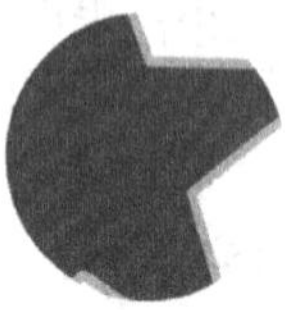

（b）第 5 帧

（c）第 8 帧

（d）第 12 帧

（e）第 15 帧

图 5-161

4. 播放和停止动画

控制动画的播放和停止所使用的动作脚本语言如下。

（1）on：事件处理函数，指定触发动作的鼠标事件或按键事件。

例如，

```
on (press) {
}
```

此处的“press”代表发生的事件，可以将“press”替换为任意一种对象事件。

（2）play：用于使动画从当前帧开始播放。

例如，

```
on (press) {
    play();
}
```

（3）stop：用于停止当前正在播放的动画，并使播放头停留在当前帧。

例如，

```
on (press) {
    stop();
}
```

新建空白文档，在“库”面板中新建一个图形元件“玫瑰标志”，如图 5-162 所示，舞台窗口也随之转换为图形元件舞台窗口。选择“文件 > 导入 > 导入到舞台”命令，将“玫瑰标志”文件导入到舞台窗口中，效果如图 5-163 所示。

单击“时间轴”面板下方的“场景 1”图标 场景 1，进入“场景 1”的舞台窗口。将“库”面板中的图形元件“玫瑰标志”拖曳到舞台窗口中。在“时间轴”面板中选中第 15 帧和第 30 帧，按 F6 键在该帧上插入关键帧，如图 5-164 所示。

图 5-162

图 5-163

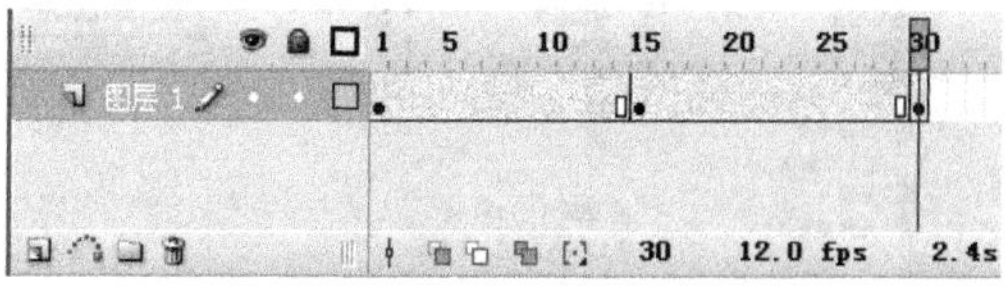

图 5-164

选中第 15 帧，在舞台窗口中选中“玫瑰标志”实例，按 Ctrl+T 组合键弹出“变形”面板，勾选“约束”复选框，并将“宽度”和“高度”均设为 70%，实例缩小，效果如图 5-165 所示。在图形“属性”面板中的“颜色”选项的下拉列表中选择“色调”，将色调颜色设为红色（#FF3300），如图 5-166 所示。

分别用鼠标右键单击图层的第 1 帧和第 15 帧，在弹出的快捷菜单中选择“创建补间动画”命令，创建动作补间动画，效果如图 5-167 所示。

图 5-165

图 5-166

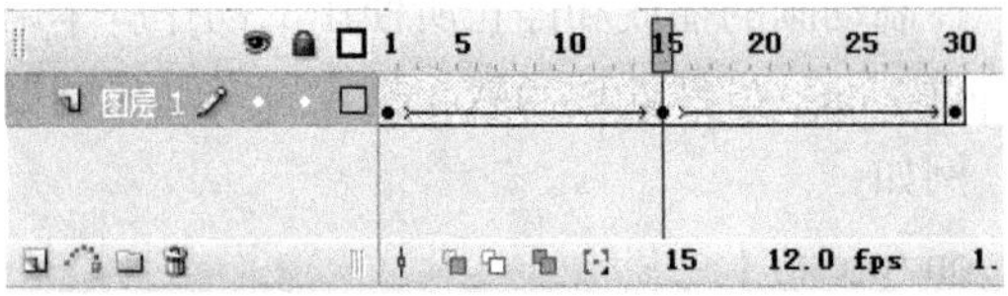

图 5-167

在“库”面板中新建一个按钮元件“播放按钮”，舞台窗口也随之转换为按钮元件舞台窗口。选择“文件 > 导入 > 导入到舞台”命令，将“播放按钮”导入到舞台窗口中，如图 5-168 所示。

在“库”面板中新建一个按钮元件“停止按钮”，舞台窗口也随之转换为“停止按钮”元件的舞台窗口。将“停止按钮”导入到舞台窗口中，如图 5-169 所示。

单击“时间轴”面板下方的“场景 1”图标 场景 1，进入“场景 1”的舞台窗口。单击“时间轴”面板下方的“插入图层”按钮，创建新图层“图层 2”。将“库”面板中的按钮元件“播放按钮”和“停止按钮”拖曳到舞台窗口中，效果如图 5-170 所示。

图 5-168

图 5-169

图 5-170

在舞台窗口中选中“播放按钮”实例，选择“窗口 > 动作”命令，弹出“动作”面板，在面板的左上方将脚本语言设置为“ActionScript 1.0&2.0”，在面板右上方单击“将新项目添加到脚本中”按钮，在弹出的菜单中选择“全局函数 > 影片剪辑控制 > on”命令，如图 5-171 所示，在“脚本窗口”中显示出选择的脚本语言，在下拉列表中选择“press”选项并双击，如图 5-172 所示。

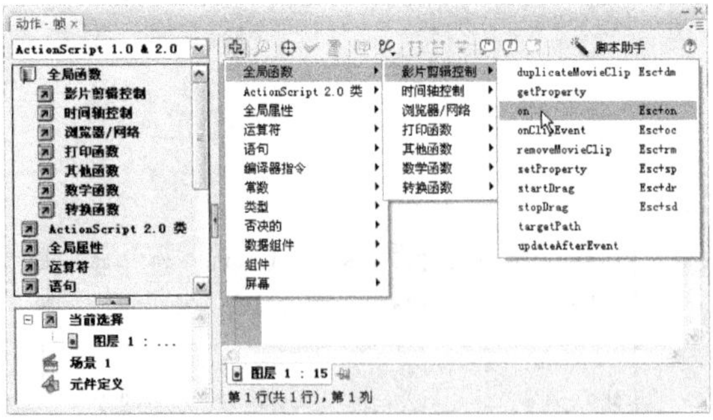

图 5-171

图 5-172

脚本语言如图 5-173 所示，将鼠标光标放置在第 1 行脚本语言的最后，按 Enter 键光标显示到第 2 行，如图 5-174 所示。

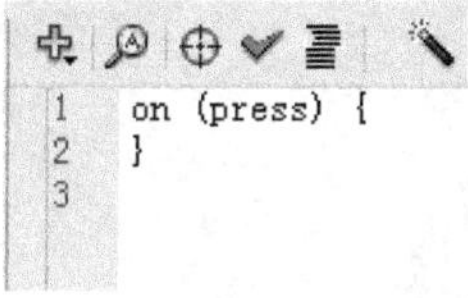

图 5-173

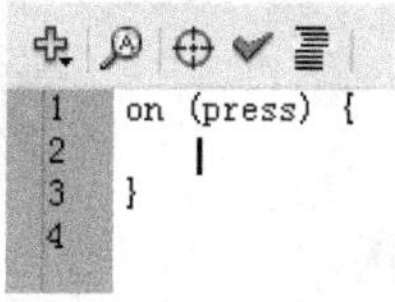

图 5-174

单击“将新项目添加到脚本中”按钮，在弹出的菜单中选择“全局函数 > 时间轴控制 > play”命令，如图 5-175 所示，在“脚本窗口”中显示出选择的脚本语言，如图 5-176 所示。

在舞台窗口中选中“停止按钮”实例，用相同的方法在“动作”面板中设置脚本语言，如图 5-177 所示。

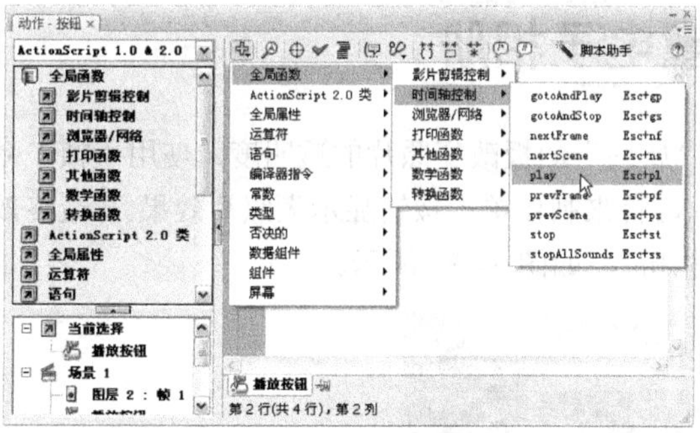

图 5-175

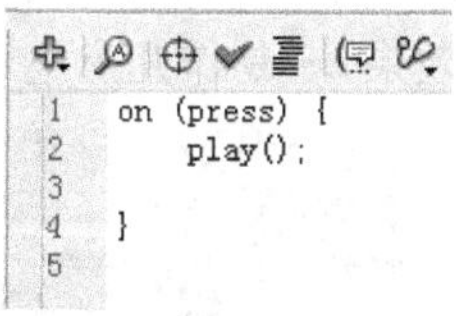

图 5-176

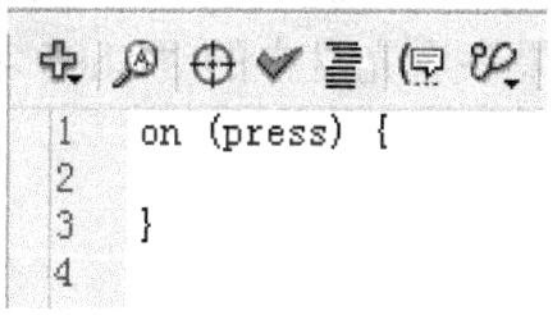

图 5-177

单击“将新项目添加到脚本中”按钮，在弹出的菜单中选择“全局函数 > 时间轴控制 > stop”命令，如图 5-178 所示，在“脚本窗口”中显示出选择的脚本语言，如图 5-179 所示。

按 Ctrl+Enter 组合键查看动画效果。当单击停止按钮时，动画停止在正在播放的帧上，效果如图 5-180 所示。单击播放按钮后，动画将继续播放。

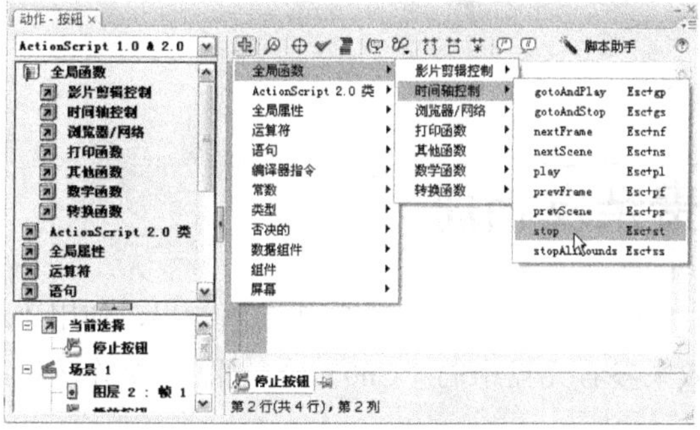

图 5-178

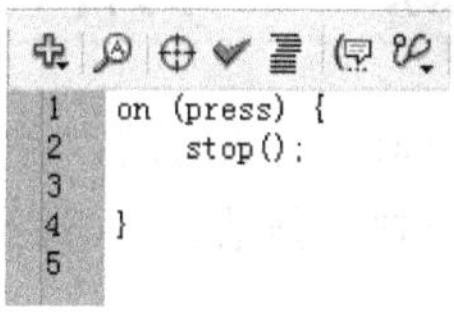

图 5-179

图 5-180

5.2.5 【实战演练】制作情侣电子相册

使用钢笔工具绘制按钮图形，使用“创建补间动画”命令制作动画效果，使用“遮罩层”命令制作遮罩动画，使用“动作”面板设置脚本语言来控制动画播放。（最终效果参看光盘中的“Ch05 > 效果 > 制作情侣电子相册”，如图 5-181 所示。）

图 5-181

5.3 综合演练——制作儿童电子相册

使用“新建元件”命令制作按钮元件，使用“属性”面板改变照片的透明度，使用“帧”命令制作逐帧动画效果，使用“动作”面板设置脚本语言来制作单击按钮显示大照片效果。（最终效果参看光盘中的“Ch05 > 效果 > 制作儿童电子相册”，如图 5-182 所示。）

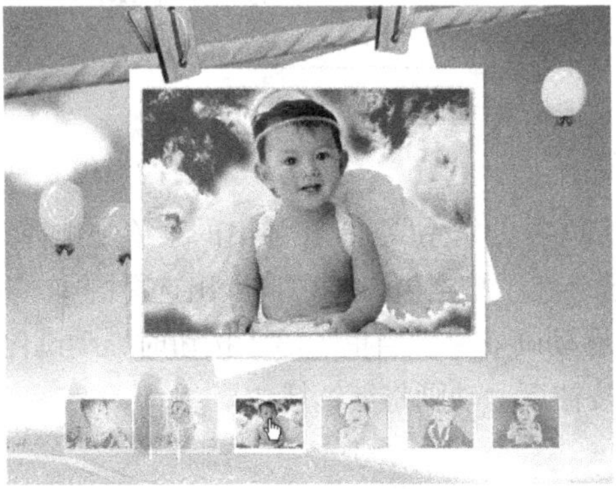

图 5-182

5.4 综合演练——制作珍贵亲友相册

使用“帧”命令延长动画的播放时间，使用“创建补间动画”命令制作动画效果，使用“动作”面板设置脚本语言来控制动画播放。（最终效果参看光盘中的“Ch05 > 效果 > 制作珍贵亲友相册”，如图 5-183 所示。）

图 5-183

第6章 节目片头与MTV

Flash 动画在节目片头、影视剧片头以及 MTV 制作上的应用越来越广泛。节目片头与 MTV 体现了节目的风格和档次，它的质量将直接影响整个节目的效果。本章将介绍多个节目片头与 MTV 的制作过程，读者通过学习要掌握节目包装的设计思路和制作技巧，从而制作出更多精彩的节目片头。

课堂学习目标

- 掌握节目片头与 MTV 的设计思路
- 掌握节目片头与 MTV 的制作方法
- 掌握节目片头与 MTV 的应用技巧

6.1 制作卡通歌曲 MTV

6.1.1 【案例分析】

卡通歌曲 MTV 是现在网络中非常流行的音乐形式，它可以根据歌曲的内容来设计制作生动有趣的 MTV 节目，吸引儿童浏览和欣赏。需要注意的是，MTV 在设计上要抓住儿童的心理和喜好。

6.1.2 【设计理念】

在设计制作过程中，首先考虑把背景设计得欢快活泼，因此运用了不同比例的星形和圆形图案来布置背景。通过卡通动物的动画营造出欢快愉悦的歌曲氛围。（最终效果参看光盘中的“Ch06 > 效果 > 制作卡通歌曲 MTV”，如图 6-1 所示。）

图 6-1

6.1.3 【操作步骤】

1. 导入图片并制作图形元件

步骤 1 选择“文件 > 新建”命令，在弹出的“新建文档”对话框中选择“Flash 文件”选项，单击“确定”按钮，进入新建文档舞台窗口。按 Ctrl+F3 组合键，弹出文档“属性”面板，单击“大小”选项后面的按钮，在弹出的对话框中将舞台窗口的宽度设为 400 像素，高度设为 200 像素，将背景颜色设为黑色，单击“确定”按钮。

步骤 2 在“属性”面板中单击“发布”选项后面的按钮，弹出“发布设置”对话框，在“版本”选项下拉列表中选择“Flash Player 8”，如图 6-2 所示，单击“确定”按钮完成设置。

图 6-2

步骤 3 选择“文件 > 导入 > 导入到库”命令，在弹出的“导入到库”对话框中选择“Ch06 > 素材 > 制作卡通歌曲 MTV > 小动物”文件，单击“打开”按钮，文件被导入到“库”面板中，如图 6-3 所示。

步骤 4 在“库”面板下方单击“新建元件”按钮，弹出“创建新元件”对话框，在“名称”文本框中输入“WWW..MTV 卡通歌曲.COM”，选中“图形”单选项，单击“确定”按钮新建图形元件“WWW..MTV 卡通歌曲.COM”，如图 6-4 所示，舞台窗口也随之转换为图形元件的舞台窗口。

步骤 5 选择“文本”工具T，在文字“属性”面板中进行设置，在舞台窗口中输入白色的文字“WWW..MTV 卡通歌曲.COM”，并将其放置到合适的位置，效果如图 6-5 所示。

图 6-3

图 6-4

图 6-5

步骤 6 单击“新建元件”按钮，新建图形元件“M”，如图 6-6 所示。选择“文本”工具T，在文字“属性”面板中进行设置，在舞台窗口中输入黄色（#FFCC00）的文字“M”，并将其放置到合适的位置，舞台窗口中的效果如图 6-7 所示。

步骤 7 单击“新建元件”按钮，新建图形元件“T”，如图 6-8 所示。选择“文本”工具T，在文字“属性”面板中进行设置，在舞台窗口中输入黄色（#FFCC00）的文字“T”，并将其放置到合适的位置，舞台窗口中的效果如图 6-9 所示。

图 6–6

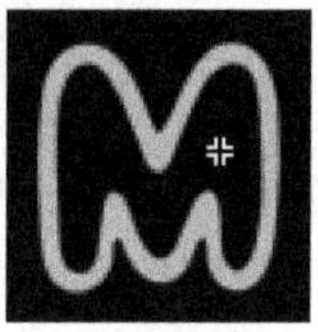

图 6–7

图 6–8

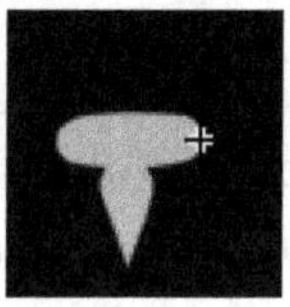

图 6–9

步骤 8 单击“新建元件”按钮，新建图形元件“V”，如图 6-10 所示。选择“文本”工具T，在文字“属性”面板中进行设置，在舞台窗口中输入白色的文字“V”，并将其放置到合适的位置，舞台窗口中的效果如图 6-11 所示。

步骤 9 单击“新建元件”按钮，新建图形元件“卡通歌曲”，如图 6-12 所示。选择“文本”工具T，在文字“属性”面板中进行设置，在舞台窗口中输入黄色（#FFCC00）的文字“卡通歌曲”，并将其放置到合适的位置，舞台窗口中的效果如图 6-13 所示。

图 6–10

图 6–11

图 6–12

图 6–13

步骤 10 单击“新建元件”按钮，新建图形元件“黑色形状”。便于观看，在“属性”面板中将背景色设为白色。选择“矩形”工具，在矩形“属性”面板中将笔触颜色设为无，填充色设为黑色，矩形边角半径设为 25，如图 6-14 所示。在舞台窗口中绘制一个圆角矩形，效果如图 6-15 所示。

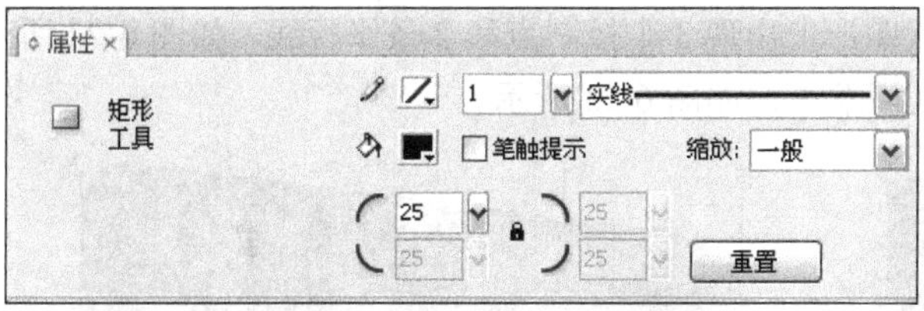

图 6–14

图 6–15

步骤 11 选择“部分选择”工具，用框选的方法选择图形左上角的部分节点，如图 6-16 所示。按键盘中的↓键，移动节点到适当的位置，效果如图 6-17 所示。

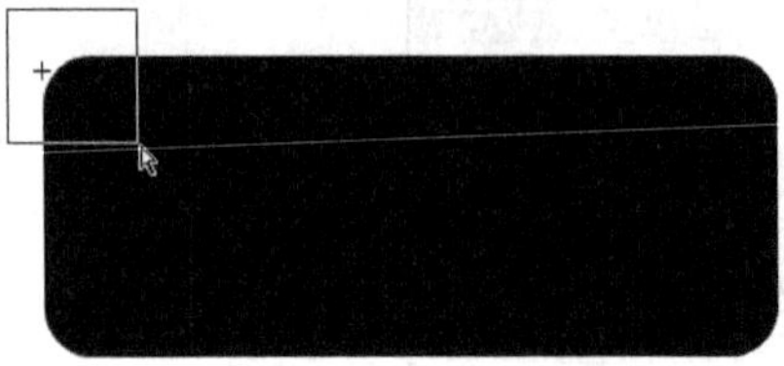

图 6-16

图 6-17

步骤 12 右键单击“库”面板中的图形元件“黑色形状”，在弹出的快捷菜单中选择“直接复制”命令，弹出“直接复制元件”对话框，在“名称”文本框中重新输入“形状”，选中“图形”单选项，如图 6-18 所示，单击“确定”按钮，复制出新的图形元件“形状”。双击“库”面板中的元件“形状”，舞台窗口转换为图形元件“形状”的舞台窗口。

步骤 13 在舞台窗口中选中形状，在“属性”面板中将填充色设为淡灰色（#CCCCCC），如图 6-19 所示，按 Ctrl+G 组合键将其进行组合。

图 6-18

图 6-19

步骤 14 用相同的方法复制出图形元件“着色形状”，双击“库”面板中的元件“着色形状”，舞台窗口转换为元件“着色形状”的舞台窗口。

步骤 15 在舞台窗口中选中形状，调出“颜色”面板，在“类型”选项的下拉列表中选择“线性”，选中色带上左侧的控制点，将其设为浅绿色（#72FC72），选中色带上右侧的控制点，将其设为深绿色（#058B12），如图 6-20 所示，效果如图 6-21 所示。

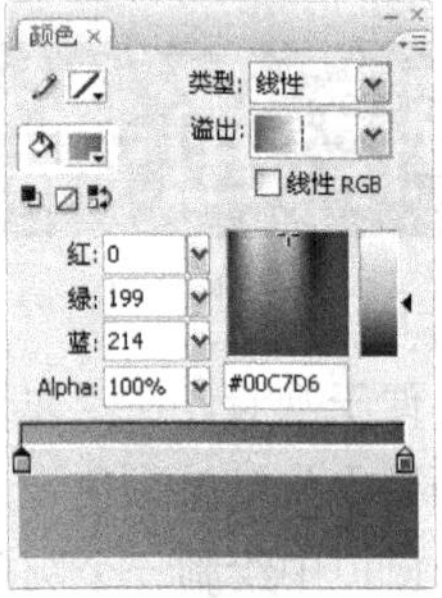

图 6-20

图 6-21

步骤 16 选择“渐变变形”工具，形状图形上出现 3 个控制点和 2 条平行线，如图 6-22 所示。向图形中间拖动方形控制点，渐变区域缩小，如图 6-23 所示。

图 6-22

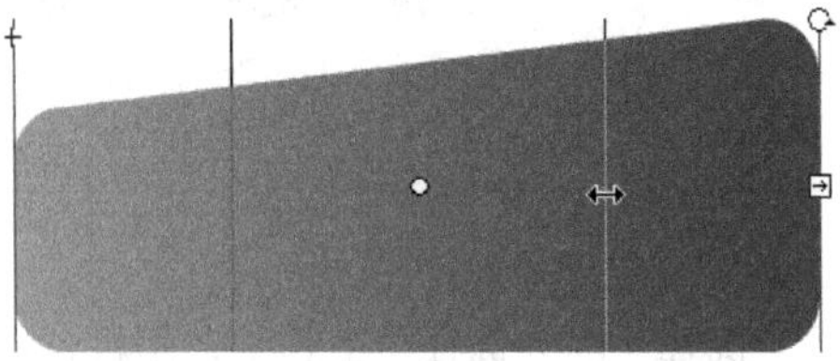

图 6-23

步骤 17 将鼠标指针放置在旋转控制点上，鼠标指针变为↻，拖动旋转控制点来改变渐变区域的角度，如图 6-24 所示，改变后的渐变效果如图 6-25 所示。

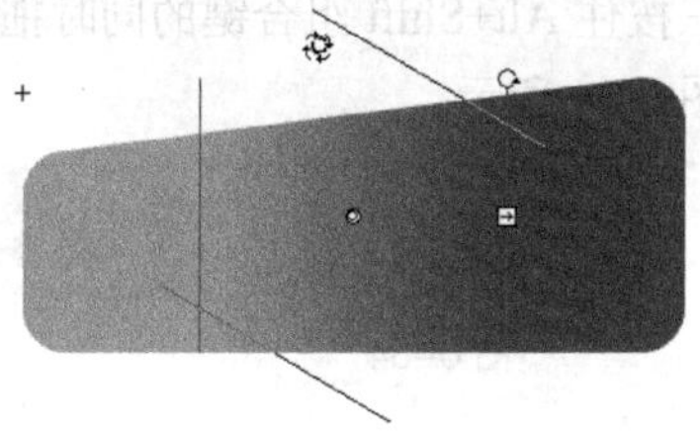

图 6–24

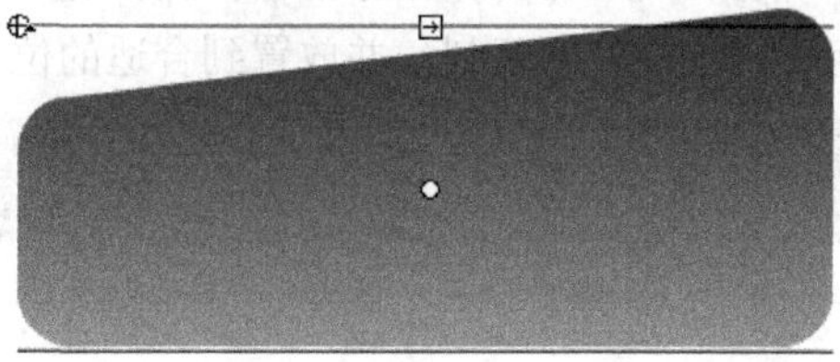

图 6–25

步骤 18 选择“文件 > 导入 > 导入到舞台”命令，在弹出的“导入到舞台”对话框中选择“Ch05 > 素材 > 制作卡通歌曲 MTV > 线条”文件，单击“打开”按钮，文件被导入到舞台窗口中，如图 6-26 所示。

步骤 19 将背景颜色设为灰色，单击“新建元件”按钮，新建图形元件“方形动画”，如图 6-27 所示。选择“椭圆”工具，在椭圆“属性”面板中将笔触颜色设为无，填充色设为白色，按住 Shift 键的同时在舞台窗口中绘制一个圆形，将圆形的“宽”和“高”分别设为 2，并放置到合适的位置，如图 6-28 所示。

图 6–26

图 6–27

图 6–28

步骤 20 选中“图层 1”的第 2 帧，在该帧上插入关键帧。选择“矩形”工具，在矩形“属性”面板中将笔触颜色设为无，填充色设为白色，矩形边角半径设为 0，按住 Shift 键的同时在舞台窗口中绘制一个正方形，将正方形的“宽”和“高”分别设为 4，并放置到合适的位置，如图 6-29 所示。

步骤 21 选中“图层 1”的第 3 帧，在该帧上插入关键帧。选中矩形，在按住 Alt+Shift 组合键的同时拖动鼠标，将矩形向水平方向复制，并放置到合适的位置，如图 6-30 所示。选中“图层 1”的第 4 帧，在该帧上插入关键帧。选中矩形，在按住 Alt+Shift 组合键的同时拖动鼠标，将矩形向水平方向复制，并放置到合适的位置，如图 6-31 所示。

步骤 22 选中“图层 1”的第 5 帧，在该帧上插入关键帧。选中矩形，在按住 Alt+Shift 组合键的同时拖动鼠标，将矩形向水平方向复制，并放置到合适的位置，如图 6-32 所示。

图 6–29

图 6–30

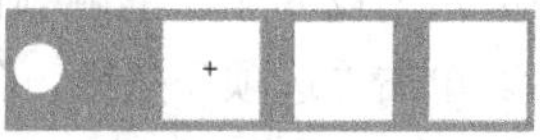

图 6–31

图 6–32

步骤 23 选中“图层 1”的第 6 帧，在该帧上插入关键帧。选中矩形，在按住 Alt+Shift 组合键的同时拖动鼠标，将矩形向水平方向复制，并放置到合适的位置，如图 6-33 所示。选中“图层 1”的第 7 帧，在该帧上插入关键帧。选中矩形，在按住 Alt+Shift 组合键的同时拖动鼠标，将矩形向水平方向复制，并放置到合适的位置，如图 6-34 所示。

图 6-33

图 6-34

步骤 24 选中“图层 1”的第 8 帧，在该帧上插入关键帧。选中矩形，在按住 Alt+Shift 组合键的同时拖动鼠标，将矩形向水平方向复制，并放置到合适的位置，如图 6-35 所示。选中“图层 1”的第 9 帧，在该帧上插入普通帧，“时间轴”面板如图 6-36 所示。

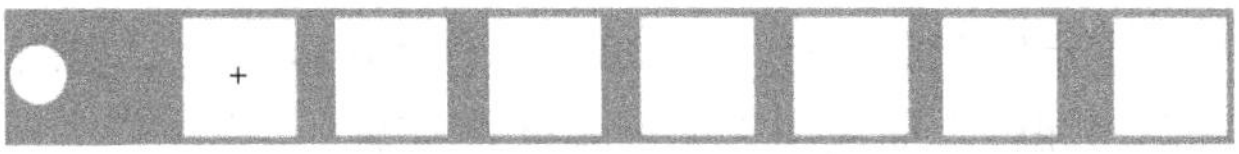

图 6-35

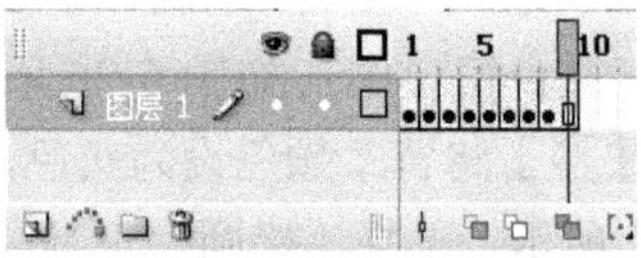

图 6-36

步骤 25 单击“新建元件”按钮，新建图形元件“圆形”，如图 6-37 所示。选择“椭圆”工具，在工具箱的下方将笔触颜色设为无，填充色设为蓝绿色（#0091AC）。按住 Alt+Shift 组合键的同时在舞台窗口中绘制一个圆形，将圆形的“宽”和“高”分别设为 250，并放置到合适的位置，如图 6-38 所示。

步骤 26 选中形状，按住 Alt 键的同时拖动圆形，将其复制，选择“任意变形”工具，将复制的圆形缩小并放置到原始圆形的左下方，如图 6-39 所示。选中两个圆形未重合的部分，再选中重合的部分，按 Delete 键将其删除，效果如图 6-40 所示。

图 6-37

图 6-38

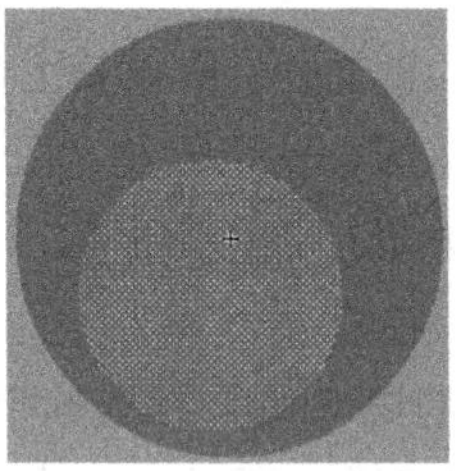

图 6-39

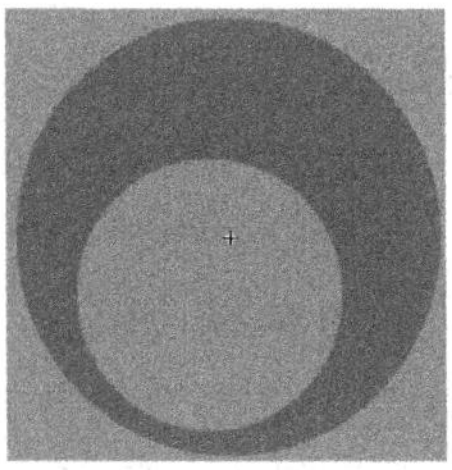

图 6-40

2. 制作文字动画

步骤 1 单击“新建元件”按钮，新建图形元件“星星”，如图 6-41 所示。选择“多角星形”工具，在“属性”面板中将填充色设为无，笔触颜色设为白色，笔触高度设为 4，笔触样式选择第 3 个，如图 6-42 所示。单击“选项”按钮，在弹出的对话框中进行设置，如图 6-43 所示，单击“确定”按钮。

图 6-41

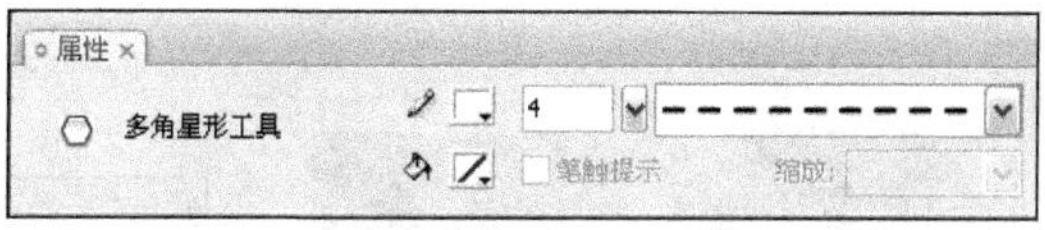

图 6-42

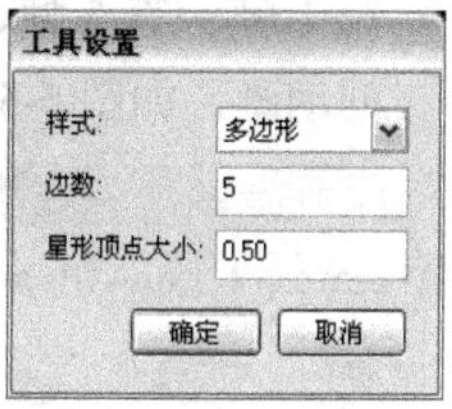

图 6-43

步骤 2 按住 Shift 键的同时在舞台窗口的中心绘制图形。选择“选择”工具，选中星星边缘，鼠标指针下方出现圆弧，调整星星的边缘，效果如图 6-44 所示。按 Ctrl+G 组合键将图形进行组合。复制多个图形并调整大小，将其旋转到适当的角度，效果如图 6-45 所示。

步骤 3 在“库”面板下方单击“新建元件”按钮，弹出“创建新元件”对话框，在“名称”文本框中输入“MTV 动画”，选中“影片剪辑”单选项，单击“确定”按钮，新建一个影片剪辑元件“MTV 动画”，如图 6-46 所示，舞台窗口也随之转换为影片剪辑元件的舞台窗口。

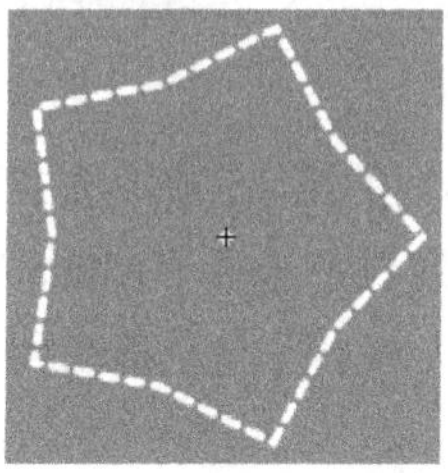

图 6-44

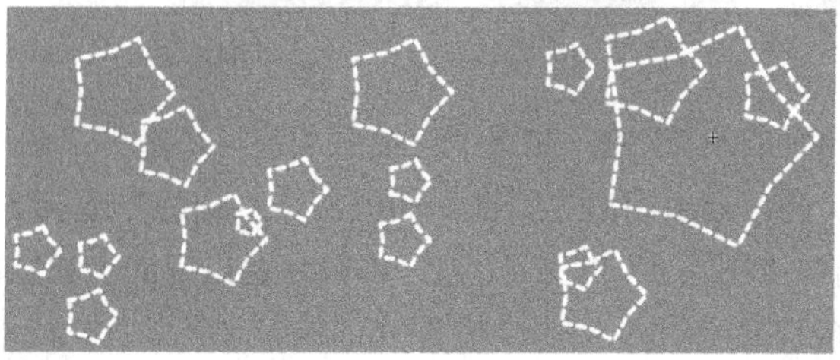

图 6-45

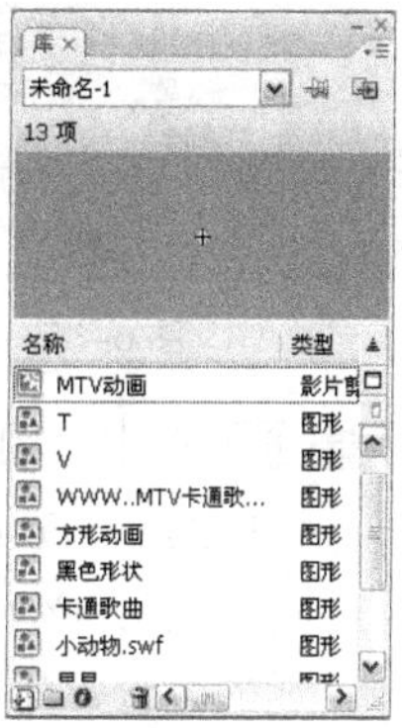

图 6-46

步骤 4 将“库”面板中的图形元件“M”拖曳到舞台窗口中，并放置到合适的位置，效果如图 6-47 所示。选中“图层 1”的第 5 帧，在该帧上插入关键帧。选中“图层 1”的第 1 帧，在舞台窗口中选中“M”实例，调出图形“属性”面板，选择“颜色”选项下拉列表中的“Alpha”，将其设为 10%，如图 6-48 所示。

步骤 5 选中“图层 1”的第 5 帧，在该帧上插入关键帧。选中“图层 1”的第 5 帧，在舞台窗口中选中“M”实例，调出“变形”面板，将“旋转”设为-30°，如图 6-49 所示，在舞台窗口中改变实例的角度，如图 6-50 所示。

图 6-47

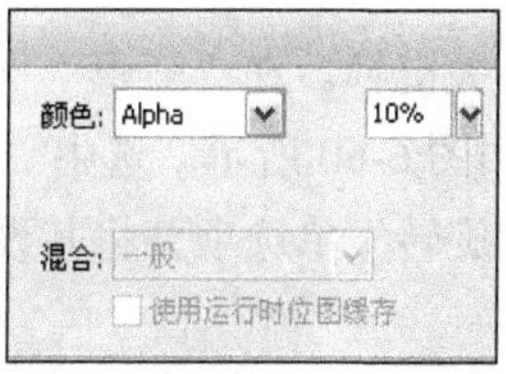

图 6-48

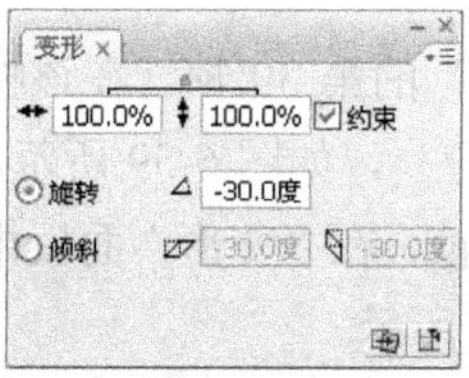

图 6-49

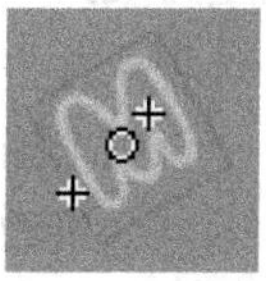

图 6-50

步骤 6 选中“图层 1”的第 10 帧，在该帧上插入关键帧。选中“图层 1”的第 10 帧，调出“变形”面板，在面板中进行设置，如图 6-51 所示，在舞台窗口中改变实例的角度，如图 6-52 所示。选中第 15 帧，在该帧上插入关键帧。在“变形”面板中将“旋转”设为 0，如图 6-53 所示。选中“图层 1”的第 55 帧，在该帧上插入普通帧。分别用鼠标右键单击“图层 1”的第 1 帧、第 5 帧、第 10 帧，在弹出的快捷菜单中选择“创建补间动画”命令，生成动作补间动画，如图 6-54 所示。

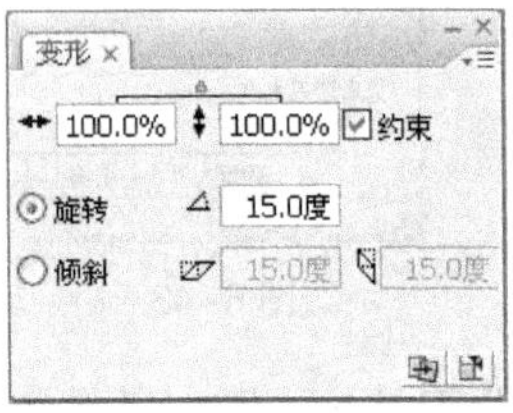

图 6-51

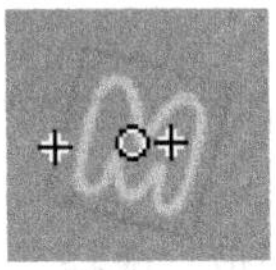
图 6-52

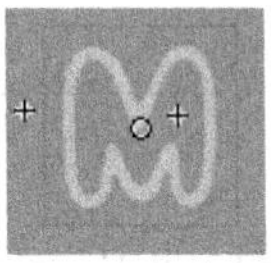
图 6-53

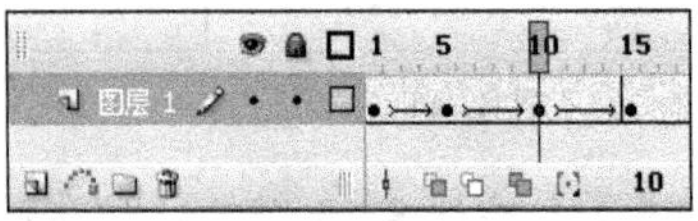

图 6-54

步骤 7 创建两个新图层，用同样的方法将“库”面板中的图形元件“T”和“V”拖曳到与文字相应的图层中，如图 6-55 所示。单击“时间轴”面板下方的“插入图层”按钮，新建“图层 4”。选中“图层 4”的第 15 帧，在该帧上插入关键帧。将“库”面板中的图形元件“卡通歌曲”拖曳到舞台窗口中，并放置到合适的位置，效果如图 6-56 所示。

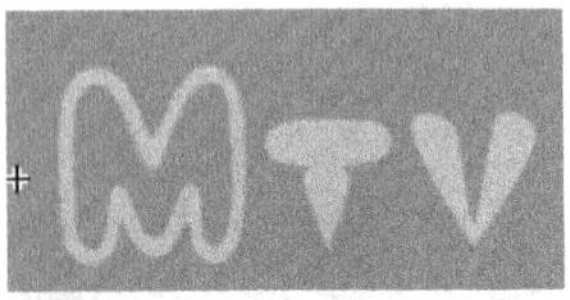

图 6-55

图 6-56

步骤 8 选中“图层 4”的第 21 帧，在该帧上插入关键帧。选中“图层 4”的第 15 帧，选中舞台中的卡通歌曲实例，调出图形“属性”面板，在“颜色”选项下拉列表中选择“Alpha”，将其设为 0%。选中“图层 4”的第 21 帧，将舞台窗口中的卡通歌曲实例水平向左移动到合适的位置，如图 6-57 所示。

步骤 9 选中“图层 4”的第 23 帧，在该帧上插入关键帧。将舞台窗口中的卡通歌曲实例水平向右移动到合适的位置，在图形“属性”面板的“颜色”选项下拉列表中选择“Alpha”，将其设为 100%。选择“任意变形”工具，在实例周围出现控制点，将中心点移动到控制框的左下方，效果如图 6-58 所示。

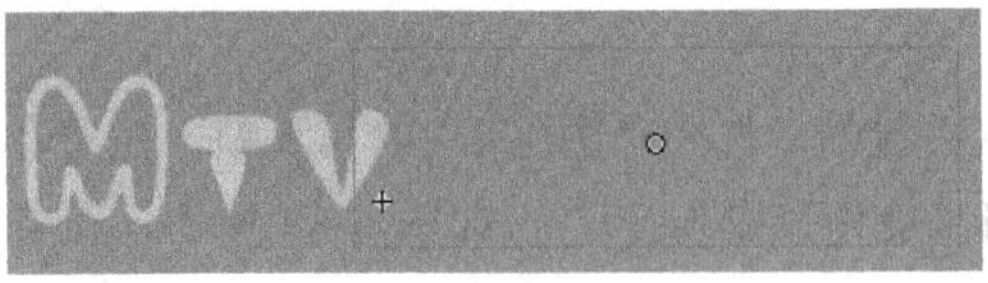

图 6-57

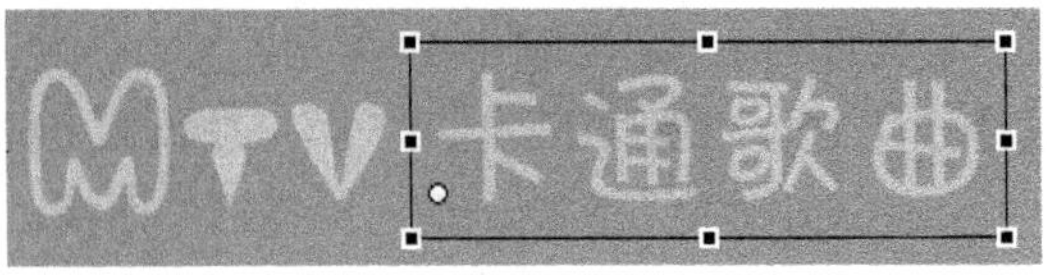

图 6-58

步骤 10 选中“图层 4”的第 30 帧，在该帧上插入关键帧。在“变形”面板中选择“旋转”单选项，并将其设为 7°，如图 6-59 所示，效果如图 6-60 所示。选中“图层 4”的第 31 帧，在该帧上插入关键帧，在“变形”面板中选择“旋转”单选项并将其设为-7°，如图 6-61 所示，效果如图 6-62 所示。

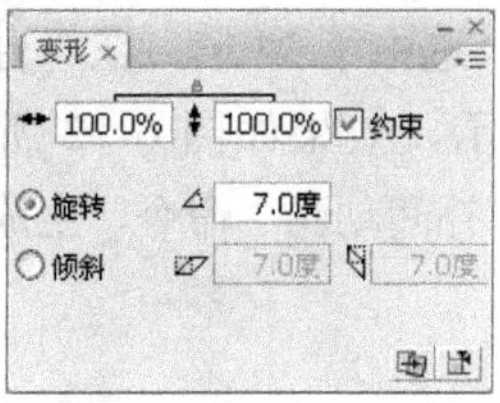

图 6-59

图 6-60

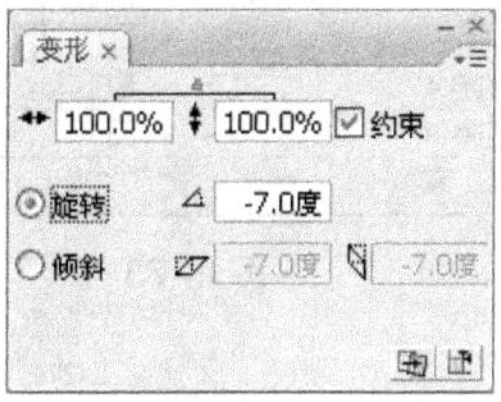

图 6-61

图 6-62

步骤 11 选中“图层 4”的第 32 帧，在该帧上插入关键帧，在“变形”面板中选中“旋转”单选项并将其设为 8°，如图 6-63 所示，效果如图 6-64 所示。选中“图层 4”的第 33 帧，在该帧上插入关键帧，在“变形”面板中选中“旋转”单选项并将其设为-4°，如图 6-65 所示，效果如图 6-66 所示。选中“图层 4”的第 34 帧，在该帧上插入关键帧，在“变形”面板中选中“旋转”单选项并将其设为 0°，如图 6-67 所示，效果如图 6-68 所示。

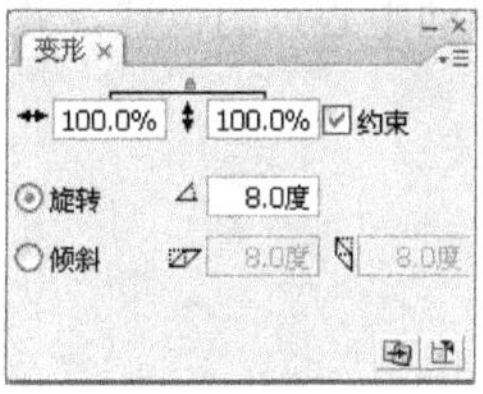

图 6-63

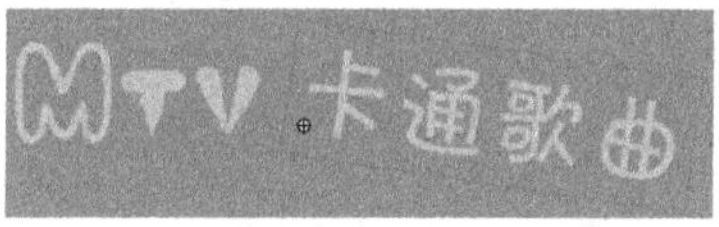

图 6-64

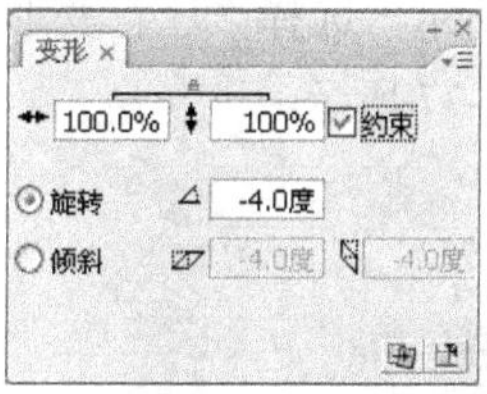

图 6-65

图 6-66

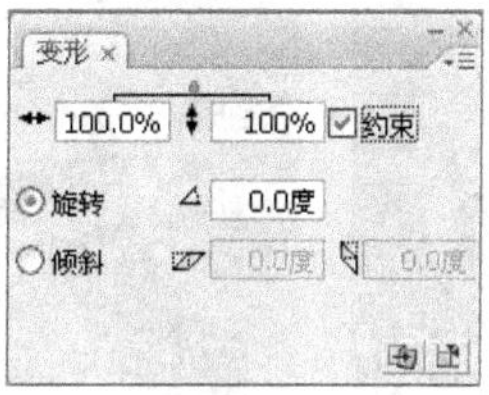

图 6-67

图 6-68

步骤 12 分别用鼠标右键单击“图层 4”的第 15 帧、第 21 帧、第 23 帧，在弹出的快捷菜单中选择“创建补间动画”命令，生成动作补间动画，如图 6-69 所示。单击“时间轴”面板下方的“插入图层”按钮，创建新图层。选中“图层 5”的第 34 帧，在该帧上插入关键帧。将“库”面板中的图形元件“WWW..MTV 卡通歌曲.COM”拖曳到舞台窗口中，并放置到合适的位置，效果如图 6-70 所示。

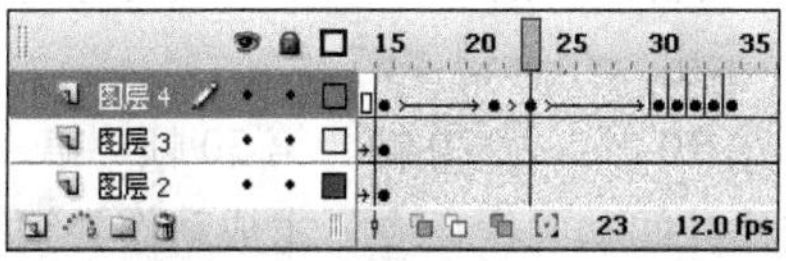

图 6-69

图 6-70

步骤 13 选中“图层 5”的第 45 帧，在该帧上插入关键帧，选中第 34 帧，在舞台窗口中选择实例，在图形“属性”面板中进行设置，如图 6-71 所示，效果如图 6-72 所示。右键单击“图层 5”的第 34 帧，在弹出的快捷菜单中选择“创建补间动画”命令，生成动作补间动画，如图 6-73 所示。

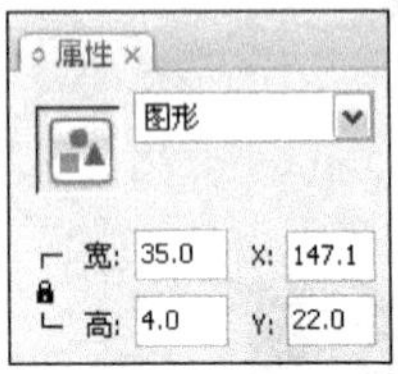

图 6-71

图 6-72

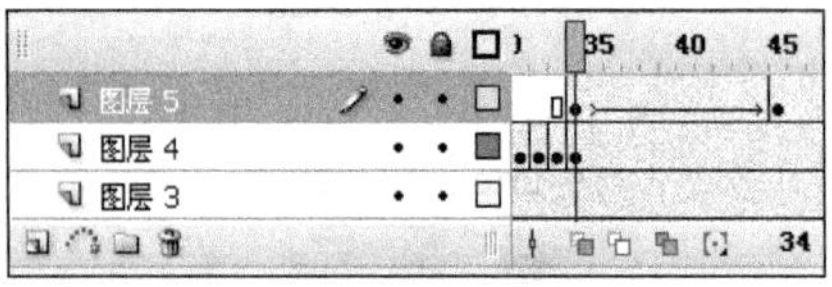

图 6-73

3. 制作弹吉他动画

步骤 1 在“库”面板下方单击“新建元件”按钮，弹出“创建新元件”对话框，在“名称”文本框中输入“吉他”，选中“影片剪辑”单选项，单击“确定”按钮，新建一个影片剪辑元件“吉他”，如图 6-74 所示，舞台窗口也随之转换为影片剪辑元件的舞台窗口。将“库”面板中的图形元件“小动物”拖曳到舞台窗口中，并放置到合适的位置，效果如图 6-75 所示。

步骤 2 选中“图层 1”的第 10 帧，在该帧上插入关键帧。向右移动图形的位置，效果如图 6-76 所示。选择“任意变形”工具，单击图形出现控制点，向下移动中心点的位置，效果如图 6-77 所示。

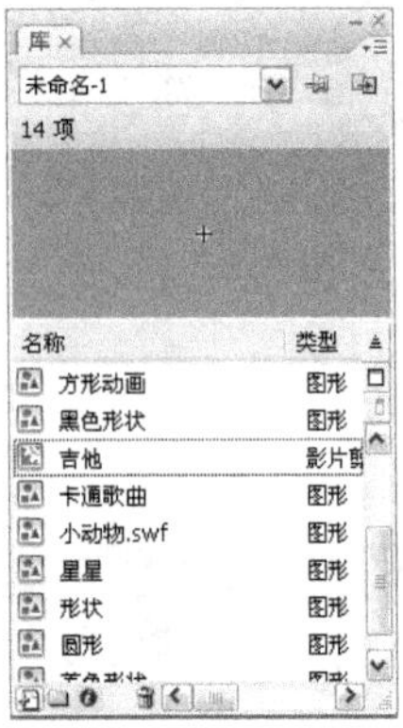

图 6-74

图 6-75

图 6-76

图 6-77

步骤 3 分别选中“图层 1”的第 20 帧、第 30 帧、第 40 帧、第 50 帧、第 60 帧，分别在选中的帧上插入关键帧。选中“图层 1”的第 20 帧，调出“变形”面板，选中“旋转”单选项，将其设为 7°，如图 6-78 所示，效果如图 6-79 所示。用相同的方法设置第 40 帧和第 60 帧。

步骤 4 选中“图层 1”的第 70 帧，选择“窗口 > 动作”命令，弹出“动作”面板。在面板中单击“将新项目添加到脚本中”按钮，在弹出的菜单中选择“全局函数 > 时间轴控制 > stop”命令，在“脚本窗口”中显示出选择的脚本语言，如图 6-80 所示。设置好动作脚本后关闭“动作”面板，在“图层 1”的第 30 帧上显示出一个标记“a”。

步骤 5 用鼠标右键分别单击“图层 1”的第 1 帧、第 10 帧、第 20 帧、第 30 帧、第 40 帧、第 50 帧、第 60 帧，在弹出的快捷菜单中选择“创建补间动画”命令，生成动作补间动画，如图 6-81 所示。将背景颜色恢复为黑色。

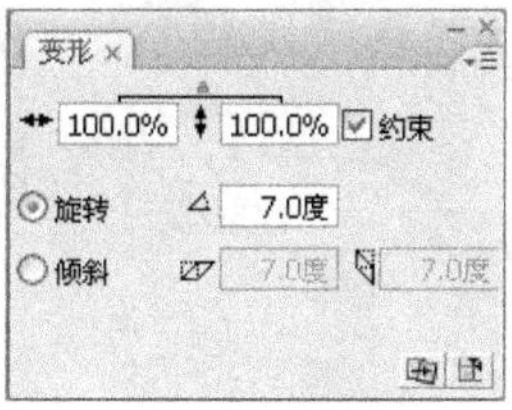

图 6-78

图 6-79

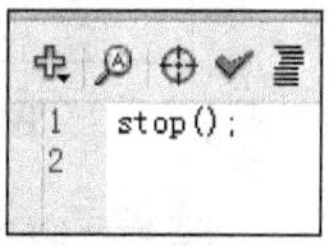

图 6-80

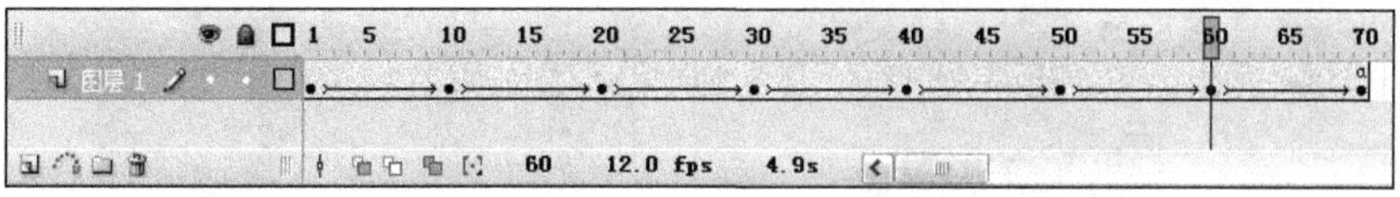

图 6-81

4. 制作 MTV 动画效果

步骤 1 单击“时间轴”面板下方的“场景 1”图标 场景 1，进入“场景 1”的舞台窗口。在“属性”面板中将背景颜色设为黑色，将“图层 1”重命名为“白色形状”。选择“矩形”工具，在矩形“属性”面板中将笔触颜色设为无，填充色设为白色，其他选项的设置如图 6-82 所示。在舞台窗口中绘制一个矩形，效果如图 6-83 所示。选中“白色形状”的第 150 帧，在该帧上插入普通帧。

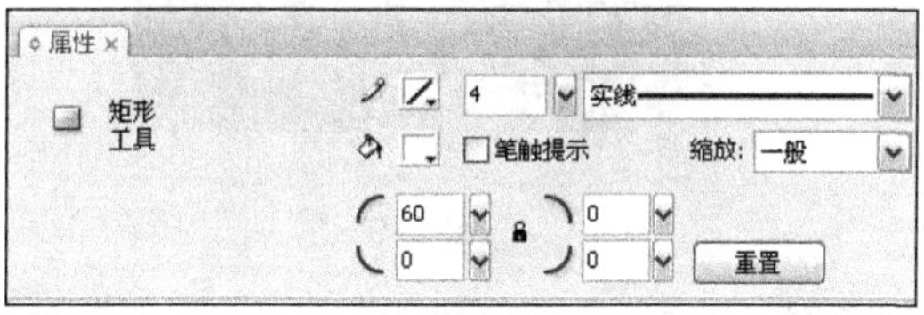

图 6-82

图 6-83

步骤 2 单击“时间轴”面板下方的“插入图层”按钮 创建新图层，并将其命名为“形状”。将“库”面板中的图形元件“形状”拖曳到舞台窗口中，效果如图 6-84 所示。分别选中“形状”图层的第 11 帧和第 16 帧，在选中的帧上插入关键帧。选中“形状”图层的第 1 帧，将“形状”实例放置到合适的位置，如图 6-85 所示。

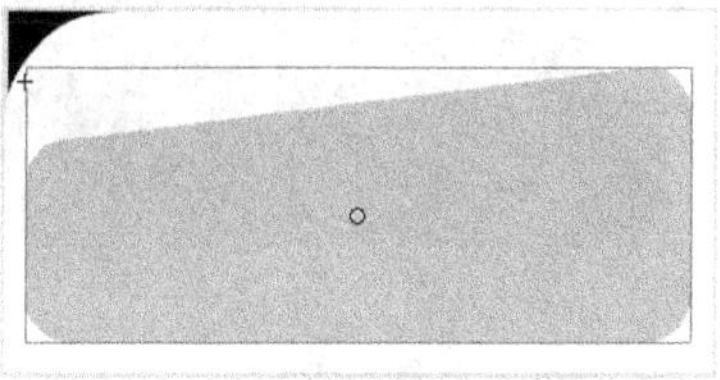

图 6-84

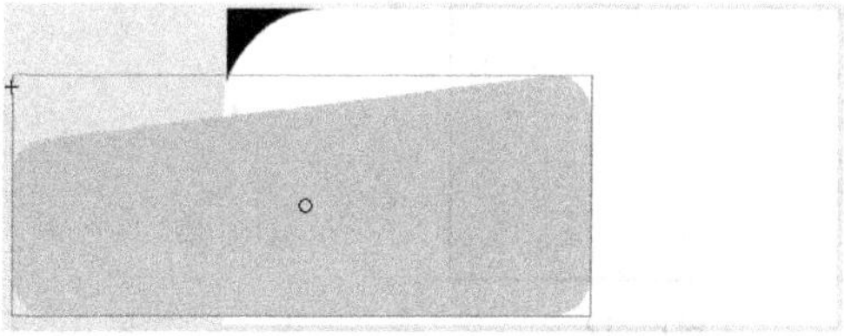

图 6-85

步骤 3 调出图形“属性”面板，在“颜色”选项的下拉列表中选择“Alpha”，将其值设为 0%，如图 6-86 所示，实例变为透明，效果如图 6-87 所示。

步骤 4 选中“形状”图层的第 16 帧，调出“变形”面板，选中“旋转”单选项，将其值设为-1°，如图 6-88 所示。将图形放置到合适的位置，调出图形“属性”面板，在“颜色”选项的下拉列表中选择“Alpha”，将其值设为 46%，效果如图 6-89 所示。

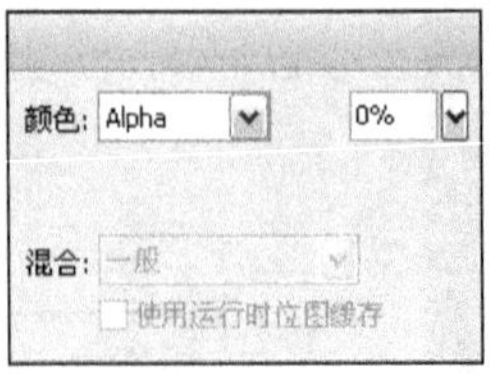

图 6-86

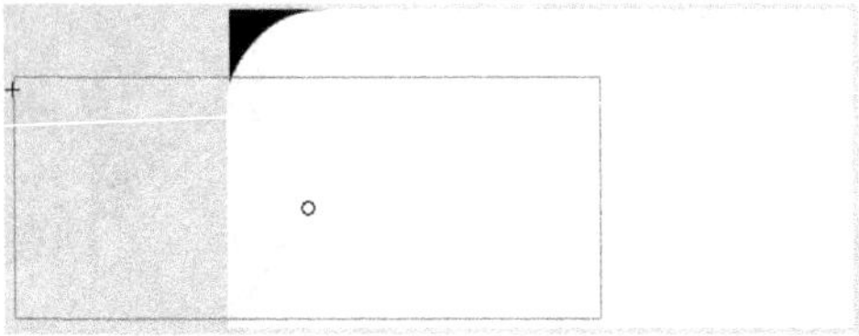

图 6-87

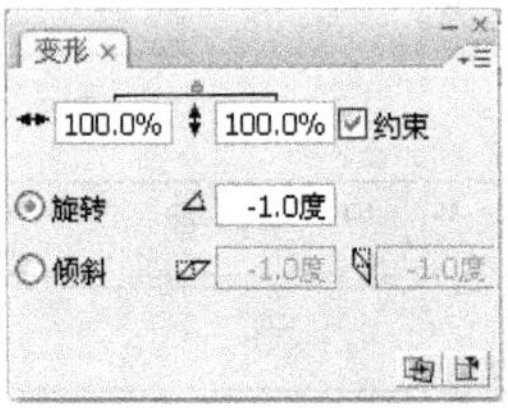

图 6-88

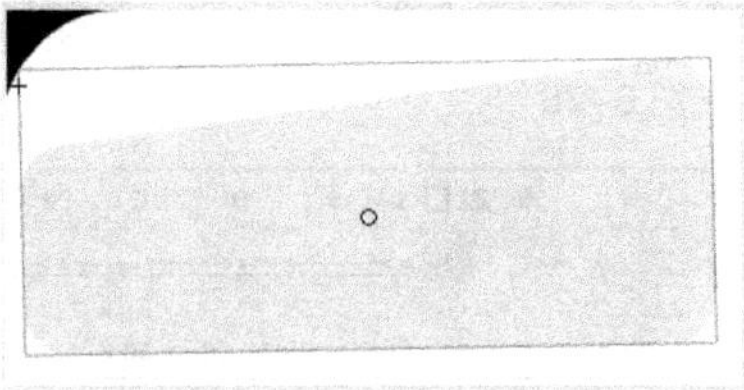

图 6-89

步骤 5 用鼠标右键分别单击“形状”图层的第 1 帧和第 11 帧，在弹出的快捷菜单中选择“创建补间动画”命令，生成动作补间动画，如图 6-90 所示。

步骤 6 单击“时间轴”面板下方的“插入图层”按钮 创建新图层，并将其命名为“着色形状”。选中“着色形状”图层的第 16 帧，在选中的帧上插入关键帧。将“库”面板中的图形元件“着色形状”拖曳到舞台窗口中，并放置到合适的位置，如图 6-91 所示。

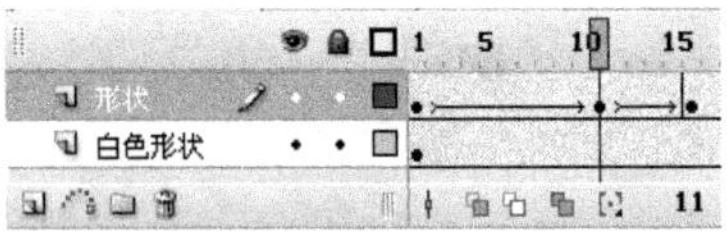

图 6-90

图 6-91

步骤 7 分别选中“着色形状”图层的第 24 帧和第 30 帧，在选中的帧上插入关键帧。选中“着色形状”图层的第 16 帧，在舞台窗口中选中“着色形状”实例，调出图形“属性”面板，在“颜色”选项的下拉列表中选择“Alpha”，将其值设为 0%，如图 6-92 所示，效果如图 6-93 所示。选中“着色形状”图层的第 24 帧，将“着色形状”实例向上移动到适当的位置，如图 6-94 所示。

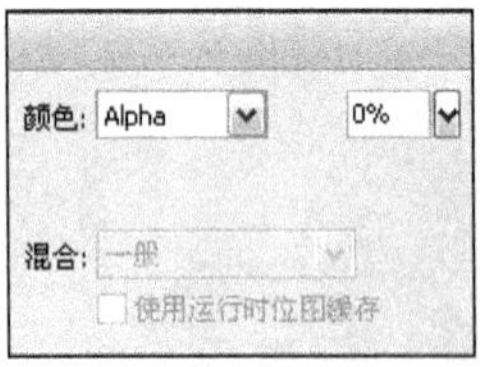

图 6-92

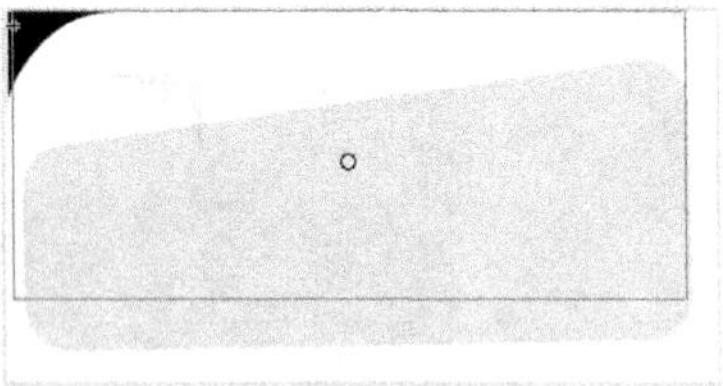

图 6-93

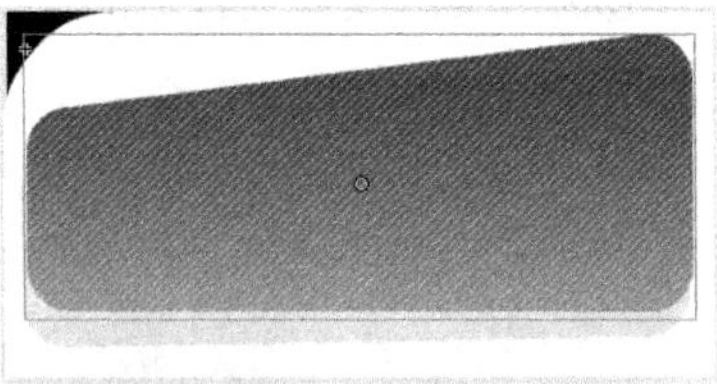

图 6-94

步骤 8 分别用鼠标右键单击“着色形状”图层的第 16 帧和第 24 帧，在弹出的快捷菜单中选择“创建补间动画”命令，生成动作补间动画，如图 6-95 所示。在“时间轴”面板中创建新图层并将其命名为“星星”。选中“星星”图层的第 51 帧，在该帧上插入关键帧。将“库”面板中的图形元件“星星动”拖曳到舞台窗口中，并放置到合适的位置，效果如图 6-96 所示。

步骤 9 在“时间轴”面板中创建新图层并将其命名为“黑色形状”。选中“黑色形状”图层的第 20 帧，在该帧上插入关键帧。将“库”面板中的图形元件“黑色形状”拖曳到舞台窗口中，效果如图 6-97 所示。

步骤 10 选中“黑色形状”图层的第 26 帧，在该帧上插入关键帧。选择“黑色形状”图层的第 20 帧，选择实例，调出“变形”面板，选中“旋转”单选项，将其设为-5°，如图 6-98 所示，效果如图 6-99 所示。

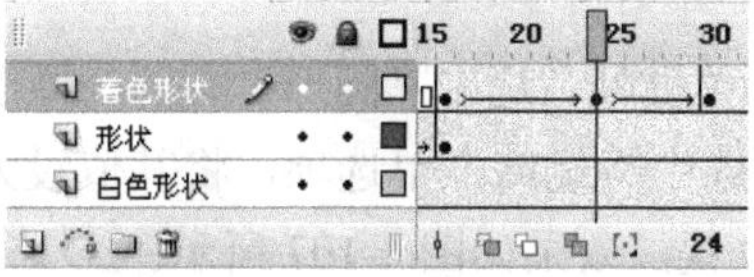

图 6-95

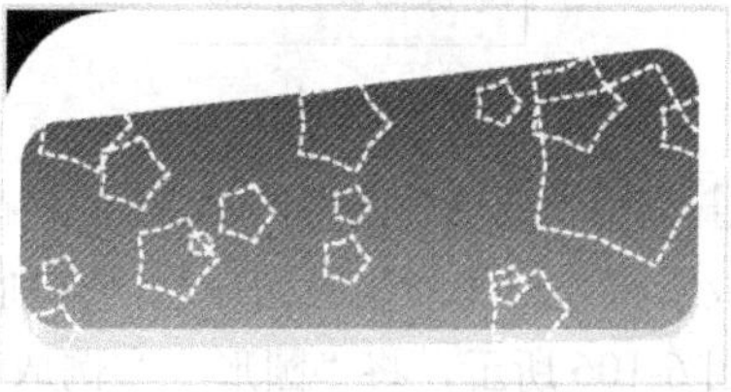

图 6-96

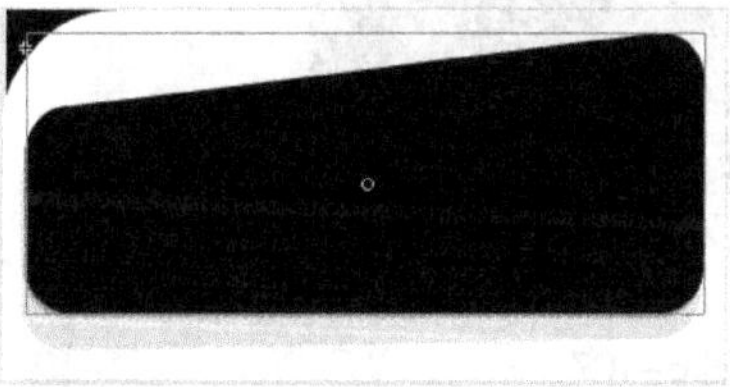

图 6-97

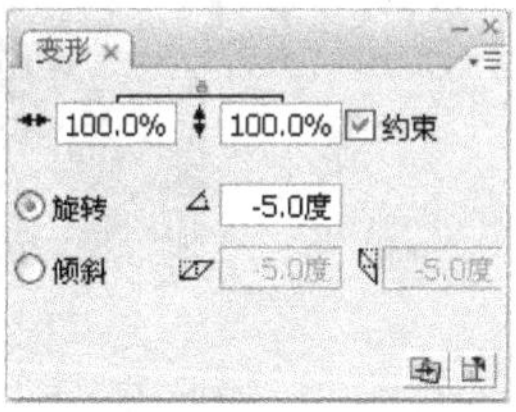

图 6-98

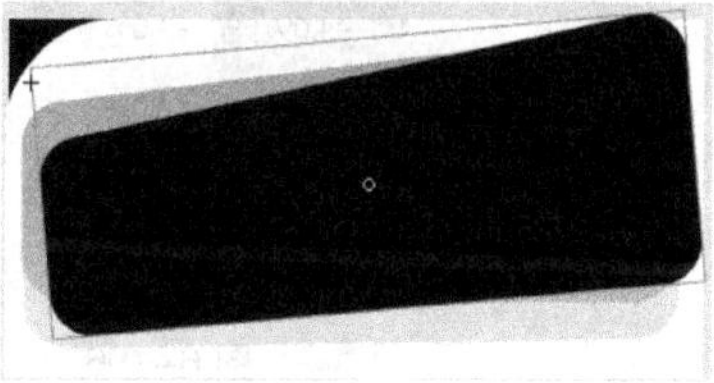

图 6-99

步骤 11 选中“黑色形状”图层的第 26 帧，选择实例，调出图形“属性”面板，在“颜色”选项的下拉列表中选择“Alpha”，将其值设为 0%，效果如图 6-100 所示。用鼠标右键单击“黑色形状”图层的第 20 帧，在弹出的快捷菜单中选择“创建补间动画”命令，生成动作补间动画，如图 6-101 所示。

图 6-100

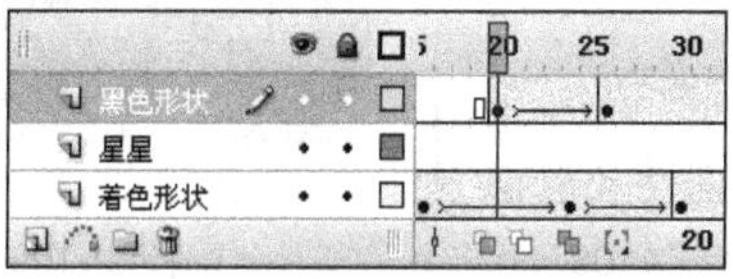

图 6-101

步骤 12 在“时间轴”面板中创建新图层并将其命名为“圆形”。选中“圆形”图层的第 30 帧，在该帧上插入关键帧。将“库”面板中的图形元件“圆形”拖曳到舞台窗口中，选中“圆形”实例，调出“变形”面板，将宽度和高度的缩放比例分别设为 33%，选中“旋转”单选项，将其设为-30°，如图 6-102 所示，效果如图 6-103 所示。

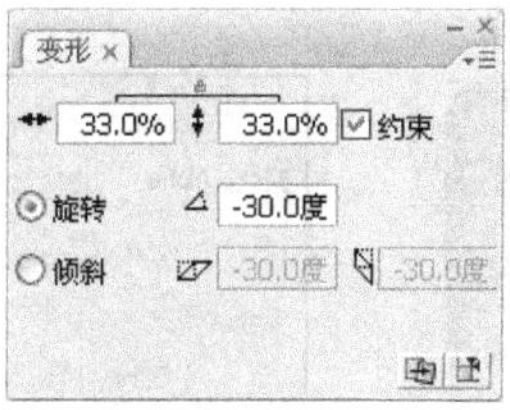

图 6-102

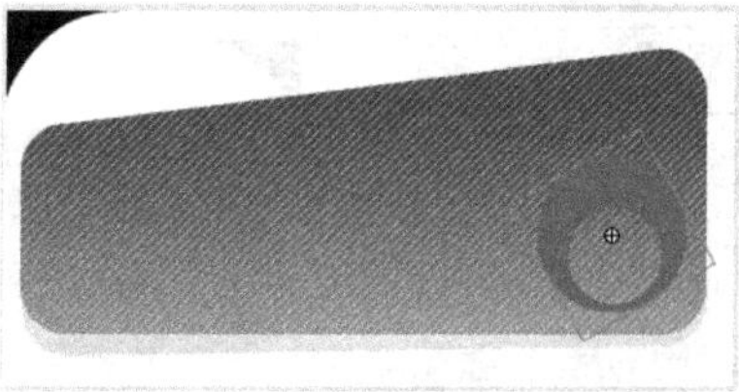

图 6-103

步骤 13 选中“圆形”图层的第 41 帧，在该帧上插入关键帧。选中“圆形”实例，在图形“属性”面板中将“宽”和“高”分别设为 58，将“X”和“Y”分别设为 204、56，如图 6-104

所示，效果如图 6-105 所示。

图 6-104

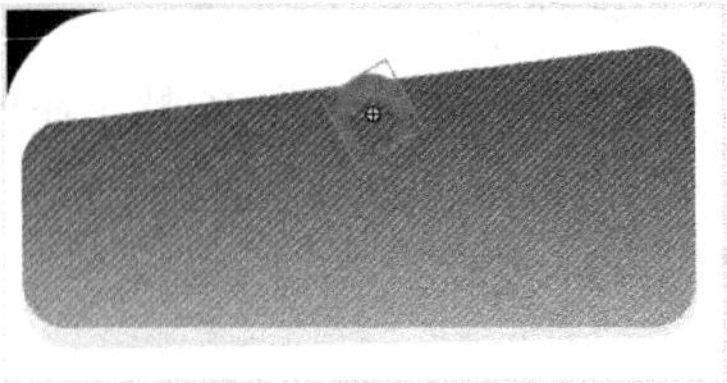

图 6-105

步骤 14 选中“圆形”图层的第 51 帧，在该帧上插入关键帧。选中“圆形”实例，调出“变形”面板，将宽度和高度的缩放比例分别设为 44%，选中“旋转”单选项，将其值设为-60°，如图 6-106 所示，将“圆形”实例放置到合适的位置，效果如图 6-107 所示。

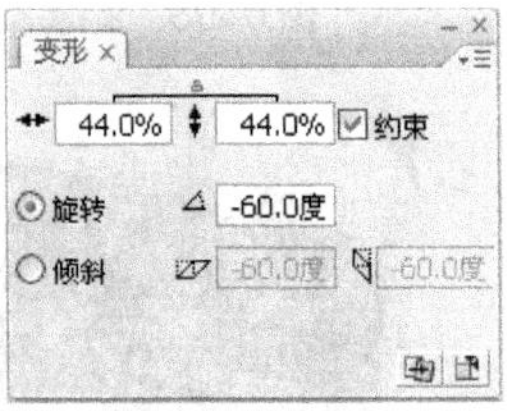

图 6-106

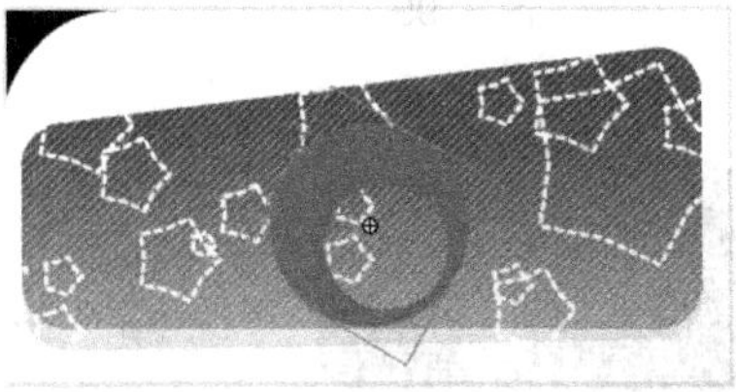

图 6-107

步骤 15 调出图形“属性”面板，在“颜色”选项的下拉列表中选择“Alpha”，将其值设为 30%，如图 6-108 所示，效果如图 6-109 所示。分别用鼠标右键单击“圆形”图层的第 30 帧和第 41 帧，在弹出的快捷菜单中选择“创建补间动画”命令，生成动作补间动画，如图 6-110 所示。

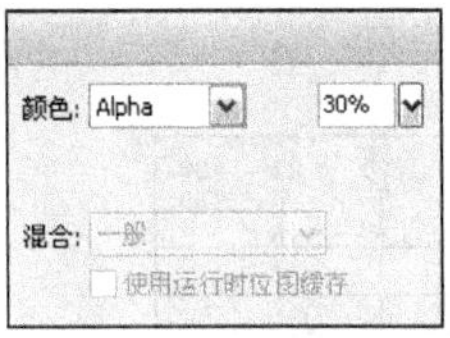

图 6-108

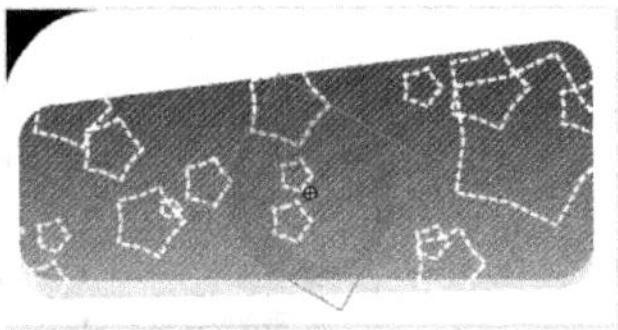

图 6-109

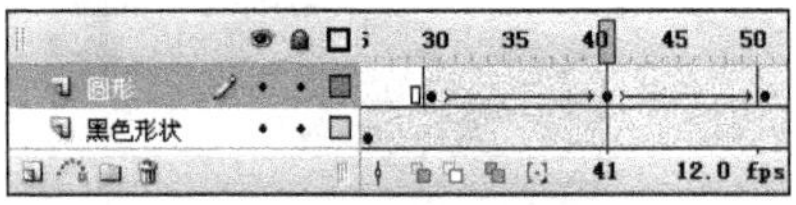

图 6-110

步骤 16 在“时间轴”面板中创建新图层并将其命名为“圆形 1”。选中“圆形 1”图层的第 34 帧，在该帧上插入关键帧。将“库”面板中的图形元件“圆形”拖曳到舞台窗口中，调出“变形”面板，将宽度和高度的缩放比例分别设为 33%，选中“旋转”单选项，将其值设为-165°，如图 6-111 所示，将圆形实例放到合适的位置，效果如图 6-112 所示。调出图形“属性”面板，在“颜色”选项的下拉列表中选择“Alpha”，将其值设为 0%，如图 6-113 所示。

图 6-111

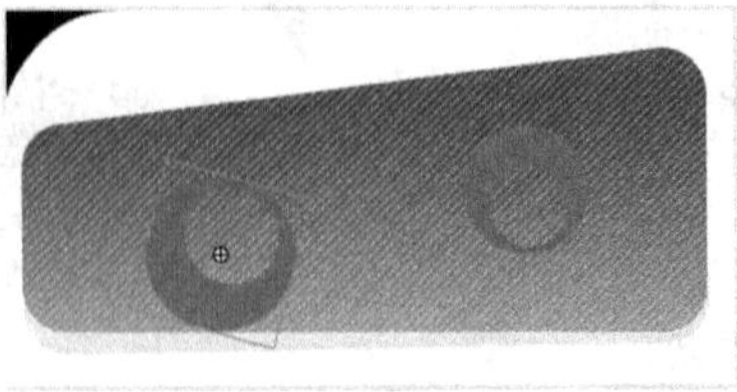

图 6-112

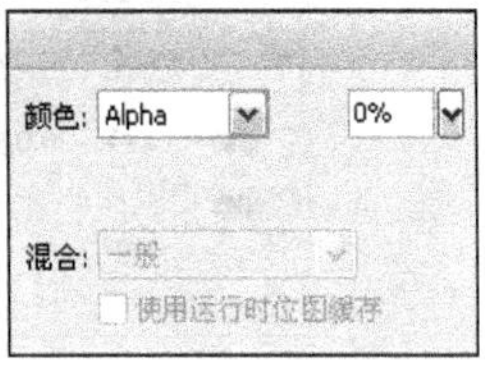

图 6-113

步骤 17 选中“圆形 1”图层的第 44 帧，在该帧上插入关键帧。在舞台窗口中选中圆形实例，调出“变形”面板，将宽度和高度的缩放比例分别设为 17%，选中“旋转”单选项，将其值设为-30°，如图 6-114 所示，将圆形实例放到合适的位置。调出图形“属性”面板，在“颜色”选项的下拉列表中选择“Alpha”，将其值设为 100%，如图 6-115 所示。

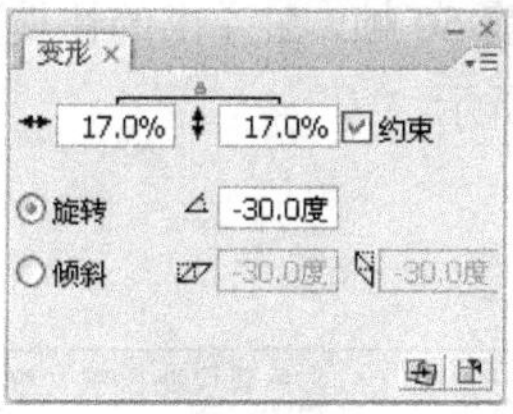

图 6-114

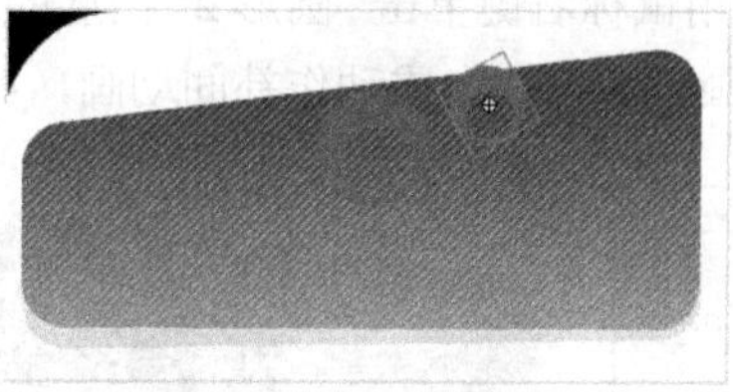

图 6-115

步骤 18 选中“圆形 1”图层的第 55 帧，在该帧上插入关键帧。调出图形“属性”面板，在“颜色”选项的下拉列表中选择“Alpha”，将其值设为 60%，如图 6-116 所示。分别用鼠标右键单击“圆形 1”图层的第 34 帧和第 44 帧，在弹出的快捷菜单中选择“创建补间动画”命令，生成动作补间动画，如图 6-117 所示。

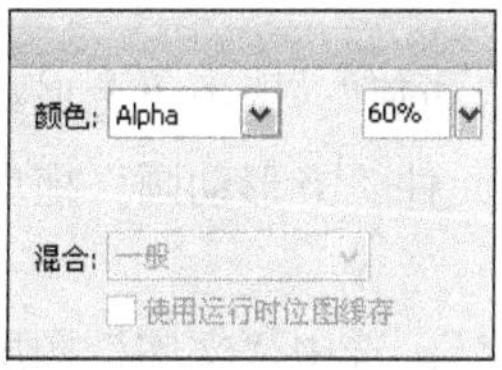

图 6-116

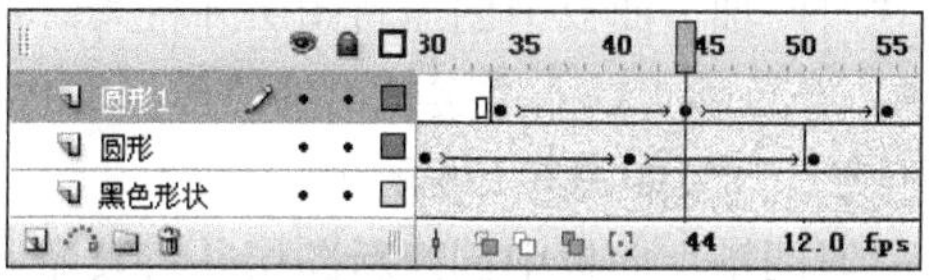

图 6-117

步骤 19 在“时间轴”面板中创建新图层并将其命名为“圆形 2”。选中“圆形 2”图层的第 41 帧，在该帧上插入关键帧。将“库”面板中的图形元件“圆形”拖曳到舞台窗口中。调出“变形”面板，将宽度和高度的缩放比例分别设为 30%，如图 6-118 所示，将舞台窗口中的圆形实例放到合适的位置，效果如图 6-119 所示。

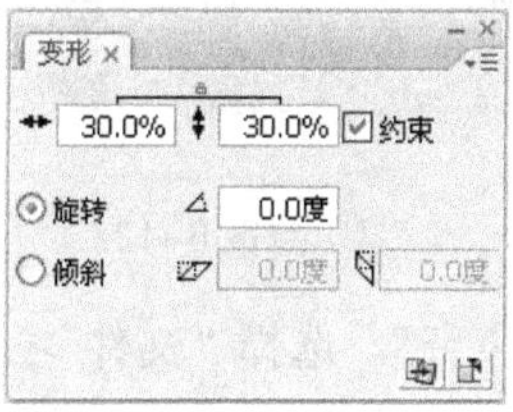

图 6-118

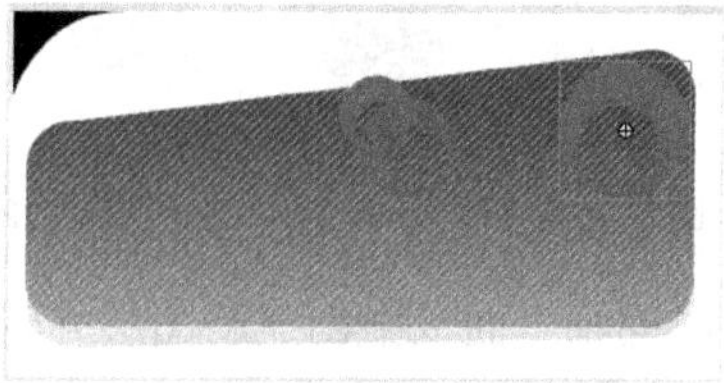

图 6-119

步骤 20 选中“圆形 2”图层的第 50 帧，在该帧上插入关键帧。调出“变形”面板，将宽度和高度的缩放比例分别设为 17%，将舞台窗口中的圆形实例放到合适的位置，效果如图 6-120 所示。选中“圆形 2”图层的第 61 帧，在该帧上插入关键帧。选中舞台窗口中的圆形实例，调出“变形”面板，将宽度和高度的缩放比例分别设为 48%，选中“旋转”单选项，将其设为-135°，将圆形实例放到合适的位置，效果如图 6-121 所示。

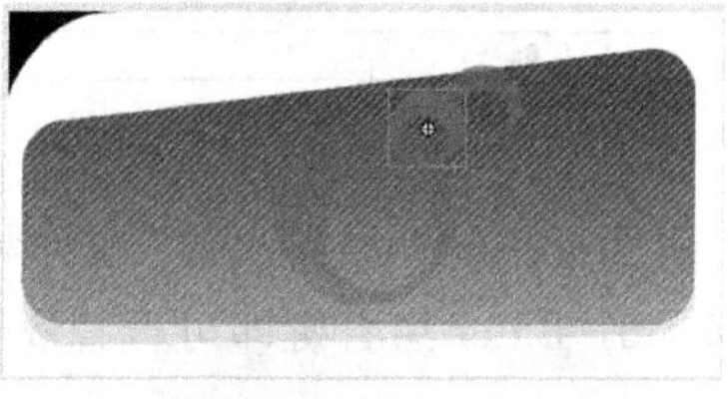

图 6-120

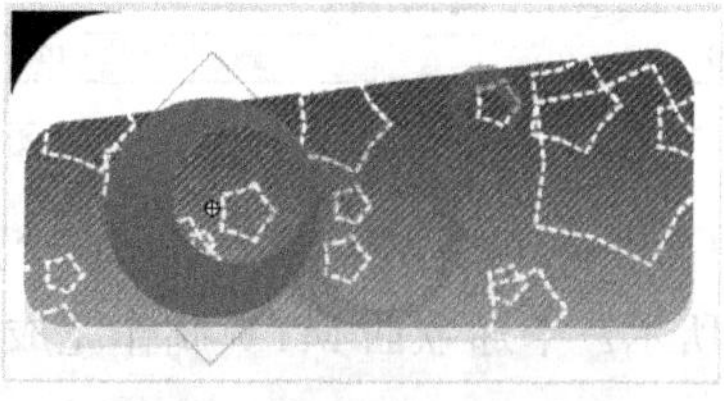

图 6-121

步骤 21 调出图形“属性”面板，在“颜色”选项的下拉列表中选择“Alpha”，将其值设为20%，如图6-122所示，效果如图6-123所示。

步骤 22 分别用鼠标右键单击“圆形2”图层的第41帧和第50帧，在弹出的快捷菜单中选择“创建补间动画”命令，生成动作补间动画，如图6-124所示。

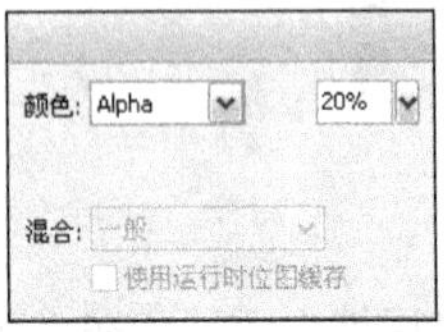

图6-122

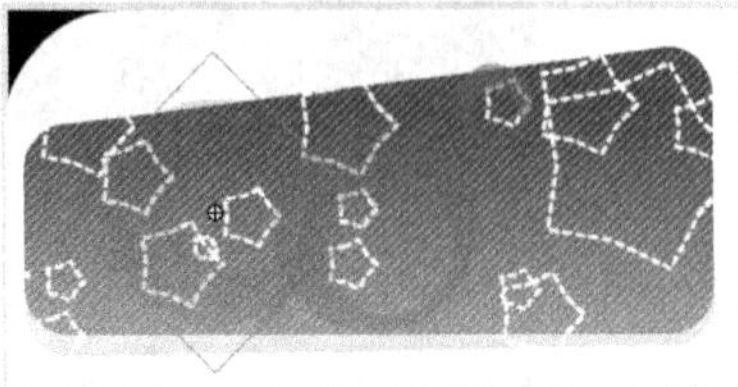

图6-123

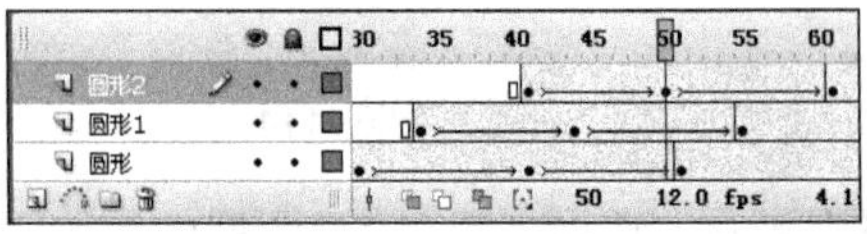

图6-124

步骤 23 在“时间轴”面板中创建新图层并将其命名为“小动物”。选中“小动物”图层的第46帧，在该帧上插入关键帧。将“库”面板中的影片剪辑元件“吉他”拖曳到舞台窗口的左侧并调整大小，效果如图6-125所示。

步骤 24 在“时间轴”面板中创建新图层并将其命名为“方形动画”。选中“方形动画”图层的第46帧，在该帧上插入关键帧。将“库”面板中的图形元件“方形动画”拖曳到舞台窗口中的右下方，效果如图6-126所示。

步骤 25 在“时间轴”面板中创建新图层并将其命名为“文字”。选中“文字”图层的第46帧，在该帧上插入关键帧。将“库”面板中的影片剪辑元件“MTV动画”拖曳到舞台窗口的上方，效果如图6-127所示。

图6-125

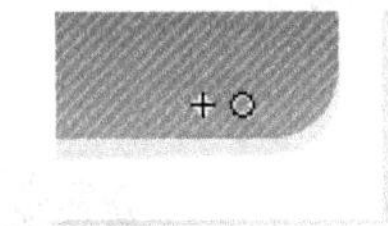

图6-126

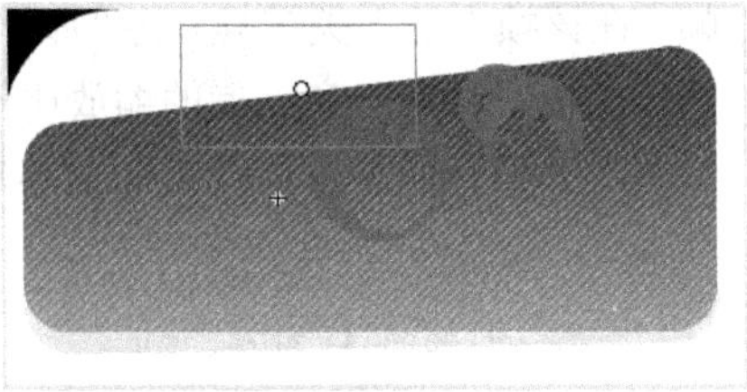

图6-127

步骤 26 在“时间轴”面板中创建新图层并将其命名为“声音”。选择“文件 > 导入 > 导入到库”命令，在弹出的“导入到库”对话框中选择“Ch05 > 素材 > 制作卡通歌曲MTV > 音乐”文件，单击“打开”按钮，文件被导入到“库”面板中。选中“声音”图层的第10帧，在该帧上插入关键帧，将“库”面板中的声音文件拖曳到舞台窗口中，“时间轴”面板如图6-128所示。

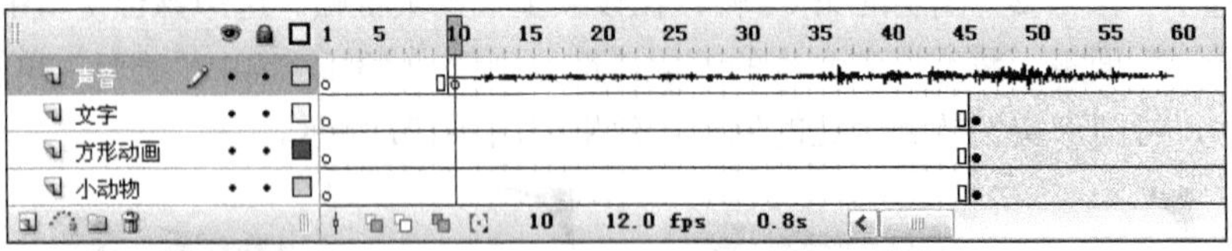

图6-128

步骤 27 选中“声音”图层的第10帧，在“属性”面板中的“循环次数”文本框中输入3，如图6-129所示。卡通歌曲MTV制作完成，按Ctrl+Enter组合键即可查看效果，如图6-130所示。

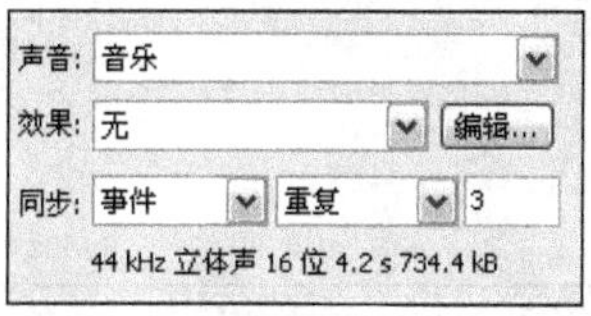

图 6-129

图 6-130

6.1.4 【相关工具】

1. 导入声音素材并添加声音

Flash CS3 在“库”中保存声音以及位图和组件。与图形组件一样，只需要一个声音文件的副本，即可在文档中以各种方式使用这个声音文件。

步骤 1 要为动画添加声音，可以选择“文件 > 打开”命令，弹出“打开”对话框，选择动画文件，单击“打开”按钮将文件打开，如图 6-131 所示。选择“文件 > 导入 > 导入到舞台”命令，在弹出的“导入”对话框中选中声音文件，单击“打开”按钮，将声音文件导入到“库”面板中，如图 6-132 所示。

步骤 2 单击“时间轴”面板下方的“插入图层”按钮，创建新的图层“图层 3”，将其作为放置声音文件的图层，如图 6-133 所示。

图 6-131

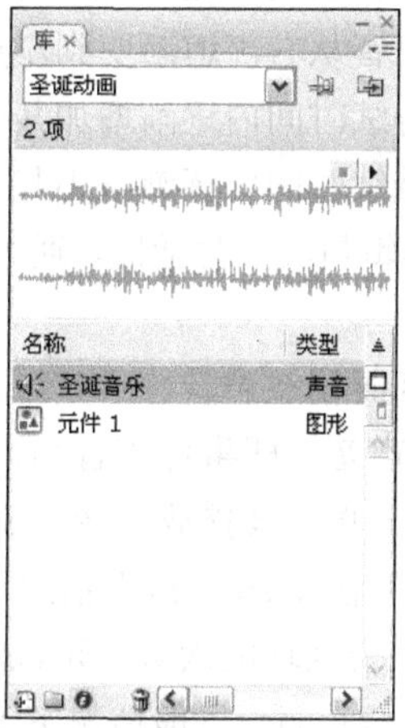

图 6-132

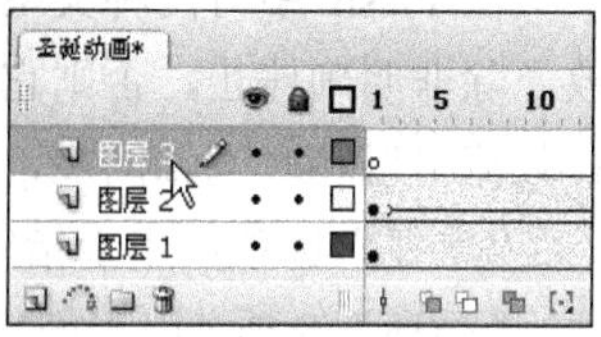

图 6-133

步骤 3 在“库”面板中选中声音文件，按住鼠标左键不放，将其拖曳到舞台窗口中，如图 6-134 所示。释放鼠标，在“图层 3”中出现声音文件的波形，如图 6-135 所示。声音添加完成，按 Ctrl+Enter 组合键即可测试添加效果。

2. “属性”面板

在“时间轴”面板中选中声音文件所在图层的第 1 帧，按 Ctrl+F3 组合键，弹出帧“属性”面板，如图 6-136 所示。

“声音”选项：可以在此选项的下拉列表中选择“库”面板中的声音文件。

“效果”选项：可以在此选项的下拉列表中选择声音播放的效果，如图 6-137 所示。

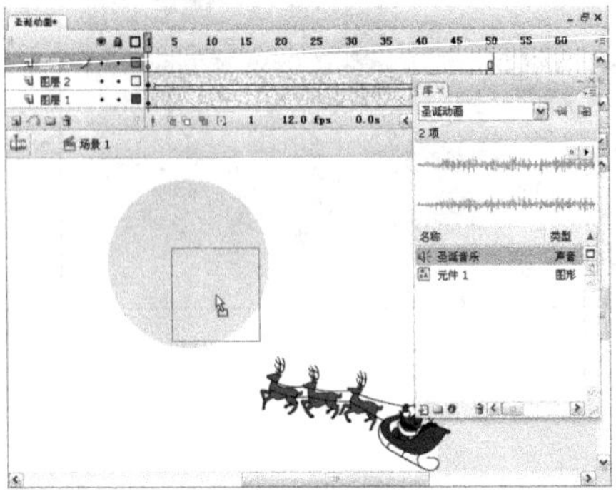

图 6–134

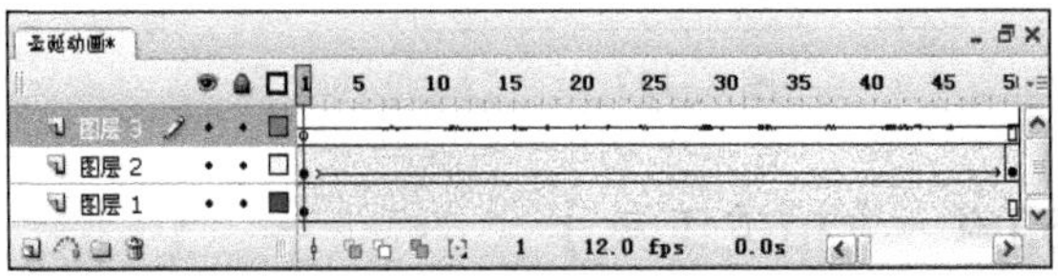

图 6–135

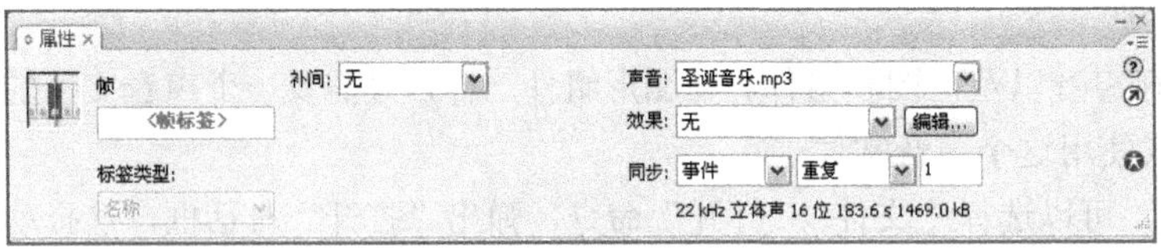

图 6–136

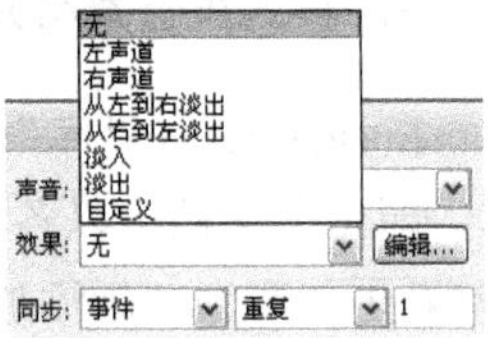

图 6–137

“无”选项：不对声音文件应用效果，选择此选项后可以删除以前应用于声音的特效。

“左声道”选项：只在左声道播放声音。

“右声道”选项：只在右声道播放声音。

“从左到右淡出”选项：声音从左声道渐变到右声道。

“从右到左淡出”选项：声音从右声道渐变到左声道。

“淡入”选项：在声音的持续时间内逐渐增加其音量。

“淡出”选项：在声音的持续时间内逐渐减小其音量。

“自定义”选项：弹出“编辑封套”对话框，通过自定义声音的淡入和淡出点，创建自己的声音效果。

“同步”选项：用于选择何时播放声音。

在 Flash 中有两种类型的声音，即事件声音和音频流。事件声音必须完全下载后才能开始播放，除非明确停止，否则它将一直连续播放。音频流在前几帧下载了足够的资料后就开始播放，音频流可以和时间轴同步，以便在 Web 站点上播放。

“重复”选项：用于指定声音循环的次数，可以在选项后的数值框中设置循环次数。

“循环”选项：用于循环播放声音。一般情况下不循环播放音频流，如果将音频流设为循环播放，帧就会添加到文件中，文件的大小就会根据声音循环播放的次数而倍增。

“编辑”按钮：单击此按钮，弹出“编辑封套”对话框，通过自定义声音的淡入和淡出点，创建自己的声音效果。

6.1.5 【实战演练】制作英文歌曲 MTV

使用“帧”命令延长动画的播放时间，使用“新建元件”命令创建影片剪辑，使用“关键帧”命令制作帧动画效果，使用“创建补间动画”命令制作白云飘过和窗户动画效果，使用声音文件为动画添加音效，使动画变得更生动。（最终效果参看光盘中的“Ch06 > 效果 > 制作英文歌曲 MTV”，如图 6-138 所示。）

图 6-138

6.2 制作英文诗歌教学片头

6.2.1 【案例分析】

网络英文教学是现在非常流行的一种教学模式。它可以根据教学的内容来设计制作生动有趣的动画效果，吸引大家浏览和学习。教学片头在设计上要注意颜色的搭配，声音与图形的出场时间要保持一致。

6.2.2 【设计理念】

在设计制作过程中，利用橘红色背景和英文的搭配，营造出英文诗歌教学的活跃气氛；通过字母 C、G 跳跃的形式配合背景声音的出场，表现出诗歌的韵律和节奏感。右上角的按钮可以左右拖动，从而帮助学习者调整适当的音量。（最终效果参看光盘中的“Ch06 > 效果 > 制作英文诗歌教学片头”，如图 6-139 所示。）

图 6-139

6.2.3 【操作步骤】

1. 导入图形并制作 C 图形动画

步骤 1 选择“文件 > 新建”命令，在弹出的“新建文档”对话框中选择“Flash 文件”选项，单击“确定”按钮，进入新建文档舞台窗口。选择“文件 > 导入 > 导入到库”命令，在弹出的“导入到库”对话框中选择“Ch06 > 素材 > 制作英文诗歌教学片头”中的“背景”、“声音”、“c”、“G”、“class”、“good”、“按钮”文件，单击“打开”按钮，文件被导入到“库”面板中，如图 6-140 所示。

步骤 2 在“属性”面板中将背景颜色设为灰色。单击“新建元件”按钮，新建图形元件“控制条”，如图 6-141 所示。选择“矩形”工具，在矩形“属性”面板中将笔触颜色设为深灰色（#999999），填充色设为白色，绘制矩形，效果如图 6-142 所示。选择“文本”工具 T，在文本工具“属性”面板中进行设置，在舞台窗口中分别输入白色的文字，效果如图 6-143 所示。

图 6-140

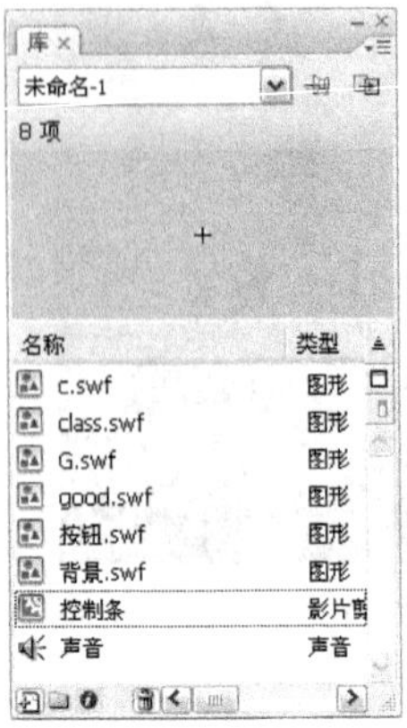

图 6-141

图 6-142

图 6-143

步骤 3 在“库”面板中选择元件“按钮”，单击鼠标右键，在弹出的快捷菜单中选择“类型 > 影片剪辑”命令，将元件转换为影片剪辑，效果如图 6-144 所示。单击“时间轴”面板下方的“场景 1”图标 场景 1，进入“场景 1”的舞台窗口。将“图层 1”重命名为“背景”。将“库”面板中的图形元件“背景”拖曳到舞台窗口中，效果如图 6-145 所示。选中“背景”图层的第 145 帧，按 F5 键在该帧上插入普通帧。

步骤 4 单击“时间轴”面板下方的“插入图层”按钮 创建新图层，并将其命名为“c1”。将“库”面板中的图形元件“c”拖曳到舞台窗口的右上角外侧，效果如图 6-146 所示。选中“c1”图层的第 10 帧，按 F6 键在该帧上插入关键帧，在舞台窗口中选中“c”实例，选择“任意变形”工具，将其缩小适当变形并放置到合适的位置，效果如图 6-147 所示。

图 6-144

图 6-145

图 6-146

图 6-147

步骤 5 用鼠标右键单击“c1”的第 1 帧，在弹出的快捷菜单中选择“创建补间动画”命令，生成动作补间动画，如图 6-148 所示。

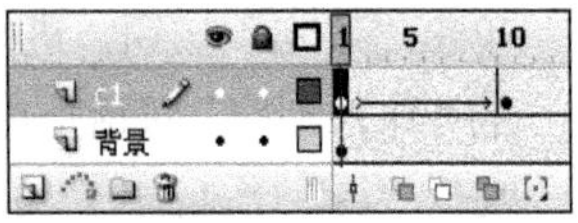

图 6-148

步骤 6 选中“c1”图层的第 11 帧，在该帧上插入关键帧，在舞台窗口中选中“c”实例，选择“任意变形”工具将其变形，效果如图 6-149 所示。

步骤 7 选中“c1”图层的第 13 帧，在选中的帧上插入关键帧，在舞台窗口中选中“c”实例，调出图形“属性”面板，分别将宽、高设为 70，舞台窗口中的效果如图 6-150 所示。

步骤 8 分别选中“c1”图层的第 15 帧、第 20 帧、第 24 帧、第 28 帧、第 30 帧、第 45 帧，在选中的帧上插入关键帧。选中“c1”图层的第 20 帧，在舞台窗口中选中“c”实例，选择“任意变形”工具将其变形，在按住 Shift 键的同时将其水平向左拖曳到合适的位置，效果如图 6-151 所示。

步骤 9 选中“c1”图层的第 24 帧，在舞台窗口中选中“c”实例，在按住 Shift 键的同时将其水平向左拖曳到合适的位置，效果如图 6-152 所示。选中“c1”图层的第 28 帧，在舞台窗口中选中“c”实例，选择“任意变形”工具将其变形，在按住 Shift 键的同时将其水平向左拖曳到舞台窗口的外侧，效果如图 6-153 所示。

图 6-149

图 6-150

图 6-151

图 6-152

图 6-153

步骤 10 选中“c1”图层的第 30 帧，在舞台窗口中选中“c”实例，在按住 Shift 键的同时将其水平向左拖曳到舞台窗口的外侧，效果如图 6-154 所示。

步骤 11 选中“c1”图层的第 45 帧，在舞台窗口中选中“c”实例，在按住 Shift 键的同时将其水平向右拖曳到舞台窗口的外侧，效果如图 6-155 所示。

步骤 12 分别用鼠标右键单击“c1”图层的第 15 帧、第 20 帧、第 24 帧、第 30 帧，在弹出的快捷菜单中选择“创建补间动画”命令，生成动作补间动画，如图 6-156 所示。

图 6-154

图 6-155

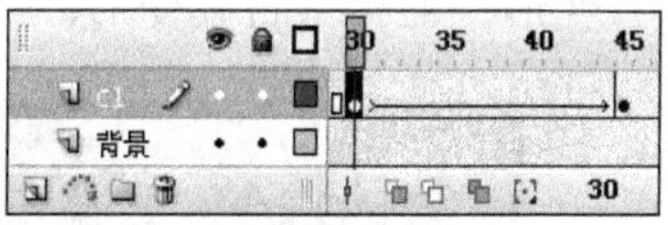

图 6-156

步骤 13 在“时间轴”面板中创建新图层并将其命名为“c2”。选中“c2”图层的第 17 帧，在该帧上插入关键帧。将“库”面板中的图形元件“c”拖曳到舞台窗口中，选择“任意变形”工具，在按住 Shift 键的同时将其等比缩小，并放置到合适的位置，效果如图 6-157 所示。

步骤 14 选中“c2”图层的第 24 帧，在该帧上插入关键帧，在舞台窗口中选中“c”实例，选择“任意变形”工具将其变形，在按住 Shift 键的同时将其竖直向下拖曳到舞台窗口的下边缘，效果如图 6-158 所示。

步骤 15 分别选中“c2”图层的第 25 帧和第 28 帧，在选中的帧上插入关键帧。选中“c2”图层的第 25 帧，在舞台窗口中选中“c”实例，选择“任意变形”工具将其变形，并放置到合适的位置，效果如图 6-159 所示。

步骤 16 分别选中“c2”图层的第 31 帧和第 35 帧，在选中的帧上插入关键帧。选中“c2”图层的第 31 帧，在舞台窗口中选中“c”实例，选择“任意变形”工具将其变形，并放置到合适的位置，效果如图 6-160 所示。

图 6-157

图 6-158

图 6-159

图 6-160

步骤 17 选中“c2”图层的第 35 帧，在舞台窗口中选中“c”实例，调出图形“属性”面板，分别将“宽”、“高”设为 62，在舞台窗口中将其放置到合适的位置，效果如图 6-161 所示。选中“c2”图层的第 43 帧，在该帧上插入关键帧，在舞台窗口中选中“c”实例，选择“任意变形”工具将其变形，并放置到合适的位置，效果如图 6-162 所示。

图 6-161

图 6-162

步骤 18 选中“c2”图层的第 50 帧，在该帧上插入关键帧，在舞台窗口中选中“c”实例，在按住 Shift 键的同时将其竖直向上拖曳到舞台上方，效果如图 6-163 所示。

步骤 19 选中“c2”图层的第 62 帧，在该帧上插入关键帧，在舞台窗口中选中“c”实例，调出图形“属性”面板，分别将“宽”、“高”设为 20，将“X”、“Y”设为 256、160，效果如图 6-164 所示。

图 6-163

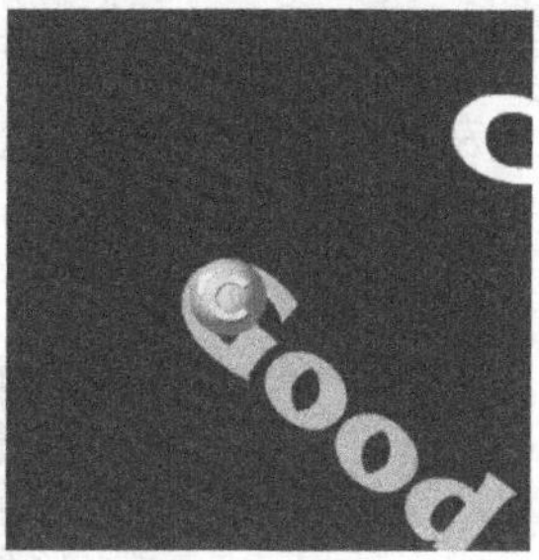

图 6-164

步骤 20 选中“c2”图层的第 67 帧，在该帧上插入关键帧，在舞台窗口中选中“c”实例，选择“任意变形”工具，在按住 Shift 键的同时将其等比放大，效果如图 6-165 所示。

步骤 21 分别选中“c2”图层的第 70 帧和第 75 帧，在选中的帧上插入关键帧。选中“c2”图层的第 75 帧，在舞台窗口中选中“c”实例，调出图形“属性”面板，在“颜色”选项下拉列表中选择“Alpha”，将其值设为 0%，舞台窗口中的效果如图 6-166 所示。

步骤 22 分别用鼠标右键单击“c2”图层的第 17 帧、第 43 帧、第 62 帧、第 70 帧，在弹出的快捷菜单中选择“创建补间动画”命令，生成动作补间动画，如图 6-167 所示。

图 6-165

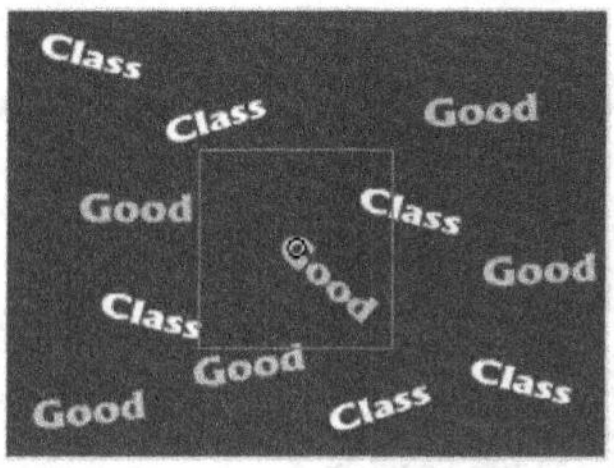

图 6-166

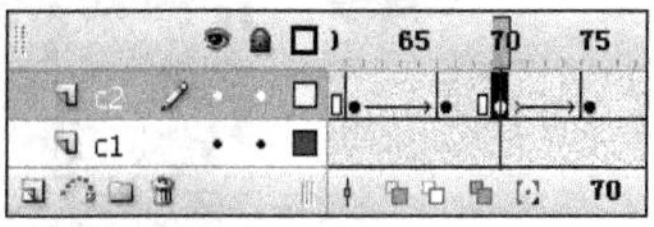

图 6-167

2. 制作 class 文字动画

步骤 1 在“时间轴”面板中创建新图层并将其命名为“class”。选中“class”图层的第 46 帧，在该帧上插入关键帧，将“库”面板中的图形元件“class”拖曳到舞台窗口的右下角外侧，效果如图 6-168 所示。

步骤 2 选中“class”图层的第 61 帧，在该帧上插入关键帧，在舞台窗口中选中“class”实例，按住 Shift 键的同时将其水平向左拖曳到舞台左下角，效果如图 6-169 所示。

步骤 3 分别选中“class”图层的第 67 帧、第 71 帧、第 76 帧，在选中的帧上插入关键帧。选中“class”图层的第 61 帧，在舞台窗口中选中“class”实例，选择“任意变形”工具，按住 Alt 键的同时拖曳右侧中间的控制点，将其变形，效果如图 6-170 所示。

图 6-168

图 6-169

图 6-170

步骤 4 选中“class”图层的第 76 帧，在舞台窗口中选中“class”实例，按住 Shift 键的同时，将其水平向左拖曳到舞台外侧，效果如图 6-171 所示。分别用鼠标右键单击“class”图层的第 46 帧、第 61 帧、第 71 帧，在弹出的快捷菜单中选择“创建补间动画”命令，生成动作补间动画，如图 6-172 所示。

图 6-171

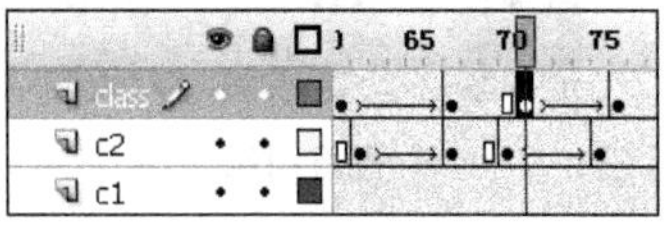

图 6-172

步骤 5 在“时间轴”面板中创建新图层并将其命名为“c3”。选中“c3”图层的第 10 帧，在该帧上插入关键帧，将“库”面板中的图形元件“c”拖曳到舞台窗口的左上角外侧，效果如图 6-173 所示。

步骤 6 选中“c3”图层的第 17 帧，在该帧上插入关键帧，在舞台窗口中选中“c”实例，选择“任意变形”工具，按住 Shift 键的同时，将其等比缩小到合适的大小，并拖曳到舞台窗口的右侧，效果如图 6-174 所示。

图 6-173

图 6-174

步骤 7 选中“c3”图层的第 24 帧，在该帧上插入关键帧，在舞台窗口中选中“c”实例，调出图形“属性”面板，选中“颜色”选项下拉列表中的“Alpha”，将其值设为 0%，舞台窗口中的效果如图 6-175 所示。

步骤 8 分别用鼠标右键单击“c3”图层的第 10 帧和第 17 帧，在弹出的快捷菜单中选择“创建补间动画”命令，生成动作补间动画，如图 6-176 所示。

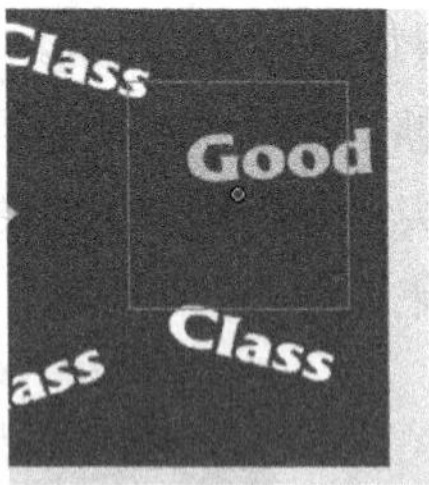

图 6-175

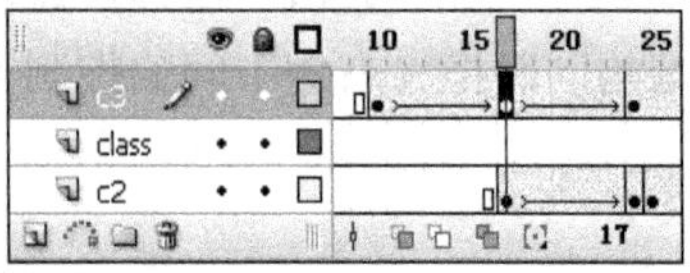

图 6-176

3. 导入 G 图形动画

步骤 1 在“时间轴”面板中创建新图层并将其命名为“g1”。选中“g1”图层的第 82 帧，在该帧上插入关键帧，将“库”面板中的图形元件“g”拖曳到舞台窗口中，选择“任意变形”

工具，按住 Shift 键的同时，将其等比缩小到合适的大小，并放置到合适的位置，效果如图 6-177 所示。

步骤 2 选中“g1”图层的第 87 帧，在该帧上插入关键帧，在舞台窗口中选中“g”实例，选择“任意变形”工具，将其适当变形，按住 Shift 键的同时将其竖直向下拖曳到合适的位置，效果如图 6-178 所示。

图 6-177

图 6-178

步骤 3 分别选中“g1”图层的第 88 帧和第 90 帧，在选中的帧上插入关键帧。选中“g1”图层的第 88 帧，在舞台窗口中选中“g”实例，选择“任意变形”工具，将其适当变形，效果如图 6-179 所示。

步骤 4 选中“g1”图层的第 92 帧，在该帧上插入关键帧，在舞台窗口中选中“g”实例，调出图形“属性”面板，分别将“宽”、“高”设为 95，舞台窗口中的效果如图 6-180 所示。

步骤 5 选中“g1”图层的第 103 帧，在该帧上插入关键帧，在舞台窗口中选中“g”实例，按住 Shift 键的同时将其水平向右拖曳到舞台窗口外侧，效果如图 6-181 所示。

图 6-179

图 6-180

图 6-181

步骤 6 分别用鼠标右键单击“g1”图层的第 82 帧和第 92 帧，在弹出的快捷菜单中选择“创建补间动画”命令，生成动作补间动画，如图 6-182 所示。选中“g1”图层的第 92 帧，调出帧“属性”面板，选择“旋转”下拉列表中的“顺时针”选项。

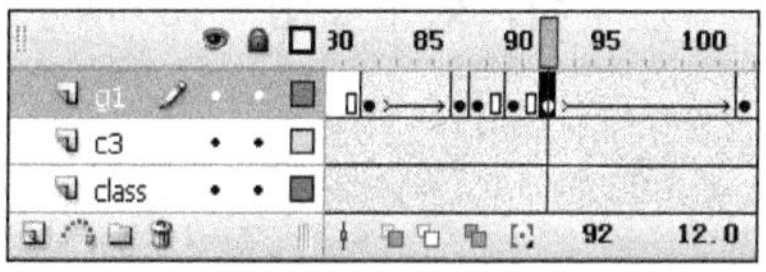

图 6-182

4. 制作 Good 文字动画

步骤 1 在“时间轴”面板中创建新图层并将其命名为“good”。选中“good”图层的第 114 帧，在该帧上插入关键帧，将“库”面板中的图形元件“good”拖曳到舞台窗口的左下角外侧，效果如图 6-183 所示。

步骤 2 选中“good”图层的第 133 帧，在该帧上插入关键帧，在舞台窗口中选中“good”实例，按住 Shift 键的同时将其水平向右拖曳到舞台窗口的外侧，效果如图 6-184 所示。

图 6-183

图 6-184

步骤 3 选中“good”图层的第 134 帧，在该帧上插入关键帧，在舞台窗口中选中“good”实例，将其拖曳到舞台窗口的中间位置，效果如图 6-185 所示。

步骤 4 选中“good”图层的第 139 帧，在该帧上插入关键帧。选中“good”图层的第 134 帧，在舞台窗口中选中“good”实例，按住 Shift 键的同时将其等比缩小到合适的大小，并将其竖直向上拖曳到舞台上方，效果如图 6-186 所示。

图 6-185

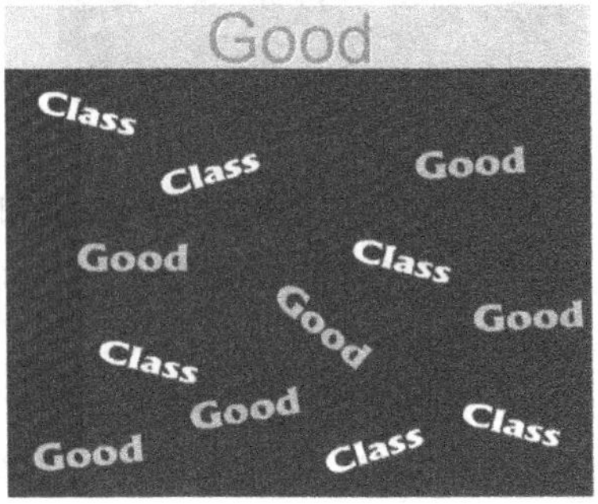

图 6-186

步骤 5 分别用鼠标右键单击“good”图层的第 114 帧和第 134 帧，在弹出的快捷菜单中选择“创建补间动画”命令，生成动作补间动画，如图 6-187 所示。

步骤 6 在“时间轴”面板中创建新图层并将其命名为“g2”。选中“g2”图层的第 76 帧，在该帧上插入关键帧，将“库”面板中的图形元件“g”拖曳到舞台窗口中，选择“任意变形”工具，按住 Shift 键的同时将其等比缩小到合适的大小，并放置到舞台窗口的右上角外侧，效果如图 6-188 所示。

步骤 7 选中“g2”图层的第 82 帧，在该帧上插入关键帧，在舞台窗口中选中“g”实例，选择“任意变形”工具，按住 Shift 键的同时将其等比放大到合适的大小，并拖曳到舞台窗口的左下角，效果如图 6-189 所示。

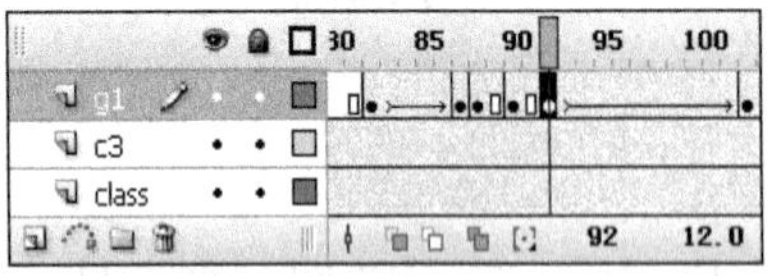

图 6-187

图 6-188

图 6-189

步骤 8 选中“g2”图层的第 91 帧，在该帧上插入关键帧，在舞台窗口中选中“g”实例，按住 Shift 键的同时将其水平向左拖曳到舞台窗口的外侧，效果如图 6-190 所示。

步骤 9 选中“g2”图层的第 93 帧，在该帧上插入关键帧，在舞台窗口中选中“g”实例，调出图形“属性”面板，分别将宽、高设为 199，选择“颜色”选项下拉列表中的“Alpha”，将其值设为 0%，在舞台窗口中将“g”实例拖曳到舞台的中间位置，效果如图 6-191 所示。

图 6-190

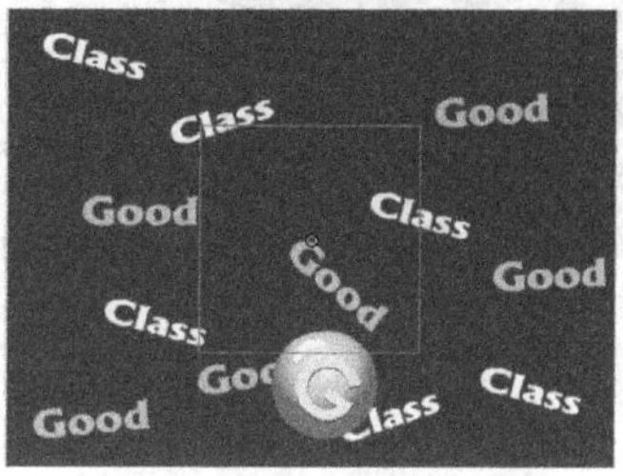

图 6-191

步骤 10 选中“g2”图层的第 100 帧，在该帧上插入关键帧，在舞台窗口中选中“g”实例，选择“任意变形”工具，按住 Shift 键的同时将其等比缩小到合适的大小。调出图形“属性”面板，选择“颜色”选项下拉列表中的“Alpha”，将其值设为 100%，舞台窗口中的效果如图 6-192 所示。

步骤 11 选中“g2”图层的第 105 帧，在该帧上插入关键帧，在舞台窗口中选中“g”实例，按住 Alt 键的同时拖动“g”实例，将其复制。选中复制出来的“g”实例，选择“任意变形”工具，按住 Shift 键的同时将其等比缩小到合适的大小，并放置到合适的位置，效果如图 6-193 所示。

图 6-192

图 6-193

步骤 12 选中“g2”图层的第 107 帧，在该帧上插入关键帧，在舞台窗口中选中两个“g”实例，按住 Alt 键的同时拖动“g”实例，将其复制，并将复制出来的“g”实例放置到与小“g”实例大致相同的位置，将其覆盖，效果如图 6-194 所示。

步骤 13 选中“g2”图层的第 110 帧～第 145 帧，用鼠标右键单击被选中的帧，在弹出的快捷菜单中选择“删除帧”命令，将被选中的帧删除，如图 6-195 所示。

步骤 14 分别用鼠标右键单击“g2”图层的第 76 帧、第 82 帧、第 93 帧，在弹出的快捷菜单中选择“创建补间动画”命令，生成动作补间动画，如图 6-196 所示。选中“g1”图层的第 82 帧，调出帧“属性”面板，选择“旋转”下拉列表中的“逆时针”选项。

步骤 15 在“时间轴”面板中创建新图层并将其命名为“g3”。选中“g3”图层的第 123 帧，在该帧上插入关键帧，将“库”面板中的图形元件“g”拖曳到舞台窗口中。选择“任意变形”工具，按住 Shift 键的同时将其等比缩小到合适的大小，并放置到舞台窗口的上方，效果如图 6-197 所示。

步骤 16 选中“g3”图层的第 129 帧，在该帧上插入关键帧，在舞台窗口中选中“g”实例，按住 Shift 键的同时将其竖直向下拖曳到合适的位置，效果如图 6-198 所示。

图 6-194

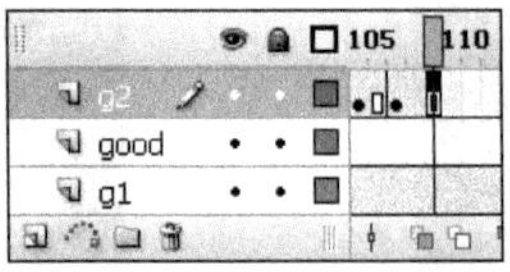

图 6-195

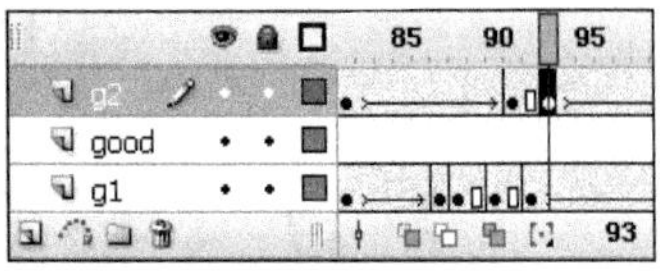

图 6-196

图 6-197

图 6-198

步骤 17 用鼠标右键单击“g3”图层的第 123 帧，在弹出的快捷菜单中选择“创建补间动画”命令，生成动作补间动画，如图 6-199 所示。在“时间轴”面板中创建新图层并将其命名为“声音”，将“库”面板中的声音文件“声音”拖曳到舞台窗口中。

步骤 18 在“时间轴”面板中创建新图层并将其命名为“控制条”，将“库”面板中的影片剪辑元件“控制条”拖曳到舞台窗口中，效果如图 6-200 所示。在影片剪辑“属性”面板的“实例名称”文本框中输入“bar_sound”，如图 6-201 所示。

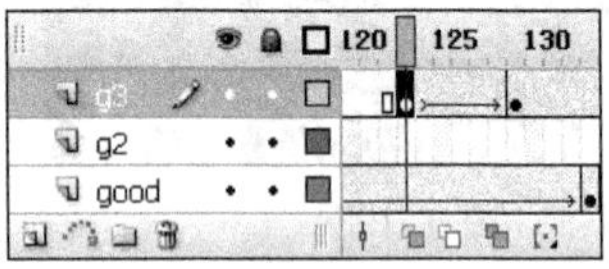

图 6-199

图 6-200

图 6-201

步骤 19 在“时间轴”面板中创建新图层并将其命名为“按钮”，将“库”面板中的影片剪辑元件“按钮”拖曳到舞台窗口中，效果如图 6-202 所示。在影片剪辑“属性”面板的“实例名称”文本框中输入“bar_con2”，如图 6-203 所示。

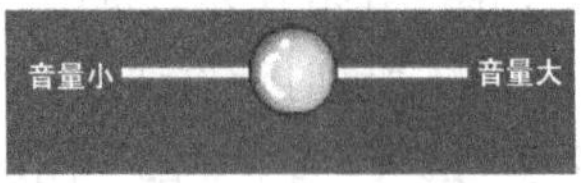

图 6-202

图 6-203

步骤 20 在“时间轴”面板中创建新图层并将其命名为“动作脚本”，调出“动作”面板，在“动作”面板中设置脚本语言，“脚本窗口”中显示的效果如图 6-204 所示。设置好动作脚本后关闭“动作”面板，在“动作脚本”图层的第 1 帧上显示出一个标记“a”。

步骤 21 用鼠标右键单击“库”面板中的声音文件“声音”，在弹出的快捷菜单中选择“链接”

命令，弹出“链接属性”对话框，选中“为 ActionScript 导出”复选框，“在第一帧导出”复选框也随之被选中，在“标识符”文本框中输入“one”，如图 6-205 所示，单击“确定”按钮，英文诗歌教学片头制作完成，按 Ctrl+Enter 组合键即可查看效果。

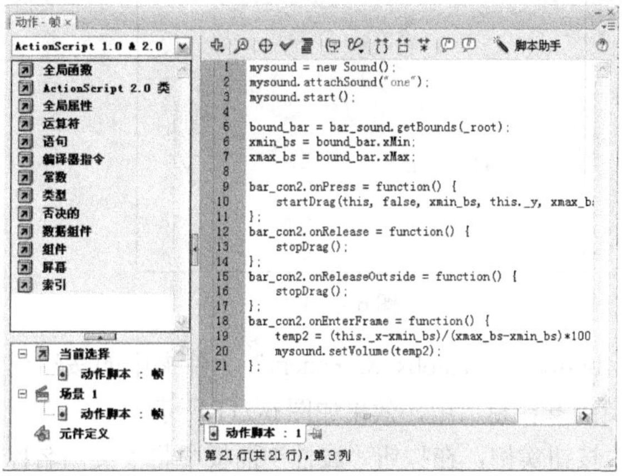

图 6-204

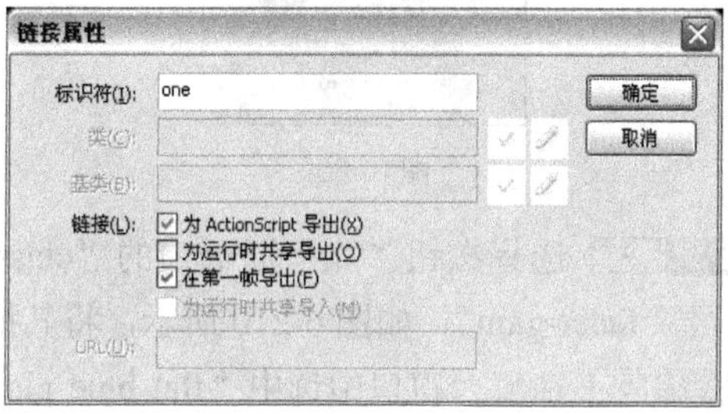

图 6-205

6.2.4 【相关工具】控制声音

步骤 1 新建空白文档。选择“文件 > 导入 > 导入到库”命令，在弹出的“导入到库”对话框中选择“背景音乐”声音文件，单击“打开”按钮，声音文件被导入到“库”面板中，如图 6-206 所示。

步骤 2 使用鼠标右键单击“库”面板中的声音文件，在弹出的快捷菜单中选择“链接”命令，弹出“链接属性”对话框，勾选“为 ActionScript 导出”复选框和“在第一帧导出”复选框，在“标识符”文本框中输入“music”(此命令在将文件设置为 ActionScript 1.0&2.0 版本时才为可用)，如图 6-207 所示，单击“确定”按钮。

图 6-206

图 6-207

步骤 3 选择“窗口 > 公用库 > 按钮”命令，弹出公用库中的按钮“库”面板（此面板是系统所提供的），选择按钮“库”面板中的“playback flat”文件夹中的按钮元件“flat blue pause”和“flat blue play”，如图 6-208 所示，将其拖曳到舞台窗口中，效果如图 6-209 所示。

图 6-208

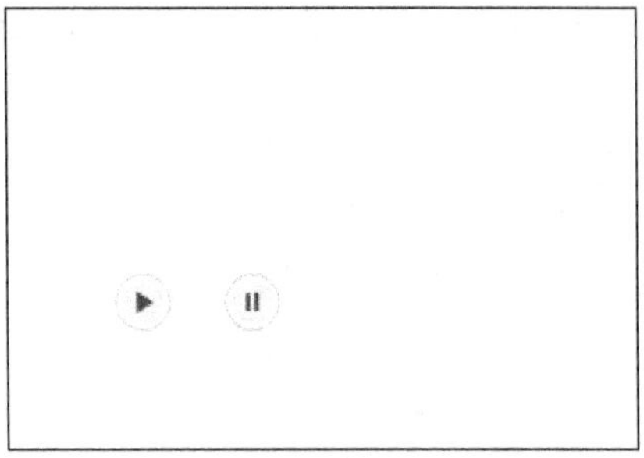

图 6-209

步骤 4 选择按钮“库”面板中的“classic buttons > Knobs & Faders”文件夹中的按钮元件“fader-gain”，如图 6-210 所示，将其拖曳到舞台窗口中，效果如图 6-211 所示。

步骤 5 在舞台窗口中选中“flat blue play”按钮实例，在按钮“属性”面板中将“实例名称”设为 bofang，如图 6-212 所示。在舞台窗口中选中“flat blue pause”按钮实例，在按钮“属性”面板中将“实例名称”设为 ting，如图 6-213 所示。

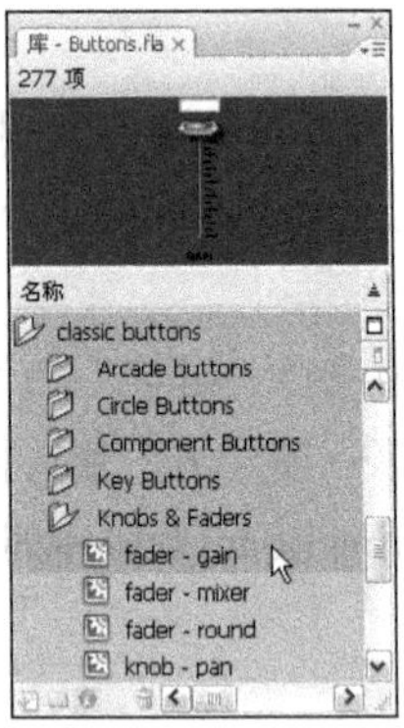

图 6-210

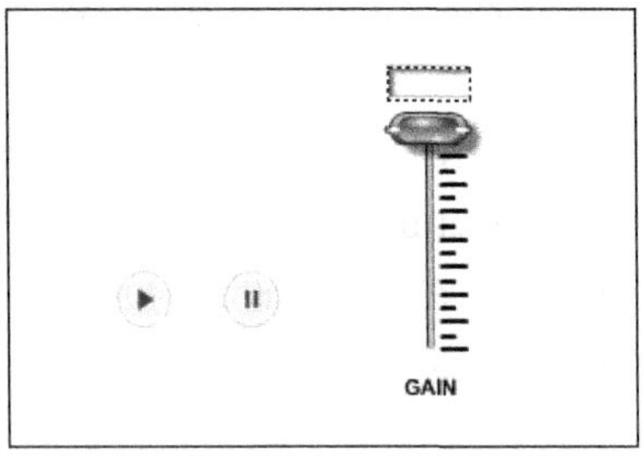

图 6-211

图 6-212

图 6-213

步骤 6 选中“flat blue play”按钮实例，选择“窗口 > 动作”命令，弹出“动作”面板，在面板的左上方将脚本语言设置为 ActionScript 1.0&2.0 版本，在“脚本窗口”中设置脚本语言。

```
on (press) {
    mymusic.start();
    _root.bofang._visible=false
    _root.ting._visible=true
}
```

“动作”面板中的效果如图 6-214 所示。

选中“flat blue pause”按钮实例，在“动作”面板的“脚本窗口”中设置脚本语言。

```
on (press) {
    mymusic.stop();
    _root.ting._visible=false
    _root.bofang._visible=true
}
```

“动作”面板中的效果如图 6-215 所示。

图 6–214

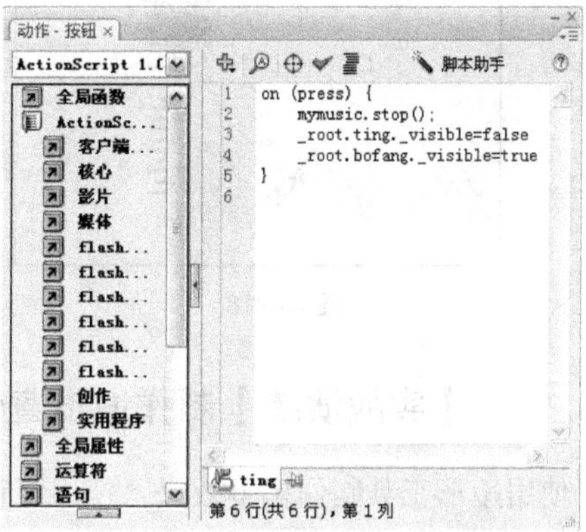

图 6–215

在“时间轴”面板中选中“图层 1”的第 1 帧，在“动作”面板的“脚本窗口”中设置脚本语言。

```
mymusic = new Sound();
mymusic.attachSound("music");
mymusic.start();
_root.bofang._visible=false
```

“动作”面板中的效果如图 6-216 所示。

步骤 7 在“库”面板中双击影片剪辑元件“fader-gain”，舞台窗口随之转换为影片剪辑元件“fader-gain”的舞台窗口。在“时间轴”面板中选中图层“Layer 4”的第 1 帧，在“动作”面板中显示出脚本语言。将脚本语言的最后一句“sound.setVolume(level)”改为“_root.mymusic.setVolume(level)”，如图 6-217 所示。

图 6–216

图 6–217

步骤 8 单击“时间轴”面板下方的“场景 1”图标，进入“场景 1”的舞台窗口。将舞台窗口中的“flat blue play”按钮实例放置在“flat blue pause”按钮实例的上方，将“flat blue pause”按钮实例覆盖，效果如图 6-218 所示。

步骤 9 选中“flat blue play”按钮实例，选择“修改 > 排列 > 下移一层”命令，将“flat blue play”按钮实例移动到“flat blue pause”按钮实例的下方，效果如图 6-219 所示。按 Ctrl+Enter 组合键即可查看动画效果。

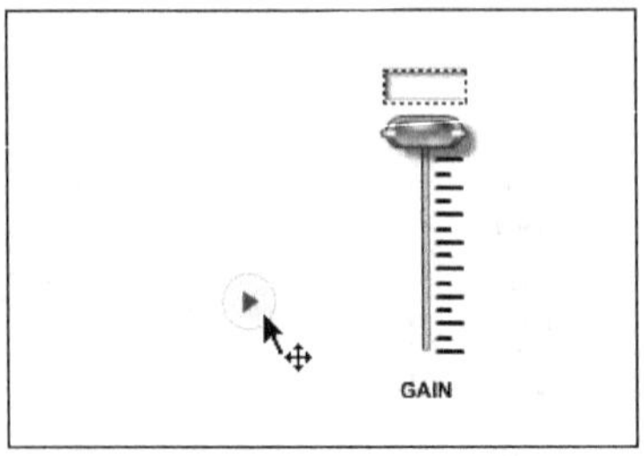

图 6-218

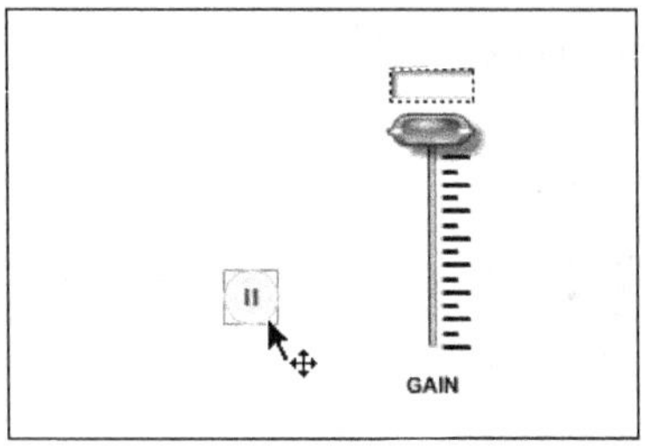

图 6-219

6.2.5 【实战演练】制作城市宣传片

使用矩形工具制作黑幕效果，使用声音文件为动画添加背景音乐，使用“创建补间动画”命令制作动画效果，使用“属性”面板和“动作”面板控制声音音量的大小。（最终效果参看光盘中的“Ch06 > 效果 > 制作城市宣传片”，如图 6-220 所示。）

图 6-220

6.3 制作蛋糕制作片头

6.3.1 【案例分析】

蛋糕是一种面食，一般是以烘烤的方式制作出来的。本例的美食节目是为喜爱做面点的朋友们介绍一种蛋糕的制作方法。按照节目介绍的配方及制作方法，就可烘烤出松软可口、风味独特的蛋糕。

6.3.2 【设计理念】

在设计制作过程中，背景设计为心形花边图案，营造出生动有趣的画面效果。动画中运用了制作蛋糕的整个过程，包括添加面粉、打鸡蛋、搅拌、放进烤箱等操作。最后添加声音特效，使画面变得更加活泼有趣。（最终效果参看光盘中的“Ch06 > 效果 > 制作蛋糕制作片头”，如图 6-221 所示。）

图 6-221

6.3.3 【操作步骤】

1. 导入素材制作热气图形

步骤 1 选择“文件 > 新建”命令，在弹出的“新建文档”对话框中选择“Flash 文件”选项，单击“确定”按钮，进入新建文档舞台窗口。按 Ctrl+F3 组合键，弹出文档“属性”面板，在“属性”面板中单击“发布”选项后面的按钮，弹出“发布设置”对话框，选择“版本”选项下拉列表中的“Flash Player 8”，如图 6-222 所示，单击“确定”按钮，完成设置。

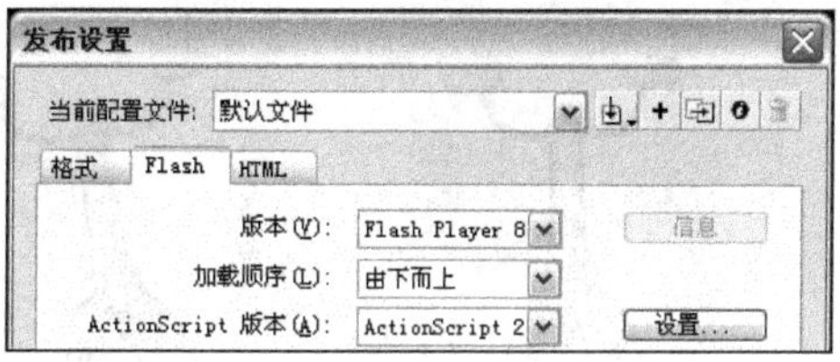

图 6-222

步骤 2 选择“文件 > 导入 > 导入到库”命令，在弹出的“导入到库”对话框中选中所有的文件，单击“打开”按钮，文件被导入到“库”面板中，如图 6-223 所示。

步骤 3 在“库”面板下方单击“新建元件”按钮，弹出“创建新元件”对话框，在“名称”文本框中输入“热气”，选中“图形”单选项，单击“确定”按钮，新建图形元件“热气”，如图 6-224 所示，舞台窗口也随之转换为图形元件的舞台窗口。

步骤 4 选择“铅笔”工具，在工具箱中将笔触颜色设为黑色，在舞台窗口中绘制数条曲线，效果如图 6-225 所示。

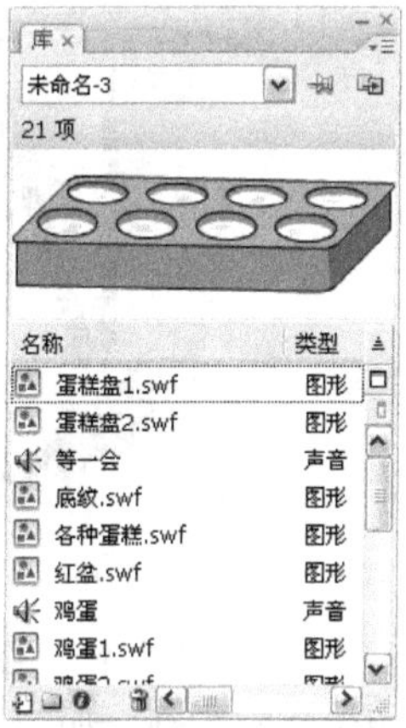

图 6-223

图 6-224

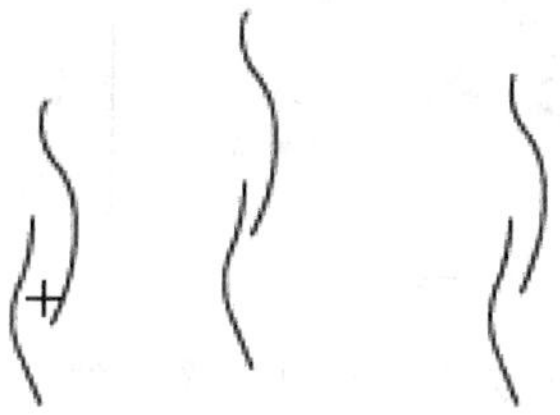

图 6-225

2. 制作搅拌器搅拌和钟表效果

步骤 1 单击“新建元件”按钮，新建影片剪辑元件“搅拌器动”。将“库”面板中的图形元件“搅拌器”拖曳到舞台窗口中，选择“任意变形”工具，将其旋转到合适的角度，效果如图 6-226 所示。

步骤 2 选中“图层 1”的第 4 帧，按 F5 键在该帧上插入普通帧。选中“图层 1”的第 3 帧，按 F6 键在该帧上插入关键帧，在舞台窗口中选中“搅拌器”实例，选择“任意变形”工具，将其适当旋转并放置到合适的位置，效果如图 6-227 所示。

步骤 3 单击“时间轴”面板下方的“插入图层”按钮，新建“图层 2”。选择“铅笔”工具，调出铅笔工具“属性”面板，将“笔触高度”设为 0.75，在舞台窗口中绘制曲线，效果如图 6-228 所示。

步骤 4 选中“图层 2”的第 3 帧，在该帧上插入关键帧，在舞台窗口中选中所有的曲线，选择“任意变形”工具，将其适当旋转并放置到合适的位置，效果如图 6-229 所示。

图 6-226

图 6-227

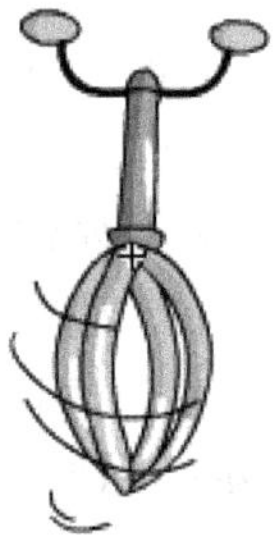
图 6-228

图 6-229

步骤 5 单击“新建元件”按钮，新建影片剪辑元件“钟表动”。将“图层 1”重命名为“钟表”。将“库”面板中的位图“钟表”拖曳到舞台窗口中，效果如图 6-230 所示。选中“钟表”图层的第 23 帧，在该帧上插入普通帧，如图 6-231 所示。

步骤 6 在“时间轴”面板中创建新图层并将其命名为“秒针”。将“库”面板中的图形元件“秒针”拖曳到舞台窗口中，效果如图 6-232 所示。选择“任意变形”工具，将中心点拖曳到表盘的中心点上，效果如图 6-233 所示。

图 6-230

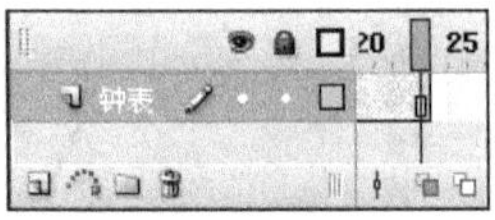

图 6-231

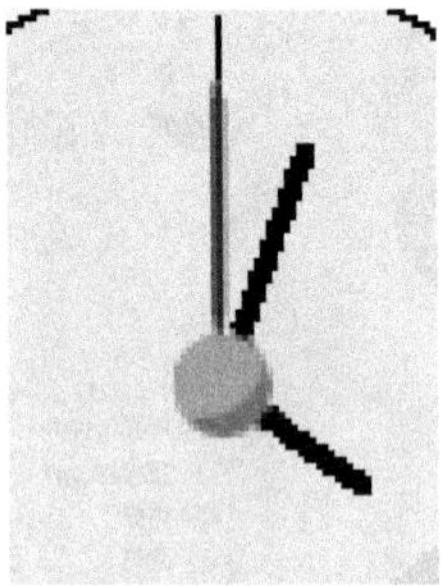
图 6-232

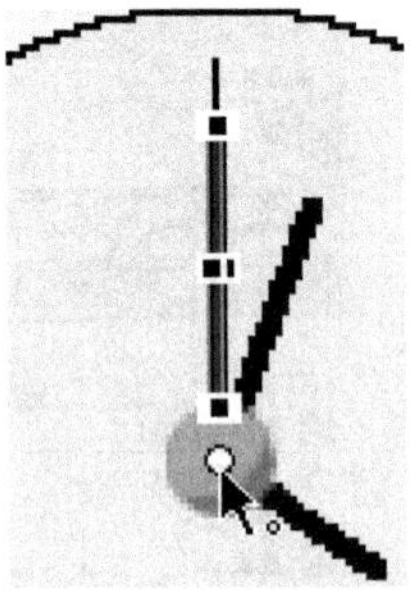
图 6-233

步骤 7 选中“秒针”图层的第 23 帧，在该帧上插入关键帧。用鼠标右键单击“秒针”图层的第 1 帧，在弹出的快捷菜单中选择“创建补间动画”命令，生成动作补间动画，如图 6-234 所示。调出帧“属性”面板，选择“旋转”选项下拉列表中的“顺时针”，如图 6-235 所示。

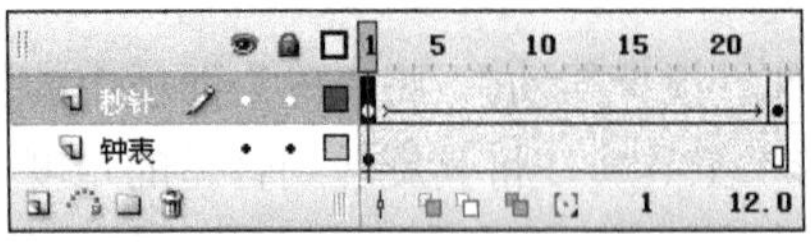

图 6-234

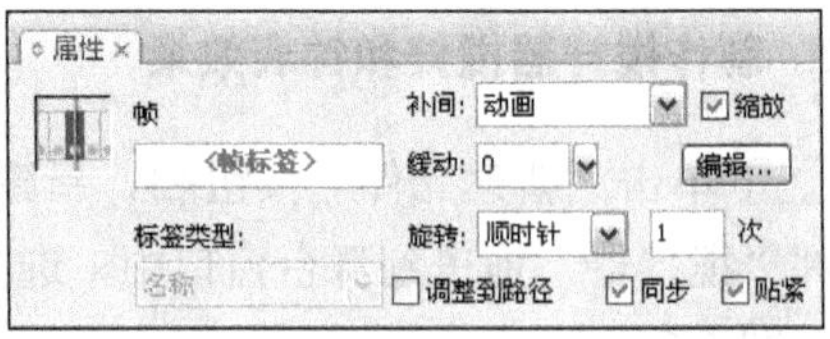

图 6-235

3. 制作添加面粉和打鸡蛋效果

步骤 1 单击“新建元件”按钮，新建影片剪辑元件“动画 1”。将“图层 1”重命名为“红盆”。将“库”面板中的图形元件“红盆”拖曳到舞台窗口中，效果如图 6-236 所示。选中“红盆”图层的第 112 帧，在该帧上插入普通帧，如图 6-237 所示。

图 6-236

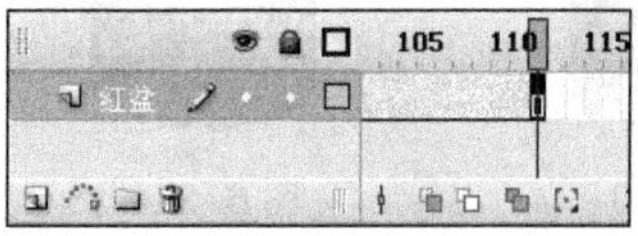

图 6-237

步骤 2 在“时间轴”面板中创建新图层并将其命名为“面粉”。选中“面粉”图层的第 24 帧，在该帧上插入关键帧。将“库”面板中的图形元件“面粉”拖曳到舞台窗口中，效果如图 6-238 所示。

步骤 3 单击“插入图层”按钮，新建“图层 3”。选中“图层 3”的第 24 帧，在该帧上插入关键帧。选择“椭圆”工具，在工具箱中将笔触颜色设为无，填充色设为灰色（#CCCCCC），在舞台窗口中绘制一个椭圆，效果如图 6-239 所示。选中“图层 3”的第 36 帧，在该帧上插入关键帧。选中“图层 3”的第 24 帧，在舞台窗口中选中椭圆图形，选择“任意变形”工具，将其向下压缩到最小，效果如图 6-240 所示。

图 6-238

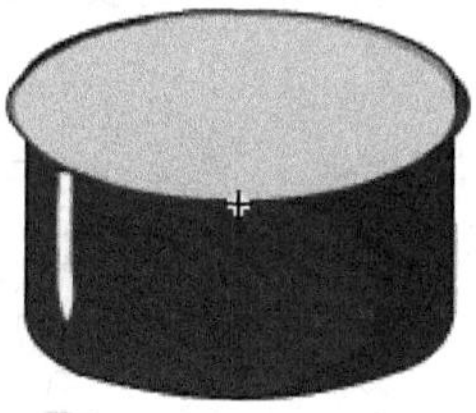

图 6-239

图 6-240

步骤 4 选中“图层 3”的第 24 帧，调出帧“属性”面板，选择“补间”选项下拉列表中的“形状”，生成形状补间动画，如图 6-241 所示。用鼠标右键单击“图层 3”的图层名称，在弹出的快捷菜单中选择“遮罩层”命令，将“图层 3”转换为遮罩层，如图 6-242 所示。

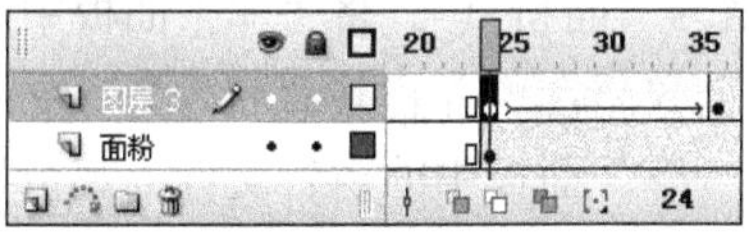

图 6-241

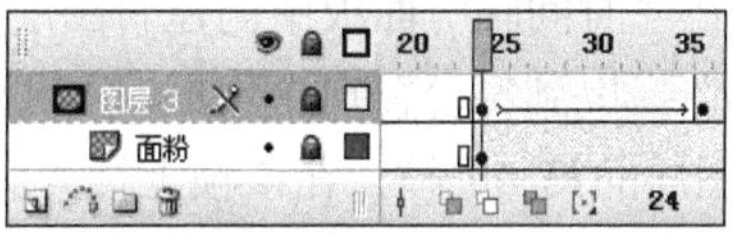

图 6-242

步骤 5 在“时间轴”面板中创建新图层并将其命名为“鸡蛋 1”。选中“鸡蛋 1”图层的第 47 帧，在该帧上插入关键帧。将“库”面板中的图形元件“鸡蛋 1”拖曳到舞台窗口中，效果如图 6-243 所示。

步骤 6 选中“鸡蛋 1”图层的第 59 帧，在该帧上插入关键帧。在舞台窗口中选中“鸡蛋 1”实例，按住 Shift 键的同时将其竖直向下拖曳到合适的位置，效果如图 6-244 所示。选中“鸡蛋 1”图层的第 60 帧，在该帧上插入空白关键帧。

步骤 7 用鼠标右键单击“鸡蛋 1”图层的第 47 帧，在弹出的快捷菜单中选择“创建补间动画”命令，生成动作补间动画，如图 6-245 所示。

图 6-243

图 6-244

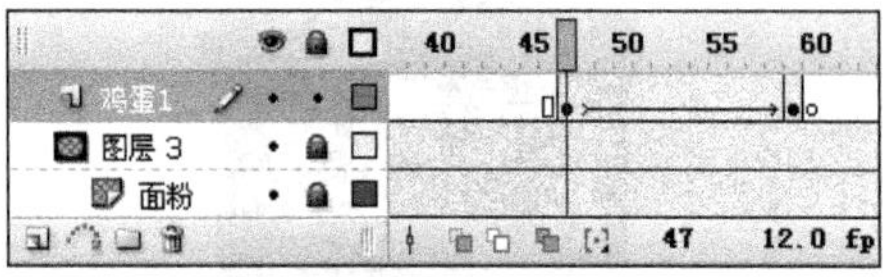

图 6-245

步骤 8 在“时间轴”面板中创建新图层并将其命名为“鸡蛋 2”。选中“鸡蛋 2”图层的第 60 帧，在该帧上插入关键帧。单击“时间轴”面板中的“编辑多个帧”按钮，如图 6-246 所示，此时绘图纸标记范围内的帧上的对象将同时显示在舞台窗口中，效果如图 6-247 所示。

步骤 9 将“库”面板中的图形元件“鸡蛋 2”拖曳到舞台窗口中，效果如图 6-248 所示。选中“鸡蛋 2”图层的第 70 帧，在该帧上插入空白关键帧。在“时间轴”面板中创建新图层并将其命名为“鸡蛋 3”。选中“鸡蛋 3”图层的第 70 帧，在该帧上插入关键帧。将“库”面板中的图形元件“鸡蛋 3”拖曳到舞台窗口中，效果如图 6-249 所示。选中“鸡蛋 3”图层的第 99 帧，在该帧上插入空白关键帧。

步骤 10 在“时间轴”面板中创建新图层并将其命名为“搅拌器动”。选中“搅拌器动”图层的第 99 帧，在该帧上插入关键帧。将“库”面板中的影片剪辑元件“搅拌器动”拖曳到舞台窗口中，效果如图 6-250 所示。

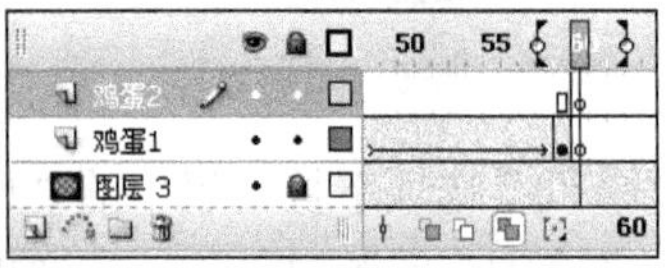

图 6-246

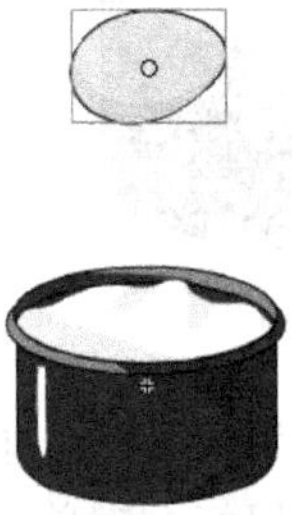

图 6-247

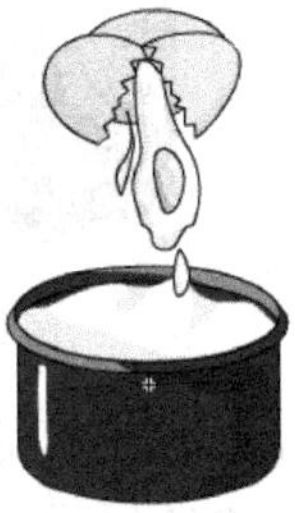

图 6-248

图 6-249

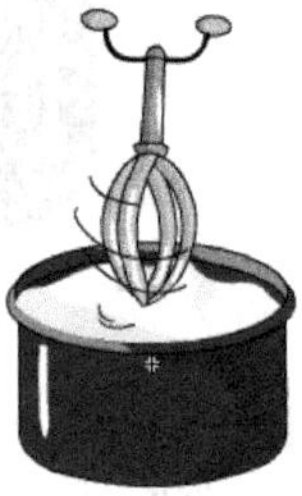

图 6-250

步骤 11 在“时间轴”面板中创建新图层并将其命名为“面粉 1”。将“库”面板中的声音文件“面粉”拖曳到舞台窗口中。在“时间轴”面板中创建新图层并将其命名为“鸡蛋”，选中“鸡蛋”图层的第 40 帧，在该帧上插入关键帧。将“库”面板中的声音文件“鸡蛋”拖曳到舞台窗口中，“时间轴”面板上的效果如图 6-251 所示。

步骤 12 在“时间轴”面板中创建新图层并将其命名为“动作脚本”。选中“动作脚本”图层的第 112 帧，在该帧上插入关键帧。选择“窗口 > 动作”命令，弹出“动作”面板，在“动作”面板中设置脚本语言，“脚本窗口”中显示的效果如图 6-252 所示。设置好动作脚本后关闭“动作”面板。在“动作脚本”图层的第 112 帧上显示出一个标记“a”。

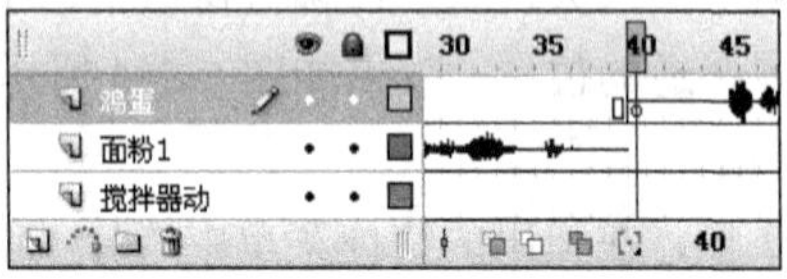

图 6-251

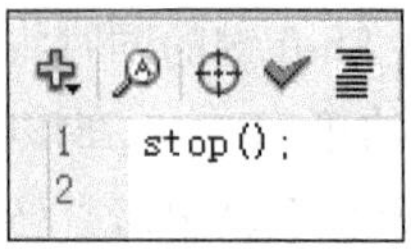

图 6-252

4. 制作烤蛋糕效果

步骤 1 单击“新建元件”按钮，新建影片剪辑元件“动画 2”。将“图层 1”重命名为“微波炉 1”。将“库”面板中的图形元件“微波炉 1”拖曳到舞台窗口中，效果如图 6-253 所示。选中“微波炉 1”图层的第 24 帧，在该帧上插入普通帧。

步骤 2 在“时间轴”面板中创建新图层并将其命名为“蛋糕盘 1”。选中“蛋糕盘 1”图层的第 5 帧，在该帧上插入关键帧。将“库”面板中的图形元件“蛋糕盘 1”拖曳到舞台窗口中，效果如图 6-254 所示。

步骤 3 选中“蛋糕盘 1”图层的第 18 帧，在该帧上插入关键帧，在舞台窗口中选中“蛋糕盘 1”实例，选择“任意变形”工具，按住 Shift 键的同时将其等比缩小并放置到合适的位置，效果如图 6-255 所示。

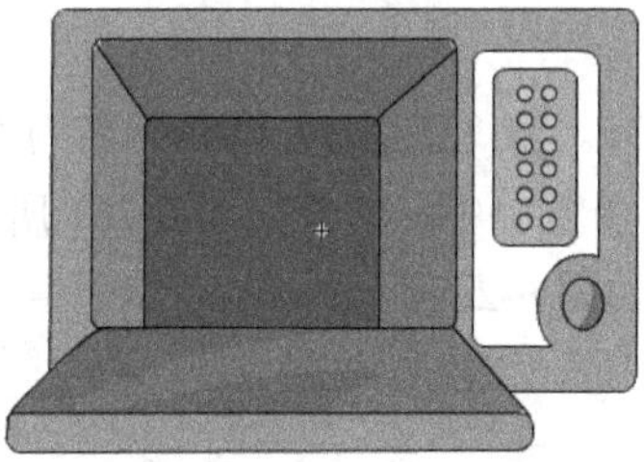
图 6-253

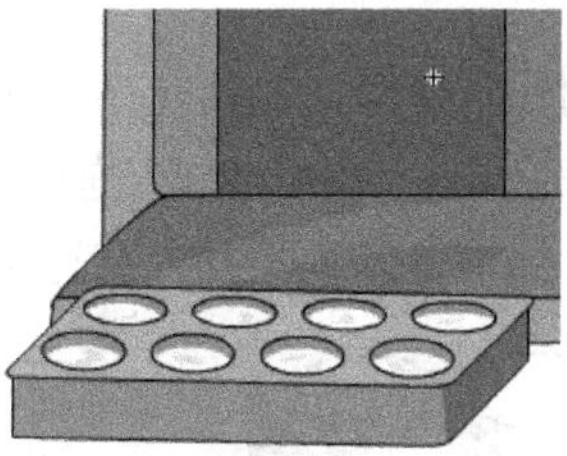
图 6-254

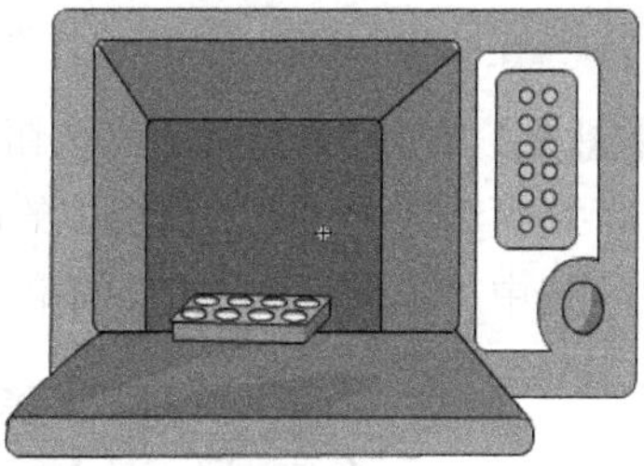
图 6-255

步骤 4 用鼠标右键单击“蛋糕盘 1”的第 5 帧，在弹出的快捷菜单中选择“创建补间动画”命令，生成动作补间动画，如图 6-256 所示。

步骤 5 在“时间轴”面板中创建新图层并将其命名为“微波炉 2”。选中“微波炉 2”图层的第 25 帧，在该帧上插入关键帧。单击“时间轴”面板中的“编辑多个帧”按钮，绘图纸标记范围内的帧上的对象将同时显示在舞台中。将“库”面板中的图形元件“微波炉 2”拖曳到舞台窗口中与“微波炉 1”实例重合的位置，效果如图 6-257 所示。选中“微波炉 2”图层的第 41 帧，在该帧上插入普通帧。

步骤 6 在“时间轴”面板中创建新图层并将其命名为“钟表动”。选中“钟表动”图层的第 42 帧，在该帧上插入关键帧。将“库”面板中的影片剪辑元件“钟表动”拖曳到舞台窗口中，效果如图 6-258 所示。选中“钟表动”图层的第 87 帧，在该帧上插入普通帧。

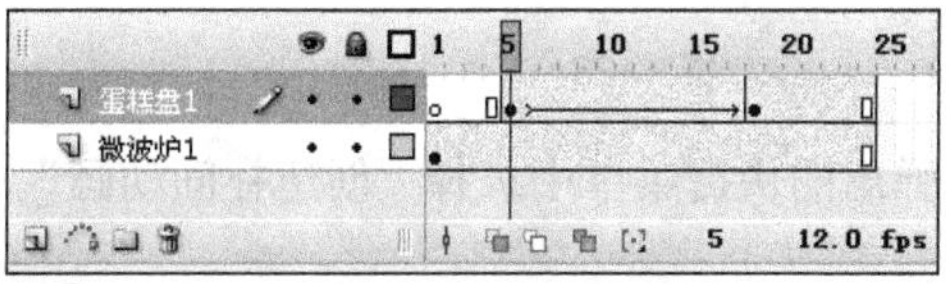

图 6-256

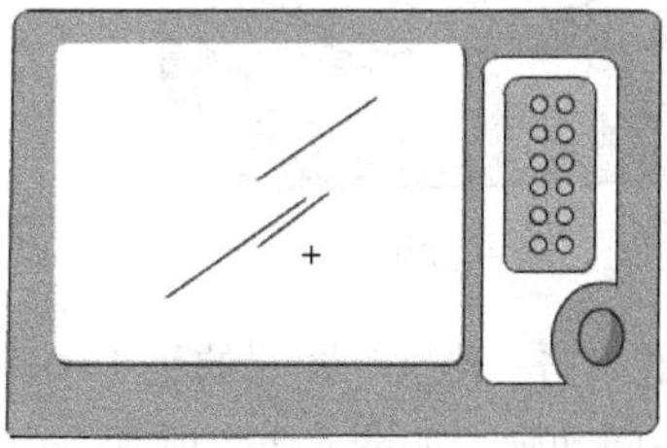
图 6-257

图 6-258

步骤 7 在“时间轴”面板中创建新图层并将其命名为“倒进模子”。将“库”面板中的声音文件“烤箱”拖曳到舞台窗口中。在“时间轴”面板中创建新图层并将其命名为“等一会”。

选中“等一会”图层的第 42 帧，在该帧上插入关键帧。将“库”面板中的声音文件“等一会”拖曳到舞台窗口中。在“时间轴”面板中创建新图层并将其命名为“时间”。选中“时间”图层的第 45 帧，在该帧上插入关键帧。将“库”面板中的声音文件“时间”拖曳到舞台窗口中，“时间轴”面板上的效果如图 6-259 所示。

步骤 8 在“时间轴”面板中创建新图层并将其命名为“动作脚本”。选中“动作脚本”图层的第 87 帧，在该帧上插入关键帧。选择“窗口 > 动作”命令，弹出“动作”面板，在“动作”面板中设置脚本语言，“脚本窗口”中显示的效果如图 6-260 所示。设置好动作脚本后关闭“动作”面板。在“动作脚本”图层的第 87 帧上显示出一个标记“a”。

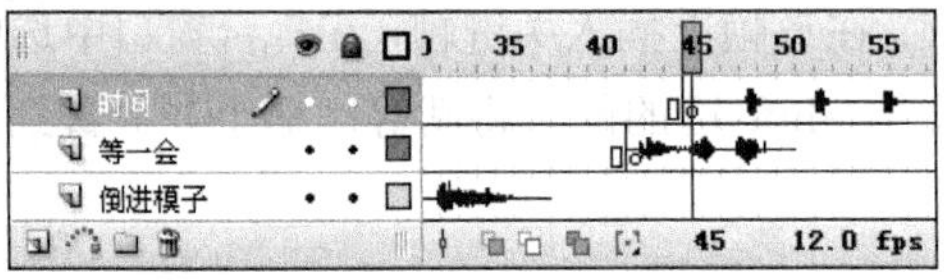

图 6-259

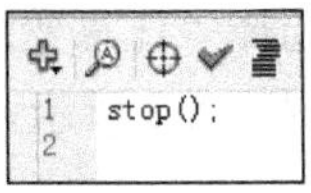

图 6-260

步骤 9 单击“新建元件”按钮，新建影片剪辑元件“动画 3”。将“图层 1”重新命名为“蛋糕盘 2”。将“库”面板中的图形元件“蛋糕盘 2”拖曳到舞台窗口中，效果如图 6-261 所示。选中“蛋糕盘 2”图层的第 19 帧，在该帧上插入普通帧，如图 6-262 所示。

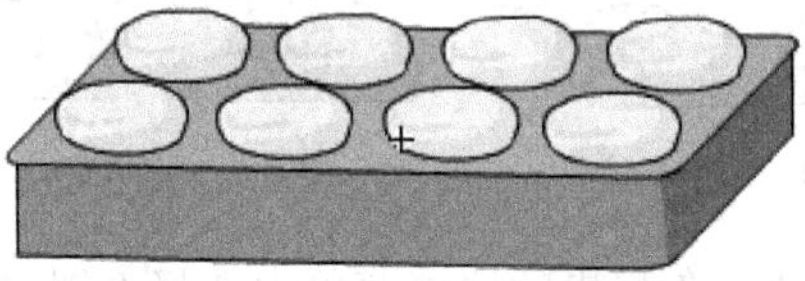

图 6-261

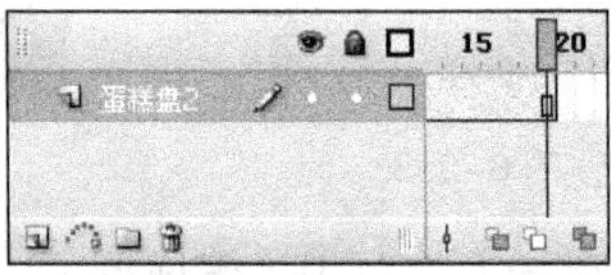

图 6-262

步骤 10 在“时间轴”面板中创建新图层并将其命名为“热气”。将“库”面板中的图形元件“热气”拖曳到舞台窗口中，效果如图 6-263 所示。选中“热气”图层的第 19 帧，在该帧上插入关键帧。在舞台窗口中选中“热气”实例，按住 Shift 键的同时将其竖直向上拖曳到合适的位置，调出图形“属性”面板，选中“颜色”选项下拉列表中的“Alpha”，将其值设为 0%，舞台窗口中的效果如图 6-264 所示。

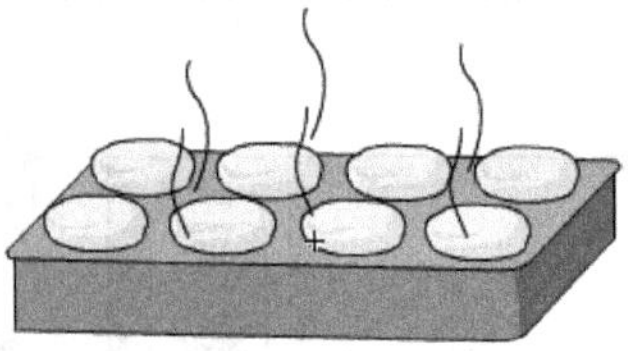

图 6-263

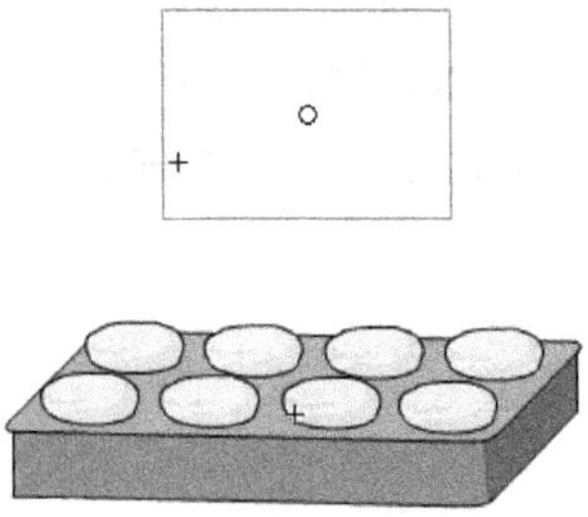

图 6-264

步骤 11 用鼠标右键单击“热气”图层的第 1 帧，在弹出的快捷菜单中选择“创建补间动画”命令，生成动作补间动画，如图 6-265 所示。

步骤 12 在“时间轴”面板中创建新图层并将其命名为“各种蛋糕”。选中“各种蛋糕”图层的第 21 帧，在该帧上插入关键帧。将“库”面板中的图形元件“各种蛋糕”拖曳到舞台窗口中，效果如图 6-266 所示。选中“各种蛋糕”图层的第 33 帧，在该帧上插入关键帧。选中

“各种蛋糕”图层的第 21 帧，在舞台窗口中选中“各种蛋糕”实例，调出图形“属性”面板，选择“颜色”选项下拉列表中的“Alpha”，将其值设为 0%。

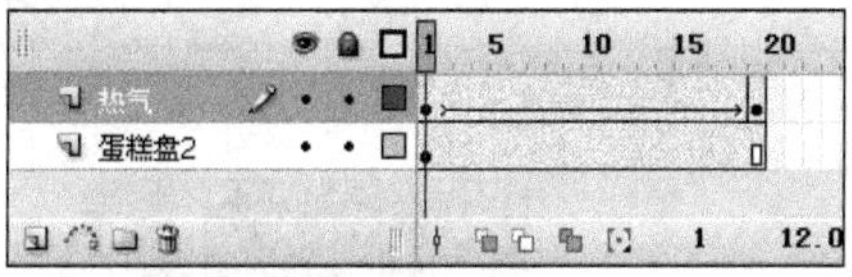

图 6-265

图 6-266

步骤 13 用鼠标右键单击“各种蛋糕”图层的第 21 帧，在弹出的快捷菜单中选择“创建补间动画”命令，生成动作补间动画，如图 6-267 所示。选中“各种蛋糕”图层的第 54 帧，在该帧上插入普通帧。

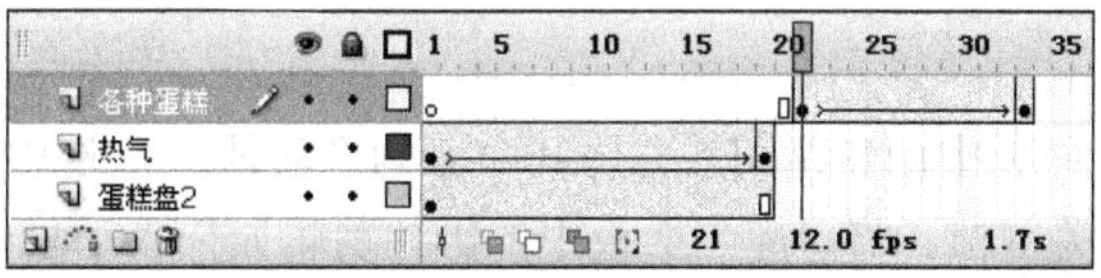

图 6-267

步骤 14 在“时间轴”面板中创建新图层并将其命名为“烤好了”，将“库”面板中的声音文件“烤好了”拖曳到舞台窗口中。

步骤 15 在“时间轴”面板中创建新图层并将其命名为“动作脚本”。选中“动作脚本”图层的第 54 帧，在该帧上插入关键帧。调出“动作”面板，在“动作”面板中设置脚本语言，“脚本窗口”中显示的效果如图 6-268 所示。设置好动作脚本后，关闭“动作”面板。在“动作脚本”图层的第 54 帧上显示出一个标记“a”，如图 6-269 所示。

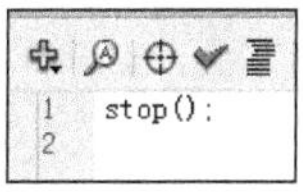

图 6-268

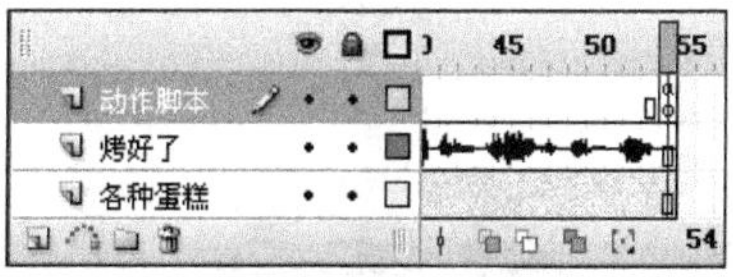

图 6-269

步骤 16 单击“时间轴”面板下方的“场景 1”图标 场景 1，进入“场景 1”的舞台窗口。将“图层 1”重命名为“底纹”。将“库”面板中的图形元件“底纹”拖曳到舞台窗口中，效果如图 6-270 所示。选中“底纹”图层的第 253 帧，在该帧上插入普通帧，如图 6-271 所示。

图 6-270

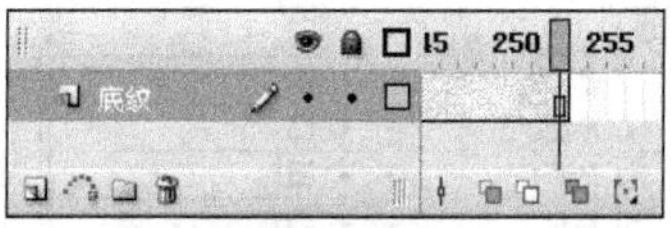

图 6-271

步骤 17 在“时间轴”面板中创建新图层并将其命名为“动画 1”。将“库”面板中的影片剪辑元件“动画 1”拖曳到舞台窗口中，效果如图 6-272 所示。选中“动画 1”图层的第 113 帧，在该帧上插入空白关键帧。

步骤 18 在“时间轴”面板中创建新图层并将其命名为“动画 2”。选中“动画 2”图层的第 113 帧，在该帧上插入关键帧。将“库”面板中的影片剪辑元件“动画 2”拖曳到舞台窗口中，效果如图 6-273 所示。选中“动画 2”图层的第 200 帧，在该帧上插入空白关键帧。

图 6-272

图 6-273

步骤 19 在“时间轴”面板中创建新图层并将其命名为“动画 3”。选中“动画 3”图层的第 200 帧，在该帧上插入关键帧。将“库”面板中的影片剪辑元件“动画 3”拖曳到舞台窗口中，效果如图 6-274 所示。

步骤 20 在“时间轴”面板中创建新图层并将其命名为“动作脚本”。选中“动作脚本”图层的第 253 帧，在该帧上插入关键帧。调出“动作”面板，在“动作”面板中设置脚本语言，“脚本窗口”中显示的效果如图 6-275 所示。设置好动作脚本后，关闭“动作”面板。在“动作脚本”图层的第 253 帧上显示出一个标记“a”，如图 6-276 所示。蛋糕制作片头效果制作完成，按 Ctrl+Enter 组合键即可查看效果，如图 6-277 所示。

图 6-274

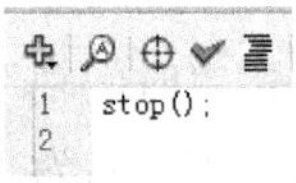

图 6-275

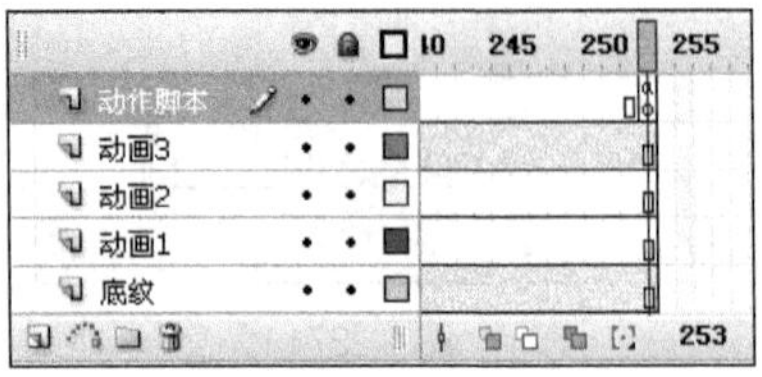

图 6-276

图 6-277

6.3.4 【相关工具】绘图纸（洋葱皮）功能

一般情况下，Flash CS3 的舞台中只能显示当前帧中的对象。如果希望在舞台上出现多帧对象以帮助当前帧对象的定位和编辑，Flash CS3 提供的绘图纸（洋葱皮）功能可以将其实现。

在“时间轴”面板下方的按钮的功能如下。

“滚动到播放头”按钮：单击此按钮，播放头所在的帧会显示在时间轴的中间位置。

“绘图纸外观”按钮：单击此按钮，时间轴标尺上出现绘图纸的标记显示，如图 6-278 所示，在标记范围内的帧上的对象将同时显示在舞台中，如图 6-279 所示。可以通过鼠标拖动标记点来增加显示的帧数，如图 6-280 所示。

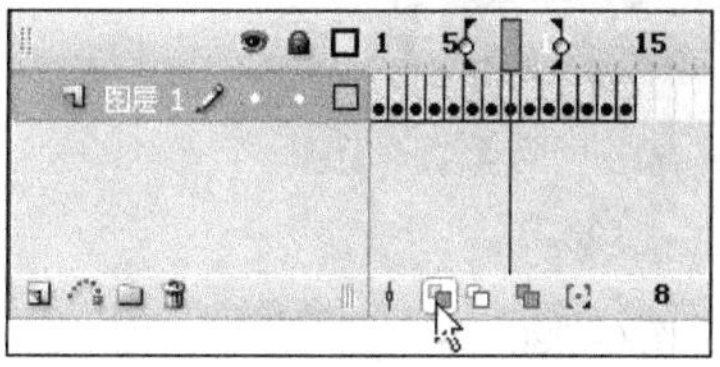

图 6-278

图 6-279

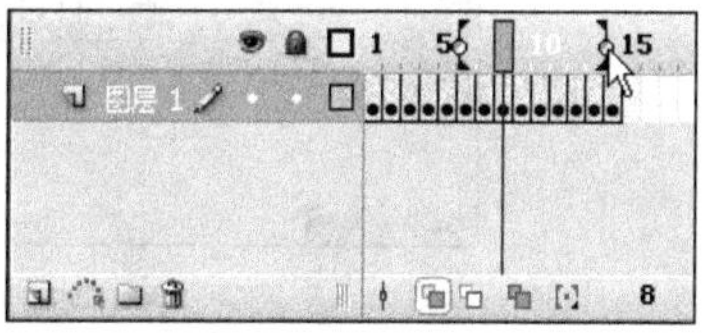

图 6-280

“绘图纸外观轮廓”按钮：单击此按钮，时间轴标尺上出现绘图纸的标记显示，如图 6-281 所示，在标记范围内的帧上的对象将以轮廓线的形式同时显示在舞台中，如图 6-282 所示。

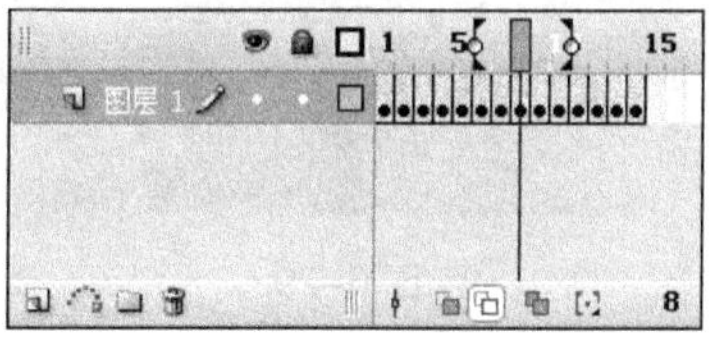

图 6-281

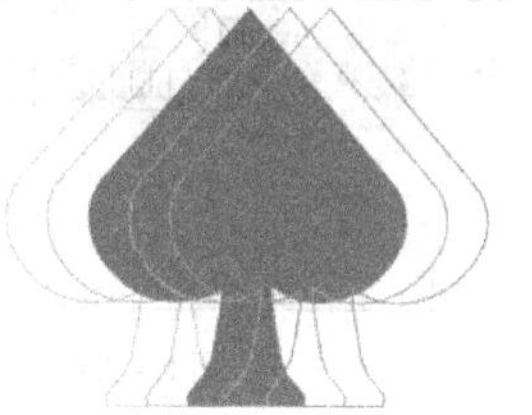

图 6-282

“编辑多个帧”按钮：单击此按钮，如图 6-283 所示，绘图纸标记范围内的帧上的对象将同时显示在舞台中，可以同时编辑所有的对象，如图 6-284 所示。

“修改绘图纸标记”按钮：单击此按钮，弹出下拉菜单，如图 6-285 所示。

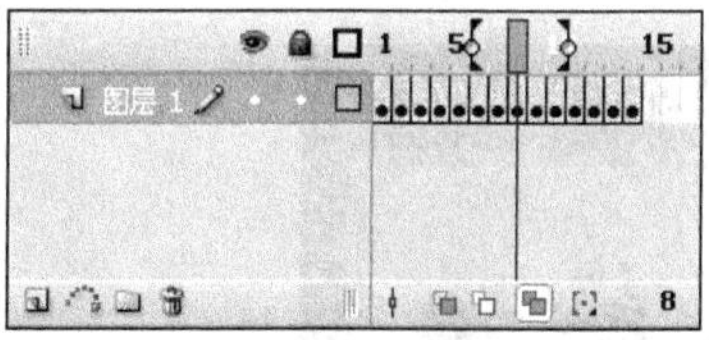

图 6-283

图 6-284

图 6-285

“总是显示标记”命令：在时间轴标尺上总是显示出绘图纸标记。

“锚定绘图纸”命令：将锁定绘图纸标记的显示范围，移动播放头不会改变显示范围，如图 6-286 所示。

“绘图纸 2”命令：绘图纸标记显示范围为当前帧的前 2 帧开始，到当前帧的后 2 帧结束，如图 6-287 所示，图形显示效果如图 6-288 所示。

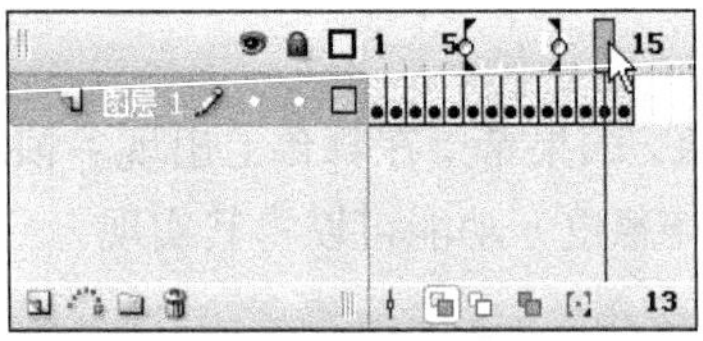

图 6-286

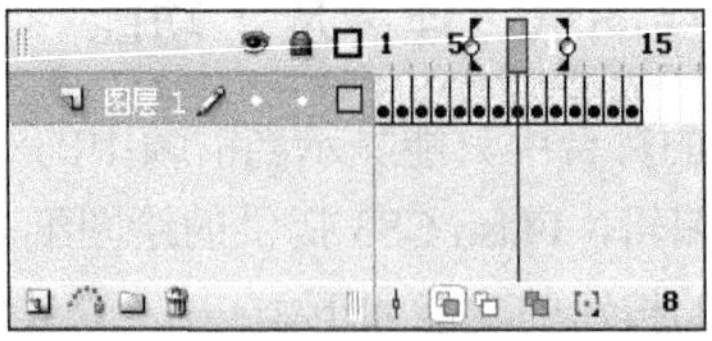

图 6-287

图 6-288

“绘图纸 5”命令：绘图纸标记显示范围为当前帧的前 5 帧开始，到当前帧的后 5 帧结束，如图 6-289 所示，图形的显示效果如图 6-290 所示。

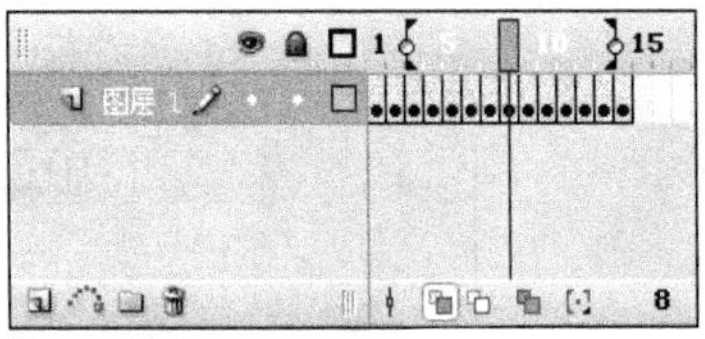

图 6-289

图 6-290

“绘制全部”命令：绘图纸标记显示范围为时间轴中的所有帧，如图 6-291 所示，图形的显示效果如图 6-292 所示。

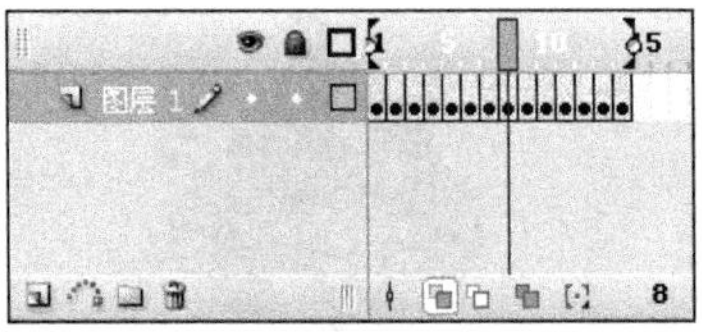

图 6-291

图 6-292

6.3.5 【实战演练】制作时装节目包装片头

使用“绘图纸外观”按钮确定文字的位置，使用“属性”面板改变元件的颜色，使用文本工具添加广告语，使用“创建补间形状”命令制作形状动画，使用“遮罩层”命令制作遮罩动画效果。（最终效果参看光盘中的“Ch06 > 效果 > 制作时装节目包装片头”，如图 6-293 所示。）

图 6-293

6.4 综合演练——制作公益系列宣传片

使用矩形工具和“颜色”面板制作光晕效果，使用“关键帧”命令制作帧动画效果，使用文本工具添加标题文字，使用“柔化填充边缘”命令制作文字羽化效果，使用声音文件添加背景音乐。（最终效果参看光盘中的“Ch06 > 效果 > 制作公益系列宣传片”，如图 6-294 所示。）

图 6-294

6.5 综合演练——制作影视剧片头

使用线条工具制作旧电影效果，使用“属性”面板改变元件的不透明度，使用“帧”命令延长动画的播放时间，使用“创建补间动画”命令制作动画效果。（最终效果参看光盘中的“Ch06 > 效果 > 制作影视剧片头”，如图 6-295 所示。）

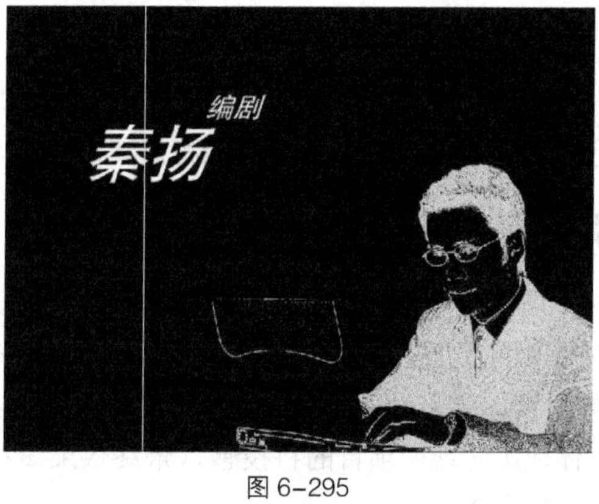

图 6-295

第7章 网页应用

应用 Flash 技术制作的网页打破了以往静止、呆板的网页形式，它将网页与动画、音效和视频相结合，使其变得丰富多彩并增强了交互性。本章以多个主题的网页为例，介绍了网页的设计构思和制作方法，读者通过学习可以掌握网页设计的要领和技巧，从而制作出不同风格的网页作品。

课堂学习目标

- 了解网页的表现手法
- 掌握网页的设计思路和流程
- 掌握网页的制作方法和技巧

7.1 制作房地产网页

7.1.1 【案例分析】

房地产网页的功能是让客户便捷地浏览楼盘项目，了解楼盘新闻、建设和装饰等信息。除了界面效果要达到吸引客户注意力的目的，还要注意房地产网页的行业特点和构成要素。通过页面的布局设计和动态交互，使客户更加容易地了解项目的特点和价值。

7.1.2 【设计理念】

在设计制作过程中，先对界面进行合理的布局，将导航栏放在网页右上侧区域，有利于客户单击浏览，将楼盘效果图放在中间位置，表现项目的现代感，将项目介绍文字放在效果图的下侧区域，方便用户的阅读。界面设计要突出楼盘的实景效果，着力表现项目的特色，并且要通过按钮图形和文字动画的互动，体现出房地产项目的科技感。（最终效果参看光盘中的“Ch07 > 效果 > 制作房地产网页”，如图 7-1 所示。）

图 7-1

7.1.3 【操作步骤】

1. 导入图片并绘制按钮图形

步骤 1 选择“文件 > 新建”命令，在弹出的“新建文档”对话框中选择“Flash 文件”选项，单击“确定”按钮，进入新建文档舞台窗口。按 Ctrl+F3 组合键，弹出文档“属性”面板，单击“大小”选项右侧的按钮，在弹出的对话框中将舞台窗口的宽度设为 776 像素，高度设为 300 像素，将背景颜色设为灰色（#666666），单击“确定”按钮。

步骤 2 在文档“属性”面板中单击“设置”按钮，在弹出的“发布设置”对话框中将“版本”选项设为“Flash Player 8”，将“ActionScript 版本”选项设为“ActionScript 2”，如图 7-2 所示，单击“确定”按钮。

步骤 3 选择“文件 > 导入 > 导入到库”命令，在弹出的“导入到库”对话框中选择“Ch07 > 素材 > 制作房地产网页”中的“底图”、“建筑”、“色块”、“文字 1”、“文字 2”、“文字 3”、“文字 4”和“整体文字”文件，单击“打开”按钮，文件被导入到“库”面板中，如图 7-3 所示。

步骤 4 在“库”面板下方单击“新建元件”按钮，弹出“创建新元件”对话框，在“名称”文本框中输入“按钮 1”，并选中“按钮”单选项，单击“确定”按钮新建按钮元件“按钮 1”，如图 7-4 所示，舞台窗口也随之转换为按钮元件的舞台窗口。

图 7-2

图 7-3

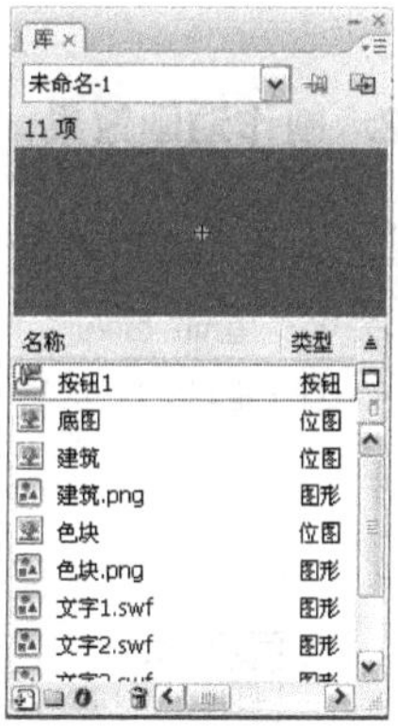

图 7-4

步骤 5 选择“矩形”工具，在矩形工具“属性”面板中将“笔触颜色”设为蓝色（#35B0DC），“笔触高度”设为 3，“填充颜色”设为无，其他选项的设置如图 7-5 所示。在舞台窗口中绘制一个圆角矩形。选择“椭圆”工具，用相同的设置在舞台窗口中绘制一个椭圆形。选择“选择”工具，选中椭圆形，将其拖曳到矩形上，效果如图 7-6 所示。将多余的边线逐个选中并删除，效果如图 7-7 所示。

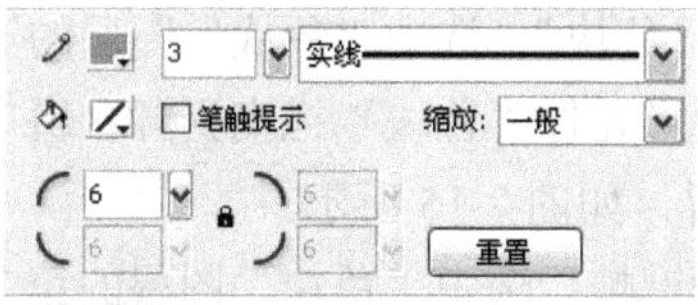

图 7-5

图 7-6

图 7-7

步骤 6 选择“文本”工具T，在文本工具“属性”面板中进行设置，在蓝框中输入需要的黄色（#FFCC66）数字“1”，效果如图 7-8 所示。

步骤 7 选中“图层 1”的“指针经过”帧，按 F6 键在该帧上插入关键帧。选中数字“1”，在工具箱中将“填充颜色”设为黄色（#FFCC66），将数字“1”更改为蓝色（#35B0DC）。选择“颜料桶”工具，在工具箱中将“填充颜色”设为黄色（#FFCC66），在蓝框内单击鼠标，将蓝框内部填充为黄色，效果如图 7-9 所示。

步骤 8 选中“图层 1”的“按下”帧，按 F6 键在该帧上插入关键帧。选择“任意变形”工具，将图形缩小，效果如图 7-10 所示。用相同的方法制作其他按钮元件“按钮 2”、“按钮 3”、“按钮 4”，如图 7-11 所示。

图 7-8

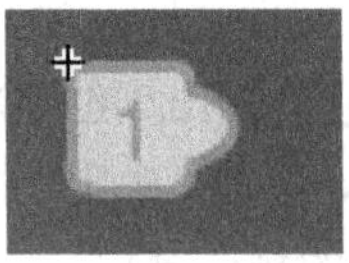

图 7-9

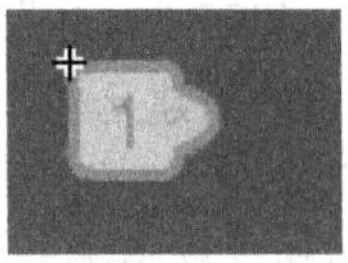

图 7-10

图 7-11

2. 制作动画效果

步骤 1 单击“时间轴”面板下方的“场景 1”图标，进入“场景 1”的舞台窗口。将“图层 1”重命名为“底图”。将“库”面板中的位图“底图”拖曳到舞台窗口中。选中底图，在位图“属性”面板中进行设置，如图 7-12 所示。底图效果如图 7-13 所示。

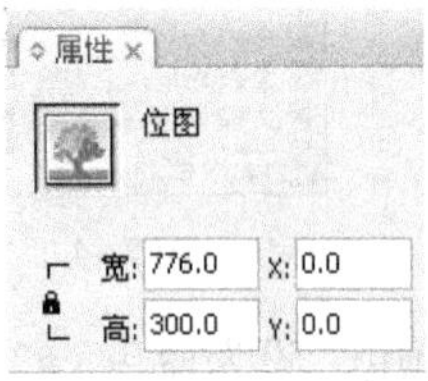

图 7-12

图 7-13

步骤 2 选中“底图”图层的第 19 帧，按 F5 键在该帧上插入普通帧。单击“时间轴”面板下方的“插入图层”按钮创建新图层，并将其命名为“建筑”。将“库”面板中的位图“建筑”拖曳到舞台窗口中，效果如图 7-14 所示。

步骤 3 在“时间轴”面板中创建新图层并将其命名为“色块”。选中“色块”图层的第 7 帧，按 F6 键在该帧上插入关键帧。将“库”面板中的图形元件“色块”拖曳到舞台窗口中，在图形“属性”面板中设置“色块”实例的大小和位置，如图 7-15 所示。

步骤 4 选中“色块”图层的第 15 帧，在该帧上插入关键帧。选中“色块”图层的第 7 帧，在舞台窗口选中“色块”实例，调出图形“属性”面板，在“颜色”选项下拉列表中选择“Alpha”，将其值设为 0%，效果如图 7-16 所示。右键单击“色块”图层的第 7 帧，在弹出的快捷菜单中选择“创建补间动画”命令，生成动作补间动画，如图 7-17 所示。

图 7-14

图 7-15

图 7-16

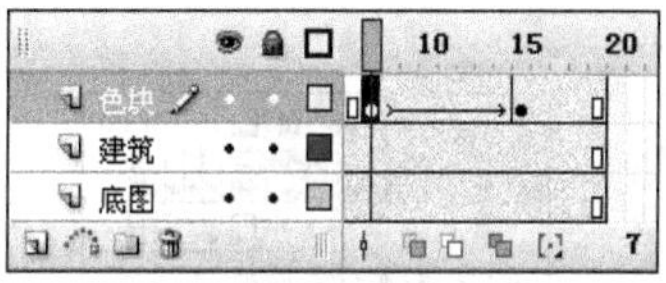

图 7-17

步骤 5 在“时间轴”面板中创建新图层并将其命名为“按钮”。选中“按钮”图层的第 15 帧，在该帧上插入关键帧。分别将“库”面板中的图形元件“整体文字”和按钮元件“按钮 1”、“按钮 2”、“按钮 3”、“按钮 4”拖曳到舞台窗口中，并将其放置到底图的右侧，效果如图 7-18 所示。

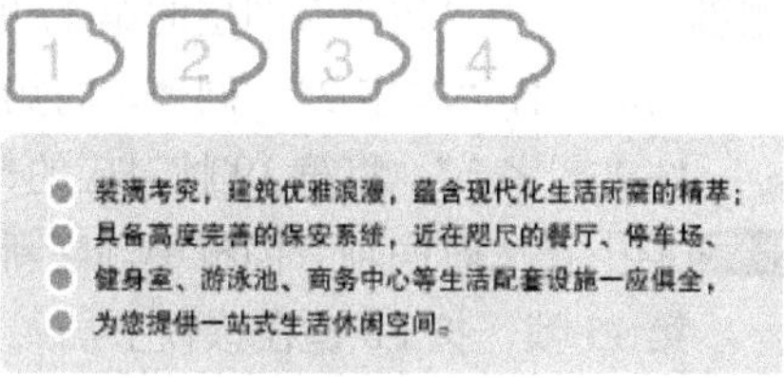

图 7-18

步骤 6 选中“按钮”图层的第 15 帧，在舞台窗口选中“按钮 1”实例，选择“窗口 > 动作”命令，弹出“动作”面板。在面板的左上方将脚本语言版本设置为“ActionScript 1.0&2.0”，单击“将新项目添加到脚本中”按钮，在弹出的菜单中选择“全局函数 > 影片剪辑控制 > on”命令，如图 7-19 所示。在“脚本窗口”中显示出选择的脚本语言，在下拉列表中选择“press”选项并双击，如图 7-20 所示。将鼠标指针放置在第 1 行脚本语言的最后，按 Enter 键光标即可显示到第 2 行。

步骤 7 在“动作”面板中单击“将新项目添加到脚本中”按钮，在弹出的菜单中选择“全局函数 > 时间轴控制 > gotoAndStop”命令，在“脚本窗口”中显示出选择的脚本语言，在脚本语言后面的小括号中输入数字 16，如图 7-21 所示。设置完动作脚本后关闭“动作”面板。

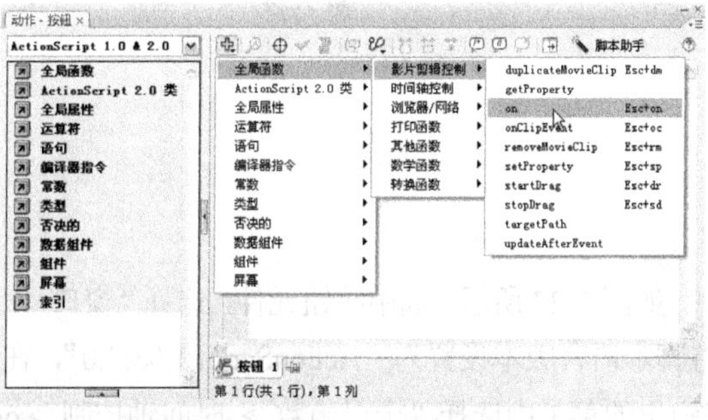

图 7-19

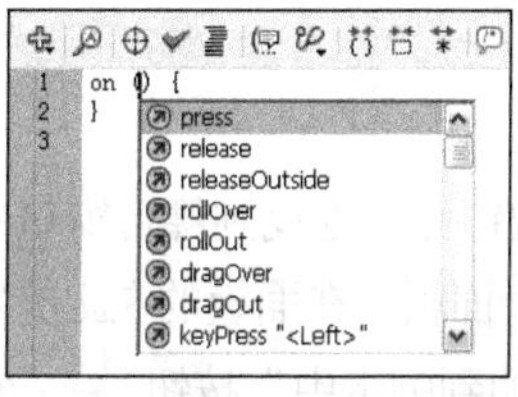

图 7-20

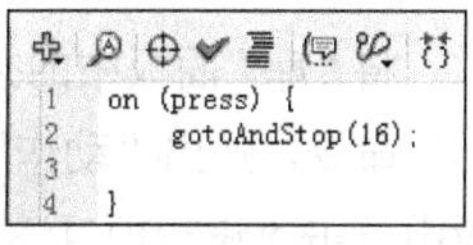

图 7-21

步骤 8 用相同的方法为“按钮 2”实例输入脚本语言，只需将脚本语言后面的小括号中输入的数字改成“17”即可。同理，将“按钮 3”实例脚本语言后面的小括号中输入的数字改成“18”，将“按钮 4”实例脚本语言后面的小括号中输入的数字改成“19”。

步骤 9 分别选中“按钮”图层的第 16 帧、第 17 帧、第 18 帧和第 19 帧，按 F6 键在选中的帧上插入关键帧，如图 7-22 所示。

步骤 10 选中“按钮”图层的第 16 帧，在舞台窗口中选中“整体文字”实例，按 Delete 键将其删除。将“库”面板中的图形元件“文字 1”拖曳到舞台窗口中，并将其放置在原“整体文字”实例的位置，效果如图 7-23 所示。

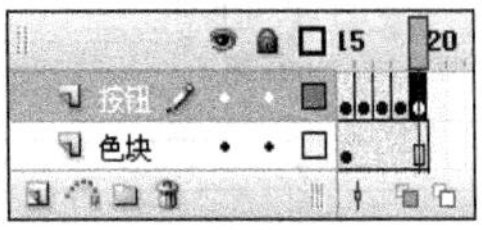

图 7-22

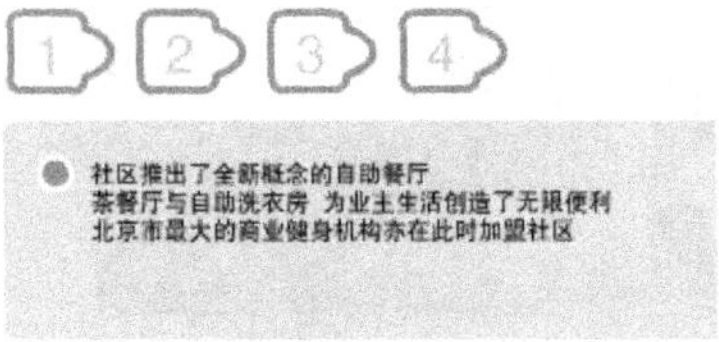

图 7-23

步骤 11 选中“按钮”图层的第 17 帧，用相同的方法将舞台窗口中的“整体文字”实例替换成图形元件“文字 2”。同理，将第 18 帧对应的舞台窗口中的“整体文字”实例替换成图形元件“文字 3”，将第 19 帧对应的舞台窗口中的“整体文字”实例替换成图形元件“文字 4”。

步骤 12 在“时间轴”面板中创建新图层并将其命名为“动作脚本”。选中“动作脚本”图层的第 15 帧，按 F6 键在该帧上插入关键帧。

步骤 13 调出“动作”面板，在面板中单击“将新项目添加到脚本中”按钮，在弹出的菜单中选择“全局函数 > 时间轴控制 > stop”命令，如图 7-24 所示。在“脚本窗口”中显示出选择的脚本语言，如图 7-25 所示。设置完动作脚本后关闭“动作”面板，在“动作脚本”图层的第 15 帧上显示出一个标记“a”。房地产网页制作完成，按 Ctrl+Enter 组合键即可查看效果，如图 7-26 所示。

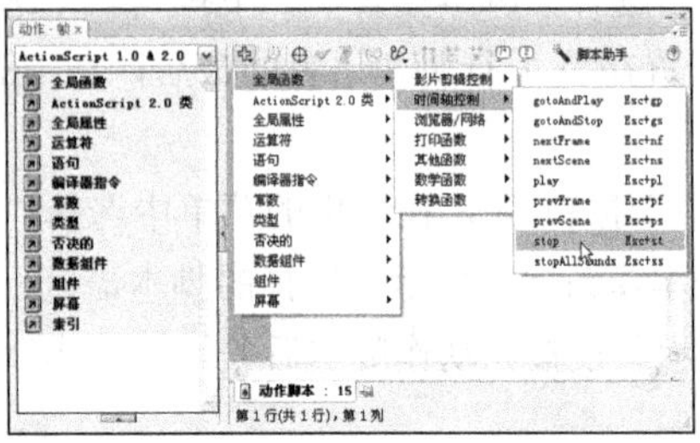

图 7-24

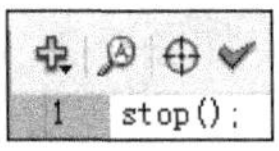

图 7-25

图 7-26

7.1.4 【相关工具】

1. 按钮事件

将“库”面板中的按钮元件拖曳到舞台窗口中，如图 7-27 所示。选中按钮元件，选择“窗口 > 动作”命令，弹出“动作”面板，在面板的左上方将脚本语言版本设置为“ActionScript 1.0&2.0”，在面板中单击“将新项目添加到脚本中”按钮，在弹出的菜单中选择“全局函数 > 时间轴控制 > on”命令，如图 7-28 所示。在“脚本窗口”中显示出选择的脚本语言，在下拉列表中列出了多种按钮事件，如图 7-29 所示。

图 7-27

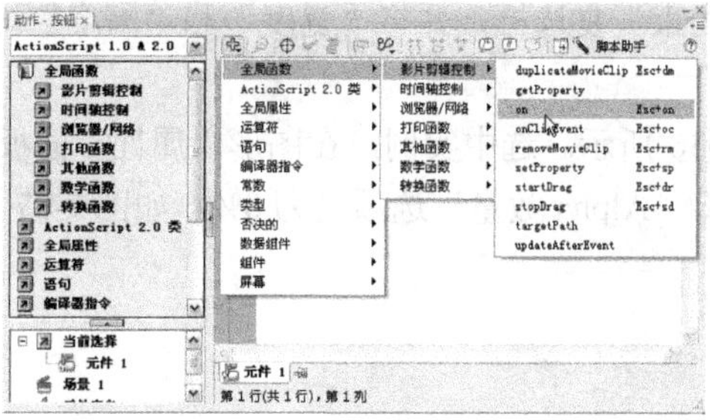

图 7-28

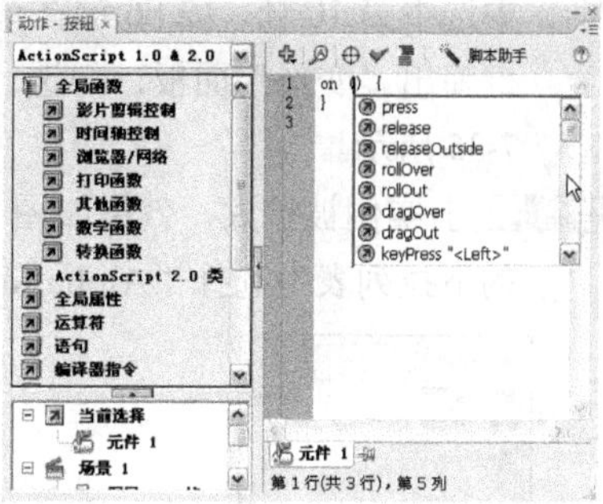

图 7-29

"press"（按下）：按钮被按下的事件。

"release"（弹起）：按钮被按下后，弹起时的动作，即鼠标按键被释放时的事件。

"releaseOutside"（在按钮外放开）：将按钮按下后，移动鼠标指针到按钮外面，然后再释放鼠标的事件。

"rollOver"（指针经过）：鼠标指针经过目标按钮时的事件。

"rollOut"（指针离开）：鼠标指针进入目标按钮，然后再离开的事件。

"dragOver"（拖曳指向）：第 1 步，选中按钮，并按住鼠标左键不放；第 2 步，继续按住鼠标左键并拖曳鼠标到按钮的外面；第 3 步，将鼠标指针再移回到按钮上。

"dragOut"（拖曳离开）：单击按钮后，按住鼠标左键不放，然后拖离按钮的事件。

"keyPress"（键盘按下）：当按下键盘上的键时事件发生。在下拉列表中系统设置了多个键盘按键名称，可以根据需要进行选择。

2. 制作交互按钮

步骤 1 新建空白文档，在"库"面板中新建一个按钮元件，舞台窗口也随之转换为按钮元件的舞台窗口。选择"多角星形"工具，单击多角星形工具"属性"面板中的"选项"按钮，弹出"工具设置"对话框，在"样式"选项的下拉列表中选择"星形"，将"边数"设为 6，其他选项为默认值，如图 7-30 所示，单击"确定"按钮。

在多角星形工具"属性"面板中将笔触颜色设为绿色，填充颜色设为蓝色，将"笔触高度"设为 8，其他为默认值，如图 7-31 所示。

步骤 2 在舞台窗口中绘制出一个六角星形，效果如图 7-32 所示。选择"选择"工具，双击绿色的边框将边框全选，按 Ctrl+C 组合键将选中的边框进行复制。在"库"面板中新建一个图形元件"边框"，舞台窗口也随之转换为图形元件的舞台窗口。选择"编辑 > 粘贴到当前位置"命令，将复制的边框进行粘贴，效果如图 7-33 所示。

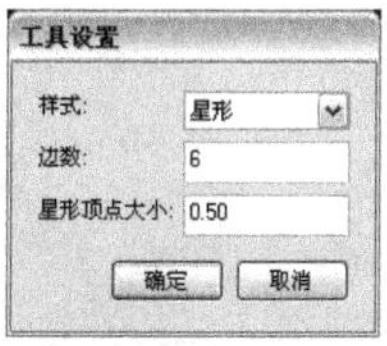

图 7-30

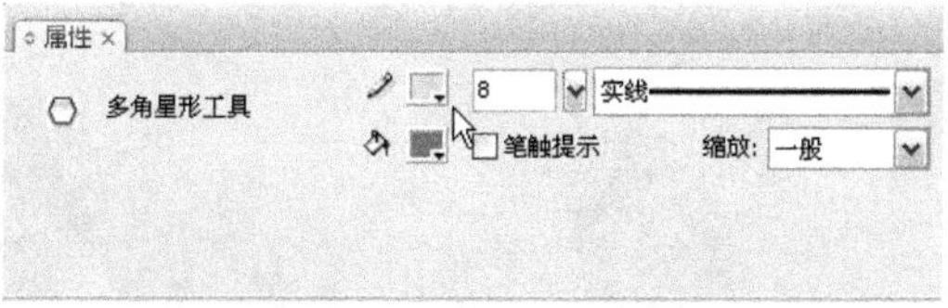

图 7-31

图 7-32

图 7-33

步骤 3 在"库"面板中新建一个影片剪辑元件"边框动"，如图 7-34 所示，舞台窗口也随之转换为影片剪辑元件的舞台窗口。将图形元件“边框”拖曳到舞台窗口中，在“时间轴”面板中选中第 10 帧，按 F6 键在该帧上插入关键帧。选中舞台窗口中的边框实例，按 Ctrl+T 组合键弹出“变形”面板，勾选“约束”复选框，并将“宽度”和“高度”均设为 180%，如图 7-35 所示。

步骤 4 实例被扩大，效果如图 7-36 所示。选中实例，在图形“属性”面板中的“颜色”选项的下拉列表中选择“Alpha”，将“Alpha 数量”选项设为 0%，如图 7-37 所示。

图 7-34

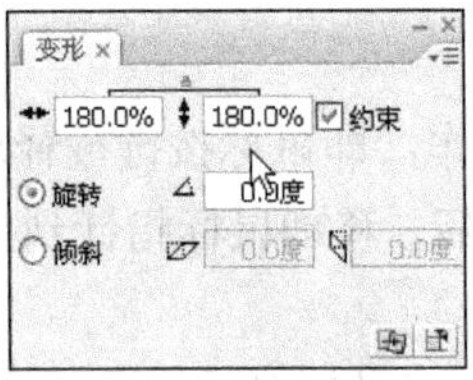

图 7-35

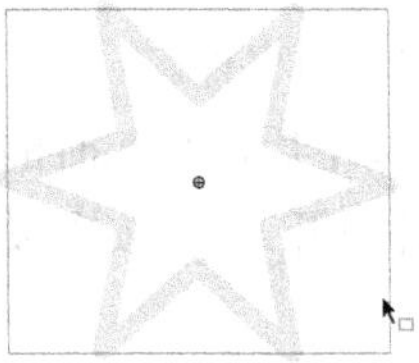

图 7-36

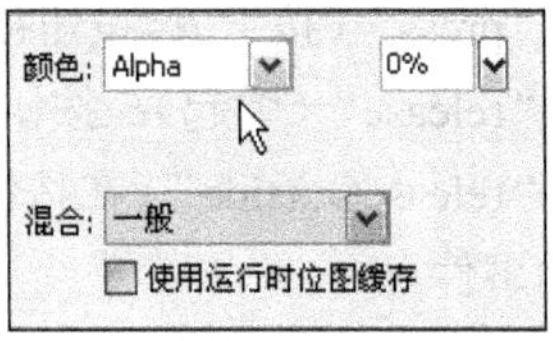

图 7-37

步骤 5 右键单击第 1 帧，在弹出的快捷菜单中选择“创建补间动画”命令，在第 1 帧～第 10 帧之间创建补间动画，如图 7-38 所示。双击“库”面板中的按钮元件，舞台窗口转换为按钮元件的舞台窗口。在“时间轴”面板中分别选中“指针经过”帧和“按下”帧，按 F6 键在选中的帧上插入关键帧，如图 7-39 所示。

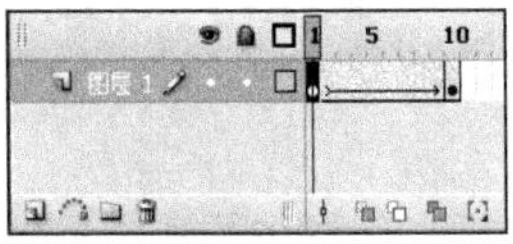

图 7-38

图 7-39

步骤 6 选中“指针经过”帧，将“库”面板中的影片剪辑元件“边框动”拖曳到舞台窗口中，放置的位置和舞台窗口中原有的星形图形重合，效果如图 7-40 所示。选中“按下”帧，选中舞台窗口中的星形图形，在“变形”面板中将“宽度”和“高度”均设为 80%，效果如图 7-41 所示。

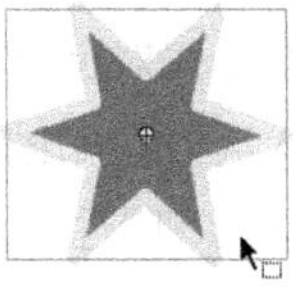

图 7-40

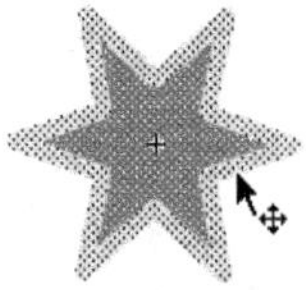

图 7-41

步骤 7 单击“时间轴”面板下方的“场景 1”图标 场景 1，进入“场景 1”的舞台窗口。将“库”面板中的按钮元件拖曳到舞台窗口中。交互按钮制作完成，按 Ctrl+Enter 组合键即可查看效果，按钮在不同状态时的效果如图 7-42 所示。

（a）按钮的“弹起”状态　（b）按钮的“指针经过”状态　（c）按钮的“按下”状态

图 7-42

7.1.5 【实战演练】制作端午节网页

使用“新建元件”按钮创建按钮元件，使用“创建补间动画”命令制作云彩动画效果，使用“遮罩层”命令制作文字遮罩效果，使用影片剪辑制作叶子飘落效果。（最终效果参看光盘中的“Ch07 > 效果 > 制作端午节网页”，如图 7-43 所示。）

图 7-43

7.2 制作会员登录页面

7.2.1 【案例分析】

旅游度假已经成为现代人生活休闲的重要内容，在忙碌的工作过后，人们会选择去旅游度假村放松心情、享受假期。本例是为度假村设计的会员登录界面，网站会员可以享受多重优惠，并且网站会为会员提供便捷的网络预订体验。

7.2.2 【设计理念】

在设计制作过程中，使用蔚蓝色的天空图片作为背景，充分体现度假村的自然风光。导航栏的内容结构清晰明确，下方的内容区域设计新颖独特，通过浅灰色的颜色块展示度假村的干净与品位，右上角的图片为度假村的写实照片，展示独特建筑形式。（最终效果参看光盘中的“Ch07 > 效果 > 制作会员登录页面”，如图 7-44 所示。）

图 7-44

7.2.3 【操作步骤】

步骤 1 选择“文件 > 新建”命令，在弹出的“新建文档”对话框中选择“Flash 文件”选项，单击“确定”按钮，进入新建文档舞台窗口。按 Ctrl+F3 组合键，弹出文档“属性”面板，单击“大小”选项右侧的按钮，在弹出的对话框中将舞台窗口的宽度设为 800 像素，高度设为 550 像素单击“确定”按钮。

步骤 2 在文档“属性”面板中单击“设置”按钮，在弹出的“发布设置”对话框中将“版本”选项设为“Flash Player 7”，将“ActionScript 版本”选项设为“ActionScript 2”，如图 7-45 所示，单击“确定”按钮。

步骤 3 选择“文件 > 导入 > 导入到库”命令，在弹出的“导入到库”对话框中选择“Ch07 > 素材 >制作会员登录页面”中的“成功页”、“错误页”和“登录页”文件，单击“打开”按钮文件被导入到“库”面板中，如图 7-46 所示。

步骤 4 在“库”面板下方单击“新建元件”按钮，弹出“创建新元件”对话框，在“名称”文本框中输入“确认”，并选中“按钮”单选项。单击“确定”按钮新建按钮元件“确认”，如图 7-47 所示，舞台窗口也随之转换为按钮元件的舞台窗口。

图 7-45

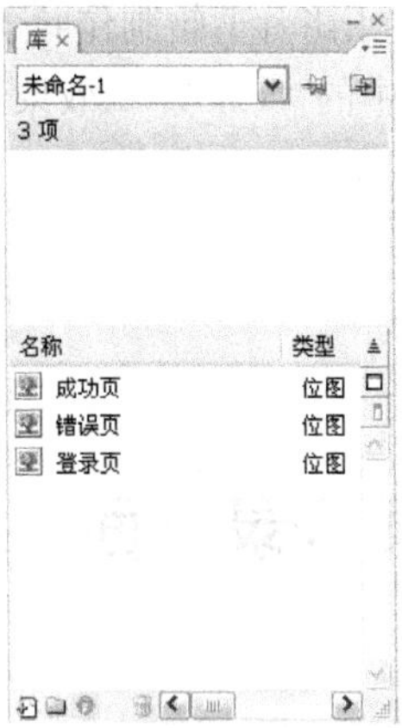

图 7-46

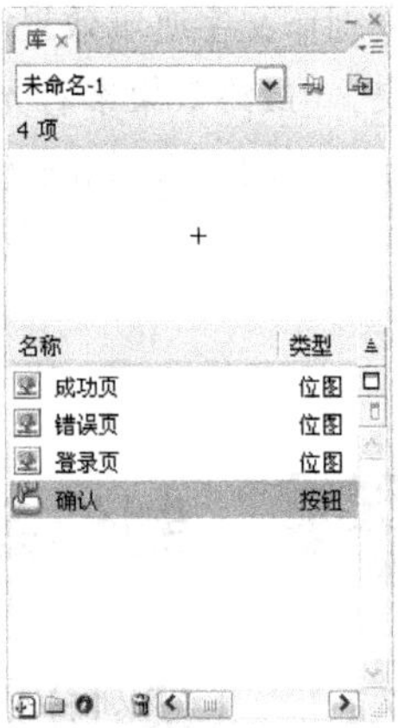

图 7-47

步骤 5 选择“窗口 > 颜色”命令，弹出“颜色”面板，在“类型”选项的下拉列表中选择“线性”。选中色带上左侧的控制点，将其设为灰色（#999999），选中右侧的控制点，将其设为浅灰色（#EAEAEA），将笔触颜色设为灰色（#999999），如图 7-48 所示。

步骤 6 选择“矩形”工具，在“属性”面板中进行设置，如图 7-49 所示。在舞台窗口中绘制一个矩形，选中矩形填充部分，选择“渐充变形”工具，将其旋转变形，效果如图 7-50 所示。选中矩形，在形状“属性”面板中将“宽”和“高”分别设为 50、18。

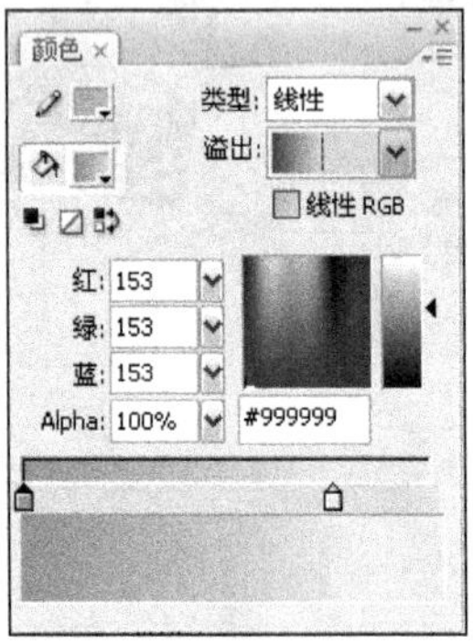

图 7-48

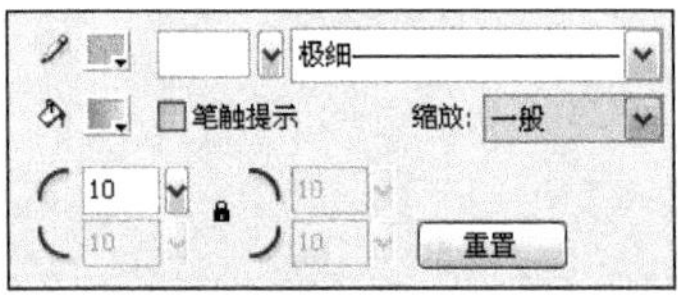

图 7-49

图 7-50

步骤 7 选择“刷子”工具，在工具箱下方选择“刷子大小”选项下拉列表中的第 2 个笔刷头，将填充色设为白色，在刷子工具“属性”面板中将“平滑”设为 0，按住 Shift 键的同时在矩形中绘制一条直线。

步骤 8 选择“文本”工具T，在文本工具“属性”面板中进行设置，在舞台窗口中输入灰色（#666666）文字“确认”，单击“切换粗体”按钮B，将文字转变为粗体，并将其放置到矩形内，效果如图 7-51 所示。

步骤 9 选中“图层 1”的“指针经过”帧，按 F6 键在该帧上插入关键帧。选中矩形的填充部分，在“颜色”面板中将色带左侧的控制点设为蓝色（#51A6F9），舞台窗口中的效果如图

7-52 所示。

步骤 10 用相同的方法制作按钮元件“清除”和“返回”，如图 7-53 所示。

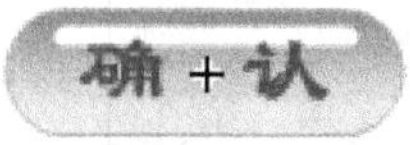

图 7-51

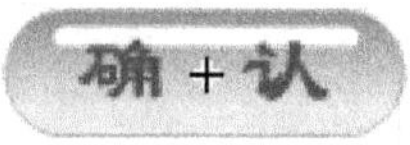

图 7-52

图 7-53

图 7-54

步骤 11 单击“时间轴”面板下方的“场景 1”图标，进入“场景 1”的舞台窗口。将“图层 1”重命名为“底图页”。将“库”面板中的位图“登录页”拖曳到舞台窗口中，并放置到合适的位置，效果如图 7-54 所示。

步骤 12 选择“矩形”工具，在“属性”面板中单击“重置”按钮，将笔触颜色设为无，填充颜色设为浅蓝色（#AAE2EA），如图 7-55 所示。在图片上分别绘制两个矩形，如图 7-56 所示。

步骤 13 选择“文本”工具T，在文本工具“属性”面板中进行设置，分别在矩形上输入黑色文字，效果如图 7-57 所示。分别将“库”面板中的按钮元件“确认”和“清除”拖曳到舞台窗口中，并放置到合适的位置，效果如图 7-58 所示。

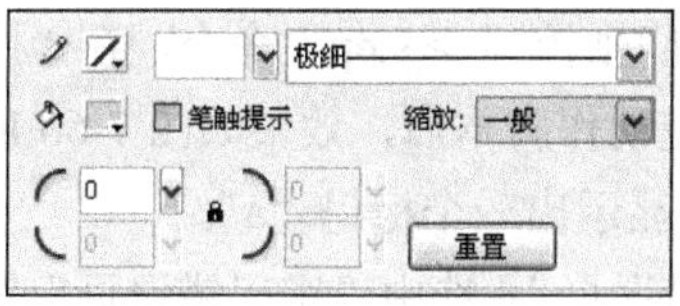

图 7-55

图 7-56

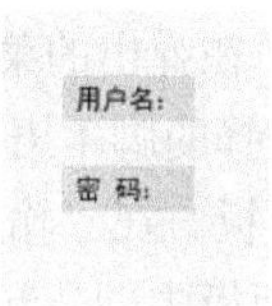

图 7-57

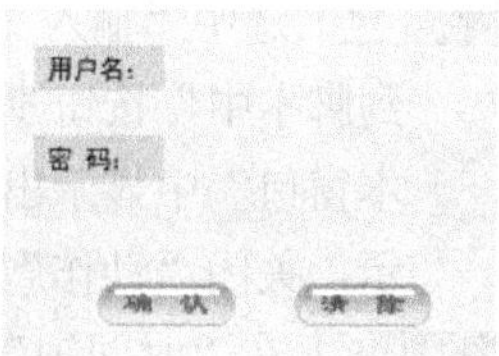

图 7-58

步骤 14 选中“确认”实例，选择“窗口 > 动作”命令，弹出“动作”面板，在动作面板中设置脚本语言（脚本语言的具体设置可以参考附带光盘中的实例原文件），“脚本窗口”中显示的效果如图 7-59 所示。

步骤 15 选中“清除”实例，在“动作”面板中设置脚本语言，“脚本窗口”中显示的效果如图 7-60 所示，设置完动作脚本后关闭“动作”面板。单击“时间轴”面板下方的“插入图层”按钮创建新图层，并将其命名为“输入文本框”。选择“文本”工具T，调出文本工具“属性”面板，在“文本类型”选项下拉列表中选择“输入文本”，其他选项的设置如图 7-61 所示，在舞台窗口中绘制两个文本框，效果如图 7-62 所示。

步骤 16 选中“用户名”后面的文本框，在输入文本“属性”面板中的“变量”文本框中输入“yonghuming”，如图 7-63 所示。

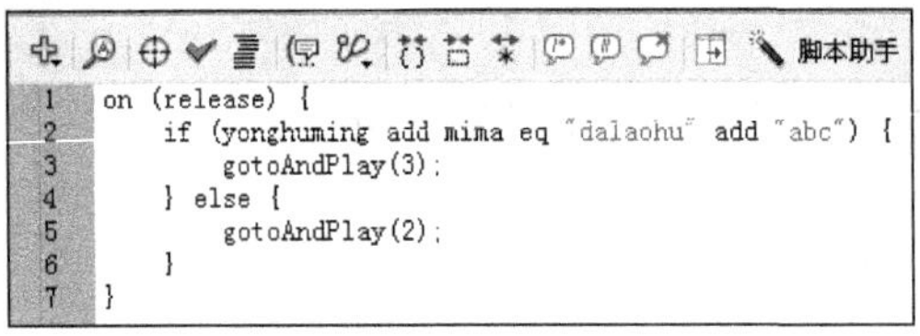

图 7-59

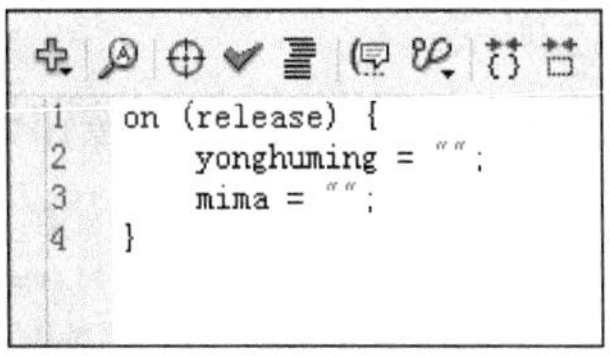

图 7-60

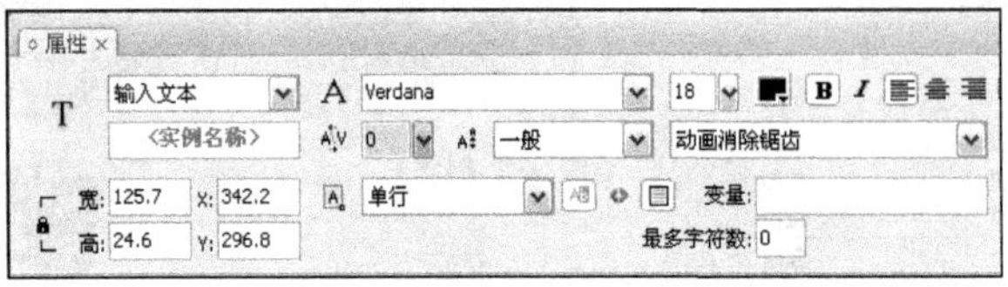

图 7-61

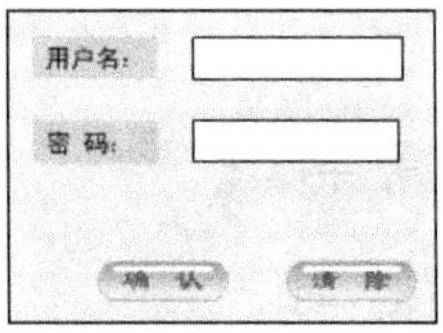

图 7-62

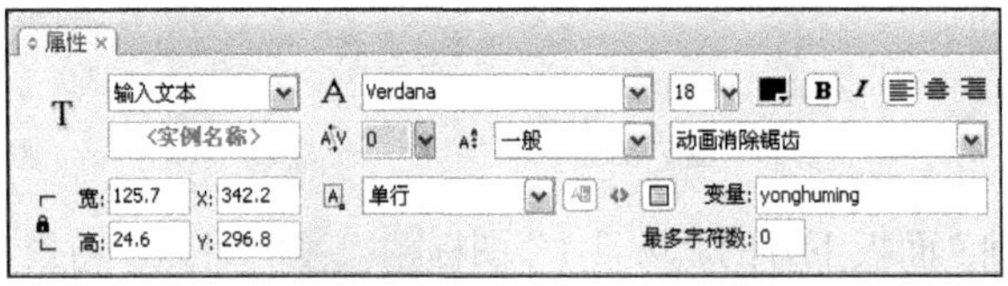

图 7-63

步骤 17 选中“密码”后面的文本框，在输入文本“属性”面板中的“线条类型”选项下拉列表中选择“密码”，在“变量”文本框中输入“mima”，如图 7-64 所示。

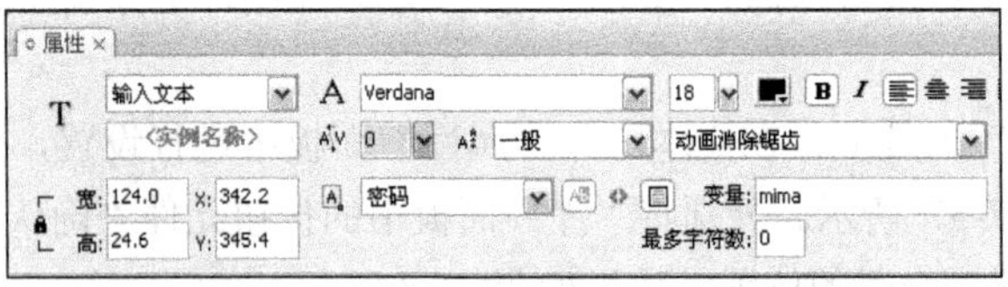

图 7-64

步骤 18 选中“输入文本框”图层的第 1 帧，调出“动作”面板，在面板中单击“将新项目添加到脚本中”按钮，在弹出的菜单中选择“全局函数 > 时间轴控制 > stop”命令，在“脚本窗口”中显示出选择的脚本语言，如图 7-65 所示。设置完动作脚本后，效果如图 7-66 所示，关闭“动作”面板。在“输入文本框”图层的第 1 帧上显示出一个标记“a”。

步骤 19 在“时间轴”面板中创建新图层并将其命名为“密码错误页”。选中“密码错误页”图层的第 2 帧，按 F6 键在该帧上插入关键帧。分别将“库”面板中的位图“错误页”和按钮元件“返回”拖曳到舞台窗口中，效果如图 7-67 所示。

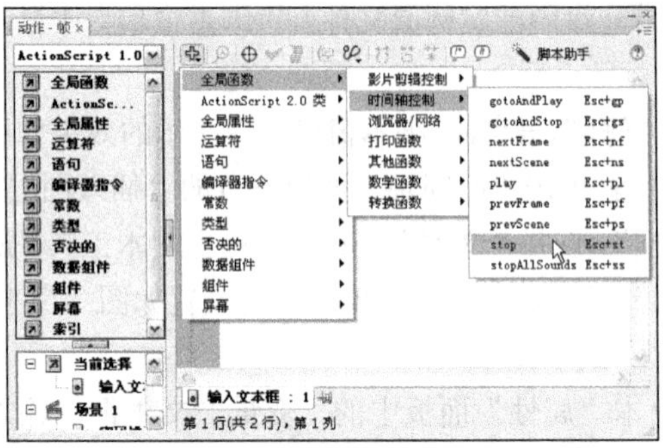

图 7-65

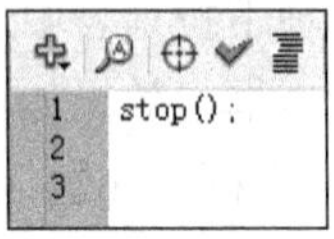

图 7-66

图 7-67

步骤 20 选中“返回”实例，按F9键弹出“动作”面板，在“动作”面板中设置脚本语言，“脚本窗口”中显示的效果如图7-68所示。选中“密码错误页”图层的第2帧，在“动作”面板中单击“将新项目添加到脚本中”按钮，在弹出的菜单中选择“全局函数 > 时间轴控制 > stop”命令，在“脚本窗口”中显示出选择的脚本语言，如图7-69所示。设置完动作脚本后，关闭“动作”面板。在“密码错误页”图层的第2帧上显示出一个标记“a”。

步骤 21 在“时间轴”面板中创建新图层并将其命名为“密码正确页”。选中“密码正确页”图层的第3帧，按F6键在该帧上插入关键帧。将“库”面板中的位图“成功页”拖曳到舞台窗口中，效果如图7-70所示。选中“密码正确页”图层的第3帧，在“动作”面板中单击“将新项目添加到脚本中”按钮，在弹出的菜单中选择“全局函数 > 时间轴控制 > stop”命令，在“脚本窗口”中显示出选择的脚本语言，如图7-71所示。设置完动作脚本后，关闭“动作”面板。在“密码正确页”图层的第3帧上显示出一个标记“a”。会员登录页面制作完成，按Ctrl+Enter组合键即可查看效果。

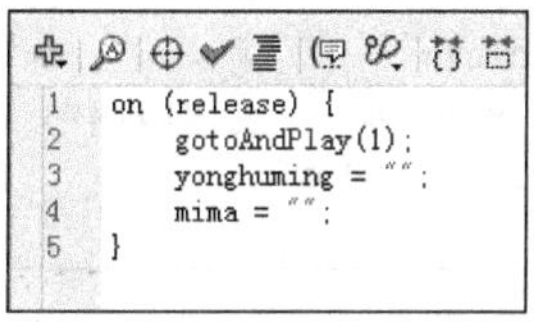

图7-68

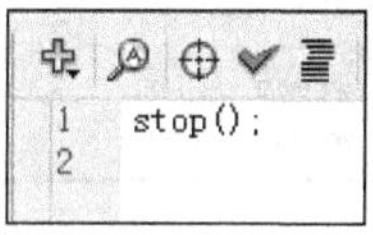

图7-69

图7-70

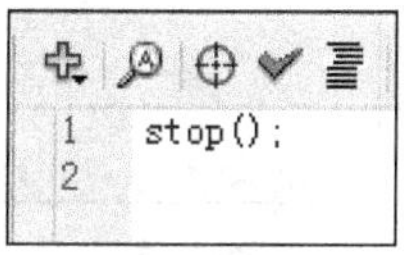

图7-71

7.2.4 【相关工具】

1. 输入文本

选择“输入文本”选项，“属性”面板如图7-72所示。

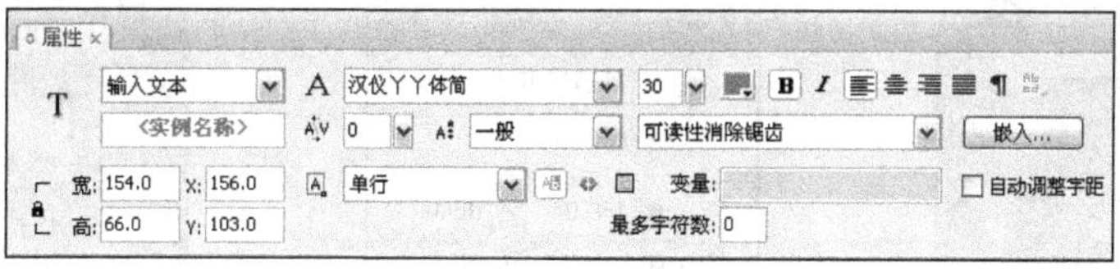

图7-72

“实例名称”选项：可以设置动态文本的名称。

“将文本呈现为HTML”按钮：文本支持HTML标签特有的字体格式、超链接等超文本格式。

“线条类型”选项：其中新增加了“密码”选项，选择此选项后，当文件输出为SWF格式时，影片中的文字将显示为星号。

“在文本周围显示边框”按钮：可以为文本设置白色的背景和黑色的边框。

“变量”选项：可以将该文本框定义为保存字符串数据的变量，此选项需结合动作脚本使用。

“最多字符数”选项：可以设置输入文字的最多数值，默认值为0，即为不限制。如设置数值，此数值即为输出SWF影片时，显示文字的最多数目。

2. 添加使用命令

步骤 1 新建空白文档。选择“文件 > 导入 > 导入到库”命令，将“彩色帆船”文件导入到“库”面板中，如图 7-73 所示。选择“矩形”工具，在工具箱的下方将笔触颜色设为深绿色（#336666），填充颜色设为淡绿色（#00CCCC），在“属性”面板中将“矩形边角半径”均设为 50，将“笔触高度”设为 4。在舞台窗口中绘制一个圆角矩形，效果如图 7-74 所示。

步骤 2 选择“文本”工具T，选择文本工具“属性”面板，在“文本类型”选项的下拉列表中选择“动态文本”，将“字体”设为“方正琥珀简体”，“字体大小”设为 30，颜色设为白色，如图 7-75 所示。

图 7-73

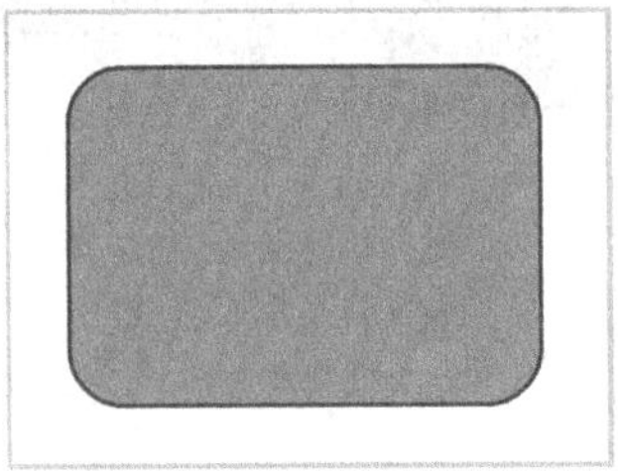

图 7-74

图 7-75

步骤 3 在舞台窗口中拖曳出长的文本框，输入文字“输入密码”，效果如图 7-76 所示。在文本工具“属性”面板中的“实例名称”文本框中输入“info”，如图 7-77 所示。

步骤 4 单击舞台窗口的任意地方，取消对动态文本的选择。再次选择“文本”工具T，在文本工具“属性”面板中的“文本类型”选项的下拉列表中选择“输入文本”，其他选项值不变，在文字“输入密码”的下方拖曳出一个文本框，效果如图 7-78 所示。

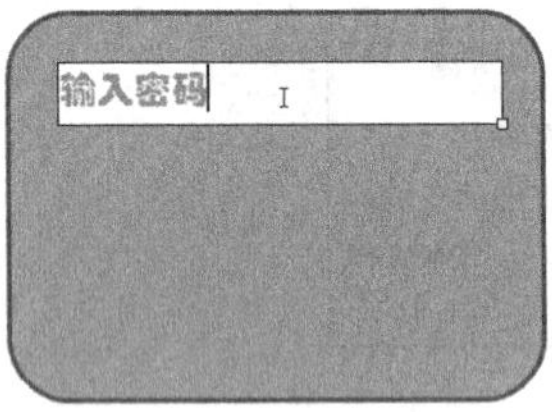

图 7-76

图 7-77

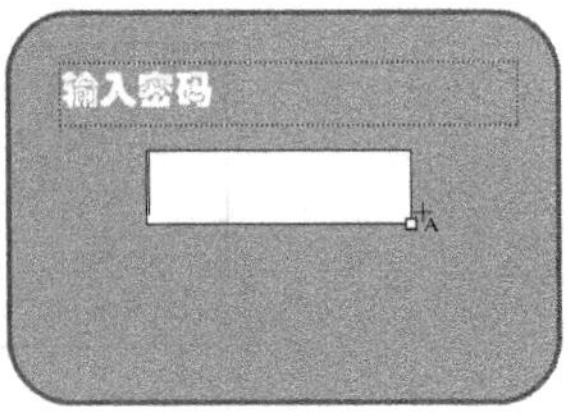

图 7-78

步骤 5 选择“选择”工具，选中刚拖曳出的文本框，在文本工具“属性”面板中的“实例名称”文本框中输入“secret”，在“线条类型”选项的下拉列表中选择“密码”，单击“在文本周围显示边框”按钮，将文本颜色设为黑色，如图 7-79 所示。

步骤 6 在“库”面板下方单击“新建元件”按钮，弹出“创建新元件”对话框，在“名称”文本框中输入“确定按钮”，并选中“按钮”单选项，单击“确定”按钮新建一个按钮元件“确定按钮”，舞台窗口也随之转换为按钮元件的舞台窗口。选择“矩形”工具，在工具箱的下方将笔触颜色设为无，填充颜色设为亮绿色（#7DFFFF），在矩形工具“属性”面板中将“笔触高度”设为 1。在舞台窗口中绘制一个圆角矩形。

步骤 7 选择“文本”工具T，在文本工具“属性”面板中进行设置，在“文本类型”选项的下拉列表中选择“静态文本”，在舞台窗口中输入大小为39，字体为“方正琥珀简体”的深绿色文字“确定”，效果如图7-80所示。选中“时间轴”面板中的“指针经过”帧，按F6键在该帧上插入关键帧，如图7-81所示。

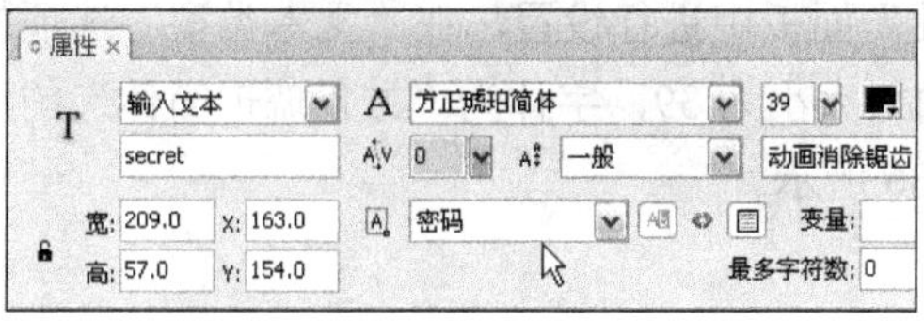

图7-79

图7-80

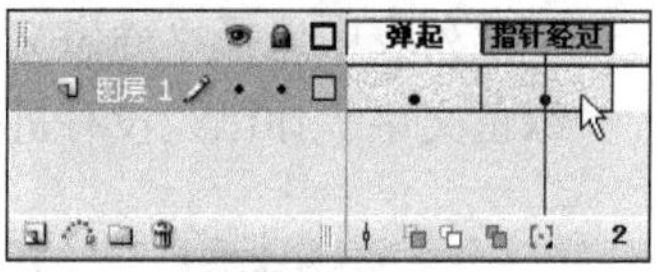

图7-81

步骤 8 选中舞台窗口中的文字“确定”，在文字“属性”面板中将文本颜色设为红色。选中“时间轴”面板中的“按下”帧，按F5键在该帧上插入普通帧。单击“时间轴”面板下方的“场景1”图标 场景 1，进入“场景 1”的舞台窗口。将“库”面板中的按钮元件“确定按钮”拖曳到舞台窗口中，效果如图7-82所示。

图7-82

步骤 9 选中按钮实例，选择“窗口 > 动作”命令，弹出“动作”面板（其快捷键为F9键），在面板的左上方将脚本语言版本设置为“ActionScript 1.0&2.0”，在“脚本窗口”中设置以下脚本语言。

```
on (release) {
    if(secret.text=="rr")              //其中"rr"表示输入的正确密码信息
    {gotoAndPlay(2);}
else
{secret.text="";
times=times-1;
info.text="密码错误！还有"+times+"次机会的";
}
    if(times==0) gotoAndStop(3);
}
```

“动作”面板中的效果如图7-83所示。

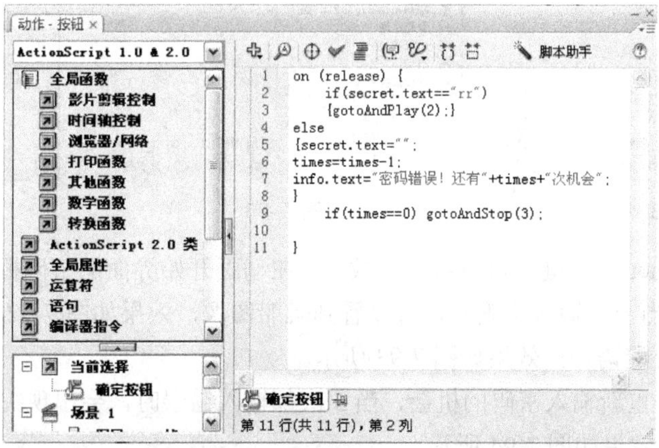

图7-83

步骤 10 右键单击“时间轴”面板中的第 2 帧，在弹出的快捷菜单中选择“插入空白关键帧”命令，在第 2 帧上插入关键帧。将“库”面板中的位图“彩色帆船”拖曳到第 2 帧所对应的舞台窗口中，效果如图 7-84 所示。右键单击“时间轴”面板中的第 3 帧，在弹出的快捷菜单中选择“插入空白关键帧”命令，在第 3 帧上插入关键帧，如图 7-85 所示。

步骤 11 选择“文本”工具T，在文本工具“属性”面板中进行设置，在“文本类型”选项的下拉列表中选择“静态文本”，在舞台窗口中输入大小为 39，字体为“方正琥珀简体”的深绿色文字“你已经没有机会了！”，效果如图 7-86 所示。

图 7-84

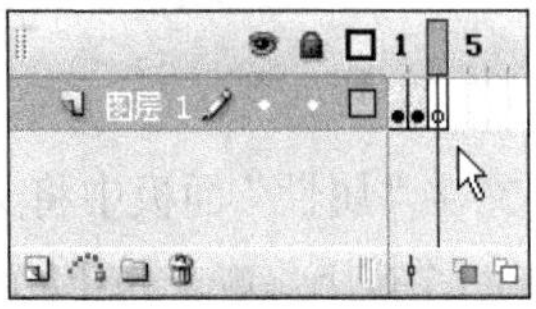

图 7-85

图 7-86

选中“时间轴”面板中的第 1 帧，选择“动作”面板，在“脚本窗口”中设置以下脚本语言。

```
stop( );
var times=5;
```

“动作”面板中的效果如图 7-87 所示。

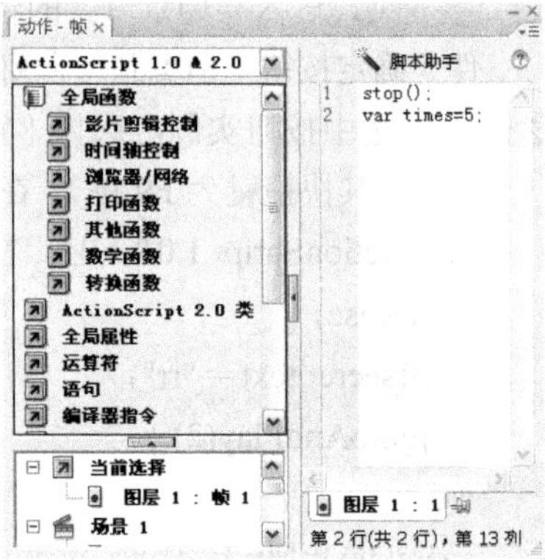

图 7-87

步骤 12 选中“时间轴”面板中的第 2 帧，在“脚本窗口”中设置脚本语言，效果如图 7-88 所示。选中“时间轴”面板中的第 3 帧，在“脚本窗口”中设置脚本语言，效果如图 7-89 所示。“时间轴”面板中的效果如图 7-90 所示。

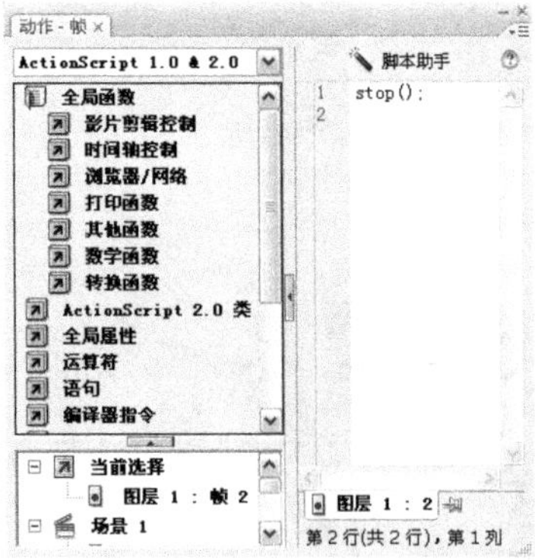

图 7-88

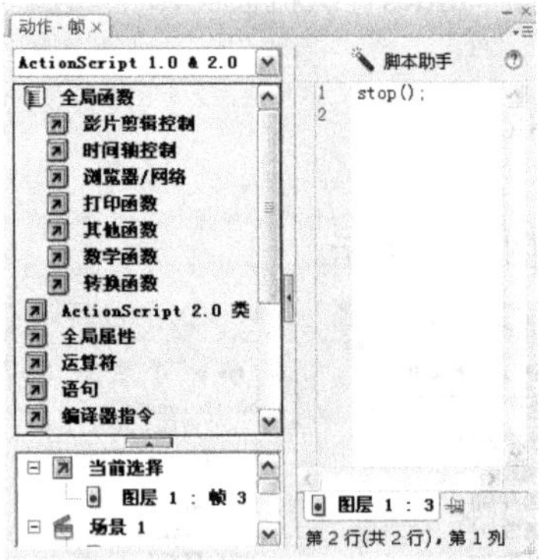

图 7-89

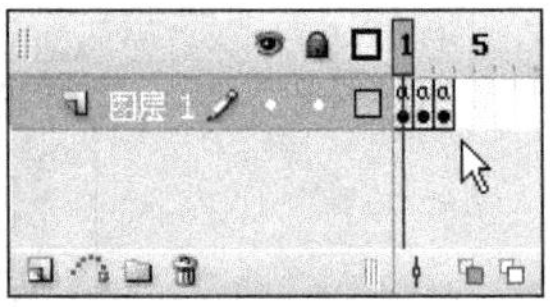

图 7-90

步骤 13 按 Ctrl+Enter 组合键即可查看动画效果。在动画开始界面的密码框中输入密码，效果如图 7-91 所示。当密码输入正确时，可以看到帆船图像，效果如图 7-92 所示。当密码输入错误时，会出现提醒语句，效果如图 7-93 所示。

此动画设定 5 次重新输入密码的机会，当 5 次都输入错误时，会出现提示语句，表示已经不能再重新输入密码，效果如图 7-94 所示。

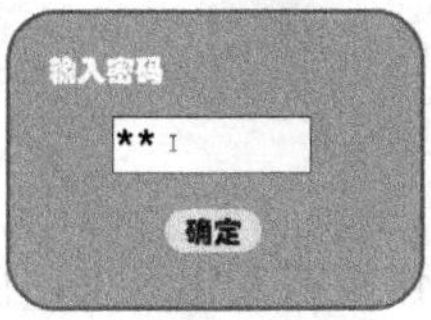

图 7-91

图 7-92

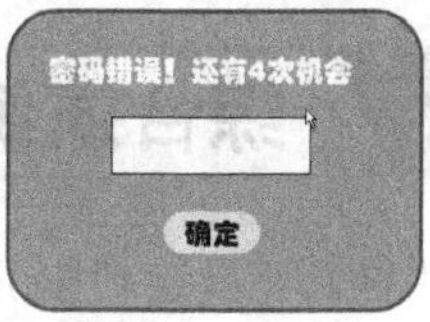

图 7-93

图 7-94

7.2.5 【实战演练】制作系统登录界面

使用文本工具创建输入文本框，使用“新建元件”按钮制作鼠标指针经过按钮的效果，使用脚本语言控制页面的变化，使用矩形工具和“颜色”面板制作按钮图形。（最终效果参看光盘中的“Ch07 > 效果 > 制作系统登录界面”，如图 7-95 所示。）

图 7-95

7.3 综合演练——制作体育运动网页

使用多角星形工具绘制按钮图形，使用刷子工具绘制正确图形，使用文本工具输入导航文字，使用影片剪辑制作按钮变化效果，使用“关键帧”命令制作帧动画效果。（最终效果参看光盘中的“Ch07 > 效果 > 制作体育运动网页”，如图 7-96 所示。）

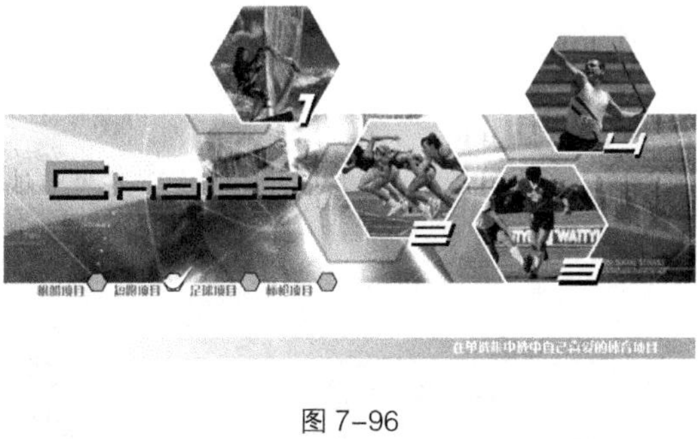

图 7-96

7.4 综合演练——制作咖啡网页

使用椭圆工具绘制按钮图形，使用“创建动作补间动画”命令制作按钮变化效果，使用文本工具创建输入文本框，使用脚本语言控制页面的变化。（最终效果参看光盘中的“Ch07 > 效果 > 制作咖啡网页”，如图 7-97 所示。）

图 7-97

第8章 教学课件

在 Flash CS3 中，系统预先设定了组件、行为、幻灯片和模板等功能来协助用户制作动画，从而提高制作效率。本章将分别介绍组件、行为、幻灯片和模板的分类及使用方法，读者通过学习可以了解并掌握如何应用系统的自带功能高效地完成教学课件动画的制作。

课堂学习目标

- 了解教学课件的表现手法
- 掌握教学课件的设计思路和流程
- 掌握教学课件的制作方法和技巧

8.1 制作百科知识问答课件

8.1.1 【案例分析】

本例的百科知识问答是一种新型的网络信息交流服务平台，它以互动的形式提供向他人请教、回答提问及分享个人知识的服务。

8.1.2 【设计理念】

在设计制作过程中，整体界面颜色以高明度的基调为主，表现出恬静的氛围，使用个性的帆船图片来衬托出界面的文化感和设计感，通过制作好的问答题目选项和按钮来点明设计的主题，完成交互设计。（最终效果参看光盘中的“Ch08 > 效果 > 制作百科知识问答课件”，如图 8-1 所示。）

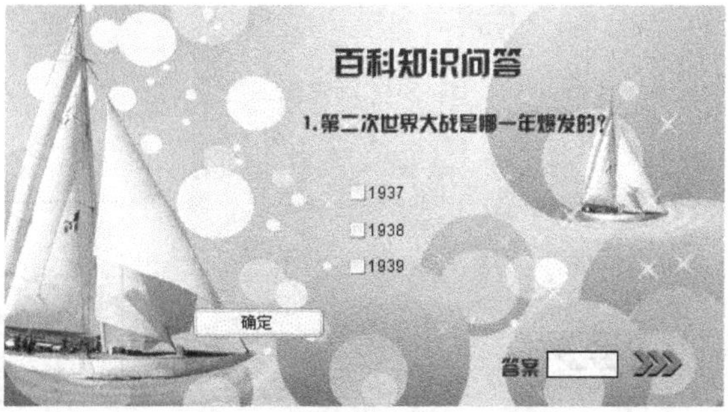

图 8–1

8.1.3 【操作步骤】

1. 导入图形元件

步骤 1 选择“文件 > 新建”命令，在弹出的“新建文档”对话框中选择“Flash 文件”选项，单击“确定”按钮，进入新建文档舞台窗口。按 Ctrl+F3 组合键，弹出文档“属性”面板，单击“大小”选项右侧的按钮，在弹出的对话框中将舞台窗口的宽度设为 550 像素，高度设为 300 像素。单击“设置”按钮，在弹出的“发布设置”对话框中将“版本”选项设为“Flash Player 7”，将“ActionScript 版本”选项设为“ActionScript 2”，如图 8-2 所示。

步骤 2 将“图层 1”图层重命名为“底图”。选择“文件 > 导入 > 导入到舞台”命令，在弹出的“导入”对话框中选择“Ch08 > 素材 > 制作百科知识问答课件 > 底图”文件，单击“打开”按钮，文件被导入到舞台窗口中。选中图片，在位图“属性”面板中将“X”和“Y”均设为 0，如图 8-3 所示，将图片放置在舞台窗口的中心位置，效果如图 8-4 所示。在“时间轴”面板中选中第 3 帧，按 F5 键在该帧上插入普通帧。

图 8-2

图 8-3

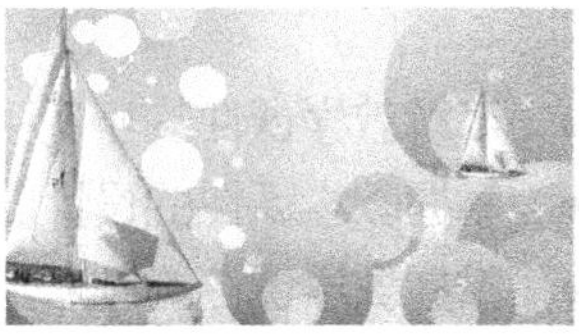
图 8-4

步骤 3 调出“库”面板，在“库”面板下方单击“新建元件”按钮，弹出“创建新元件”对话框，在“名称”文本框中输入“箭头”，并选中“按钮”单选项，单击“确定”按钮新建一个按钮元件“箭头”，如图 8-5 所示，舞台窗口也随之转换为按钮元件的舞台窗口。

步骤 4 选择“文件 > 导入 > 导入到舞台”命令，在弹出的“导入”对话框中选择“Ch08 > 素材 > 制作百科知识问答课件 > 箭头”文件，单击“打开”按钮，图片被导入到舞台窗口中，效果如图 8-6 所示。

步骤 5 单击“时间轴”面板下方的“场景 1”图标，进入“场景 1”的舞台窗口。单击“时间轴”面板下方的“插入图层”按钮创建新图层，并将其命名为“箭头按钮”。将“库”面板中的按钮元件“箭头”拖曳到舞台窗口中，并将其放置在底图的右下角，效果如图 8-7 所示。

步骤 6 在“时间轴”面板中分别选中“箭头按钮”图层的第 2 帧和第 3 帧，按 F6 键在选中的帧上插入关键帧，如图 8-8 所示。

图 8-5

图 8-6

图 8-7

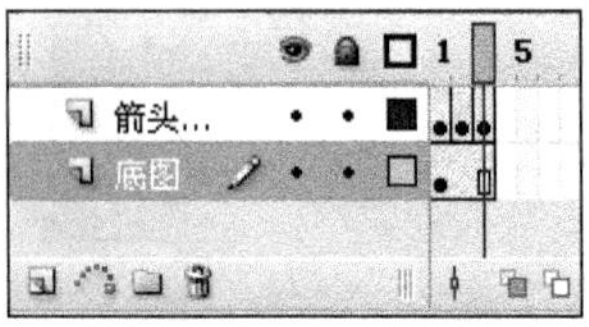

图 8-8

2. 添加动作脚本

步骤 1 选中第 1 帧，选中舞台窗口中的“箭头”实例，选择“窗口 > 动作”命令，弹出“动作”面板(其快捷键为 F9 键)。在面板的左上方将脚本语言版本设置为“ActionScript 1.0&2.0”，在“脚本窗口”中输入脚本语言，效果如图 8-9 所示。

步骤 2 选中第 2 帧，选中舞台窗口中的“箭头”实例，在“动作”面板的“脚本窗口”中输入脚本语言，效果如图 8-10 所示。选中第 3 帧，选中舞台窗口中的“箭头”实例，在“动作”面板的“脚本窗口”中输入脚本语言，效果如图 8-11 所示。

步骤 3 单击“时间轴”面板下方的“插入图层”按钮创建新图层，并将其命名为“问题”。选择“文本”工具T，在文本工具“属性”面板中进行设置，在舞台窗口中输入大小为 24，字体为“汉仪菱心体简”的深蓝色（#333366）文字“百科知识问答”，并将文字放置在白色的底图上，效果如图 8-12 所示。

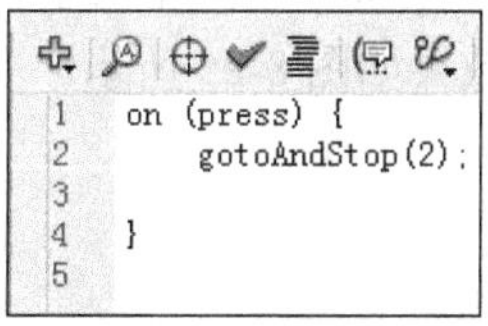

图 8-9

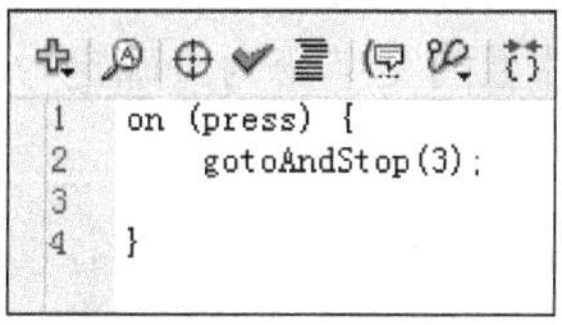

图 8-10

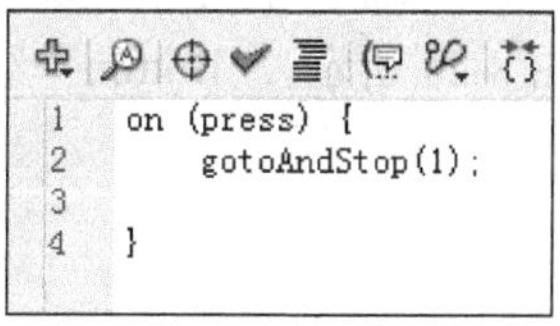

图 8-11

图 8-12

步骤 4 输入大小为 15 的文字“1.第二次世界大战是哪一年爆发的？”，效果如图 8-13 所示。再输入大小为 15 的黑色文字“答案”，并将其放置在底图的下方，效果如图 8-14 所示。选择“文本”工具T，选择文本“属性”面板，在“文本类型”选项的下拉列表中选择“动态文本”，如图 8-15 所示。

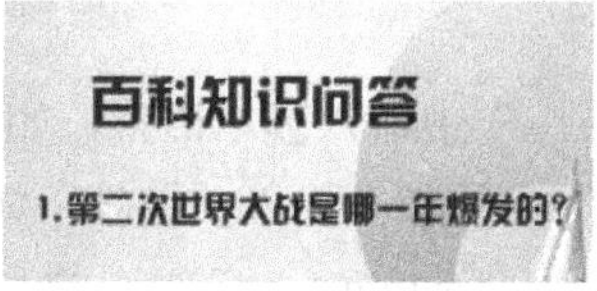

图 8-13

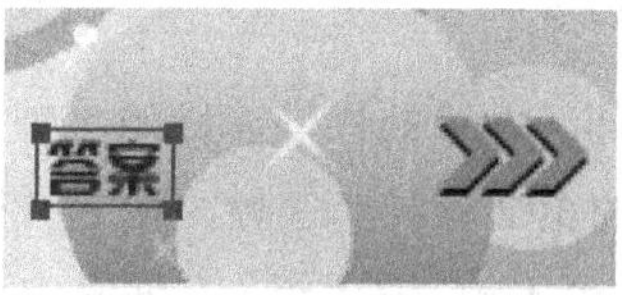

图 8-14

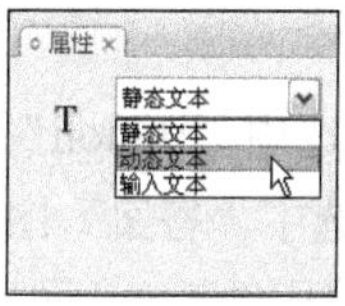

图 8-15

步骤 5 在舞台窗口中文字“答案”的右侧拖曳出动态文本框，效果如图 8-16 所示。选中动态文本框，在动态文本“属性”面板中单击“在文本周围显示边框”按钮，在“变量”文本框中输入“answer”，如图 8-17 所示。舞台中的动态文本框效果如图 8-18 所示。

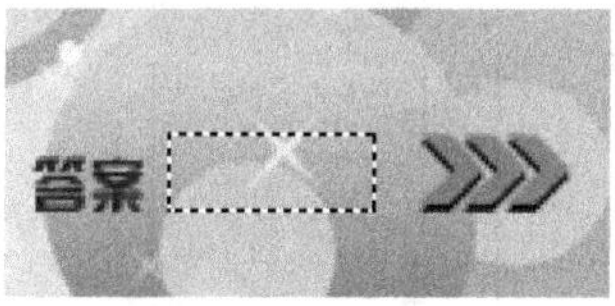

图 8-16

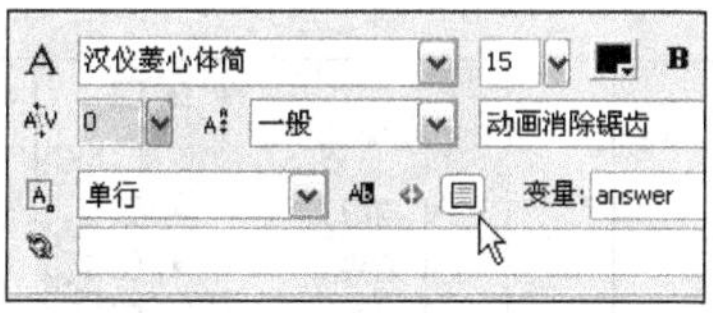

图 8-17

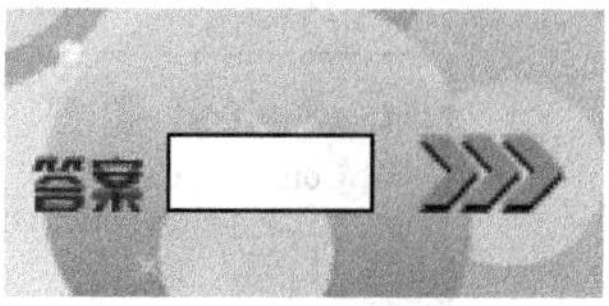

图 8-18

步骤 6 分别选中“问题”图层的第 2 帧和第 3 帧，按 F6 键在选中的帧上插入关键帧。选中第 2 帧，将舞台窗口中的文字“1.第二次世界大战是哪一年爆发的？”更改为文字“2.我国人民解放军第一位女将军是:”，效果如图 8-19 所示。

步骤 7 选中第 3 帧，将舞台窗口中的文字“2.我国人民解放军第一位女将军是:”更改为文字“3.

世界四大洋中面积最小的是：”，效果如图 8-20 所示。单击“时间轴”面板下方的“插入图层”按钮 创建新图层，并将其命名为“答案”，如图 8-21 所示。

图 8-19

图 8-20

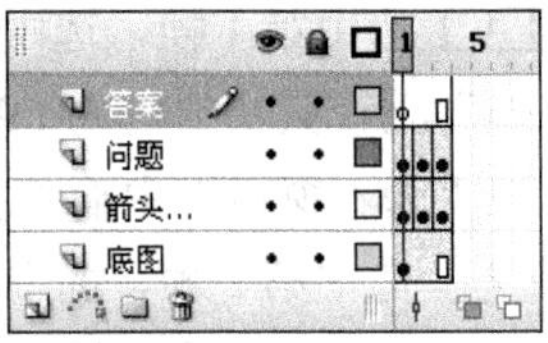

图 8-21

3. 添加组件

步骤 1 选择“窗口 > 组件”命令，弹出“组件”面板，选择“User Interface”组中的“Button”组件，如图 8-22 所示。将“Button”组件拖曳到舞台窗口中，并将其放置在底图的左侧，效果如图 8-23 所示。

步骤 2 选中“Button”组件，单击“参数”标签切换到“参数”面板，在“label”文本框中输入“确定”，如图 8-24 所示。“Button”组件上的文字变为“确定”，效果如图 8-25 所示。

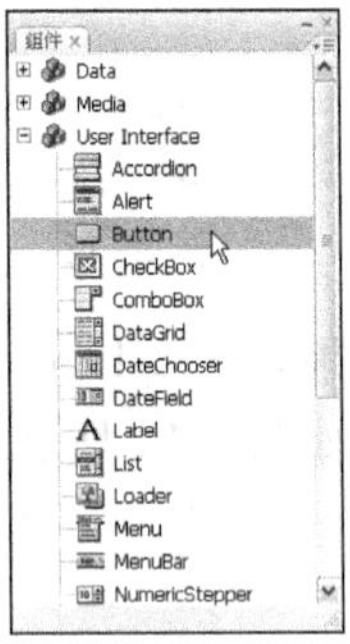

图 8-22

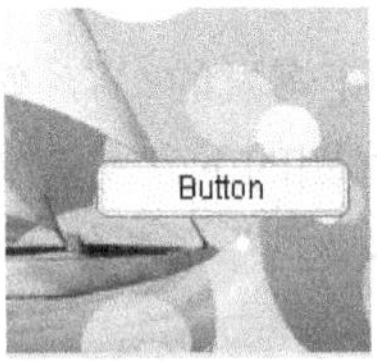

图 8-23

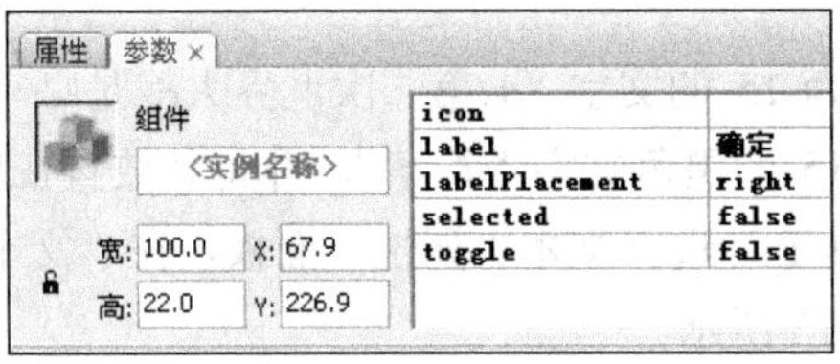

图 8-24

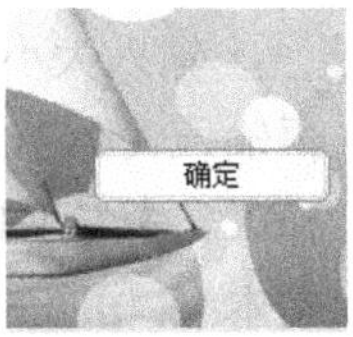

图 8-25

步骤 3 选中“Button”组件，在“动作”面板的“脚本窗口”中输入脚本语言，如图 8-26 所示。选中“答案”图层的第 2 帧和第 3 帧，按 F6 键在选中的帧上插入关键帧，如图 8-27 所示。选中“答案”图层的第 1 帧，在“组件”面板中选择“User Interface”组中的“CheckBox”组件，如图 8-28 所示。

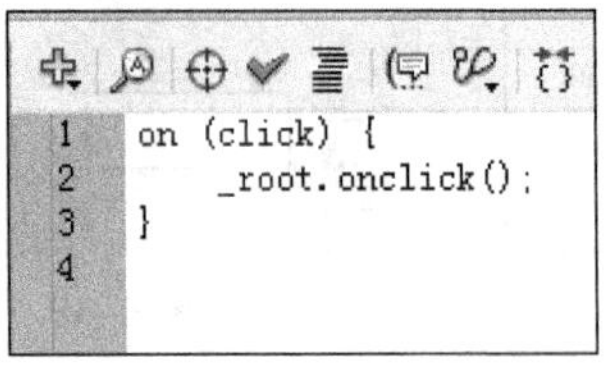

图 8-26

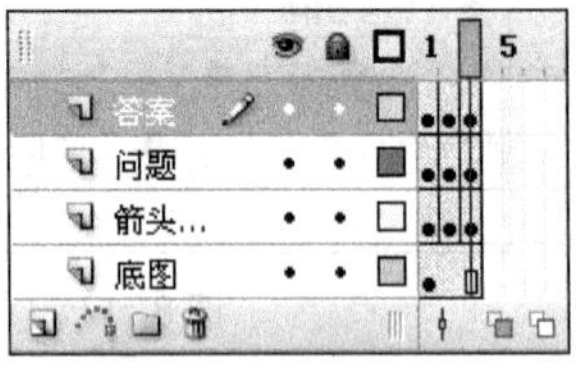

图 8-27

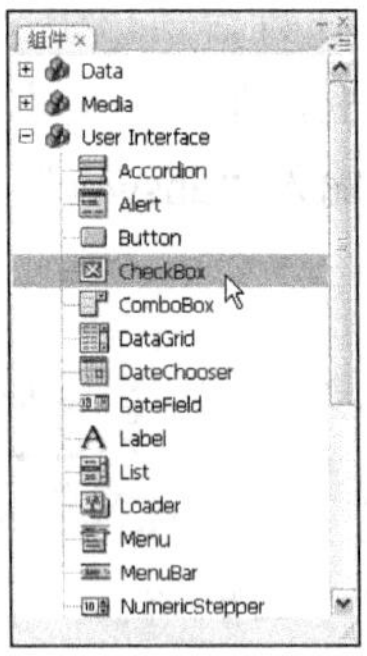

图 8-28

步骤 4 将“CheckBox”组件拖曳到舞台窗口中，并将其放置在问题文字的下方，效果如图 8-29 所示。选中“CheckBox”组件，在“参数”面板中的“实例名称”文本框中输入“一九三七”，“label”文本框中输入“1937”，如图 8-30 所示。“CheckBox”组件上的文字变为“1937”，效果如图 8-31 所示。

图 8-29

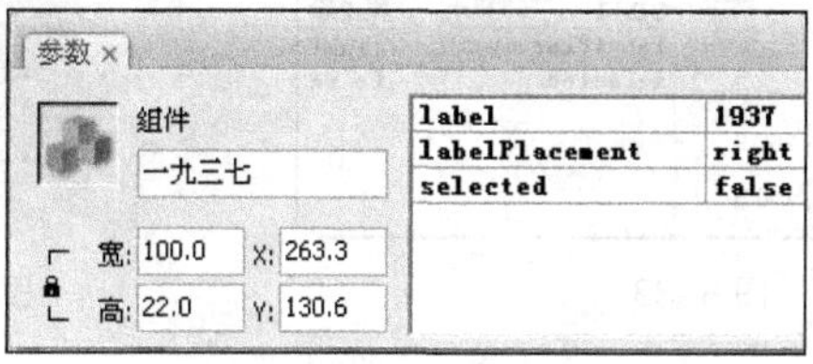

图 8-30

图 8-31

步骤 5 用相同的方法再拖曳一个“CheckBox”组件到舞台窗口中，在组件“参数”面板中的“实例名称”文本框中输入“一九三八”，“label”文本框中输入“1938”，如图 8-32 所示。再拖曳一个“CheckBox”组件到舞台窗口中，在组件“参数”面板中的“实例名称”文本框中输入“一九三九”，“label”文本框中输入“1939”，舞台窗口中组件的效果如图 8-33 所示。

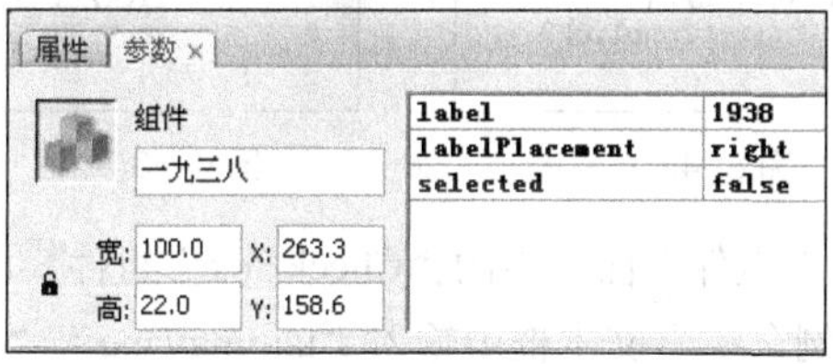

图 8-32

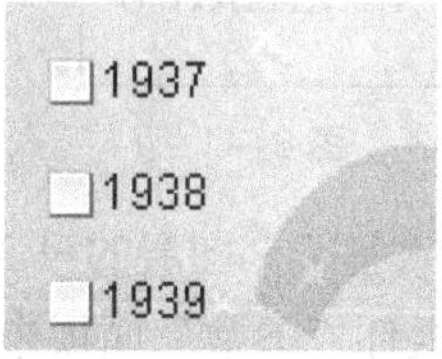

图 8-33

步骤 6 在舞台窗口中选中组件“1937”，在“动作”面板的“脚本窗口”中输入脚本语言，如图 8-34 所示。在舞台窗口中选中组件“1938”，在“动作”面板的“脚本窗口”中输入脚本语言，如图 8-35 所示。在舞台窗口中选中组件“1939”，在“动作”面板的“脚本窗口”中输入脚本语言，如图 8-36 所示。

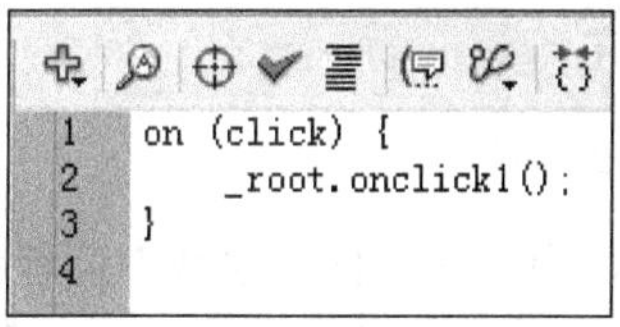

图 8-34

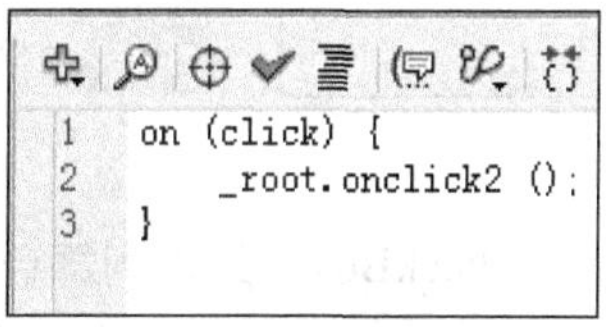

图 8-35

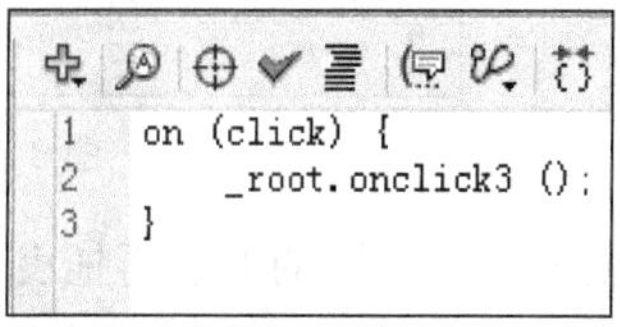

图 8-36

步骤 7 选中“答案”图层的第 2 帧，将“组件”面板中的“CheckBox”组件拖曳到舞台窗口中。在组件“参数”面板中的“实例名称”文本框中输入“lizhen”，“label”文本框中输入“李贞”，如图 8-37 所示，“CheckBox”组件上的文字变为“李贞”，效果如图 8-38 所示。

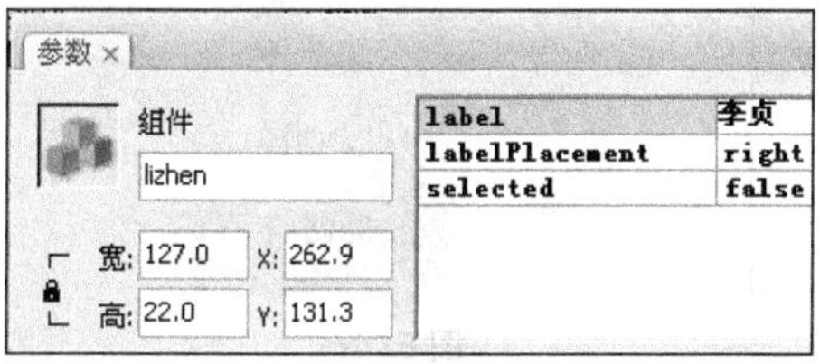

图 8-37

图 8-38

步骤 8 用相同的方法再拖曳一个“CheckBox”组件到舞台窗口中，在组件“参数”面板中的“实例名称”文本框中输入“hezizhen”，“label”文本框中输入“贺子珍”，如图 8-39 所示。再拖曳一个“CheckBox”组件到舞台窗口中，在组件“参数”面板中的“实例名称”文本框中输入“caichang”，“label”文本框中输入“蔡畅”，舞台窗口中组件的效果如图 8-40 所示。

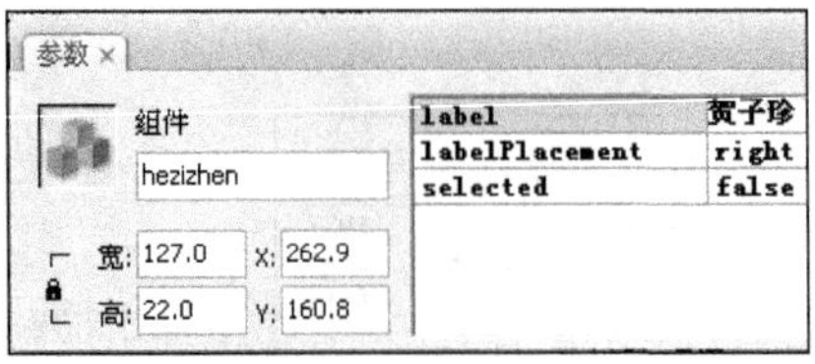

图 8-39

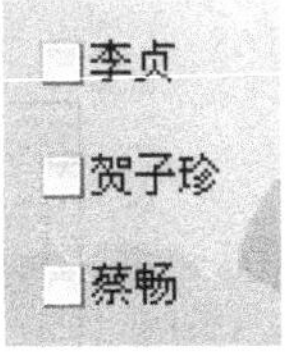

图 8-40

步骤 9 在舞台窗口中选中组件“李贞”，在“动作”面板的“脚本窗口”中输入脚本语言，如图 8-41 所示。在舞台窗口中选中组件“贺子珍”，在“动作”面板的“脚本窗口”中输入脚本语言，如图 8-42 所示。在舞台窗口中选中组件“蔡畅”，在“动作”面板的“脚本窗口”中输入脚本语言，如图 8-43 所示。

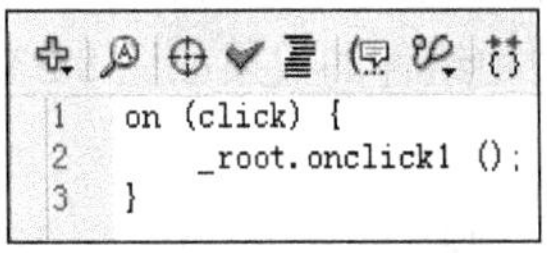

图 8-41

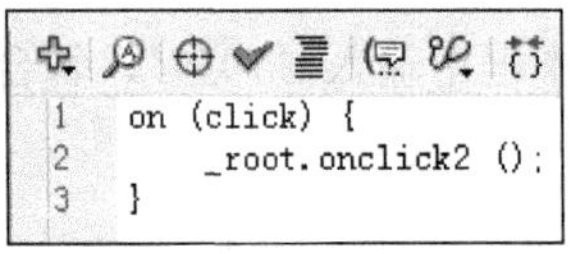

图 8-42

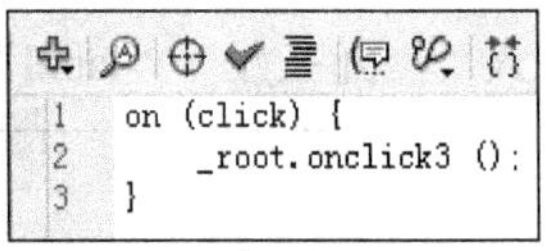

图 8-43

步骤 10 选中“答案”图层的第 3 帧，将“组件”面板中的“CheckBox”组件☒拖曳到舞台窗口中。在组件“参数”面板中的“实例名称”文本框中输入“taipingyang”，“label”文本框中输入“太平洋”，如图 8-44 所示。“CheckBox”组件上的文字变为“太平洋”，效果如图 8-45 所示。

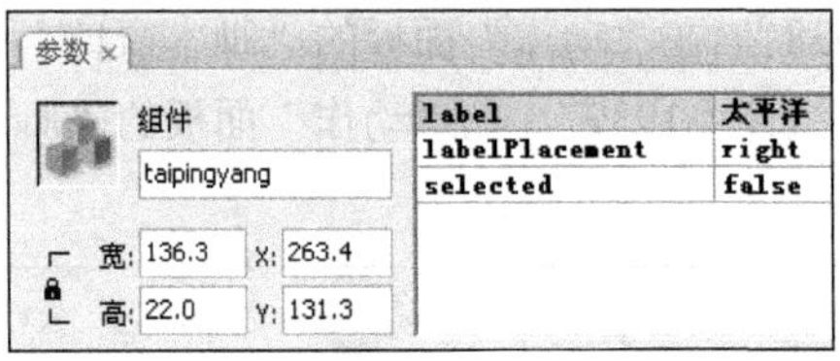

图 8-44

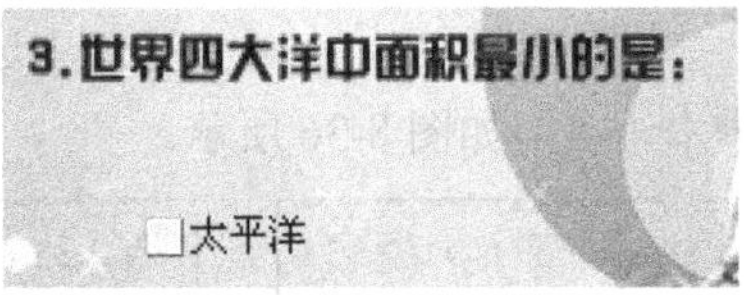

图 8-45

步骤 11 用相同的方法再拖曳一个“CheckBox”组件到舞台窗口中，在组件“参数”面板中的“实例名称”文本框中输入“daxiyang”，“label”文本框中输入“大西洋”，如图 8-46 所示。再拖曳一个“CheckBox”组件到舞台窗口中，在组件“参数”面板中的“实例名称”文本框中输入“beibingyang”，“label”文本框中输入“北冰洋”，舞台窗口中组件的效果如图 8-47 所示。

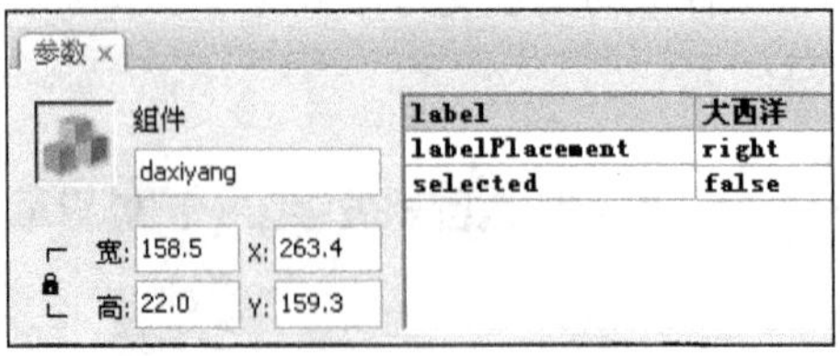

图 8-46

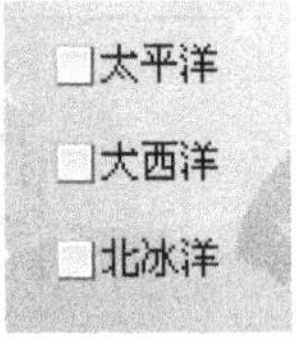

图 8-47

步骤 12 在舞台窗口中选中组件“太平洋”，在“动作”面板的“脚本窗口”中输入脚本语言，如图 8-48 所示。在舞台窗口中选中组件“大西洋”，在“动作”面板的“脚本窗口”中输入脚本语言，如图 8-49 所示。在舞台窗口中选中组件“北冰洋”，在“动作”面板的“脚本窗口”中输入脚本语言，如图 8-50 所示。

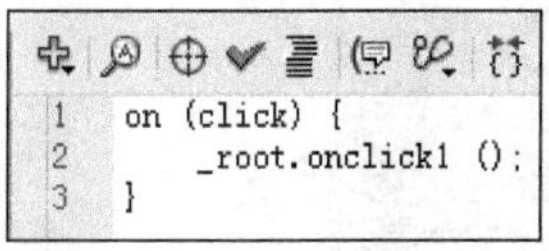

图 8-48

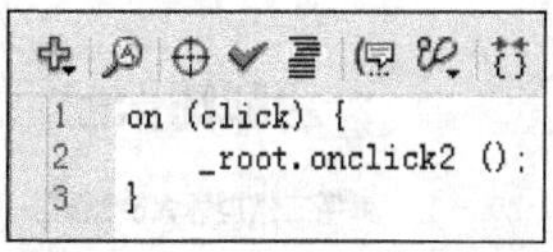

图 8-49

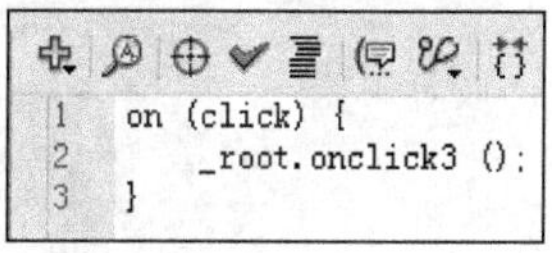

图 8-50

步骤 13 在"时间轴"面板中创建新图层并将其命名为"动作脚本"。选中第 2 帧和第 3 帧，按 F6 键在选中的帧上插入关键帧。选中"动作脚本"图层的第 1 帧，在"动作"面板的"脚本窗口"中输入脚本语言（脚本语言的具体设置可以参考附带光盘中的实例原文件），如图 8-51 所示。选中"动作脚本"图层的第 2 帧，在"动作"面板的"脚本窗口"中输入脚本语言，如图 8-52 所示。

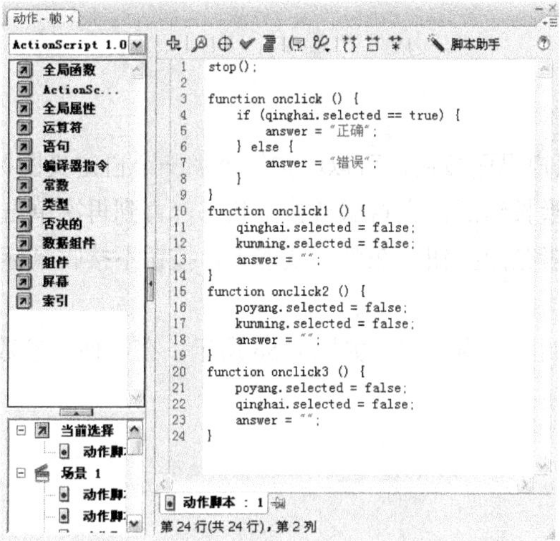

图 8-51

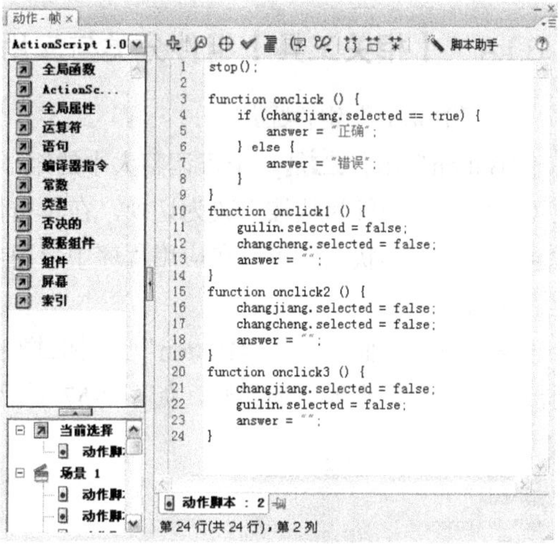

图 8-52

步骤 14 选中"动作脚本"图层的第 3 帧，在"动作"面板的"脚本窗口"中输入脚本语言，如图 8-53 所示。"时间轴"面板和舞台窗口中的效果如图 8-54 和图 8-55 所示。百科知识问答课件制作完成，按 Ctrl+Enter 组合键即可查看效果。

图 8-53

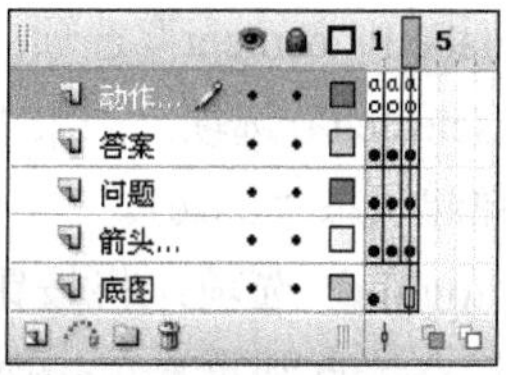

图 8-54

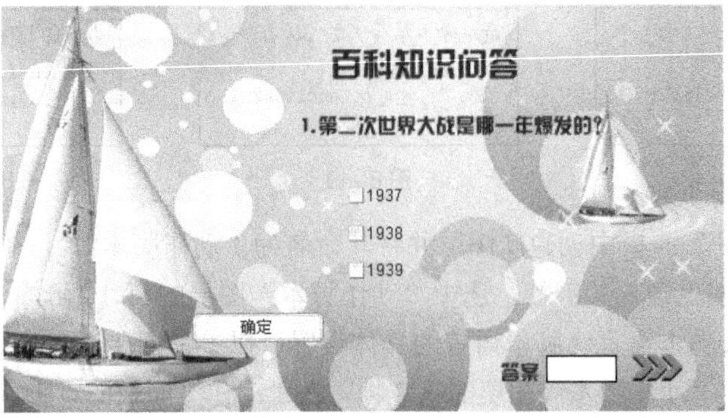

图 8-55

8.1.4 【相关工具】组件分类与应用

◎ “Button”组件

“Button”组件是一个可调整大小的矩形用户界面按钮，可以给按钮添加一个自定义图标，也可以将按钮的行为从按下改为切换。在单击切换按钮后，它将保持按下状态，直到再次单击时才会返回到弹起状态。可以在应用程序中启用或者禁用按钮。在禁用状态下，按钮不接收鼠标或键盘输入。

在“组件”面板中将“Button”组件拖曳到舞台窗口中，如图 8-56 所示。在组件“参数”面板中即可显示出组件的参数，如图 8-57 所示。

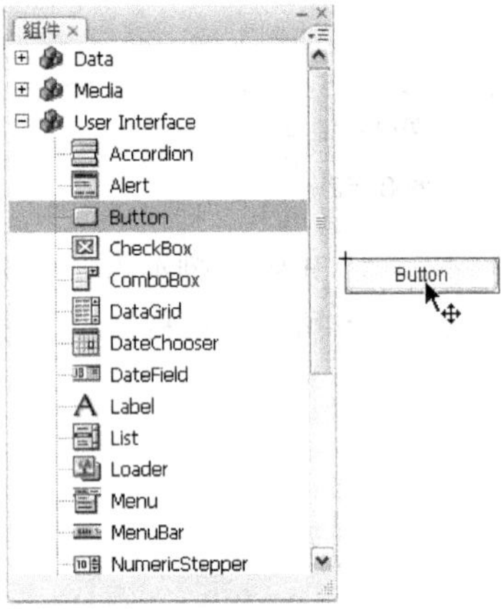

图 8-56

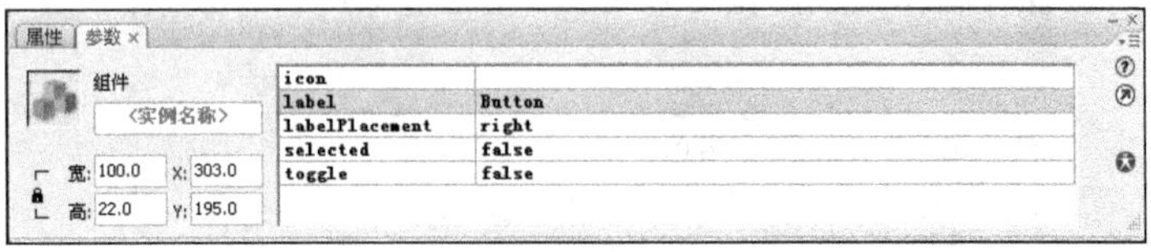

图 8-57

“icon”选项：为按钮添加自定义的图标。该值是“库”面板中影片剪辑或图形元件的链接标识符。

“label”选项：设置按钮上显示的文字，默认状态下为“Button”。

“labelPlacement”选项：确定按钮上的文字相对于图标的方向。

“selected”选项：如果“toggle”参数值为“true”，则该参数指定按钮是处于按下状态“true”还是弹起状态“false”。

“toggle”选项：将按钮转变为切换开关。如果参数值为“true”，那么按钮在按下后保持按下状态，直到再次单击时才返回到弹起状态；如果参数值为“false”，那么按钮的行为与普通按钮相同。

◎ “CheckBox”组件

复选框是一个可以勾选或取消勾选的方框，可以在应用程序中启用或者禁用复选框。如果复选框已启用，用户单击它或者它的名称，那么复选框会出现对号标记显示为勾选状态。如果用户在复选框或其名称上按下鼠标左键后，将鼠标指针移动到复选框或其名称的边界区域之外，那么复选框没有被选中，也不会出现对号标记。如果复选框被禁用，那么它会显示其禁用状态，而不响应用户的交互操作，在禁用状态下，按钮不接收鼠标或键盘输入。

在“组件”面板中将“CheckBox”组件拖曳到舞台窗口中，如图 8-58 所示。在组件“参数”面板中即可显示出组件的参数，如图 8-59 所示。

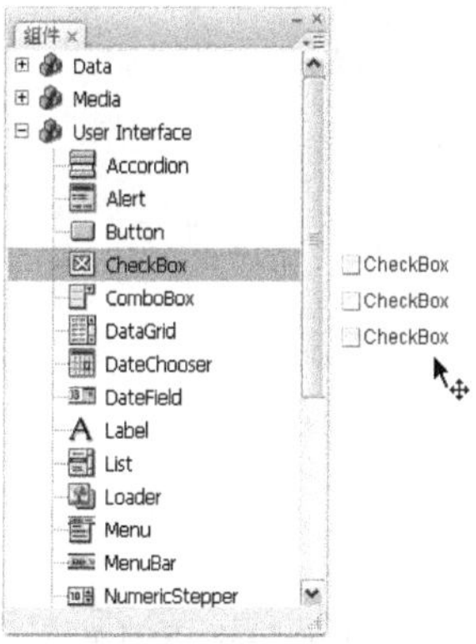

图 8-58

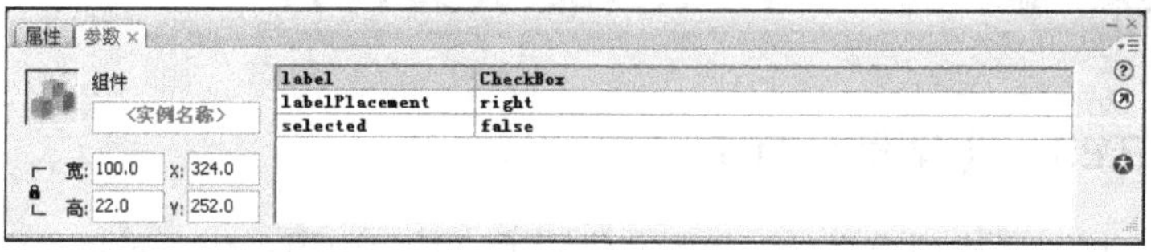

图 8-59

“label”选项：设置复选框的名称，默认状态下为“CheckBox”。

“labelPlacement”选项：设置名称相对于复选框的位置，默认状态下，名称在复选框的右侧。

“selected”选项：将复选框的初始值设为勾选“true”或取消勾选“false”。

下面将介绍“CheckBox”组件的应用的方法。

将“CheckBox”组件拖曳到舞台窗口中，在组件“参数”面板中的“label”文本框中输入“语文成绩”，如图 8-60 所示，组件的名称也随之改变，如图 8-61 所示。

用相同的方法再制作两个组件，如图 8-62 所示。按 Ctrl+Enter 组合键即可测试影片，可以随意勾选多个复选框，如图 8-63 所示。在“labelPlacement”选项中可以设置名称相对于复选框的位置，如果选择“left”，那么名称在复选框的左侧，如图 8-64 所示。如果将“语文成绩”组件的“selected”设定为“true”，那么“语文成绩”复选框的初始状态为被勾选，如图 8-65 所示。

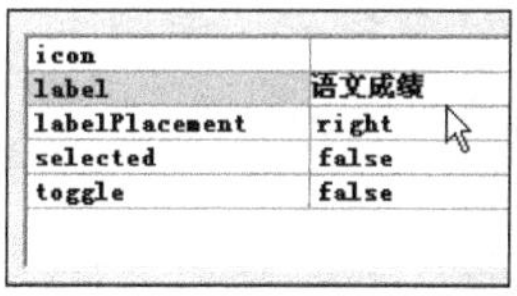

图 8-60

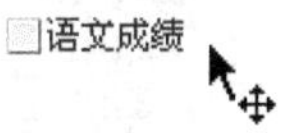

图 8-61

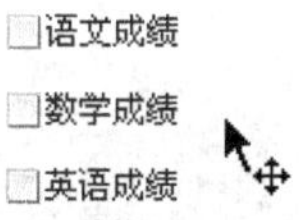

图 8-62

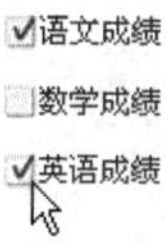

图 8-63

图 8-64

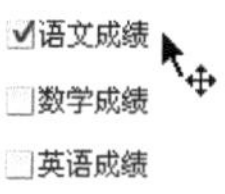

图 8-65

8.1.5 【实战演练】制作开心知识问答课件

使用“CheckBox”组件制作多个选项效果，使用“Button”组件制作按钮效果，使用“参数”面板更改组件的名称，使用文本工具创建输入文本框和标题。（最终效果参看光盘中的“Ch08 > 效果 > 制作开心知识问答课件”，如图 8-66 所示。）

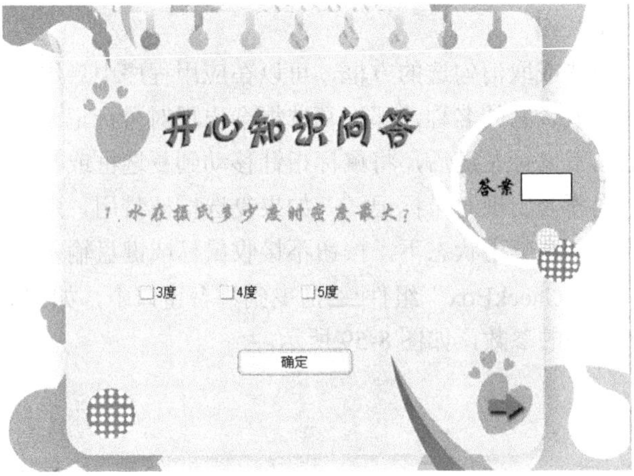

图 8-66

8.2 制作中式乐器欣赏课件

8.2.1 【案例分析】

中华民族历史悠久，音乐文化源远流长，中国古代乐器是我们民族文化的一个重要部分，其文化底蕴很深，种类繁多，形状各异，独具风格。轻柔典雅的筝，清逸柔美的古琴，华丽委婉的琵琶，清脆明亮的笛子等，对我们当今快节奏的现代都市生活来说，无疑是一种美的享受。本例制作的中式乐器欣赏教学课件，能使我们领略到自然质朴的美以及古人的生活气息，使我们的思维意识随之升华，使心态祥和宁静。

8.2.2 【设计理念】

在设计制作过程中，页面背景采用了水墨画的形式，通过此设计可以表现出中国传统文化的氛围，再设计乐器互相之间的出场顺序来增加乐器的观赏性，最后在舞台窗口中更换不同的乐器图片，完美体现出民族文化和传统艺术。（最终效果参看光盘中的“Ch08 > 效果 > 制作中式乐器欣赏课件”，如图 8-67 所示。）

图 8-67

8.2.3 【操作步骤】

1. 导入元件

步骤 1 选择“文件 > 新建”命令，在弹出的“新建文档”对话框中选择“Flash 幻灯片演示文稿”选项，如图 8-68 所示，单击“确定”按钮进入幻灯片舞台窗口，效果如图 8-69 所示。

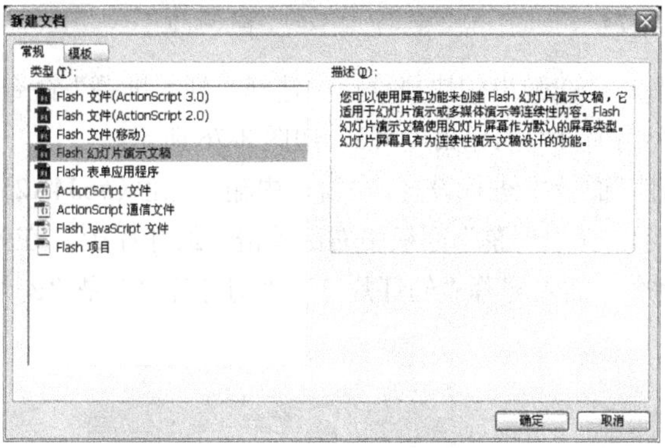

图 8-68

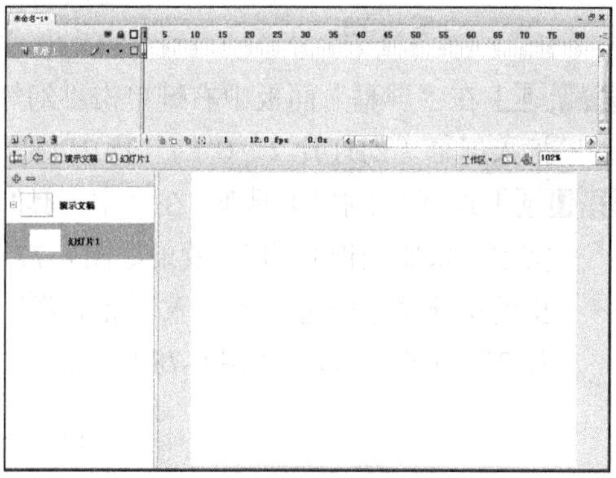

图 8-69

步骤 2 在舞台窗口左侧的“屏幕”面板中选中“演示文稿”，如图 8-70 所示。选择“文件 > 导入 > 导入到舞台”命令，弹出“导入”对话框，选择“Ch08 > 素材 > 制作中式乐器欣赏课件 > 背景”文件，单击“打开”按钮，文件被导入到舞台窗口中，将图片设置在舞台窗口的正中位置，效果如图 8-71 所示。在“屏幕”面板中选中“幻灯片 1”，如图 8-72 所示。

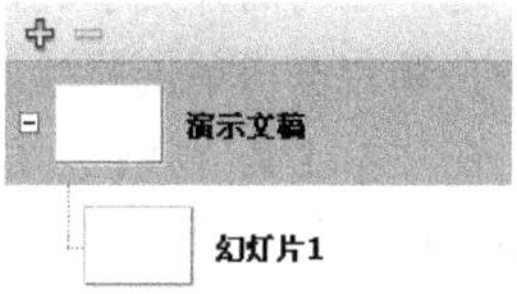

图 8-70

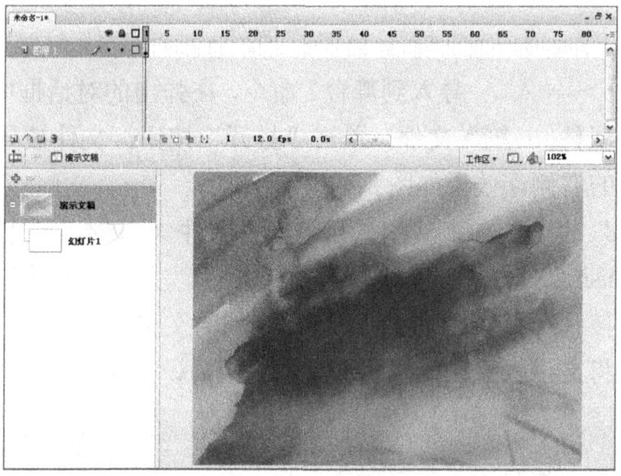

图 8-71

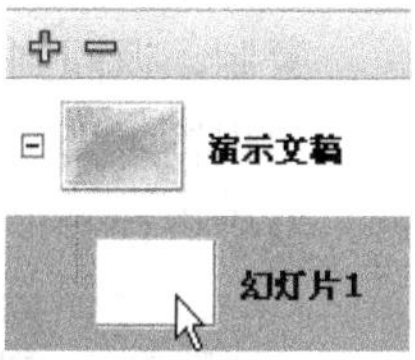

图 8-72

步骤 3 选择“文件 > 导入 > 导入到舞台”命令，在弹出的对话框中选择“Ch08 > 素材 > 制作中式乐器欣赏课件 > 横条”文件，单击“打开”按钮，文件被导入到舞台窗口中，效果如图 8-73 所示。

步骤 4 选择“文本”工具 T，在文本工具“属性”面板中进行设置，在横条上输入白色文字“中式乐器欣赏”，效果如图 8-74 所示。选择“文件 > 导入 > 导入到舞台”命令，在弹出的对话框中选择“Ch08 > 素材 > 制作中式乐器欣赏课件 > 山水画”文件，单击“打开”按钮，文件被导入到舞台窗口中，效果如图 8-75 所示。

图 8-73

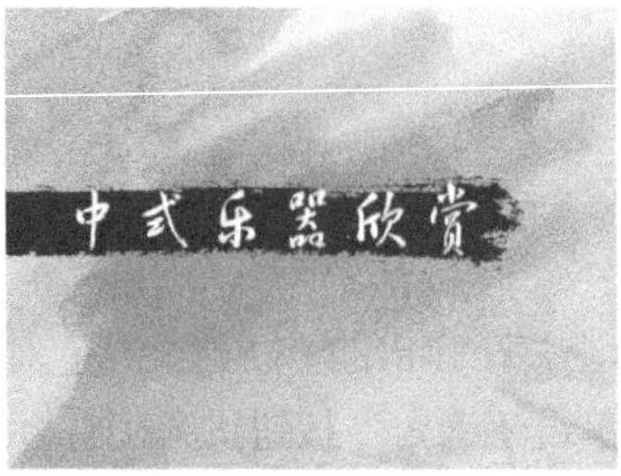

图 8-74

图 8-75

步骤 5 在“屏幕”面板中右键单击“幻灯片 1”，在弹出的快捷菜单中选择“插入屏幕”命令，插入屏幕“幻灯片 2”（“幻灯片 2”是“幻灯片 1”的兄弟屏幕），如图 8-76 所示。

步骤 6 选择“文本”工具 T，在文本工具“属性”面板中进行设置，在窗口中输入棕色（#634A25）文字“乐器知识介绍”，效果如图 8-77 所示。在“屏幕”面板中右键单击“幻灯片 2”，在弹出的快捷菜单中选择“插入嵌套屏幕”命令，插入屏幕“幻灯片 3”（“幻灯片 3”是“幻灯片 2”的子屏幕），如图 8-78 所示。

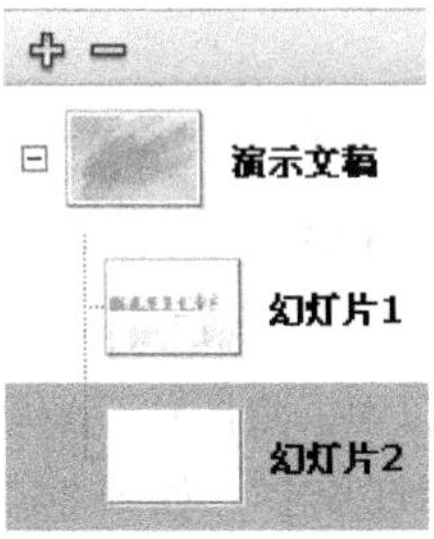

图 8-76

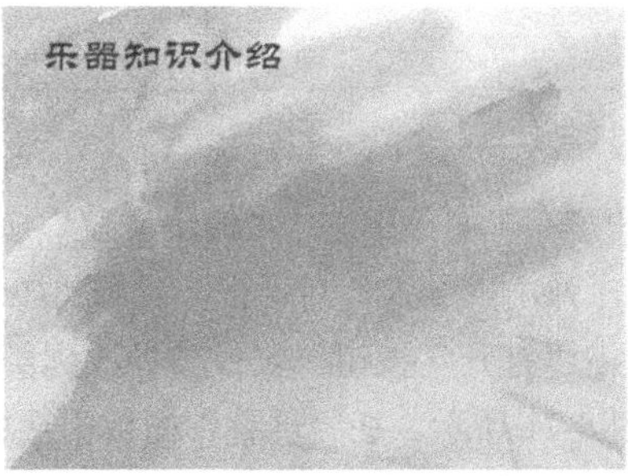

图 8-77

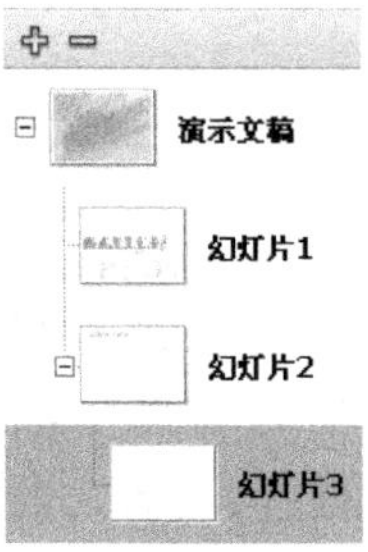

图 8-78

步骤 7 选择“文件 > 导入 > 导入到舞台”命令，在弹出的对话框中选择“Ch08 > 素材 > 制作中式乐器欣赏课件 > 笙”文件，单击“打开”按钮，文件被导入到舞台窗口中，将图片移动到舞台窗口的右侧，效果如图 8-79 所示。

步骤 8 打开“Ch08 > 素材 > 制作中式乐器欣赏课件 > 文本”文档，选中笙的简介文字进行复制，返回到 Flash CS3 软件的舞台窗口中。选择“文本”工具 T，在舞台窗口单击鼠标，出现输入光标，按 Ctrl+V 组合键粘贴刚才复制的文字。选中文字，在文本工具“属性”面板中进行设置，将文字颜色设为黑色，设置完成后，文字效果如图 8-80 所示。

图 8-79

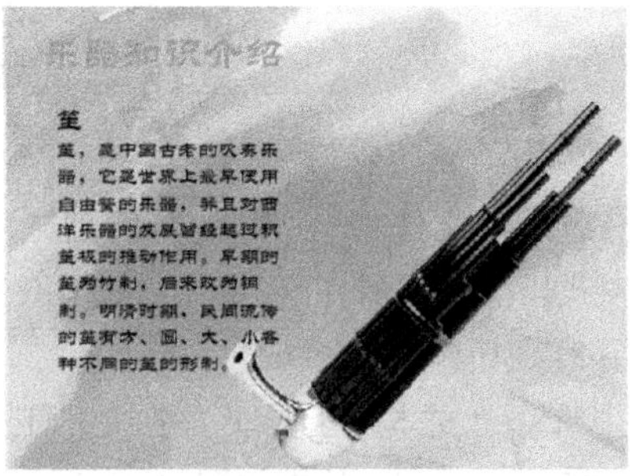

图 8-80

步骤 9 在“屏幕”面板中右键单击“幻灯片 3”，在弹出的快捷菜单中选择“插入屏幕”命令，插入屏幕“幻灯片 4”（“幻灯片 4”是“幻灯片 3”的兄弟屏幕）。在“幻灯片 4”的舞台窗口中导入“鼓”图片，并在配套光盘的文本文档中复制文字“鼓”粘贴到舞台窗口中。在文本工具“属性”面板中进行设置，将文字颜色设为黑色，效果如图 8-81 所示。

步骤 10 在“屏幕”面板中右键单击“幻灯片 4”，在弹出的快捷菜单中选择“插入屏幕”命令，插入屏幕“幻灯片 5”（“幻灯片 5”是“幻灯片 4”的兄弟屏幕）。在“幻灯片 5”的舞台窗口中导入“琵琶”图片，并在配套光盘的文本文档中复制文字“琵琶”粘贴到舞台窗口中。在文本工具“属性”面板中进行设置，将文字颜色设为黑色，效果如图 8-82 所示。

图 8-81

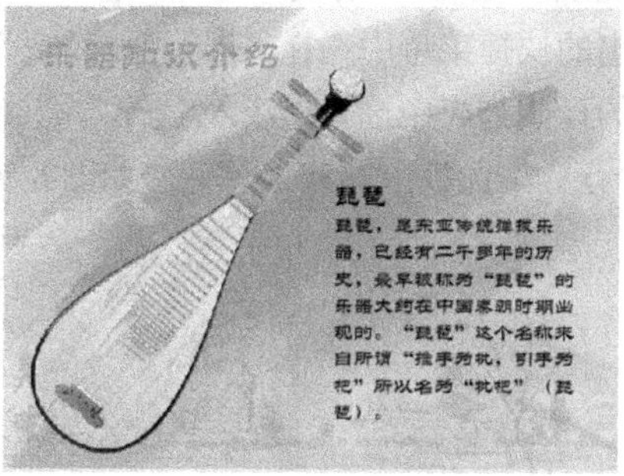

图 8-82

2. 制作按钮元件

步骤 1 在“库”面板中新建按钮元件“元件 1”，如图 8-83 所示，进入按钮元件的舞台窗口。选中“时间轴”面板中的“弹起”帧，选择“矩形”工具，在工具箱中将“笔触颜色”设为褐色（#7D3E08），“填充颜色”设为土色（#EAD2B3），在“属性”面板中将“矩形边角半径”均设为 3。在舞台窗口中绘制一个圆角矩形，如图 8-84 所示。选择“文本”工具T，在圆角矩形框中输入褐色（#7D3E08）文字“帮助”，效果如图 8-85 所示。

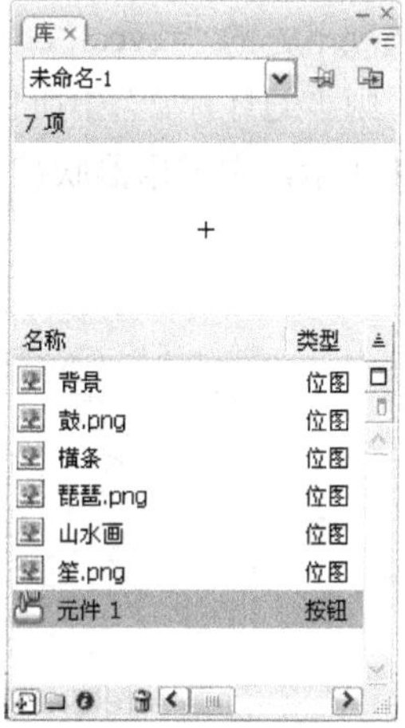

图 8-83

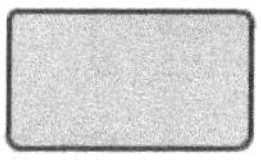

图 8-84

图 8-85

步骤 2 右键单击“时间轴”面板中的“指针经过”帧，在弹出的快捷菜单中选择“插入空白关键帧”命令，插入一个空白的关键帧，如图 8-86 所示。用相同的方法再次绘制圆角矩形并输入文字，并要保持制作的图形位置与“弹起”帧中的图形位置相同，如图 8-87 所示。

步骤 3 在“屏幕”面板中选中“幻灯片 1”，将“库”面板中的按钮元件“元件 1”拖曳到舞台窗口的右下方，如图 8-88 所示。

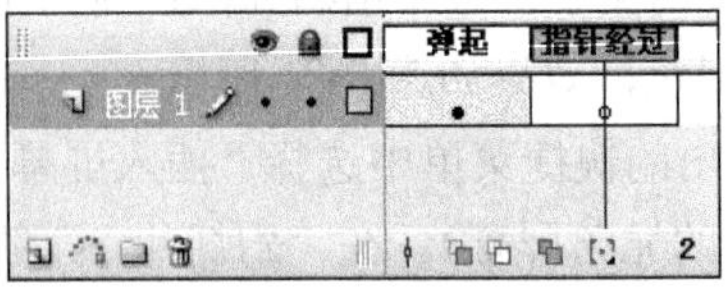

图 8-86

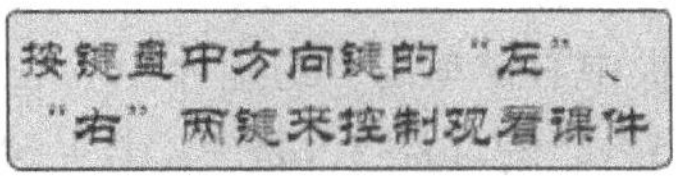

图 8-87

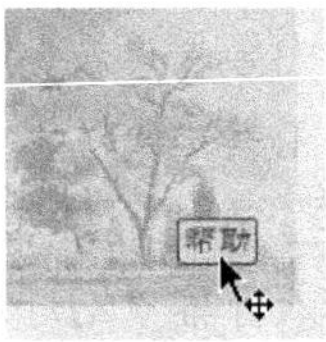

图 8-88

步骤 4 选择“窗口 > 行为”命令，弹出“行为”面板。单击面板中的“添加行为”按钮，在弹出的快捷菜单中选择“屏幕 > 转变”命令，如图 8-89 所示，在弹出的“转变”对话框左侧的样式列表中选择“淡入/淡出”，其他选项为默认值，如图 8-90 所示，单击“确定”按钮，“行为”面板中加载上事件，如图 8-91 所示。

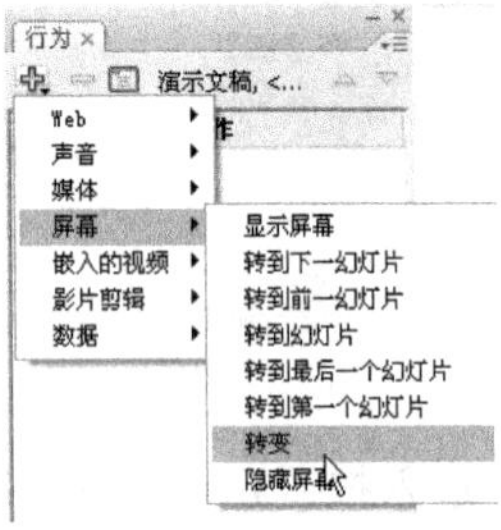

图 8-89

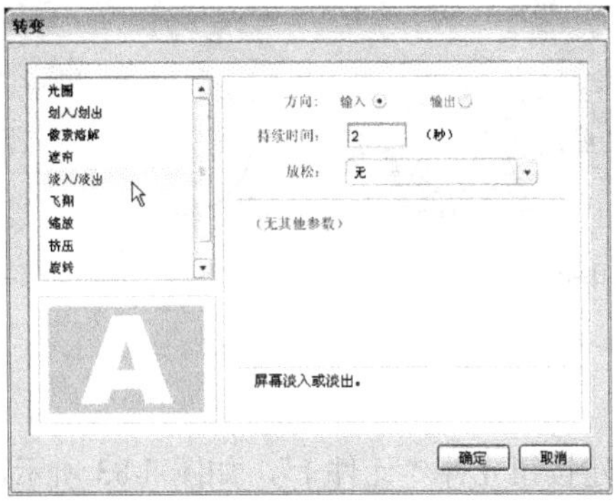

图 8-90

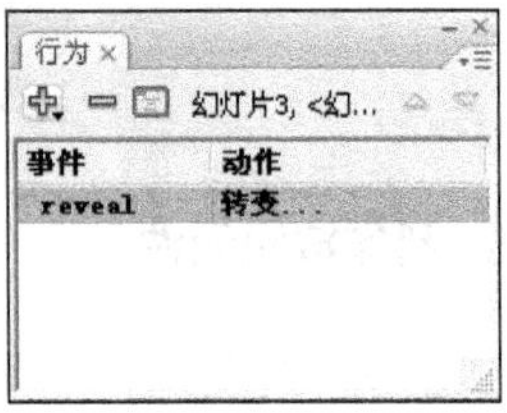

图 8-91

步骤 5 在“屏幕”面板中选中“幻灯片 2”，在“行为”面板上单击“添加行为”按钮，在弹出的菜单中选择“屏幕 > 转变”命令，弹出“转变”对话框，在对话框左侧的样式列表中选择“遮帘”，在“方向”选项组中选中“水平”单选项，其他选项为默认值，单击“确定”按钮，“行为”面板中加载上事件。单击“事件”选项下方的“reveal”，如图 8-92 所示，在弹出的下拉列表中选择“revealChild”（选择此选项，则“幻灯片 2”中所包含的子屏幕都应用这种样式），如图 8-93 所示，选择后效果如图 8-94 所示，中式乐器欣赏课件制作完成，按 Ctrl+Enter 组合键即可查看效果。

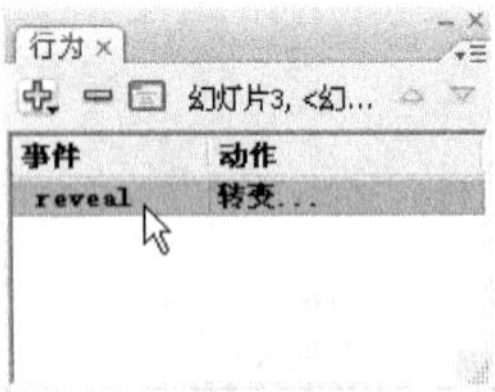

图 8-92

图 8-93

图 8-94

8.2.4 【相关工具】

1. 创建幻灯片

启动 Flash 后，在“开始”面板的“创建新项目”选项组中选择“Flash 幻灯片演示文稿”选项，如图 8-95 所示。或者选择“文件 > 新建”命令，在弹出的“新建文档”对话框中选择“Flash

幻灯片演示文稿”选项，如图 8-96 所示。

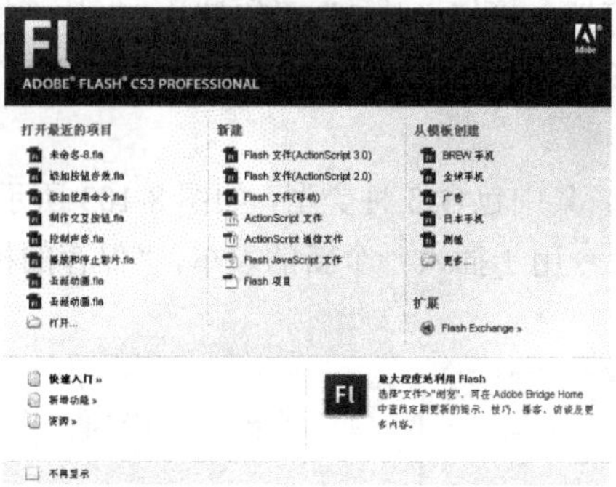

图 8-95

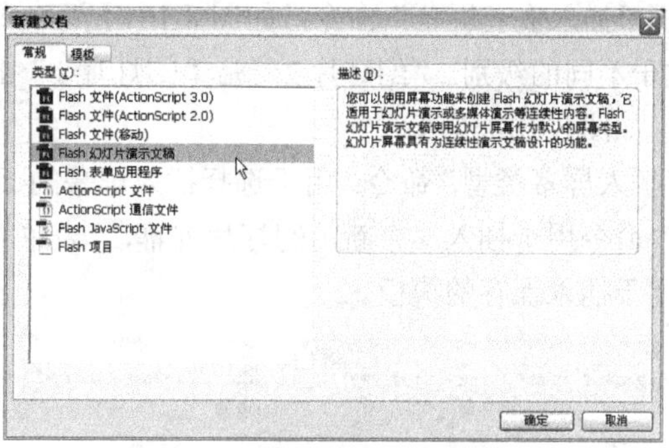

图 8-96

Flash CS3 幻灯片演示文稿的默认工作界面如图 8-97 所示。“时间轴”面板呈折叠状态。工作界面的左侧是一个显示幻灯片文稿结构的面板。面板在默认状态下包含一个最高层屏幕(默认名称为“演示文稿”)和一个子屏幕(默认名称为“幻灯片 1”)。

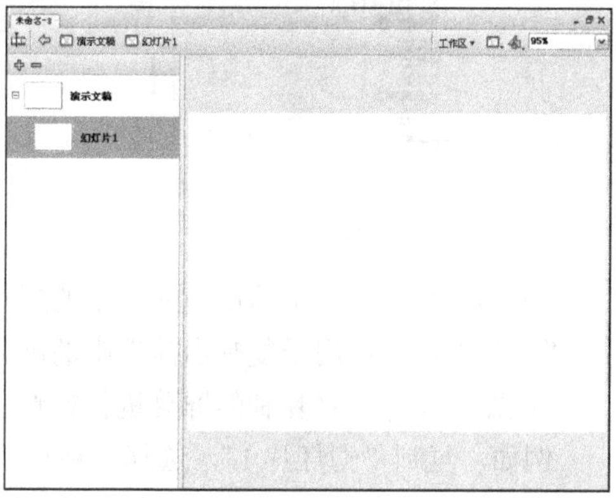

图 8-97

最高层屏幕是向文档中添加所有内容的容器，它包含所有其他的屏幕。可以将内容放置在顶层屏幕中，但不能删除或移动它。在顶层屏幕下面添加的都是子屏幕，子屏幕中还可以再嵌套子屏幕，包含一个子屏幕的屏幕是父屏幕。子屏幕继承了父屏幕中的显示内容和行为，并且可以在动作脚本中应用目标路径从一个屏幕向另一个屏幕传递消息。屏幕并不出现在“库”面板中，因此不能创建屏幕的实例。

2. 设置幻灯片

右键单击屏幕名称，弹出的快捷菜单如图 8-98 所示。

“插入屏幕”命令：用于插入新的屏幕。右键单击“幻灯片 1”，在弹出的快捷菜单中选择“插入屏幕”命令，如图 8-99 所示，即可插入“幻灯片 2”。“幻灯片 2”与“幻灯片 1”位于相同的级别，都是最高层屏幕“演示文稿”的子屏幕，而最高层屏幕“演示文稿”为“幻灯片 2”与“幻灯片 1”的父屏幕，如图 8-100 所示。

图 8-98

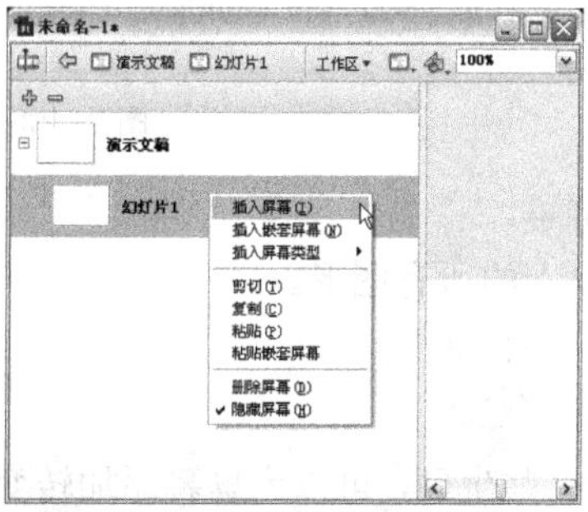

图 8-99

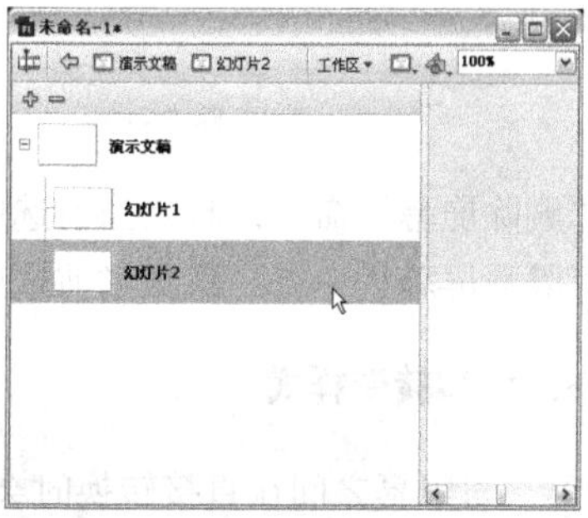

图 8-100

"插入嵌套屏幕"命令：用于插入新的嵌套屏幕。右键单击"幻灯片 1"，在弹出的快捷菜单中选择"插入嵌套屏幕"命令，如图 8-101 所示，即可插入"幻灯片 2"。"幻灯片 2"与"幻灯片 1"位于不同的级别。"幻灯片 2"是"幻灯片 1"的子屏幕，而"幻灯片 1"是"幻灯片 2"的父屏幕，如图 8-102 所示。

"插入屏幕类型"命令：用于选择插入屏幕的类型，其中包含 3 种类型，如图 8-103 所示。"幻灯片"命令用于插入一个新的幻灯片屏幕，"表单"命令用于插入一个新的表单，"保存的模板"命令用于插入保存的模板。

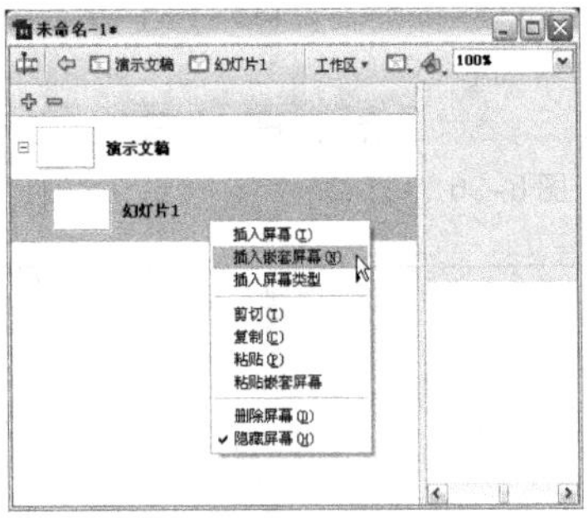

图 8-101

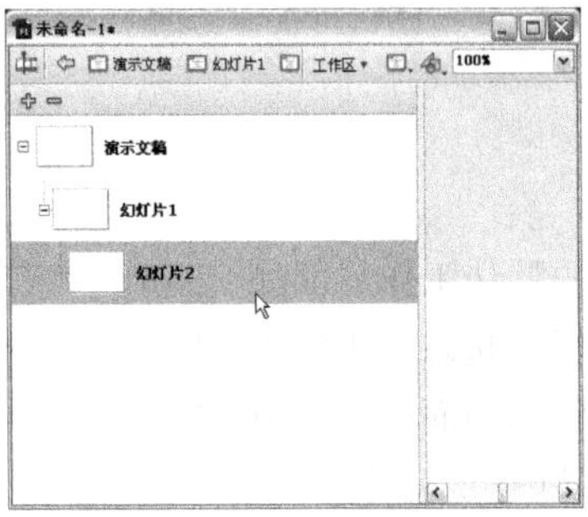

图 8-102

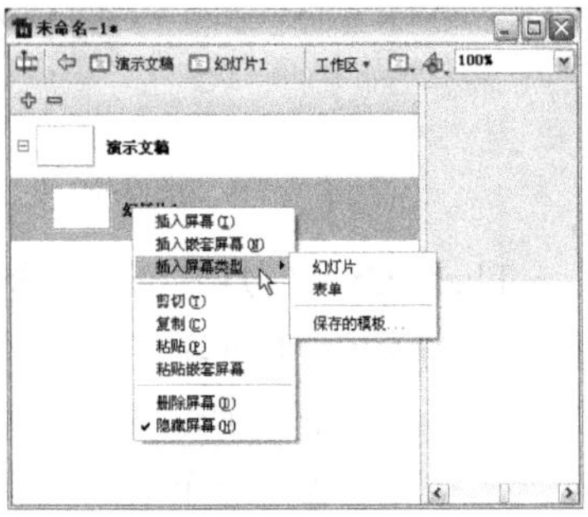

图 8-103

"剪切"命令：用于剪切当前选中的屏幕。

"复制"命令：用于复制当前选中的屏幕。

"粘贴"命令：将复制的屏幕进行粘贴，粘贴后的屏幕是原来屏幕的兄弟屏幕。

例如，复制"幻灯片 1"，选择"粘贴"命令，显示出"幻灯片 1_ 副本"，它与"幻灯片 1"之间为同一级别，是兄弟屏幕的关系，如图 8-104 所示。

"粘贴嵌套屏幕"命令：将复制的屏幕进行粘贴，粘贴后的屏幕是原来屏幕的子屏幕。

例如，复制"幻灯片 1"，选择"粘贴嵌套屏幕"命令，显示出"幻灯片 1_ 副本"，它与"幻灯片 1"之间为不同级别，它是"幻灯片 1"的子屏幕，如图 8-105 所示。

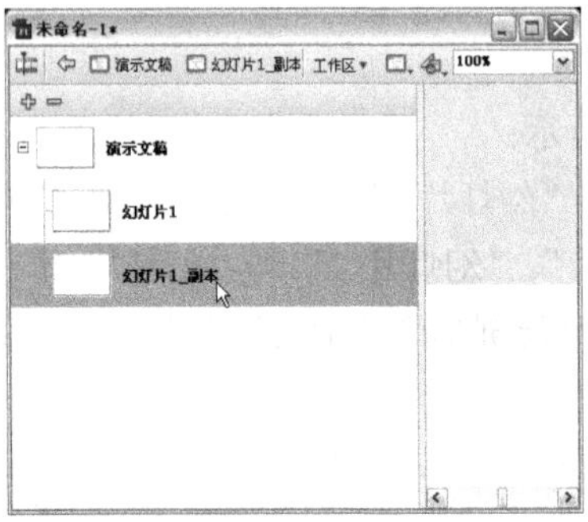

图 8-104

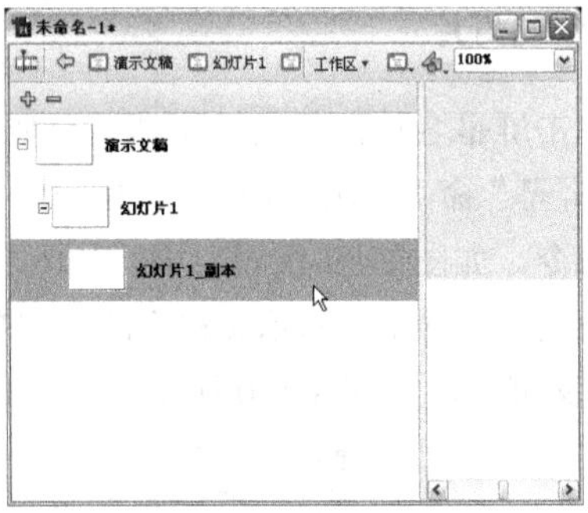

图 8-105

"删除屏幕"命令：删除当前选中的屏幕。

"隐藏屏幕"命令：隐藏当前选中屏幕上的所有图形。

3. 添加转变样式

屏幕与屏幕之间在直接转换时会显得有些生硬，可以为屏幕添加转变样式，使屏幕产生淡入/淡出、划入、飞翔或旋转等效果。

选择要添加样式的屏幕，选择“窗口 > 行为”命令，弹出“行为”面板。单击“添加行为”按钮，在弹出的菜单中选择“屏幕 > 转变”命令，如图 8-106 所示，弹出“转变”对话框，如图 8-107 所示。拖曳对话框左侧的滚动条，选择要添加的样式，在右侧设置相应的选项值，单击“确定”按钮，在“行为”面板中出现设置好的样式，如图 8-108 所示。

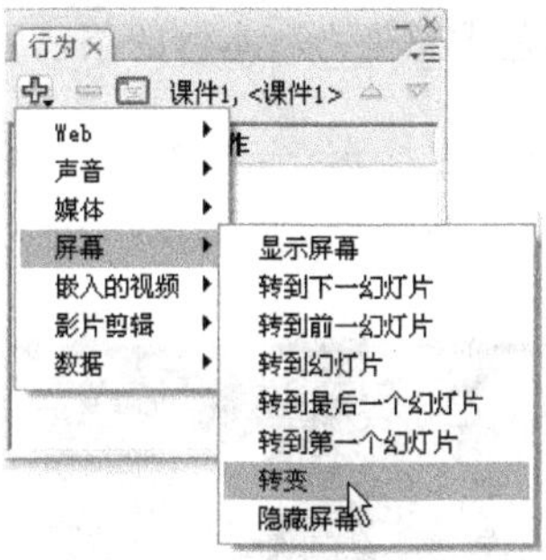

图 8-106

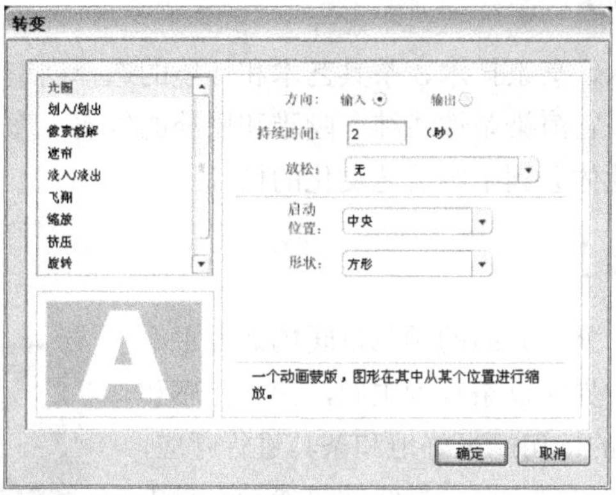

图 8-107

图 8-108

在“行为”面板中再制作相同的事件，单击“reveal”，如图 8-109 所示，在弹出的下拉列表中选择事件“hide”，如图 8-110 所示，完成效果如图 8-111 所示。

图 8-109

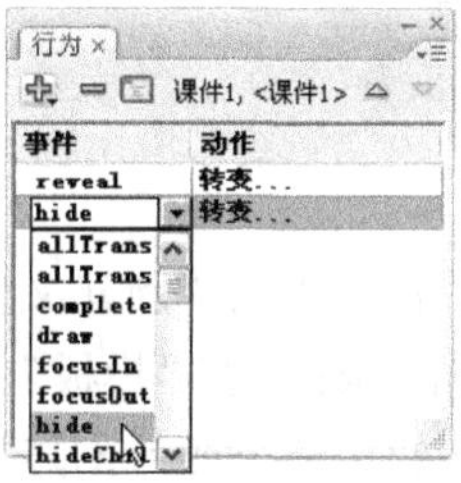

图 8-110

图 8-111

8.2.5 【实战演练】制作美食欣赏课件

使用文本工具为美食添加说明文字，使用幻灯片制作图片切换效果，使用“行为”面板为幻灯片添加像素溶解和照片效果，使用按钮元件控制幻灯片的播放。（最终效果参看光盘中的“Ch08 > 效果 > 制作美食欣赏课件”，如图 8-112 所示。）

图 8-112

8.3 制作茶艺欣赏课件

8.3.1 【案例分析】

茶艺包括选茗、择水、烹茶技术、茶具艺术和环境的选择创造等一系列内容。茶艺背景是衬托主题思想的重要手段，它渲染茶性清纯、幽雅和质朴的气质，增强艺术感染力。本例的茶艺欣赏课件可以使人们更好地体会到中国茶艺文化的精髓。

8.3.2 【设计理念】

在设计制作过程中，整体界面的颜色以暖色调为主，表现出稳重内敛的气息，界面以茶具为主题，使文化感和设计感更加突出，制作出的诗句能很好地和茶具进行呼应，在设计理念上强化了茶文化的意境。（最终效果参看光盘中的“Ch08 > 效果 > 制作茶艺欣赏课件”，如图 8-113 所示。）

图 8-113

8.3.3 【操作步骤】

步骤 1 选择“文件 > 新建”命令，在弹出的“新建文档”对话框中选择“模板”选项卡，在“类别”列表框中选择“照片幻灯片放映”，在“模板”列表框中选择“现代照片幻灯片放映”，如图 8-114 所示，单击“确定”按钮，进入照片幻灯片模板，如图 8-115 所示。

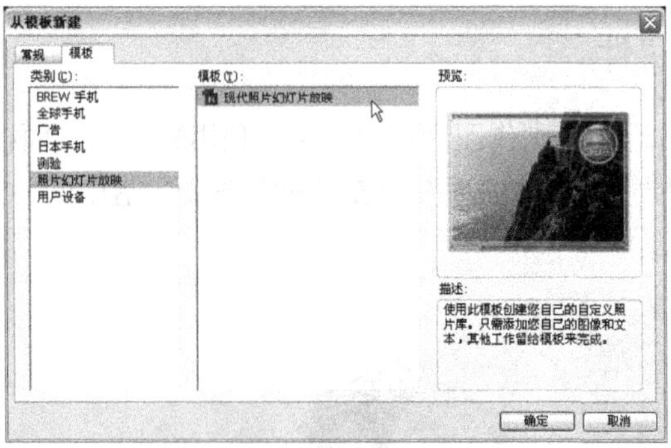

图 8-114

图 8-115

步骤 2 将“库”面板中的“photos”文件夹中的照片全部删除，如图 8-116 所示。在“时间轴”面板的“picture layer”图层中留下了 4 个空白关键帧，如图 8-117 所示。

步骤 3 选择“文件 > 导入 > 导入到库”命令，弹出“导入到库”对话框，在对话框中选择“Ch08 > 素材 > 制作茶艺欣赏课件”中的“茶 1”、“茶 2”、“茶 3”和“茶 4”文件，单击“打开”按钮，照片被导入到“库”面板中，将照片拖曳到“photos”文件夹中，如图 8-118 所示。

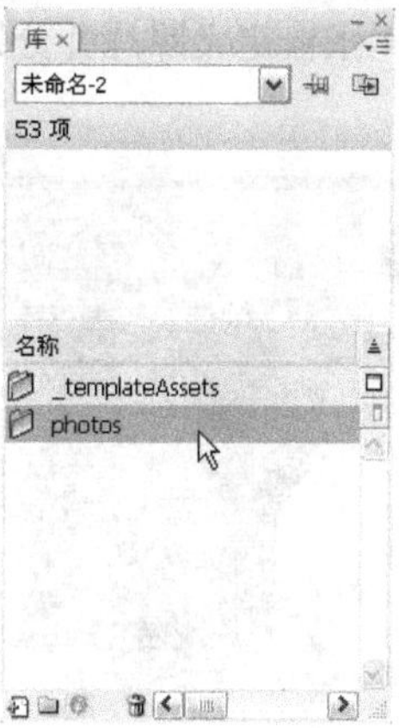

图 8-116

图 8-117

图 8-118

步骤 4 选中“picture layer”图层中的第 1 帧，将照片“茶 1”拖曳到舞台窗口中。按 Ctrl+F3 组合键，弹出位图“属性”面板，在“X”和“Y”数值框中输入 0，如图 8-119 所示，将位图定位在舞台窗口的中心，如图 8-120 所示。

步骤 5 用相同的方法将照片“茶 2”、“茶 3”和“茶 4”分别拖曳到“picture layer”图层的第 2 帧、第 3 帧和第 4 帧中，如图 8-121 所示。

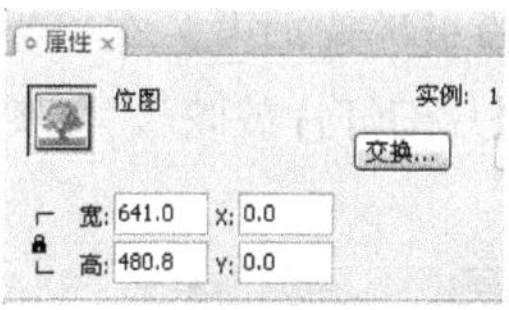

图 8-119

图 8-120

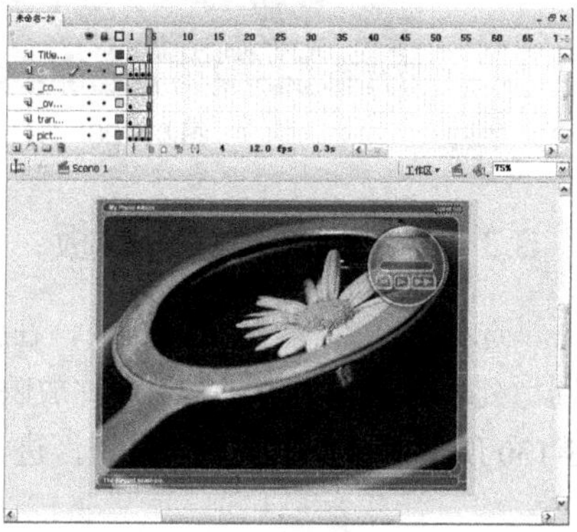

图 8-121

步骤 6 选中“Title,Date”图层，在舞台窗口的左上方双击要修改的照片标题，标题呈选中状态，如图 8-122 所示。选择“文本”工具 T，将选中的文字更改为“茶文化”，如图 8-123 所示。修改后，在浏览 4 张照片时，左上方一直会显示“茶文化”这一标题。

步骤 7 选中“Captions”图层，在时间轴上选中第 1 帧，在舞台窗口的左下方双击要修改的第 1 张照片的名称，名称呈选中状态，如图 8-124 所示。选择“文本”工具 T，将选中的照片名更改为“御茶园里春常早，辟谷年来喜独尝。”，如图 8-125 所示。修改后，只有在播放第 1 帧时，也就是只有在浏览第 1 张照片时，此照片名才会显示在左下方。

图 8-122

图 8-123

图 8-124

图 8-125

步骤 8 用相同的方法分别选中第 2 帧、第 3 帧和第 4 帧，将照片“茶 2”、“茶 3”和“茶 4”的名称进行更改。茶艺欣赏课件制作完成后，按 Ctrl+Enter 组合键即可测试影片，单击“照片幻灯片放映”模板中的箭头按钮浏览照片，模板上套用了 4 张自定义照片并分别有各自的名称，如图 8-126～图 8-129 所示。

图 8-126

图 8-127

图 8-128

图 8-129

8.3.4 【相关工具】模板

选择“文件 > 新建”命令，在弹出的“新建文档”对话框中选择“模板”选项卡，在“类别”列表框中选择“照片幻灯片放映”，在“模板”列表框中选择“现代照片幻灯片放映”，如图 8-130 所示，单击“确定”按钮，进入照片幻灯片模板，如图 8-131 所示。

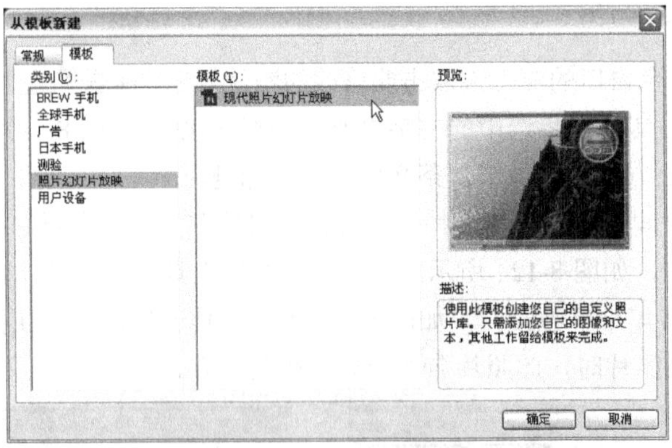

图 8-130

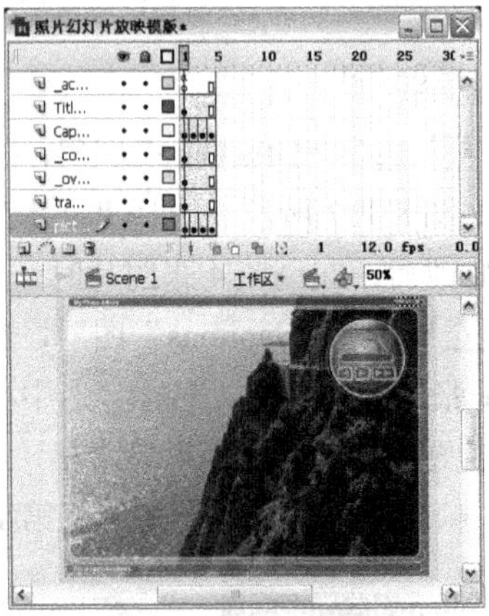

图 8-131

在此面板中主要对“Title,Date”、“Captions”和“picture layer”3 个图层进行修改。在“Title, Date”图层中编辑照片的标题。在“Captions”图层中编辑照片的批注。在“picture layer”图层中编辑要放映的照片。

按 Ctrl+L 组合键弹出“库”面板，面板中有两个文件夹，“_templateAssets”文件夹中主要存放图形元件和按钮元件，“photos”文件夹中主要存放照片，如图 8-132 所示。按 Ctrl+Enter 组合键即可导出动画，观看动画存在哪些功能和效果，如图 8-133 所示。

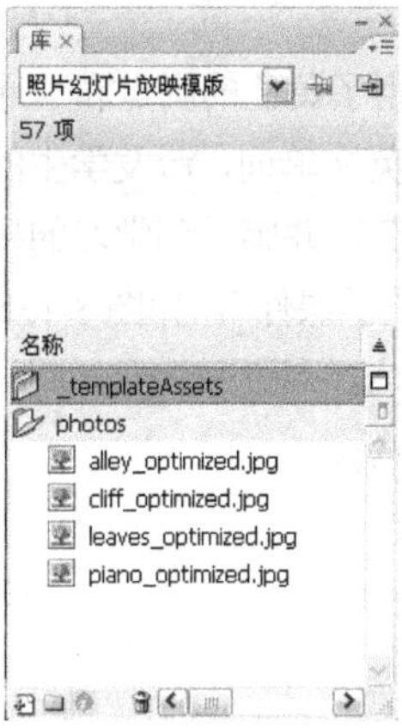

图 8-132

图 8-133

提　示　当导入的照片相对模板框架太大或太小时，可以选择“任意变形”工具对其进行调整。

8.3.5 【实战演练】制作家居欣赏课件

使用模板制作家居照片欣赏效果，使用文本工具更改说明文字。（最终效果参看光盘中的“Ch08 > 效果 > 制作家居欣赏课件”，如图 8-134 所示。）

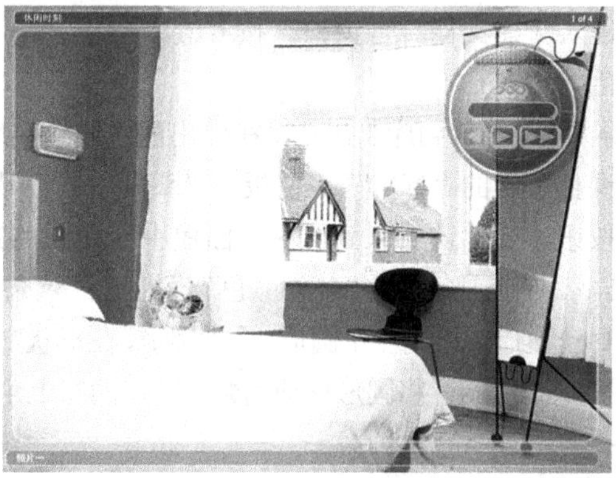

图 8-134

8.4 制作英语教学课件

8.4.1 【案例分析】

适当的英语教学方式可以激发学生对英语学习的强烈欲望，使他们喜欢学、乐于学，并且随时随地可以学，这就要求英语教师营造和督促学校创设学习英语的有利环境，也应该努力创设直观、有趣的英语学习情景。本例的英语教学课件能引导学生积极参与进来，大胆实践、大胆交际，充分调动学生的学习积极性和学习兴趣，以达到快乐学习、快速成功的目的。

8.4.2 【设计理念】

在设计制作过程中，首先考虑把背景设计得欢快活泼，因此采用了黄色的圆点和卡通的黑板来布置背景。通过鼠标指针指向卡通人物形象的各个位置，学习有关的英文单词，激发学生的兴趣，让学生从机械、呆板、单调和紧张的学习环境中解脱出来，消除学习疲劳，并感受到学习的乐趣，从而提高学习效率。（最终效果参看光盘中的“Ch08 > 效果 > 制作英语教学课件”，如图 8-135 所示。）

图 8-135

8.4.3 【操作步骤】

1. 制作背景效果

步骤 1 选择“文件 > 新建”命令，在弹出的“新建文档”对话框中选择“Flash 文件”选项，单击“确定”按钮，进入新建文档舞台窗口。按 Ctrl+F3 组合键，弹出文档“属性”面板，将背景颜色设为草绿色（#99CC00）。

步骤 2 选择“文件 > 导入 > 导入到库”命令，在弹出的“导入到库”对话框中选择“Ch08 > 素材 >制作英语教学课件”中的“标牌”、“黑板”、“头发”、“眼睛”、“鼻子”、“嘴”和“脸”文件，单击“打开”按钮，文件被导入到“库”面板中，如图 8-136 所示。

步骤 3 选择“椭圆”工具，在工具箱中将“笔触颜色”设为无，“填充颜色”设为黄色（#FFFF00）。按住 Shift 键的同时在舞台窗口中绘制一个圆形。选中圆形，在形状“属性”面板中将圆形的“宽”、“高”均设为 10，如图 8-137 所示，将圆形移动到舞台窗口的左上角，效果如图 8-138 所示。

图 8-136

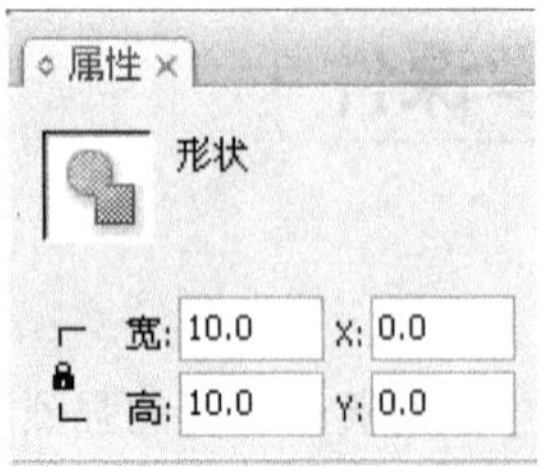

图 8-137

图 8-138

步骤 4 选中圆形，选择“插入 > 时间轴特效 > 帮助 > 复制到网格”命令，弹出“复制到网格”对话框，在“网格尺寸”选项组中将“行数”设为24，“列数”设为33，在“网格间距”选项组中将“行数”和“列数”分别设为7，如图8-139所示，单击“确定”按钮，“库”面板和舞台窗口中的效果如图8-140和图8-141所示。

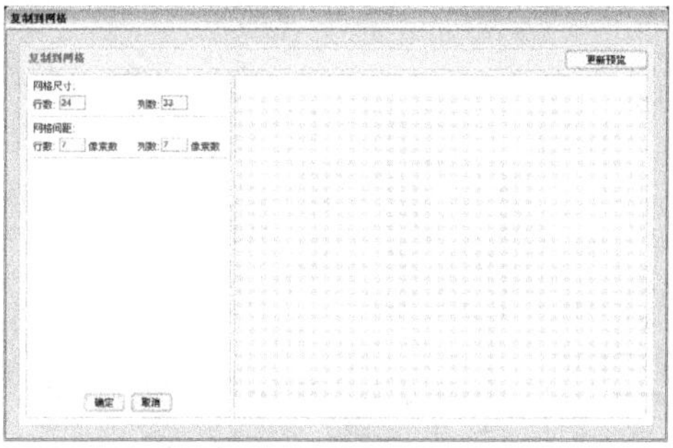

图 8-139

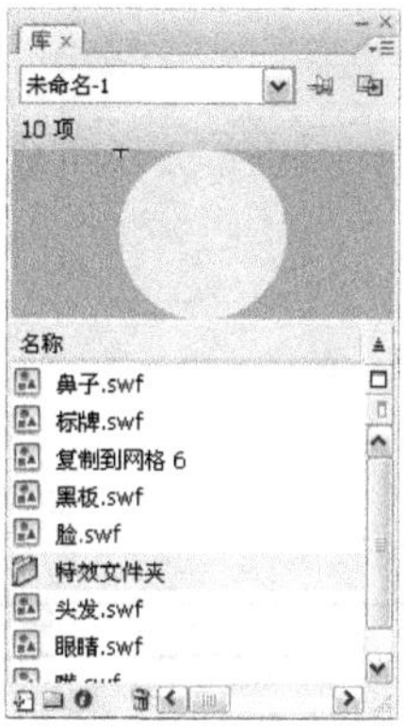

图 8-140

图 8-141

2. 制作动画

步骤 1 在“库”面板下方单击“新建元件”按钮，弹出“创建新元件”对话框，在“名称”文本框中输入“标牌动”，并选中“影片剪辑”单选项，单击“确定”按钮新建影片剪辑元件“标牌动”，如图8-142所示，舞台窗口也随之转换为影片剪辑元件的舞台窗口。

步骤 2 将“库”面板中的元件“标牌”拖曳到舞台窗口中，选择“任意变形”工具，在“标牌”实例上出现控制点，将中心点移动到图像的顶端中间的控制点上。将“标牌”实例旋转一定角度，并放置到合适的位置，效果如图8-143所示。

步骤 3 分别选中“图层1”的第15帧和第30帧，按F6键在选中的帧上插入关键帧。选中“图层1”的第15帧，在舞台窗口中选中“标牌”实例，选择“任意变形”工具，将其旋转一定的角度，并放置到合适的位置，效果如图8-144所示。

步骤 4 分别右键单击“图层1”的第1帧和第15帧，在弹出的快捷菜单中选择“创建补间动画”命令，生成动作补间动画，如图8-145所示。

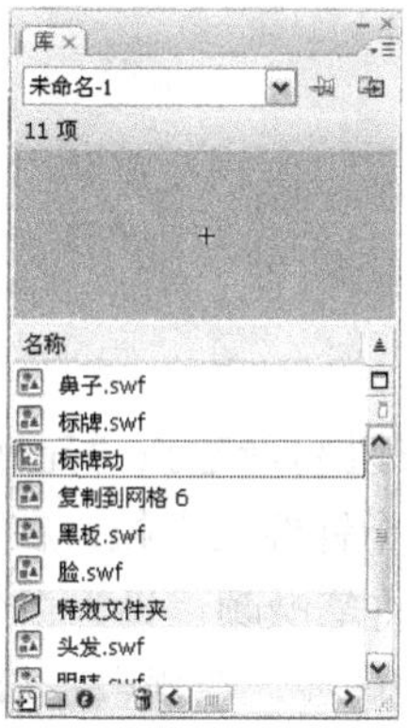

图 8-142

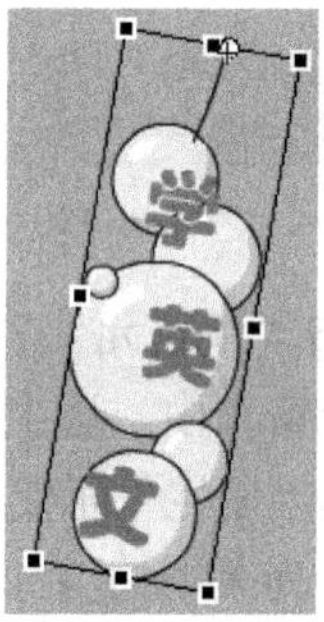

图 8-143

图 8-144

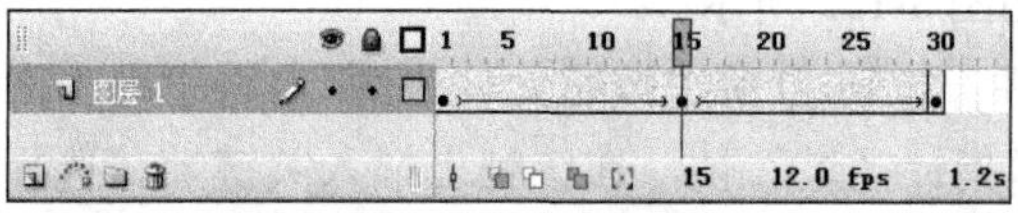

图 8-145

步骤 5 单击“新建元件”按钮新建按钮元件“鼻子”，如图 8-146 所示。将“库”面板中的元件“鼻子”拖曳到舞台窗口中。选中“指针经过”帧，在该帧上插入关键帧。选择“线条”工具，在直线工具“属性”面板中将笔触颜色设为白色，“笔触高度”设为 4.5，并选择“笔触样式”选项下拉列表中的第 1 种虚线，如图 8-147 所示。在舞台窗口中绘制一条直线，效果如图 8-148 所示。

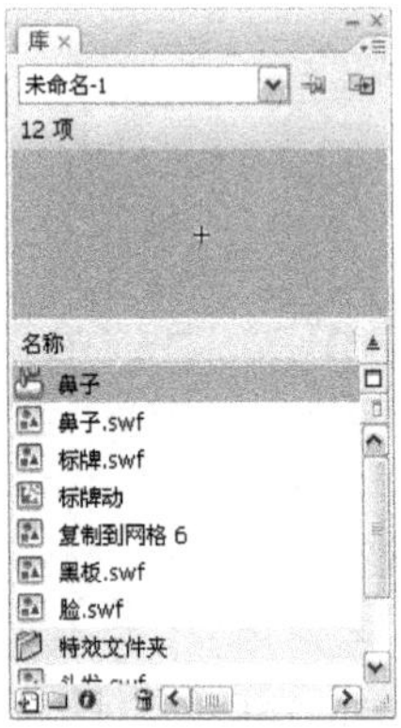

图 8-146

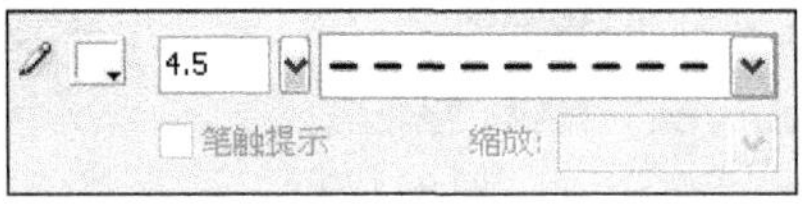

图 8-147

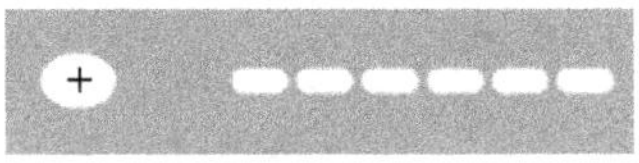

图 8-148

步骤 6 选择“文本”工具，在文本工具“属性”面板中进行设置，在舞台窗口中输入白色字母“nose”，效果如图 8-149 所示。

步骤 7 单击“新建元件”按钮新建按钮元件“头发”，将“库”面板中的元件“头发”拖曳到舞台窗口中。选中“指针经过”帧，在该帧上插入关键帧。选择“线条”工具，在直线工具“属性”面板中将笔触颜色设为白色，“笔触高度”设为 4.5，并选择“笔触样式”选项下拉列表中的第 1 种虚线，在舞台窗口中绘制两条直线，效果如图 8-150 所示。

步骤 8 选择“文本”工具，在文本工具“属性”面板中进行设置，在舞台窗口中输入白色字母“hair”，效果如图 8-151 所示。

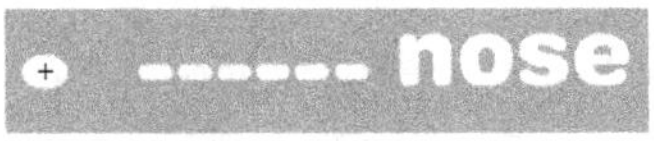

图 8-149

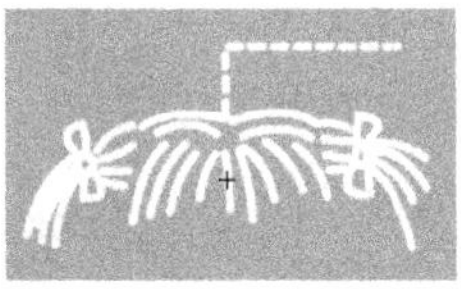

图 8-150

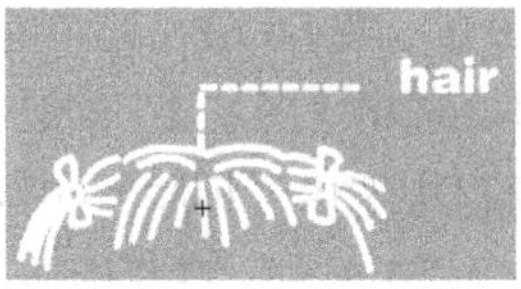

图 8-151

步骤 9 单击“新建元件”按钮新建按钮元件“眼睛”，将“库”面板中的元件“眼睛”拖曳到舞台窗口中。选中“指针经过”帧，在该帧上插入关键帧。选择“线条”工具，在直线工具“属性”面板中将笔触颜色设为白色，“笔触高度”设为 4.5，并选择“笔触样式”选项下拉列表中的第 1 种虚线，在舞台窗口中绘制一条直线和一条斜线，效果如图 8-152 所示。

步骤 10 选择“文本”工具，在文本工具“属性”面板中进行设置，在舞台窗口中输入白色字母“eyes”，效果如图 8-153 所示。

步骤 11 单击“新建元件”按钮新建按钮元件“嘴”，将“库”面板中的元件“嘴”拖曳到舞台窗口中。选中“指针经过”帧，在该帧上插入关键帧。选择“线条”工具，在直线工具“属性”面板中将笔触颜色设为白色，“笔触高度”设为 4.5，并选择“笔触样式”

选项下拉列表中的第 1 种虚线，在舞台窗口中绘制一条直线和一条斜线，效果如图 8-154 所示。

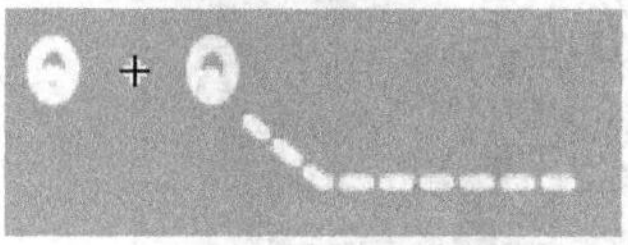

图 8-152

图 8-153

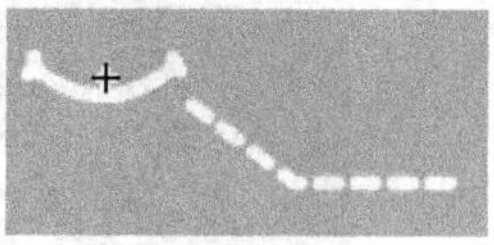

图 8-154

步骤 12 选择“文本”工具，在文本工具“属性”面板中进行设置，在舞台窗口中输入白色字母“mouth”，效果如图 8-155 所示。

步骤 13 单击“新建元件”按钮新建按钮元件“脸”，将“库”面板中的元件“嘴”拖曳到舞台窗口中。选中“指针经过”帧，在该帧上插入关键帧。选择“线条”工具，在直线工具“属性”面板中将笔触颜色设为白色，“笔触高度”设为 4.5，并选择“笔触样式”选项下拉列表中的第 1 种虚线，在舞台窗口中绘制一条直线和一条斜线，效果如图 8-156 所示。

步骤 14 选择“文本”工具，在文本工具“属性”面板中进行设置，在舞台窗口中输入白色字母“face”，效果如图 8-157 所示。

图 8-155

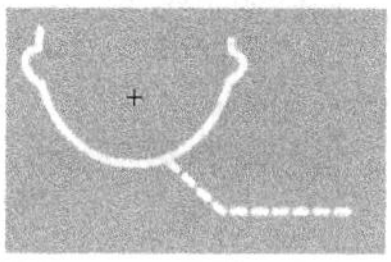

图 8-156

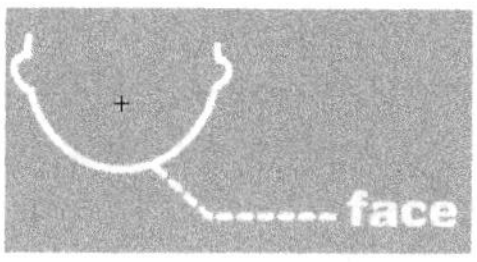

图 8-157

步骤 15 单击“时间轴”面板下方的“场景 1”图标，进入“场景 1”的舞台窗口。单击“时间轴”面板下方的“插入图层”按钮创建新图层，并将其命名为“黑板”。将“库”面板中的元件“黑板”和影片剪辑元件“标牌动”拖曳到舞台窗口中，并将其放置到合适的位置，效果如图 8-158 所示。

步骤 16 选择“文本”工具，在文本工具“属性”面板中进行设置，在舞台窗口中输入深绿色文字，效果如图 8-159 所示。

图 8-158

图 8-159

步骤 17 单击“时间轴”面板下方的“插入图层”按钮创建新图层，并将其命名为“按钮”。将“库”面板中的图形元件“头发”、“眼睛”、“鼻子”、“嘴”和“脸”分别拖曳到舞台窗口中并组成人脸，效果如图 8-160 所示。英语教学课件制作完成，按 Ctrl+Enter 组合键即可查看效果，如图 8-161 所示。

图 8-160

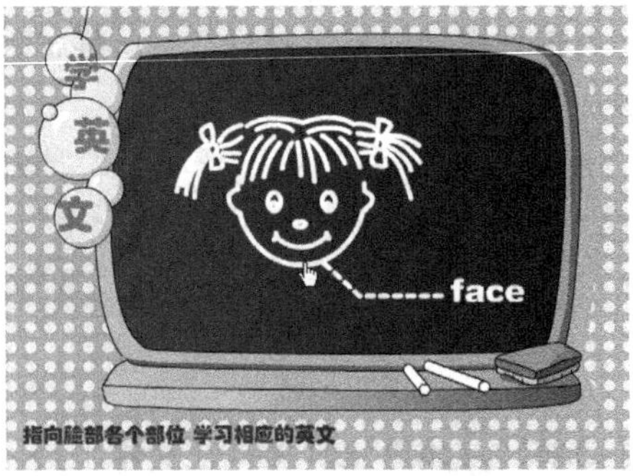

图 8-161

8.4.4 【相关工具】

1. 时间轴特效的类型

选择"插入 > 时间轴特效"命令，下面包含 3 个子菜单命令，分别为"变形/转换"、"帮助"和"效果"，如图 8-162 所示。

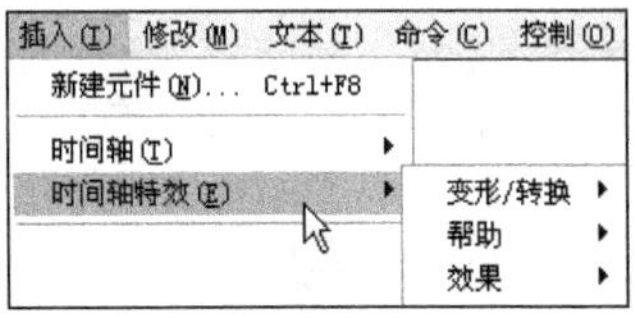

图 8-162

◎ "变形/转换"命令

"变形/转换"命令中包含两个特效类型，分别为"变形"和"转换"。

"变形"命令：通过调整对象的位置、旋转度、不透明度和颜色等来产生动画效果。"变形"对话框如图 8-163 所示。

"转换"命令：通过调整对象的淡化方式和擦除方式来产生动画效果。"转换"对话框如图 8-164 所示。

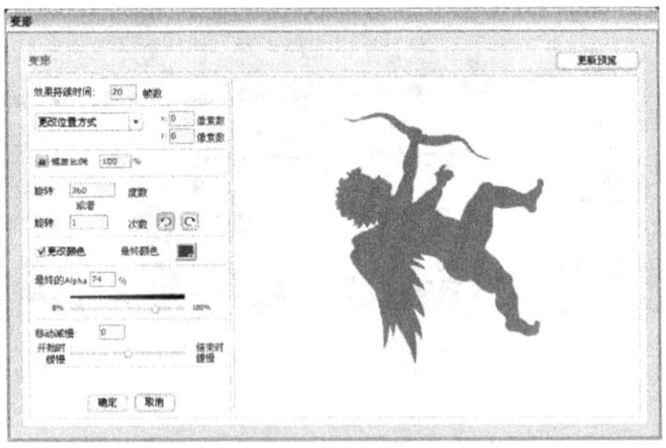

图 8-163

图 8-164

◎ "帮助"命令

"帮助"命令中包含两个特效类型，分别为"分散式直接复制"和"复制到网格"。

"分散式直接复制"命令：用于复制对象，使对象产生层层叠加的效果。"分散式直接复制"对话框如图 8-165 所示。

“复制到网格”命令：用于按设置的行数和列数复制对象，从而创建对象的网格效果。“复制到网格”对话框如图 8-166 所示。

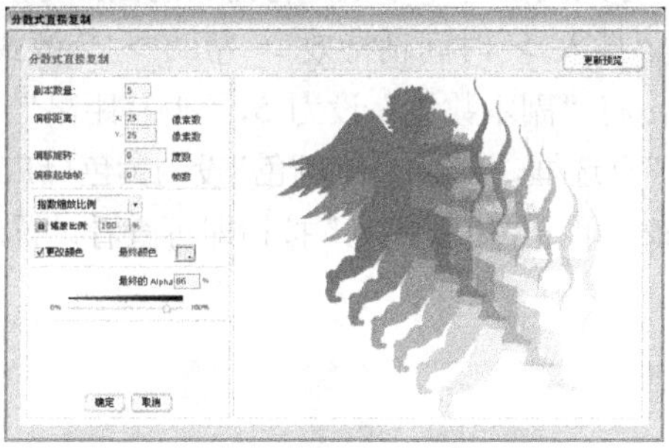

图 8-165

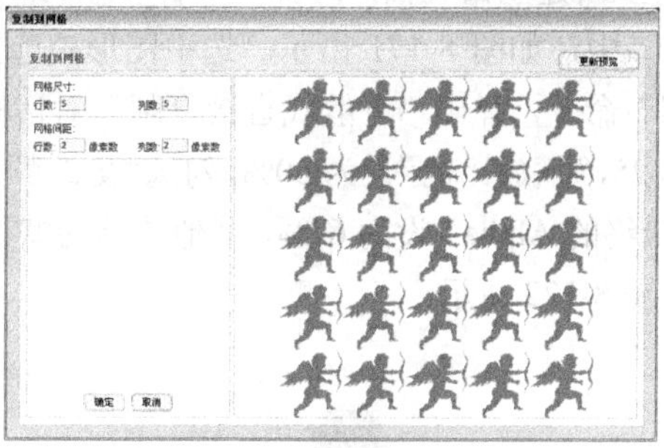

图 8-166

◎“效果”命令

“效果”命令中包含 4 个特效类型，分别为“分离”、“展开”、“投影”和“模糊”。

“分离”命令：用于使对象分裂、旋转、弯曲，从而产生爆炸的效果。“分离”对话框如图 8-167 所示。

“展开”命令：用于放大或缩小对象，在选择多个对象或应用文字时，特效效果最为明显。“展开”对话框如图 8-168 所示。

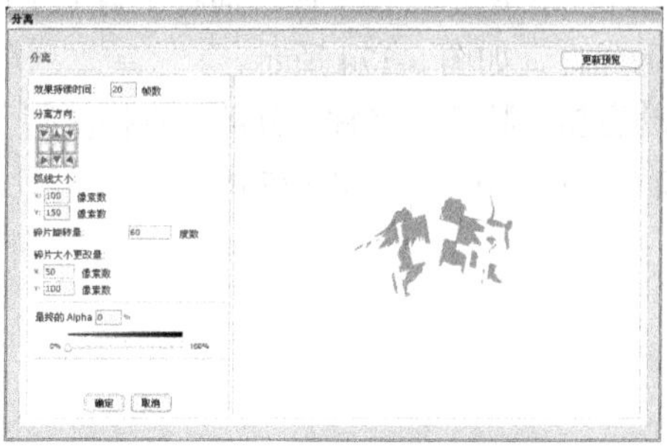

图 8-167

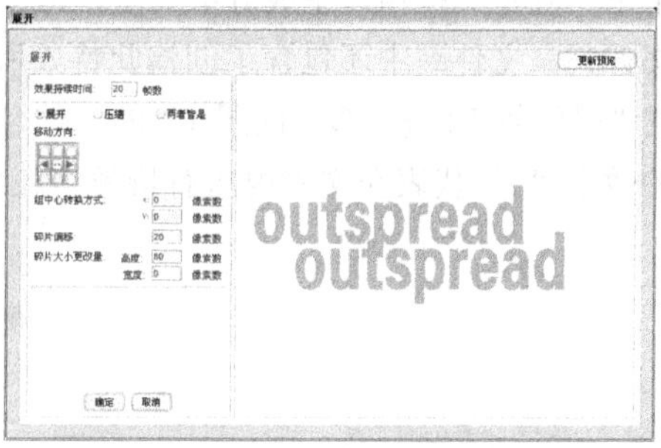

图 8-168

“投影”命令：用于为对象设置投影。“投影”对话框如图 8-169 所示。

“模糊”命令：通过调整对象的分辨率、位置以及缩放比例使对象产生运动模糊的效果。“模糊”对话框如图 8-170 所示。

图 8-169

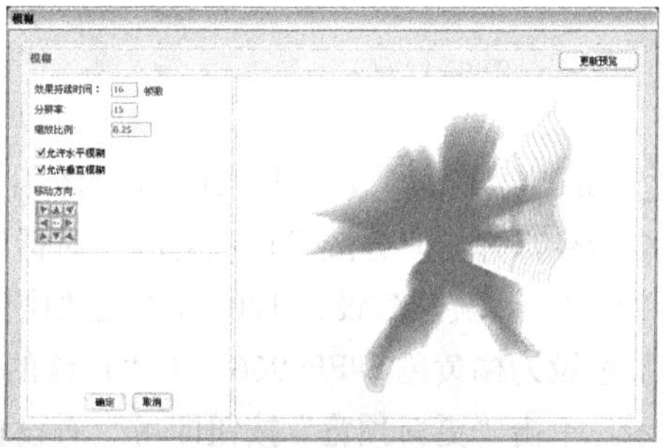

图 8-170

2. 创建时间轴特效

步骤 1 新建空白文档，选择“文件 > 导入 > 导入到舞台”命令，将需要的图形导入到舞台窗口中，如图 8-171 所示。选中图形，选择“插入 > 时间轴特效 > 帮助 > 分散式直接复制”命令，弹出“分散式直接复制”对话框，将“副本数量”设为 5，“偏移距离”设为 50 和 25，“缩放比例”设为 60%，勾选“更改颜色”复选框，并将“最终颜色”设为黄色（#FFFF00），“最终的 Alpha”设为 67%，其他选项为默认值，单击“更新预览”按钮即可查看设置的效果，如图 8-172 所示。

图 8-171

图 8-172

单击“确定”按钮，生成分散式复制效果，如图 8-173 所示。在“库”面板中自动生成了元件和文件夹，文件夹中还包含了创建此特效所使用的元件，如图 8-174 所示。

在“时间轴”面板中，“图层 1”的文件名将自动更新为特效的名称“分散式直接复制 1”（名称中的数字“1”代表在文档内所有特效中应用此特效的顺序），如图 8-175 所示。

图 8-173

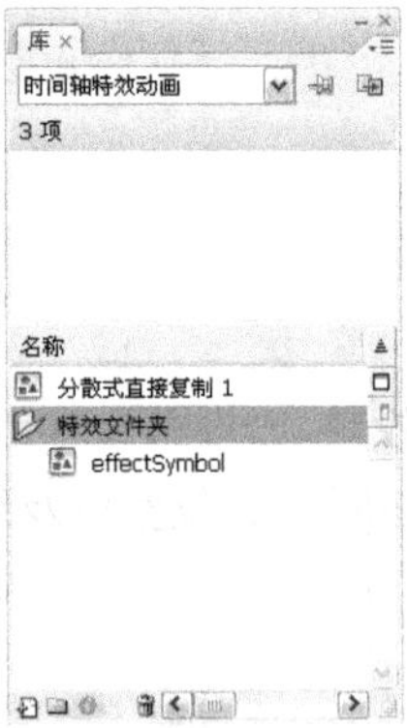

图 8-174

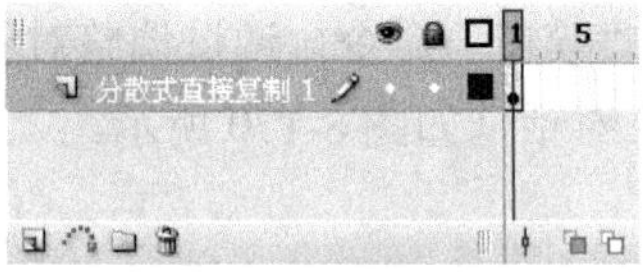

图 8-175

步骤 2 如果要修改特效效果，在舞台窗口中选中图形，选择“修改 > 时间轴特效 > 编辑特效”命令，弹出“分散式直接复制”对话框，将“副本数量”设为 4，“偏移距离”设为 80 和 25，“偏移旋转”设为 120°，“缩放比例”设为 80%，勾选“更改颜色”复选框，并将最终颜色设为橘黄色（#FF9966），将“最终的 Alpha”设为 50%，其他选项为默认值，如图 8-176 所示，单击“更新预览”按钮即可查看设置的效果，单击“确定”按钮，效果如图 8-177 所示，特效效果修改完成。

图 8-176

图 8-177

如果要删除特效效果，在舞台窗口中选中图形，选择“修改 > 时间轴特效 > 删除特效”命令，即可将特效效果删除。

8.4.5 【实战演练】制作幼儿识图课件

使用“复制到网格”命令制作背景效果，使用按钮元件控制动画播放，使用矩形工具和文本工具添加动物名称，使用“动作”面板为动画设置脚本语言。（最终效果参见光盘中的“Ch08 > 效果 > 制作幼儿识图课件”，如图 8-178 所示。）

图 8-178

8.5 综合演练——制作历史知识问答课件

使用“CheckBox”组件制作多个选项效果，使用“Button”组件制作按钮效果，使用“参数”面板更改组件的名称，使用文本工具创建输入文本框和标题，使用“属性”面板改变文字的颜色。（最终效果参看光盘中的“Ch08 > 效果 > 制作历史知识问答课件”，如图 8-179 所示。）

图 8-179

8.6 综合演练——制作青花瓷器欣赏课件

使用文本工具添加说明文字，使用幻灯片制作图片切换效果，使用“行为”面板为幻灯片添加淡入/淡出和遮帘效果，使用按钮元件控制幻灯片的播放。（最终效果参看光盘中的“Ch08 > 效果 > 制作青花瓷器欣赏课件”，如图 8-180 所示。）

图 8-180

第9章 游戏及交互

现今网络已经成为大众休闲娱乐的一种重要途径，网络游戏更是得到人们的喜爱。Flash 动画具有交互性，可以通过控制来更改动画的播放形式。本章主要介绍动态文本、普通引导层和运动引导层的使用方法，读者通过学习可以了解并掌握如何实现动画的交互功能，从而实现人机交互的操作方式。

课堂学习目标

- 了解游戏及交互的表现手法
- 掌握游戏及交互的设计思路和流程
- 掌握游戏及交互的制作方法和技巧

9.1 制作汉堡包游戏

9.1.1 【案例分析】

汉堡包游戏的设计构想是把它设计成一个活泼、锻炼手眼协调的游戏，同时在界面设计上还要符合游戏设计的构思和玩法。

9.1.2 【设计理念】

在设计制作过程中，根据构思制作出一个漂亮的卡通背景，活跃游戏的界面气氛。游戏动画效果包括半成品的汉堡包出来，一个面包片随着鼠标指针的移动而移动，单击即可制作成品汉堡包，并在画面的左上方提示时间和成绩，整个游戏的过程活泼有趣，游戏的黏性很高。（最终效果参看光盘中的“Ch09 > 效果 > 制作汉堡包游戏”，如图 9-1 所示。）

图 9-1

9.1.3 【操作步骤】

1. 导入图片

步骤 1 选择“文件 > 新建”命令，在弹出的“新建文档”对话框中选择“Flash 文件”选项，单击“确定”按钮，进入新建文档舞台窗口。按 Ctrl+F3 组合键，弹出文档“属性”面板，单击“设置”按钮，在弹出的“发布设置”对话框中将“版本”选项设为“Flash Player 7”，将“ActionScript 版本”选项设为“ActionScript 1”，如图 9-2 所示，单击“确定”按钮。

步骤 2 选择“文件 > 导入 > 导入到库”命令，在弹出的“导入到库”对话框中选择“Ch09 > 素材 > “制作汉堡包游戏”中的“背景”、“汉堡包 1”、“汉堡包 2”、“鼠标”和“纸巾”文件，单击“打开”按钮弹出提示对话框，单击“确定”按钮文件被导入到“库”面板中，如图 9-3 所示。

图 9-2

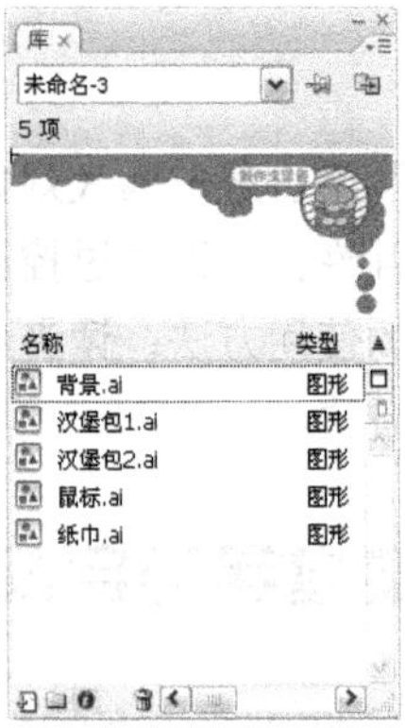

图 9-3

步骤 3 右键单击“库”面板中的图形元件“鼠标”，在弹出的快捷菜单中选择“类型 > 影片剪辑”命令，将图形元件“鼠标”转换为影片剪辑元件，如图 9-4 所示。双击“库”面板中的影片剪辑元件“鼠标”，舞台窗口随之转换为影片剪辑元件的舞台窗口，选中面包图形，将其放置到舞台窗口的中心位置，效果如图 9-5 所示。

步骤 4 在“库”面板下方单击“新建元件”按钮，弹出“创建新元件”对话框，在“名称”文本框中输入“按钮”，并选中“按钮”单选项，单击“确定”按钮，新建按钮元件“按钮”，如图 9-6 所示，舞台窗口也随之转换为按钮元件的舞台窗口。

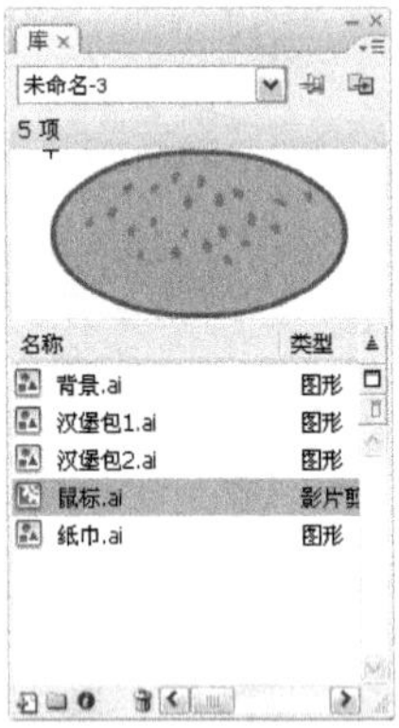

图 9-4

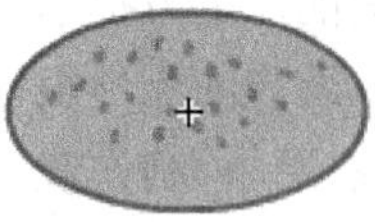

图 9-5

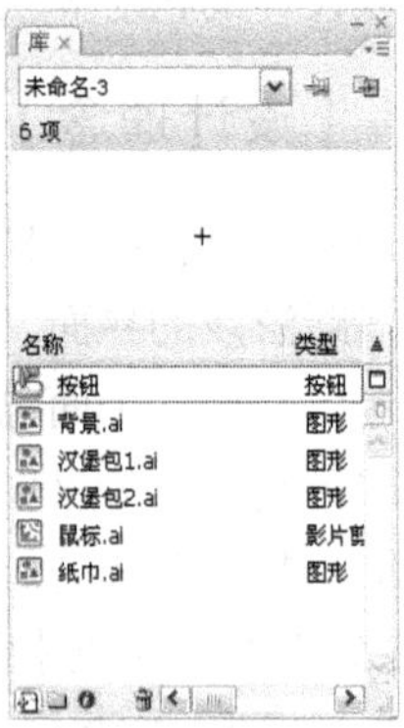

图 9-6

2. 绘制按钮

步骤 1 选中“图层 1”的“点击”帧，按 F6 键在该帧上插入关键帧。选择“椭圆”工具，在工具箱中将“笔触颜色”设为无，“填充颜色”设为绿色（#66FF00），在舞台窗口中绘制一个椭圆形。选择“选择”工具，选中椭圆形，调出形状“属性”面板，将“宽”和“高”分别设为55和51，舞台窗口中的效果如图9-7所示。

步骤 2 单击“新建元件”按钮，新建按钮元件“开始”。选择“矩形”工具，在矩形工具“属性”面板中将“笔触颜色”设为深绿色（#006600），“填充颜色”设为白色，“矩形边角半径”均设为30，“笔触高度”设为3.25，如图9-8所示，在舞台窗口中绘制一个圆角矩形。选择“选择”工具，选中圆角矩形，调出形状“属性”面板，将“宽”和“高”分别设为166和48，舞台窗口中的效果如图9-9所示。

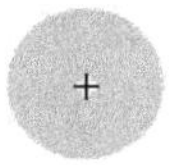

图9-7

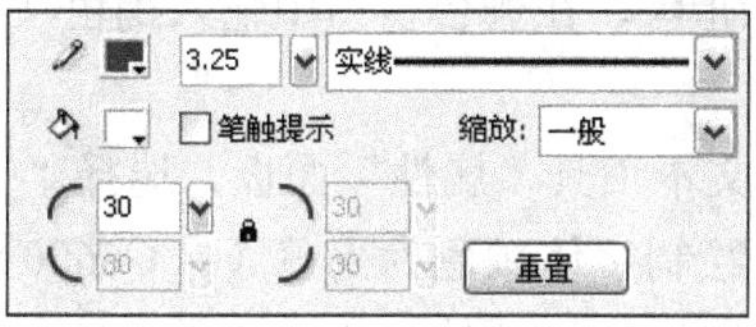

图9-8

图9-9

步骤 3 选择“文本”工具，在文本工具“属性”面板中进行设置，如图9-10所示，在舞台窗口中输入褐色（#CC6600）文字“开始”，效果如图9-11所示。选中“图层1”的“点击”帧，按F5键在该帧上插入普通帧。

步骤 4 选中“图层1”的“指针经过”帧，在该帧上插入关键帧，在舞台窗口中选中文字，在工具箱中将“填充颜色”设为浅蓝色（#666699），舞台窗口中的效果如图9-12所示。用相同的方法制作按钮“再玩一次”，如图9-13所示。

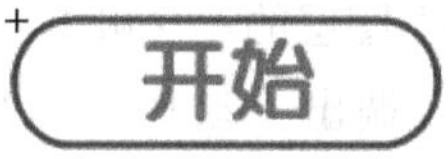

图9-11

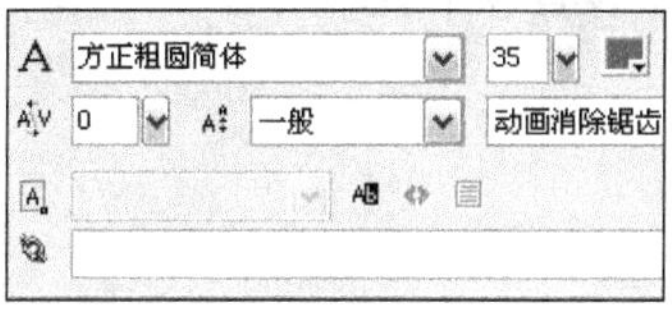

图9-10

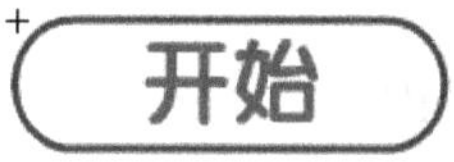

图9-12

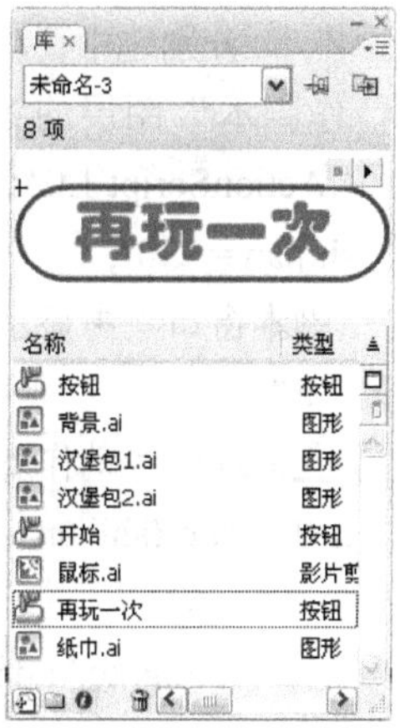

图9-13

3. 添加文字

步骤 1 单击“新建元件”按钮，新建影片剪辑元件“成绩”。选择“文本”工具，在文本工具“属性”面板中进行设置，如图9-14所示。在舞台窗口中输入褐色（#CC6600）文字，在文本工具“属性”面板中单击“切换粗体”按钮，转换文字为粗体，效果如图9-15所示。

步骤 2 选择“文本”工具，调出文本工具“属性”面板，选择“文本类型”选项下拉列表中的“动态文本”，并在舞台窗口中绘制字体颜色为褐色（#CC6600）的文本框，选中动态文本框，在“变量”文本框中输入“score”，如图9-16所示，选择“文本”工具并在动态文本框中输入数字0，效果如图9-17所示。

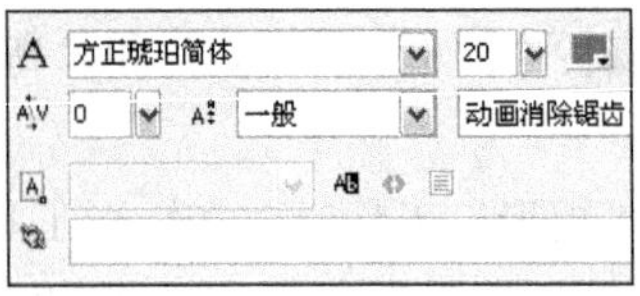

图 9-14

图 9-15

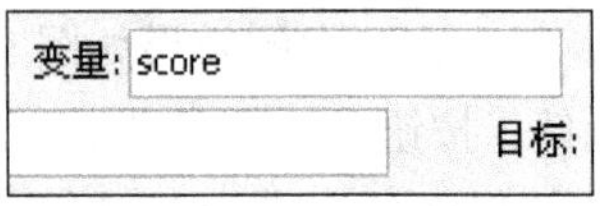

图 9-16

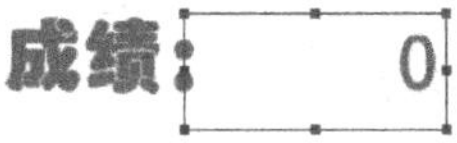

图 9-17

步骤 3 单击“新建元件”按钮，新建影片剪辑元件“时间”。将“图层 1”重命名为“文字”。选择“文本”工具**B**，调出文本工具“属性”面板，选择“文本类型”选项下拉列表中的“静态文本”，并单击“切换粗体”按钮**B**，在舞台窗口中输入褐色（#CC6600）文字，效果如图 9-18 所示。

步骤 4 选择“文本”工具T，调出文本工具“属性”面板，选择“文本类型”选项下拉列表中的“动态文本”，在舞台窗口中绘制字体颜色为褐色（#CC6600）的文本框。选中动态文本框，并适当调整文本框大小，在动态文本“属性”面板中的“变量”文本框中输入“shijian”，如图 9-19 所示，舞台窗口中的效果如图 9-20 所示。选中“文字”图层的第 15 帧，在该帧上插入普通帧。

图 9-18

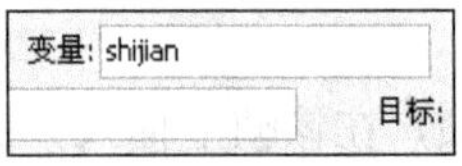

图 9-19

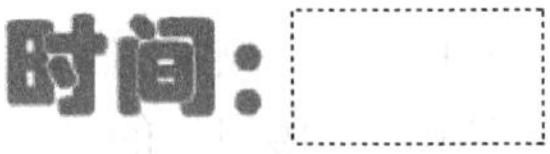

图 9-20

步骤 5 单击“时间轴”面板下方的“插入图层”按钮创建新图层，并将其命名为“动作脚本”。分别选中“动作脚本”图层的第 2 帧和第 15 帧，在选中的帧上插入关键帧。选中“动作脚本”图层的第 1 帧，调出“动作”面板，在面板的左上方将脚本语言版本设置为“ActionScript 1.0&2.0”，在“动作”面板中设置以下脚本语言。

```
shijian = "30";
```

“脚本窗口”中显示的效果如图 9-21 所示，并且在图层“动作脚本”的第 1 帧上显示出一个标记“a”。

步骤 6 选中“动作脚本”图层的第 2 帧，在“动作”面板中设置以下脚本语言。

```
if (Number(shijian) == 0) {
    stop();
    _root.gotoAndStop("over");
}
```

“脚本窗口”中显示的效果如图 9-22 所示。

步骤 7 选中“动作脚本”图层的第 15 帧，在“动作”面板中设置以下脚本语言。

```
shijian = shijian-1;
gotoAndPlay(2);
```

“脚本窗口”中显示的效果如图 9-23 所示。

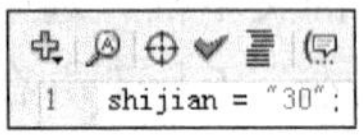

图 9-21

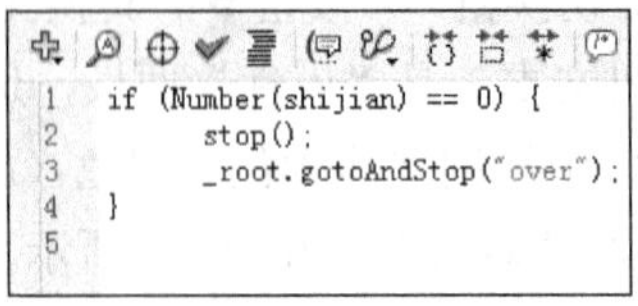

图 9-22

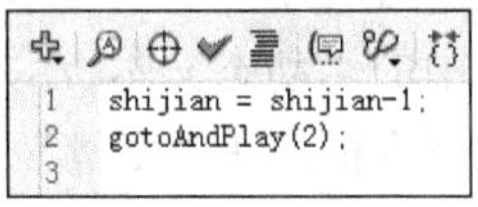

图 9-23

4. 制作汉堡

步骤 1 在“属性”面板中将背景颜色设为浅绿色（#CCFFCC），单击“新建元件”按钮，新建影片剪辑元件“汉堡包出来”。将“图层 1”重命名为“纸巾”，将“库”面板中的图形元件“纸巾”拖曳到舞台窗口中，效果如图 9-24 所示。选中“纸巾”图层的第 25 帧，在该帧上插入普通帧。

步骤 2 在“时间轴”面板中创建新图层并将其命名为“汉堡包 1”，选中“汉堡包 1”图层的第 4 帧，在该帧上插入关键帧。将“库”面板中的图形元件“汉堡包 1”拖曳到舞台窗口中，效果如图 9-25 所示。选中“汉堡包 1”图层的第 14 帧，在该帧上插入关键帧，调出“动作”面板，在“动作”面板中设置以下脚本语言。

```
gotoAndStop(1);
```

“脚本窗口”中显示的效果如图 9-26 所示。设置完动作脚本后，关闭“动作”面板。选中“汉堡包 1”图层的第 15 帧，按 F7 键在该帧上插入空白关键帧。

步骤 3 在“时间轴”面板中创建新图层并将其命名为“汉堡包 2”，选中“汉堡包 2”图层的第 15 帧，在该帧上插入关键帧。将“库”面板中的图形元件“汉堡包 2”拖曳到舞台窗口中，效果如图 9-27 所示。选中“汉堡包 2”图层的第 25 帧，在该帧上插入关键帧，调出“动作”面板，在“动作”面板中设置以下脚本语言。

```
gotoAndStop(1);
```

在“脚本窗口”中显示出选择的脚本语言。

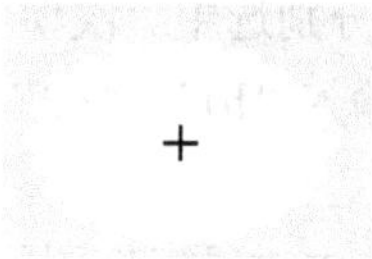

图 9-24

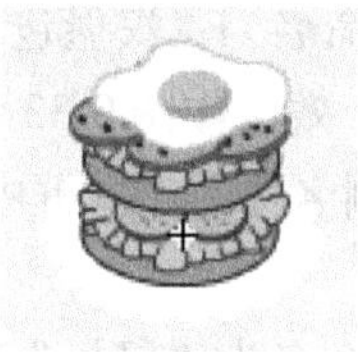

图 9-25

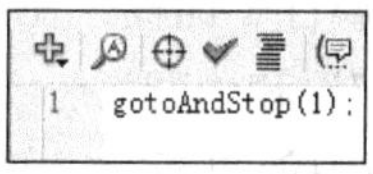

图 9-26

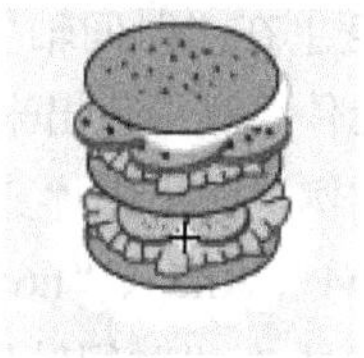

图 9-27

步骤 4 在“时间轴”面板中创建新图层并将其命名为“按钮”，选中“按钮”图层的第 4 帧，在该帧上插入关键帧。将“库”面板中的按钮元件“按钮”拖曳到舞台窗口中，效果如图 9-28 所示。选中“按钮”实例，调出“动作”面板，在“动作”面板中设置脚本语言（脚本语言的具体设置可以参考附带光盘中的实例原文件），“脚本窗口”中显示的效果如图 9-29 所示。选中“按钮”图层的第 11 帧，按 F7 键在该帧上插入空白关键帧。

步骤 5 在“时间轴”面板中创建新图层并将其命名为“动作脚本”。在“动作”面板中设置以下脚本语言。

```
stop();
```

“脚本窗口”中显示的效果如图 9-30 所示。

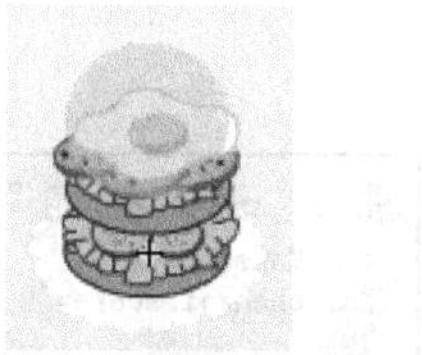

图 9-28

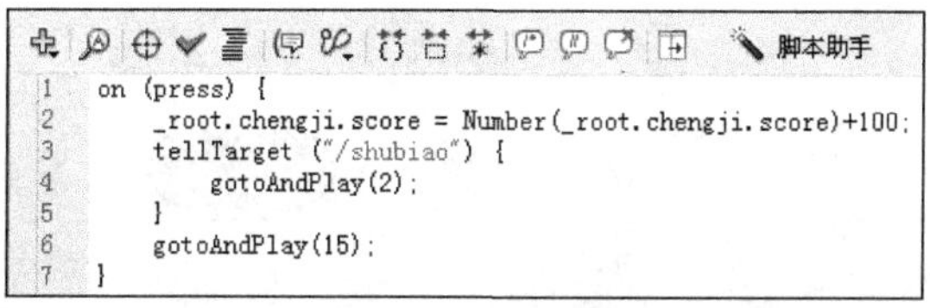

图 9-29

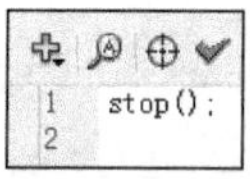

图 9-30

5. 添加动作脚本语言

步骤 1 单击“时间轴”面板下方的“场景 1”图标场景 1，进入“场景 1”的舞台窗口，将“图层 1”重命名为“底图”。将“库”面板中的图形元件“背景”拖曳到舞台窗口中，效果如图 9-31 所示。选中“按钮”图层的第 10 帧，在该帧上插入普通帧。

步骤 2 在“时间轴”面板中创建新图层并将其命名为“时间/成绩”，选中“时间/成绩”图层的第 2 帧，在该帧上插入关键帧。分别将“库”面板中的影片剪辑元件“时间”和“成绩”拖曳到舞台窗口中，效果如图 9-32 所示。选中“时间”实例，调出影片剪辑“属性”面板，在“实例名称”文本框中输入“shijian”。选中“成绩”实例，在“实例名称”文本框中输入“chengji”。

图 9-31

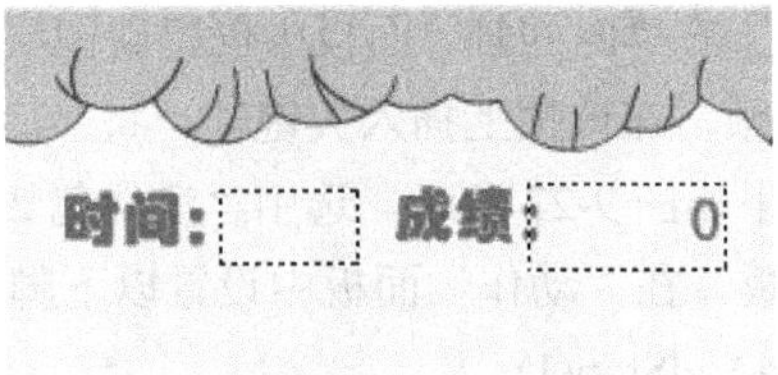

图 9-32

步骤 3 在“时间轴”面板中创建新图层并将其命名为“汉堡包”，将“库”面板中的影片剪辑元件“汉堡包出来”向舞台窗口中拖曳多次，效果如图 9-33 所示。分别选中“汉堡包出来”实例，调出影片剪辑“属性”面板，在“实例名称”文本框中分别输入“h1”、“h2”、“h3”、“h4”、“h5”、“h6”、“h7”和“h8”。

步骤 4 在“时间轴”面板中创建新图层并将其命名为“鼠标”，分别选中“鼠标”图层的第 2 帧和第 10 帧，在选中的帧上插入关键帧。选中“鼠标”图层的第 2 帧，将“库”面板中的影片剪辑元件“鼠标”拖曳到舞台窗口中，效果如图 9-34 所示，在影片剪辑“属性”面板中的“实例名称”文本框中输入“shubiao”。

步骤 5 选中“鼠标”图层的第 2 帧，调出“动作”面板，在“动作”面板中设置以下脚本语言。

```
Mouse.hide();
chengji.score="0"
```

“脚本窗口”中显示的效果如图 9-35 所示。

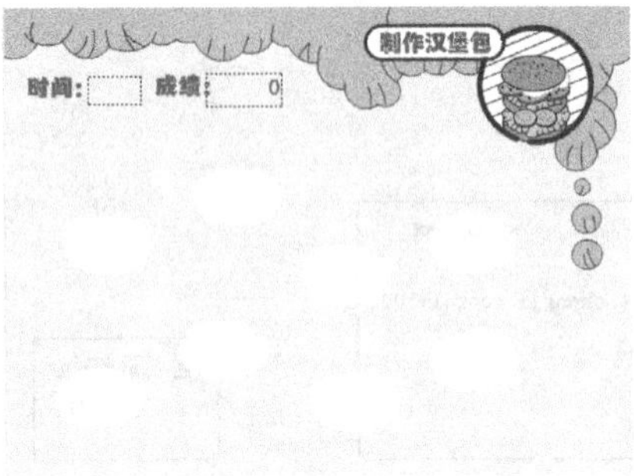

图 9-33

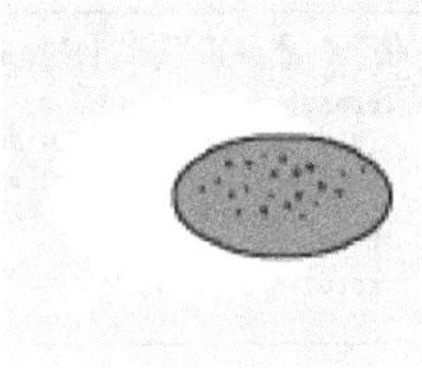

图 9-34

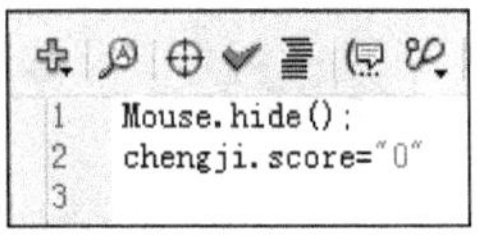

图 9-35

步骤 6 选中“鼠标”图层的第 10 帧，在“动作”面板中设置以下脚本语言。

Mouse.show();

“脚本窗口”中显示的效果如图 9-36 所示。

步骤 7 在“时间轴”面板中创建新图层并将其命名为“开始”，将“库”面板中的按钮元件“开始”拖曳到舞台窗口中，效果如图 9-37 所示。在“动作”面板中设置以下脚本语言。

```
on (press) {
    play();
    Mouse.hide();
}
```

“脚本窗口”中显示的效果如图 9-38 所示。选中“开始”图层的第 2 帧，按 F7 键在该帧上插入空白关键帧。

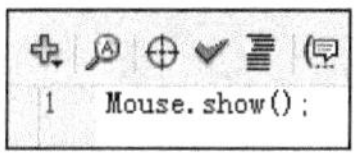

图 9-36

图 9-37

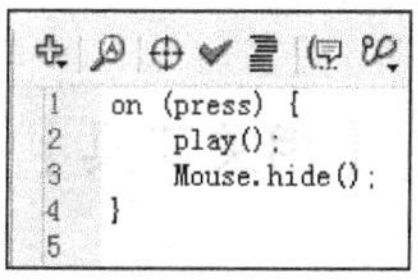

图 9-38

步骤 8 在“时间轴”面板中创建新图层并将其命名为“再玩一次”，选中“再玩一次”图层的第 10 帧，在该帧上插入关键帧。将“库”面板中的按钮元件“再玩一次”拖曳到舞台窗口中，效果如图 9-39 所示。在“动作”面板中设置以下脚本语言。

```
on (press) {
    gotoAndPlay(2);
    Mouse.hide();
}
```

“脚本窗口”中显示的效果如图 9-40 所示。

图 9-39

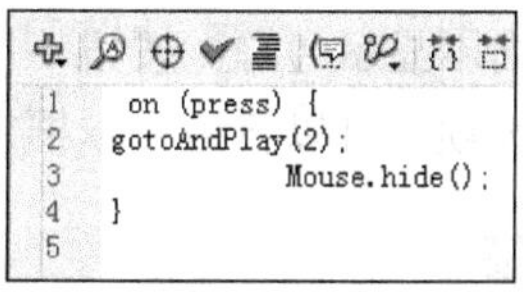

图 9-40

步骤 9 在“时间轴”面板中创建新图层并将其命名为“动作脚本”，分别选中“动作脚本”图层的第 2 帧、第 3 帧、第 9 帧和第 10 帧，在选中的帧上插入关键帧。选中“动作脚本”图层的第 1 帧，在“动作”面板中设置以下脚本语言。

stop();

在“脚本窗口”中显示出选择的脚本语言。

步骤 10 选中“动作脚本”图层的第 2 帧，并在“动作”面板中设置脚本语言（脚本语言的具体设置可以参考附带光盘中的实例原文件），“脚本窗口”中显示的效果如图 9-41 所示。选中“动作脚本”图层的第 3 帧，在“动作”面板中设置脚本语言，脚本窗口中显示的效果如图 9-42 所示。

步骤 11 选中“动作脚本”图层的第 9 帧，在“动作”面板中设置脚本语言，“脚本窗口”中显示的效果如图 9-43 所示。

步骤 12 选中“动作脚本”图层的第 10 帧，在“动作”面板中设置脚本语言，“脚本窗口”中显示的效果如图 9-44 所示。设置完动作脚本后，关闭“动作”面板，调出帧“属性”面板，在“帧标签”文本框中输入“over”。汉堡包游戏效果制作完成，按 Ctrl+Enter 组合键即可查看效果。

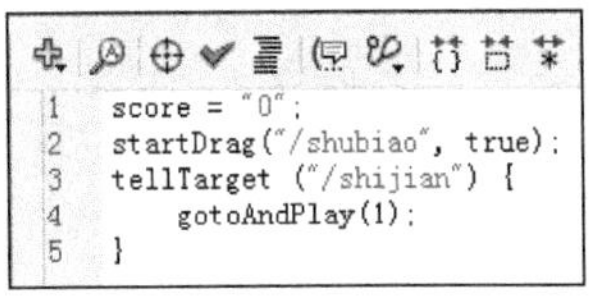

图 9–41

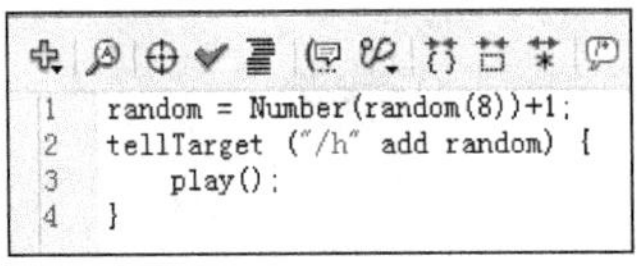

图 9–42

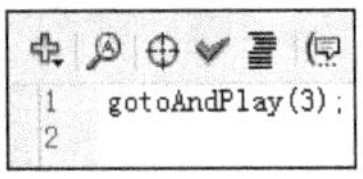

图 9–43

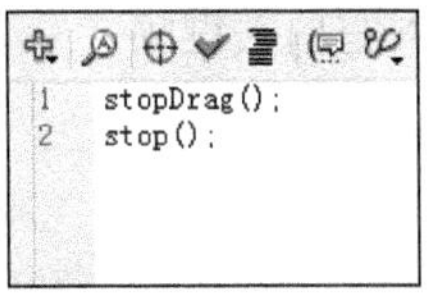

图 9–44

9.1.4 【相关工具】

1. 动态文本

选择“动态文本”选项，“属性”面板如图 9-45 所示。动态文本可以作为对象来应用。

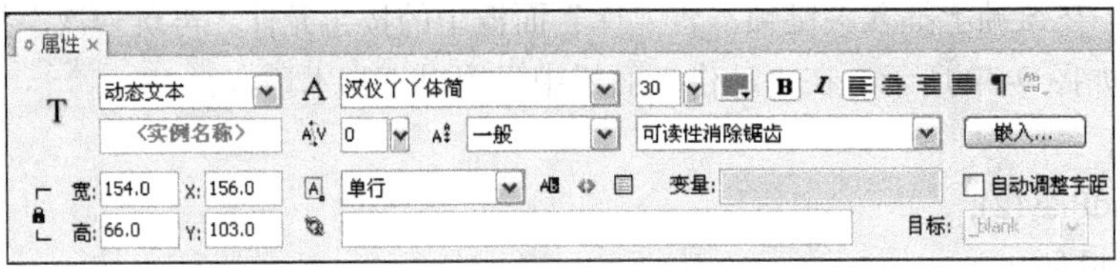

图 9–45

“实例名称”选项：可以设置动态文本的名称。

“线条类型”按钮：可以设置文本的线条类型。

“将文本呈现为 HTML”按钮：文本支持 HTML 标签特有的字体格式、超链接等超文本格式。

“在文本周围显示边框”按钮：可以为文本设置白色的背景和黑色的边框。

“变量”选项：可以将该文本框定义为保存字符串数据的变量，此选项需结合动作脚本使用。

2. 帧标签

在时间轴中的第 1 帧上出现一支红旗，表示这一帧的标签类型是名称，红旗右侧的“wo”是帧标签的名称的如图 9-46 所示。

在时间轴中的第 1 帧上出现两条绿色斜杠，表示这一帧的标签类型是注释，如图 9-47 所示。帧注释是对帧的解释，帮助浏览者理解该帧在影片中的作用。

在时间轴中的第 1 帧上出现一个金色的锚，表示这一帧的标签类型是锚记，如图 9-48 所示。帧锚记表示该帧是一个定位，方便浏览者在浏览器中快进、快退。

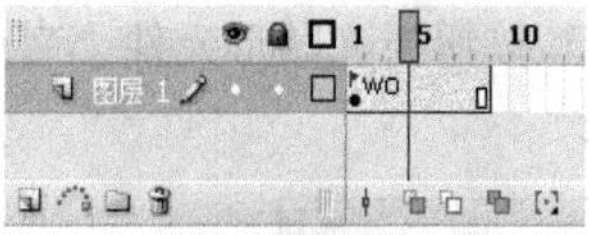
图 9-46

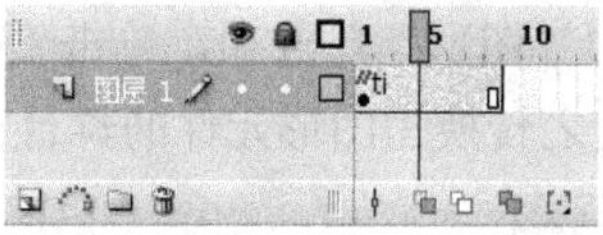
图 9-47

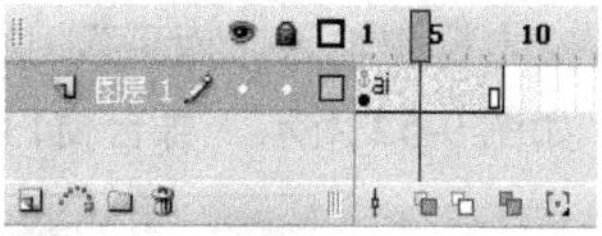
图 9-48

9.1.5 【实战演练】制作射击游戏

使用文本工具创建动态文本框提示是否击中目标信息，使用“关键帧”命令制作小鸟飞的效果，使用声音文件为游戏添加射击声音特效。（最终效果参看光盘中的“Ch09 > 效果 > 制作射击游戏”，如图 9-49 所示。）

图 9-49

9.2 制作南瓜吃蛋糕

9.2.1 【案例分析】

南瓜吃蛋糕的构思是把它设计成一个生动有趣的益智类小游戏，在界面的设计上要活泼轻松，在游戏的玩法上要趣味精巧。

9.2.2 【设计理念】

在设计制作过程中，根据构思制作一个卡通南瓜作为背景图，使游戏画面活泼生动，游戏动画效果要制作出南瓜吃食物的效果。在制作南瓜沿路径向前移动的同时，所经过的地方蛋糕将会消失。游戏动手性强，寓教于乐。（最终效果参看光盘中的“Ch09 > 效果 > 制作南瓜吃蛋糕”，如图 9-50 所示。）

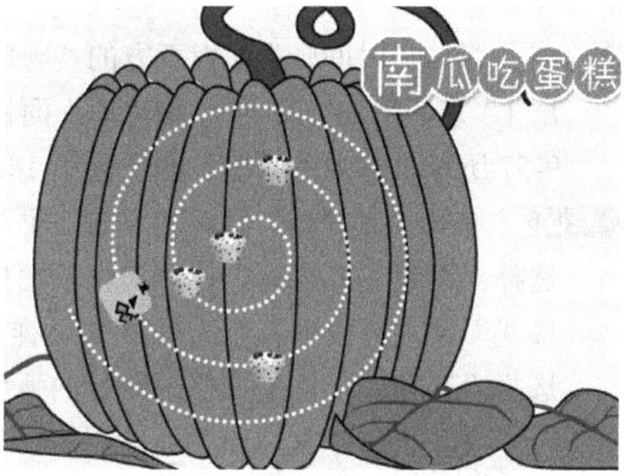

图 9-50

9.2.3 【操作步骤】

步骤 1 选择“文件 > 新建”命令，在弹出的“新建文档”对话框中选择“Flash 文件”选项，单击“确定”按钮，进入新建文档舞台窗口。

步骤 2 选择“文件 > 导入 > 导入到库”命令，在弹出的“导入到库”对话框中选择“Ch09 > 素材 > 制作南瓜吃蛋糕”中的“背景”、“蛋糕”、“南瓜 1”和“南瓜 2”文件，单击“打开”按钮文件被导入到“库”面板中，如图 9-51 所示。

步骤 3 在“库”面板下方单击“新建元件”按钮，弹出“创建新元件”对话框，在“名称”

文本框中输入“南瓜”，并选中“图形”单选项，单击“确定”按钮新建图形元件“南瓜”，如图 9-52 所示，舞台窗口也随之转换为图形元件的舞台窗口。

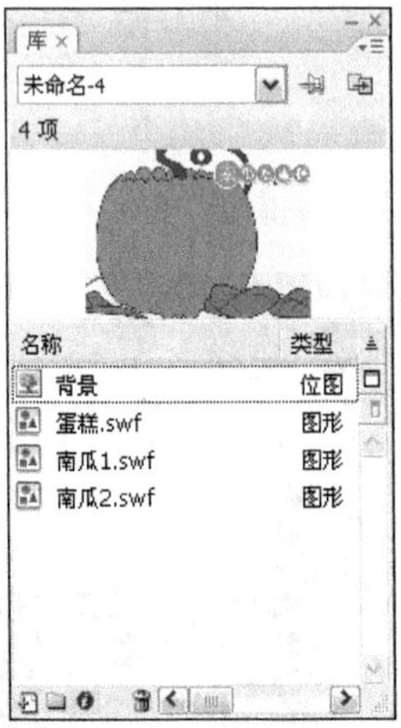

图 9-51

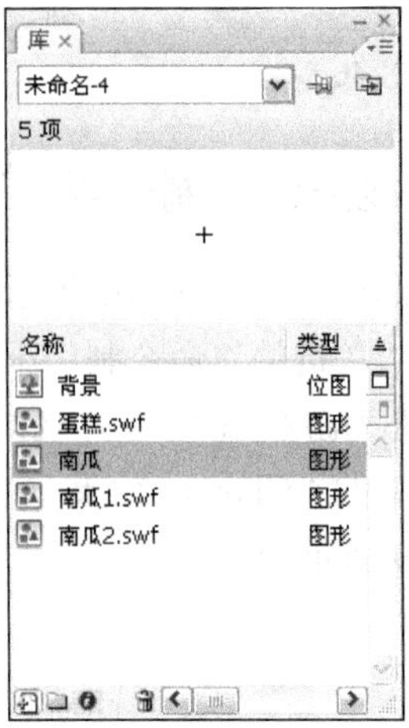

图 9-52

步骤 4 将“库”面板中的元件“南瓜 1”拖曳到舞台窗口中，效果如图 9-53 所示。选中“图层 1”的第 5 帧，按 F7 键插入空白关键帧，如图 9-54 所示。将“库”面板中的元件“南瓜 2”拖曳到舞台窗口中，效果如图 9-55 所示。选中“图层 1”的第 8 帧，按 F5 键插入普通帧，效果如图 9-56 所示。

图 9-53

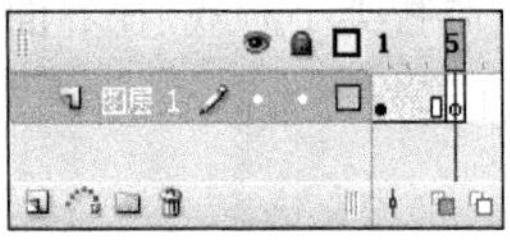

图 9-54

图 9-55

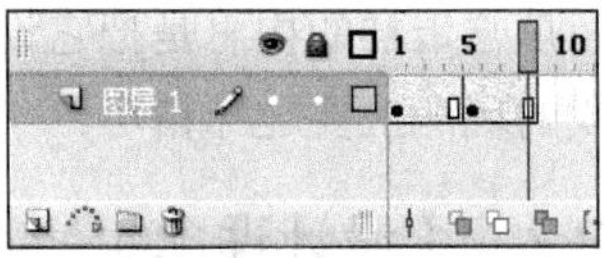

图 9-56

步骤 5 单击“时间轴”面板下方的“场景 1”图标 场景 1，进入“场景 1”的舞台窗口，将“图层 1”重命名为“底图”。将“库”面板中的位图元件“背景”拖曳到舞台窗口中，效果如图 9-57 所示。选中“底图”图层的第 140 帧，在该帧上插入普通帧。

步骤 6 单击“时间轴”面板下方的“插入图层”按钮创建新图层，并将其命名为“螺旋线”。选择“钢笔”工具，在“属性”面板中将笔触颜色设为白色，笔触高度设为 4，在“笔触样式”选项下拉列表中选择第 3 种样式，如图 9-58 所示。在南瓜图片上绘制螺旋状线条，选择“选择”工具，修改路径的弧度，效果如图 9-59 所示。

图 9-57

图 9-58

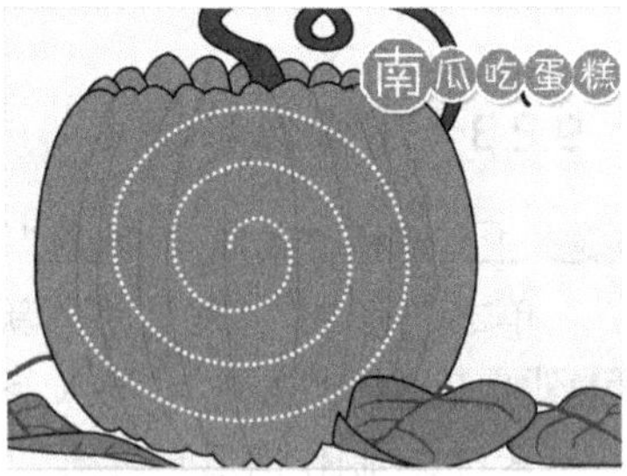

图 9-59

步骤 7 单击“时间轴”面板下方的“插入图层”按钮创建新图层，并将其命名为“蛋糕”，将“库”面板中的图形元件“蛋糕”向舞台窗口中拖曳8次，平均放置到底图的螺旋线上，效果如图9-60所示。

步骤 8 在“时间轴”面板中创建新图层并将其命名为“南瓜”，将“库”面板中的图形元件“南瓜”拖曳到舞台窗口中，并将其放置到底图螺旋线外侧的起始部位。选择“任意变形”工具，将“南瓜”实例适当旋转，使其嘴巴对准螺旋线，效果如图9-61所示。

步骤 9 选中“南瓜”图层的第120帧，在该帧上插入关键帧，在舞台窗口中选中“南瓜”实例，将其拖曳到螺旋线中心处，选择“任意变形”工具，将“南瓜”实例适当旋转，使其嘴巴与螺旋线反向，如图9-62所示。右键单击“南瓜”图层的第1帧，在弹出的快捷菜单中选择“创建补间动画”命令，生成动作补间动画，如图9-63所示。在帧“属性”面板中勾选“调整到路径”复选框。

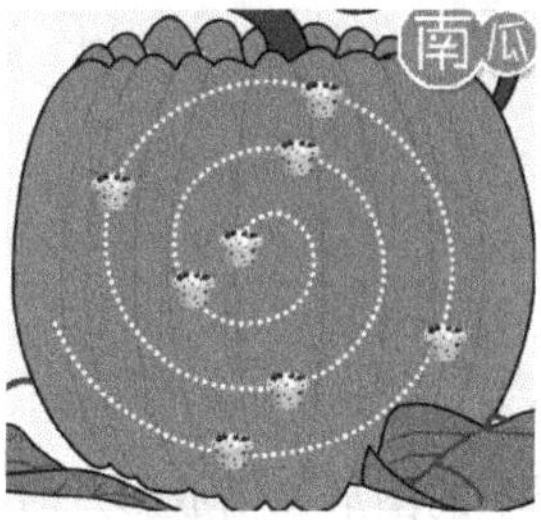

图9-60

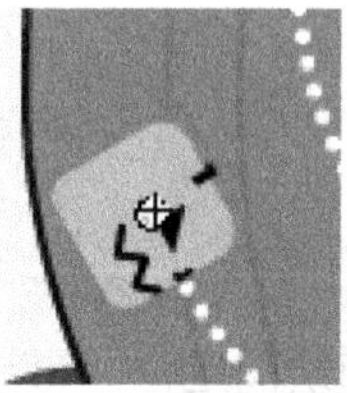

图9-61

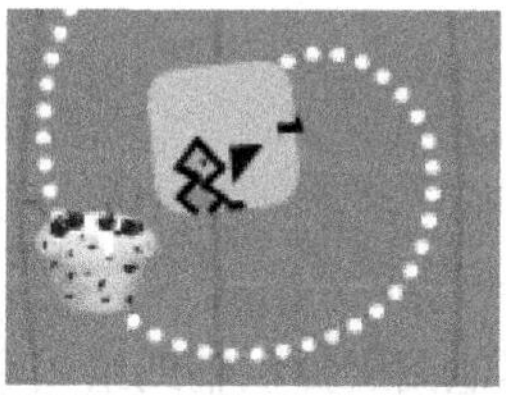

图9-62

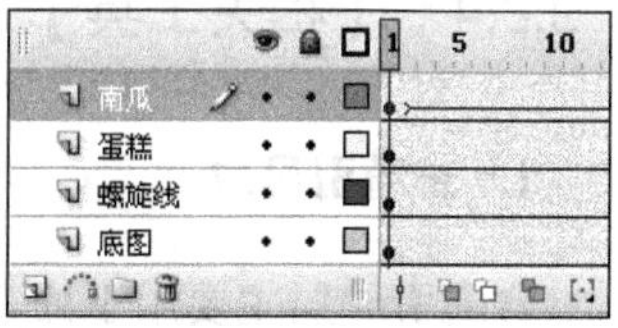

图9-63

步骤 10 在“时间轴”面板中创建新图层并将其命名为“引导层”，右键单击“引导层”图层的图层名称，在弹出的快捷菜单中选择“引导层”命令，将“引导层”图层转换为引导层，如图9-64所示。选择“螺旋线”图层，图层中的内容被选中，按Ctrl+C组合键进行复制，选择“引导层”图层，按Ctrl+Shift+V组合键进行原位粘贴，选中螺旋线图形，在“属性”面板中进行设置，如图9-65所示。

步骤 11 将“南瓜”图层拖曳入“引导层”图层中，将“南瓜”图层转换为被引导层，如图9-66所示。

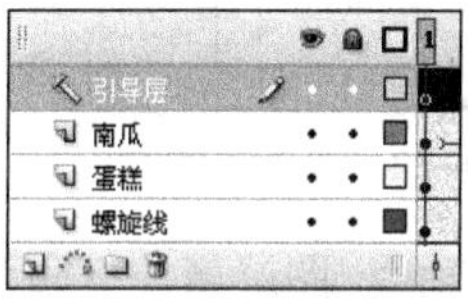

图9-64

图9-65

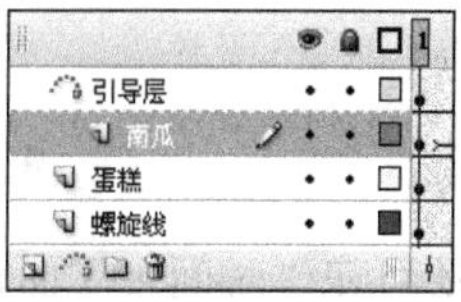

图9-66

步骤 12 锁定除“蛋糕”图层以外的其他图层，选中“蛋糕”图层，拖动时间轴上的红色播放头，当舞台窗口中的“南瓜”实例与“蛋糕”实例重合时，效果如图9-67所示，在时间轴上对应的帧上插入关键帧，如图9-68所示。在舞台窗口中选中与“南瓜”实例重合的“蛋糕”实例，按Delete键将其删除，效果如图9-69所示。

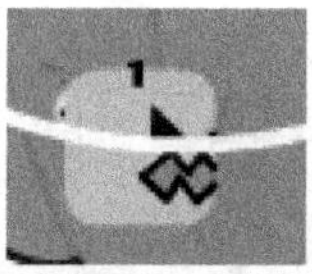

图9-67

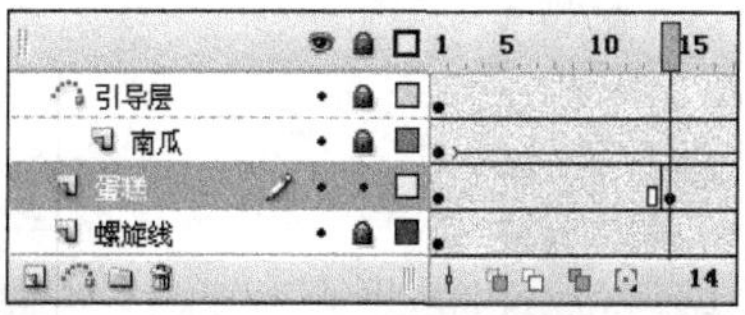

图9-68

图9-69

步骤 13 用步骤12的方法逐个删除其他的“蛋糕”实例，直到将“蛋糕”实例删完为止，效果如图 9-70 所示。南瓜吃蛋糕游戏制作完成，按 Ctrl+Enter 组合键即可查看效果，如图 9-71 所示。

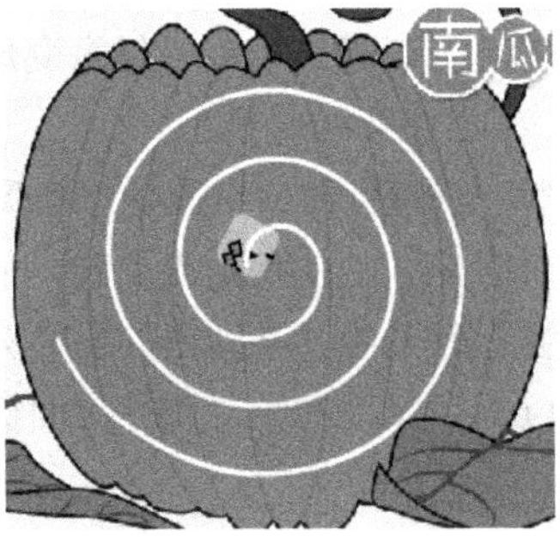

图 9-70

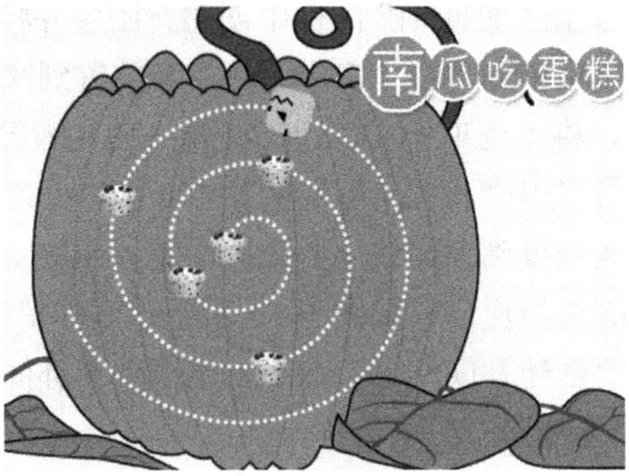

图 9-71

9.2.4 【相关工具】

1. 普通引导层

普通引导层主要用于为其他图层提供辅助绘图和绘图定位，引导层中的图形在播放影片时是不会显示的。

◎ 创建普通引导层

右键单击“时间轴”面板中的某个图层，在弹出的快捷菜单中选择“引导层”命令，如图 9-72 所示，该图层即可转换为普通引导层，此时，图层前面的图标变为 ，如图 9-73 所示。

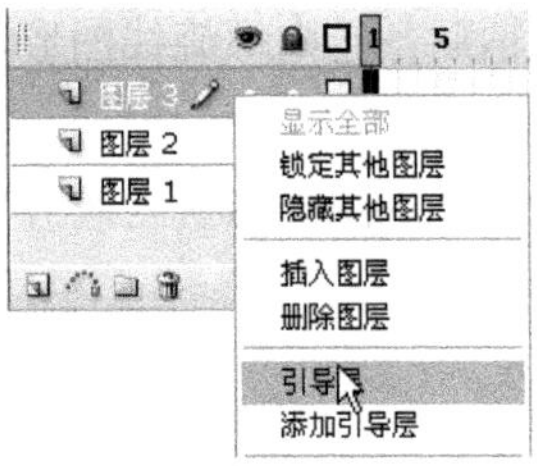

图 9-72

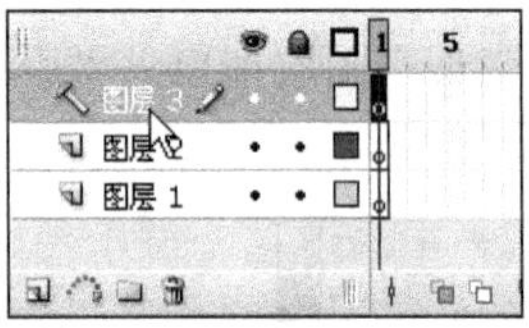

图 9-73

还可在“时间轴”面板中选中要转换的图层，选择“修改 > 时间轴 > 图层属性”命令，弹出“图层属性”对话框，在“类型”选项组中选中“引导层”单选项，如图 9-74 所示，单击“确定”按钮，选中的图层转换为普通引导层，此时图层前面的图标变为 ，如图 9-75 所示。

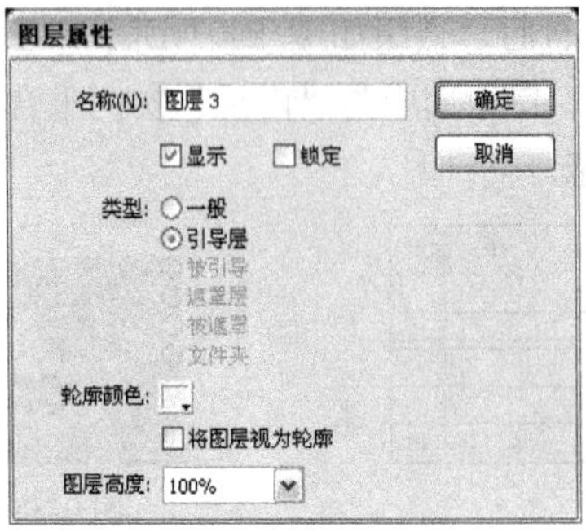

图 9-74

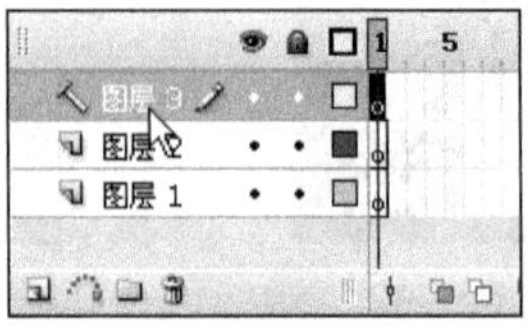

图 9-75

◎ 将普通引导层转换为普通图层

如果要在播放影片时显示引导层上的对象，还可将引导层转换为普通图层。

右键单击“时间轴”面板中的引导层，在弹出的快捷菜单中选择“引导层”命令，如图 9-76 所示，引导层即可转换为普通图层，此时图层前面的图标变为，如图 9-77 所示。

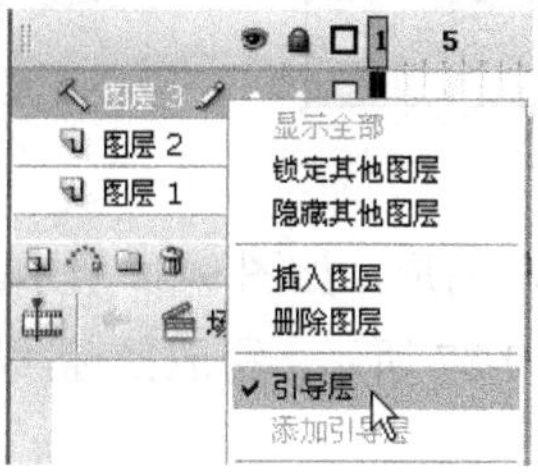

图 9-76

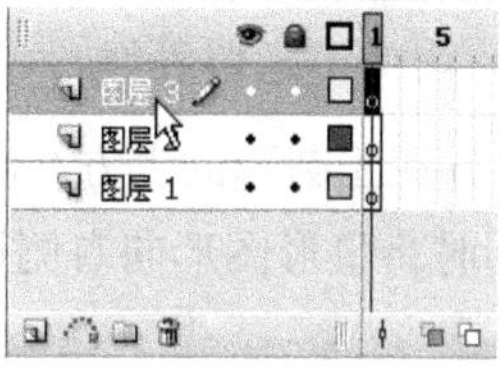

图 9-77

还可在“时间轴”面板中选中某个引导层，选择“修改 > 时间轴 > 图层属性”命令，弹出“图层属性”对话框，在“类型”选项组中选中“一般”单选项，如图 9-78 所示，单击“确定”按钮，选中的引导层转换为普通图层，此时图层前面的图标变为，如图 9-79 所示。

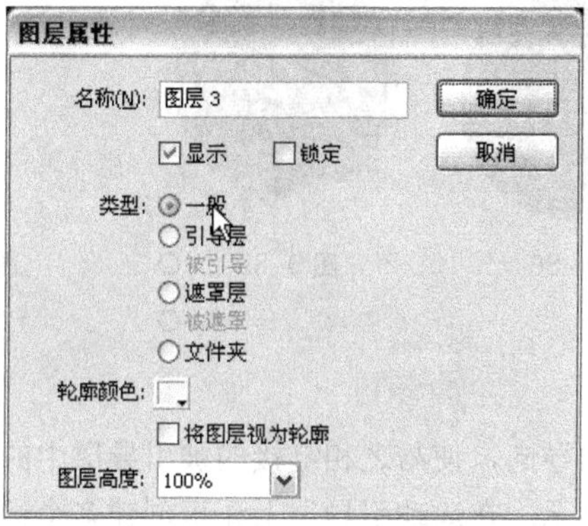

图 9-78

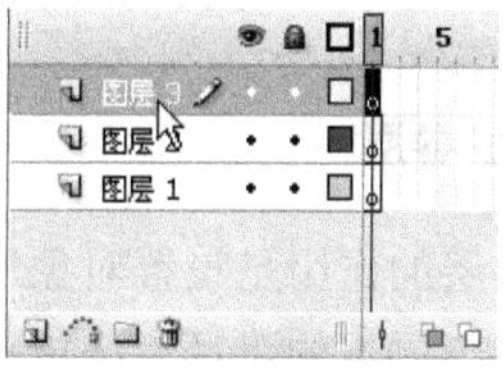

图 9-79

◎ 应用普通引导层制作动画

新建空白文档，在“时间轴”面板中右键单击“图层 1”，在弹出的快捷菜单中选择“引导层”命令，如图 9-80 所示。“图层 1”由普通图层转换为引导层，如图 9-81 所示。

选择“椭圆”工具，在引导层的舞台窗口中绘制出一个正圆形，如图 9-82 所示。在“时间轴”面板下方单击“插入图层”按钮，创建新的图层“图层 2”，如图 9-83 所示。

图 9-80

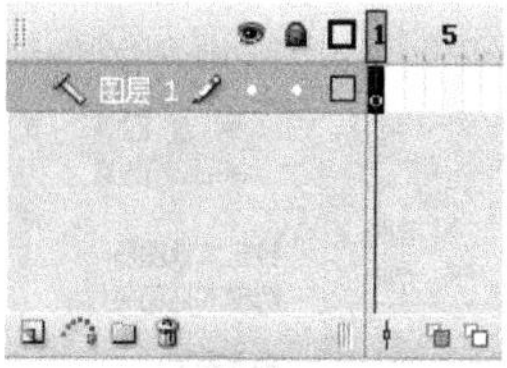

图 9-81

图 9-82

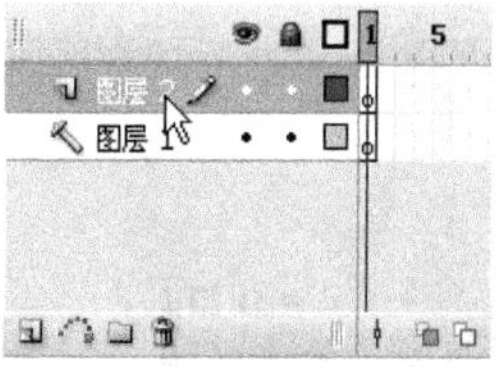

图 9-83

选择“多角星形”工具，按 Ctrl+F3 组合键，弹出多角星形工具“属性”面板，单击“选项”按钮，如图 9-84 所示，在弹出的“工具设置”对话框中进行设置，如图 9-85 所示，单击“确定”按钮。

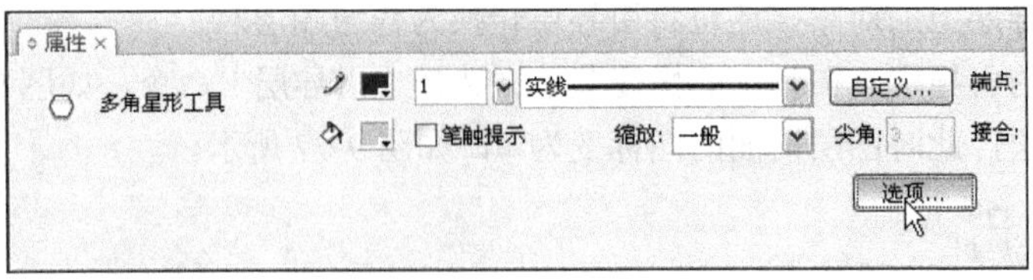

图 9-84

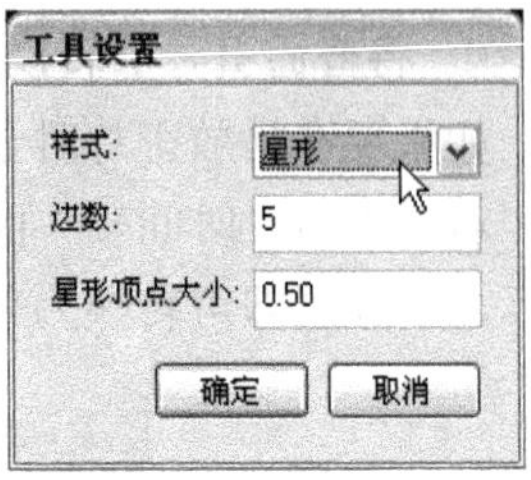

图 9-85

选中“图层 2”并在正圆形的上方绘制出一个星形图形，如图 9-86 所示。选择“选择”工具 ，按住 Alt 键的同时将星形图形向右侧拖曳，如图 9-87 所示，释放鼠标，星形图形被复制，如图 9-88 所示。

用相同的方法再复制出多个星形图形，并将它们绕着正圆形的外边线进行排列，如图 9-89 所示。图形绘制完成，按 Ctrl+Enter 组合键即可测试图形效果，如图 9-90 所示，引导层中的正圆形没有被显示。

图 9-86

图 9-87

图 9-88

图 9-89

图 9-90

2. 运动引导层

运动引导层的作用是设置对象运动路径的导向，使与之相链接的被引导层中的对象沿着路径运动，运动引导层上的路径在播放动画时不显示。在运动引导层上还可创建多个运动轨迹，以引导被引导层上的多个对象沿不同的路径运动。要创建按照任意轨迹运动的动画就需要添加运动引导层，但创建运动引导层动画时要求是动作补间动画，形状补间动画不可用。

◎ 创建运动引导层

选中要添加运动引导层的图层，单击“时间轴”面板下方的“添加运动引导层”按钮 ，为图层添加运动引导层，如图 9-91 所示，此时引导层前面出现图标 ，如图 9-92 所示。

右键单击“时间轴”面板中要添加引导层的图层，在弹出的快捷菜单中选择“添加引导层”命令，如图 9-93 所示，即可为图层添加运动引导层，此时引导层前面出现图标 ，如图 9-94 所示。

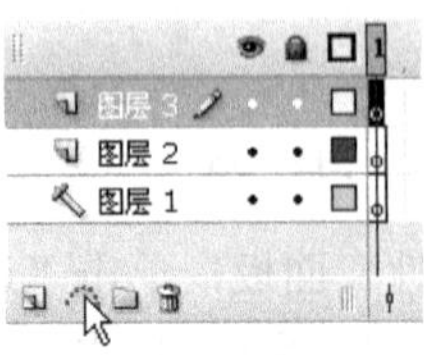

图 9-91

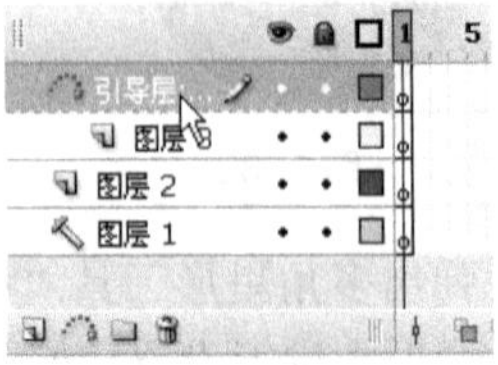

图 9-92

图 9-93

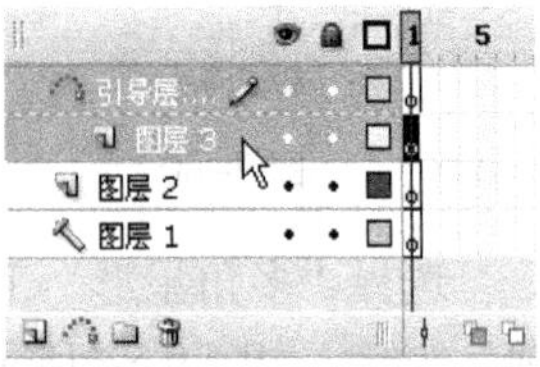

图 9-94

提 示 一个引导层可以引导多个图层上的对象按运动路径运动。如果要将多个图层变成某一个运动引导层的被引导层，只需在“时间轴”面板上将要变成被引导层的图层拖曳至引导层下方即可。

◎ **将运动引导层转换为普通图层**

将运动引导层转换为普通图层的方法与普通引导层转换为普通图层的方法一样，这里不再赘述。

◎ **应用运动引导层制作动画**

新建空白文档，单击“时间轴”面板下方的“添加运动引导层”按钮，为“图层 1”添加运动引导层，如图 9-95 所示。选择“线条”工具，在引导层的舞台窗口中绘制一条水平直线，如图 9-96 所示。

选择“选择”工具，将直线的中部向上拖曳使直线转换为弧线，如图 9-97 所示。在“时间轴”面板中选中引导层中的第 15 帧，按 F5 键在该帧上插入普通帧，如图 9-98 所示。

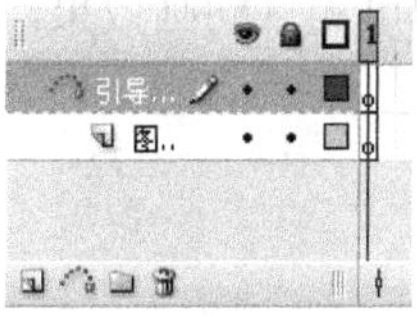

图 9-95

图 9-96

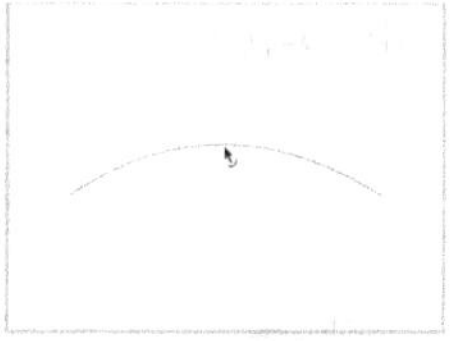

图 9-97

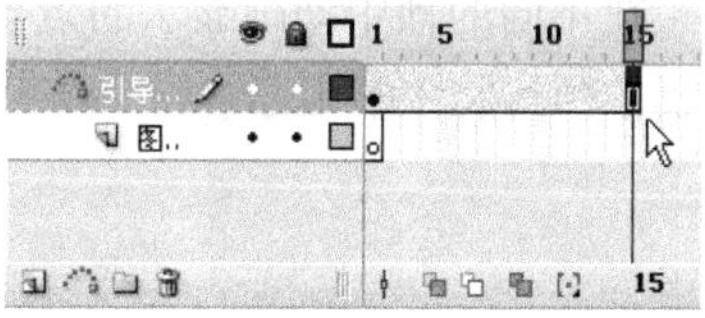

图 9-98

选择“文件 > 导入 > 导入到库”命令，将“红色赛车”图形导入到“库”面板中，如图 9-99 所示。在“时间轴”面板中选中“图层 1”，将“库”面板中的汽车图形拖曳到舞台窗口中，并将其放置在弧线的右端点上，如图 9-100 所示。选择“任意变形”工具，调整汽车图形的倾斜度，并将汽车图形的中心点和弧线对齐，如图 9-101 所示。

图 9-99

图 9-100

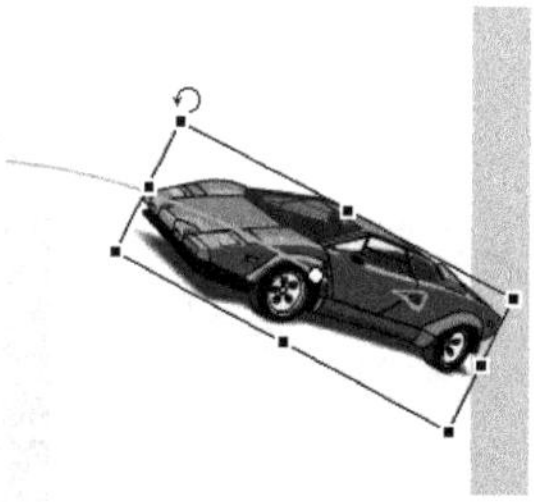

图 9-101

在“时间轴”面板中选中“图层 1”中的第 15 帧，按 F6 键在该帧上插入关键帧，如图 9-102 所示。将舞台窗口中的汽车图形拖曳到弧线的左端点，并改变其倾斜度，如图 9-103 所示。

选中“图层 1”中的第 1 帧，按 Ctrl+F3 组合键，弹出帧“属性”面板，将“补间”选项设为“动画”，如图 9-104 所示，在“图层 1”中的第 1 帧～第 15 帧生成动作补间动画，如图 9-105 所示。运动引导层动画制作完成。

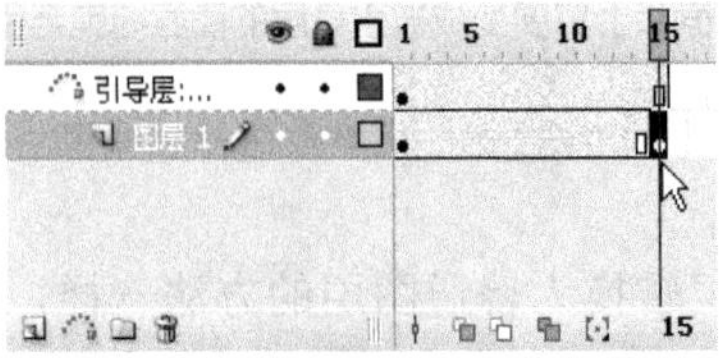

图 9-102

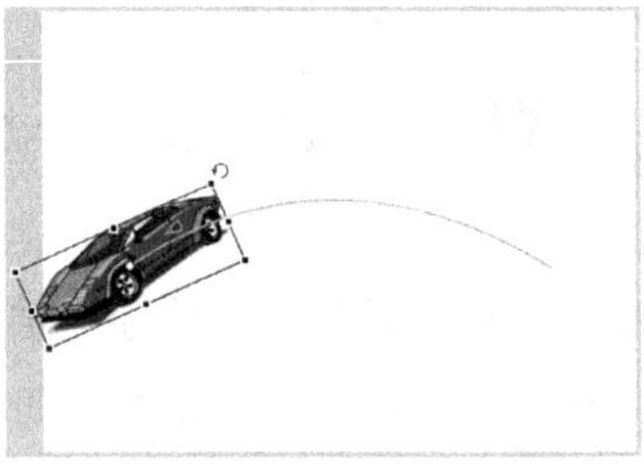

图 9-103

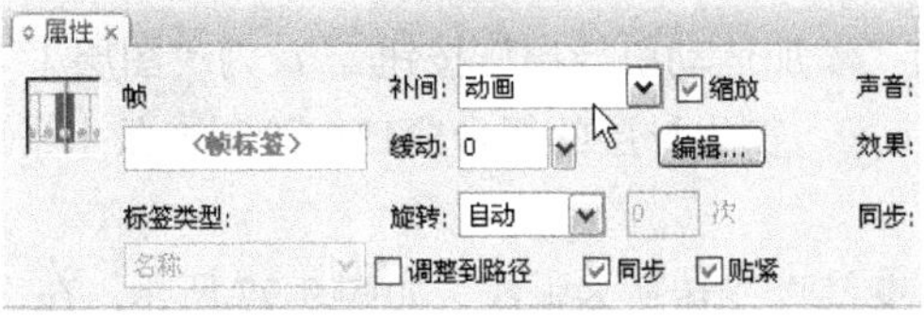

图 9-104

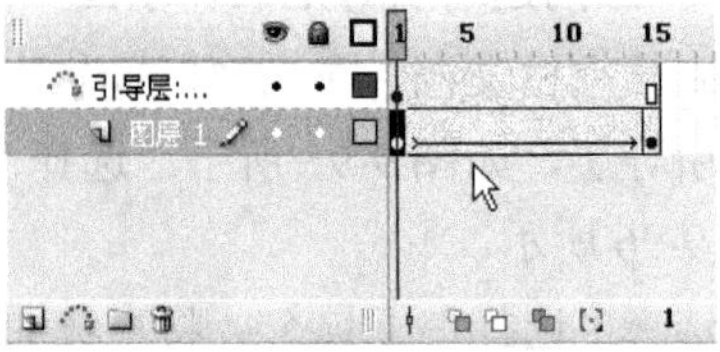

图 9-105

在不同的帧中动画显示的效果如图 9-106 所示。按 Ctrl+Enter 组合键即可测试动画效果，在动画中弧线将不被显示。

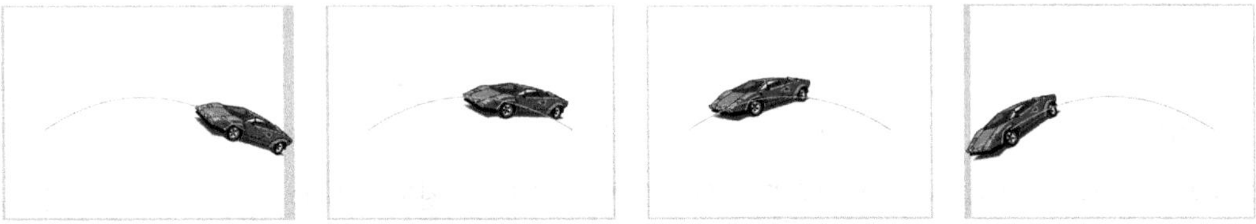

（a）第 1 帧　（b）第 5 帧　（c）第 10 帧　（d）第 15 帧

图 9-106

9.2.5 【实战演练】制作圣诞老人送礼物

使用运动引导层制作圣诞老人沿路径移动的效果，使用文本工具添加标题文字，使用“创建补间动画”命令制作动画效果。（最终效果参看光盘中的“Ch09 > 效果 > 制作圣诞老人送礼物”，如图 9-107 所示。）

图 9-107

9.3 综合演练——制作家居组合游戏

使用文本工具添加说明文字，使用“新建元件”按钮创建按钮元件和影片剪辑元件，使用“动作”面板设置脚本语言。（最终效果参看光盘中的“Ch09 > 效果 > 制作家居组合游戏”，如图 9-108 所示。）

图 9–108

9.4 综合演练——制作接元宝游戏

使用文本工具创建动态文本显示时间和成绩，使用按钮元件控制游戏的播放，使用影片剪辑制作元件的下落效果，使用“创建补间动画”命令制作元件的旋转效果。（最终效果参看光盘中的“Ch09 > 效果 > 制作接元宝游戏”，如图 9-109 所示。）

图 9–109